“十四五”国家重点研发计划项目（2021YFD1401000）资助

小麦条锈病

跨区联防联控技术集成与示范

刘万才　王保通　王晓杰◎主编

中国农业出版社
北　京

编委会

主　编

刘万才　王保通　王晓杰

副主编

杨立军　姚　强　王　阳　汤春蕾　姬红丽　金社林　赵中华　李　跃

编写人员（按姓氏笔画排序）

马　景　王　阳　王　玲　王　磊　王万军　王文建　王亚红　王志清
王保通　王剑锋　王美宁　王晓杰　王得毓　王朝阳　尹　勇　邓春林
左佳妮　石　磊　田　卉　史文琦　白永强　白应文　白桂萍　冯小军
冯贺奎　吕国强　伏松平　向礼波　刘　杰　刘　媛　刘万才　刘卫红
刘全科　汤春蕾　许艳云　孙振宇　李　跃　李　强　李　璠　李大勇
李生全　李好海　李金榜　李建军　李健荣　杨　芳　杨占彪　杨立军
杨利飒　杨经玮　杨俊杰　肖珂雨　吴　涛　何建国　宋玉立　张　剑
张丹丹　张光先　张求东　张国彦　张海兵　张随成　张晶东　陈杰新
陈富华　苟宏伟　罗倩云　金社林　周华众　封传红　赵　杰　赵中华
赵永坚　胡锐灵　姚　强　秦建芳　袁　斌　贾瑞敏　徐　飞　徐　翔
凌　冬　郭　阳　郭子平　郭青云　姬红丽　龚双军　龚雪芹　康振生
梁晓宇　彭　红　彭云良　程　蓬　曾凡松　阙亚伟　薛敏峰　魏会新

序

小麦条锈病（病原菌：*Puccinia striiformis* f. sp. *tritici*）是我国小麦生产上一种大范围跨区域流行的重大病害，曾多次在全国麦区大流行或特大流行，严重威胁国家粮食安全。新中国成立以来，经过几代植保工作者的努力，我国在小麦条锈病流行规律、成灾机制、抗病育种、药剂防控等方面研究取得显著进展，小麦条锈病防控治理能力得到明显提升，病害流行呈现明显减轻的趋势。近年来，小麦条锈菌毒性新小种不断产生，加之种植结构改变和气候异常等因素影响，小麦条锈病重发流行频率增加，潜在损失增大，对小麦生产丰收和国家粮食安全构成严重威胁。

农业农村部、科学技术部等部门高度重视小麦条锈病的长期治理问题，在“十四五”国家重点研发计划中，专门设立了“小麦条锈病灾变机制与可持续防控技术研究”项目（编号：2021YFD1401000），旨在重点研究小麦条锈菌毒性变异机制与规律；解析病原菌适应性进化与影响因素，揭示病害流行成灾机制；研发病菌孢子智能采集诊断装置和病害自动化监测预警技术；研究小麦抗病性合理利用及病菌毒性变异治理技术，构建小麦条锈病绿色高效可持续防控技术体系，为病害的持久高效治理提供强有力的科技支撑。

项目实施以来，各课题承担单位在项目主持单位西北农林科技大学和首席专家王晓杰教授的组织下，围绕提高我国小麦条锈病持续治理能力，按照项目既定的研究任务和考核指标，密切配合、协作攻关，在小麦条锈病病菌变异、致灾机制、跨区传播、智能预警、科学用药、技术集成和示范推广等方面做了大量卓有成效的创新研究工作，得到了项目主管单位和同行专家的一致好评。

为促进成果转化，服务农业生产，尽快将科研成果转化为现实生产力，项目专门设立了“小麦条锈病分区防控技术研究与示范”课题（编号：2021YFD1401005），重点针对不同区域小麦条锈病危害损失与防治指标，小麦品种抗性评价与合理布局，高效新药剂、生防菌、免疫诱抗剂筛选等方面开展应用研究，并结合上游课题关于毒性小种变异、菌源地治理、大区流行规律等最新研究成果，建立小麦条锈病分区域综合防控技术示范基地，开展技术集成和示范展示。自2021年项目启动以来，课题组从小麦条锈病流行规律入手，在研究明确各单项措施防治效果的基础上，突出关键技术应用，通过大力实施生态调控、拌种处理和科学用药等关键措施，阻断条锈菌田间侵染链和大区传播链，降低菌源基数，提高田间防效，减轻了病害发生。同时，课题组创新顶层设计，构建了“研究推广一体、集成示范同步，紧盯研究结果、优化完善提高”的协作实施机制。各示范基地通过边试验、边示范，分区域集成了配套的技术模式，会同各省植保体系，提出并实施全国小麦条锈病跨区域全周期联防联控，制定并逐步推广实施小麦条锈病分区治理技术体系，有效提高了病害的区域治理效果，降低了全国流行程度。全国小麦条锈病在2020—2021年连续两年偏重流行的背景下，2022—2024年得到有效控制，发病面积甚至连续两年下降到1 000万亩以下，约为发病高峰年份的1/10，提高了减损控害能力，保障国家粮食安全。

为总结课题实施以来取得的主要成果，课题组收集了本课题围绕小麦条锈病跨区域联防联控技术体系构建，在病害防治各关键环节取得的系列成果，并以专著形式出版。这是近年来我国小麦条锈病研究与治理方面一本重要的图书，课题承担人员和作者们立足小麦条锈病防控生产实际需求，较为系统地梳理了我国小麦条锈病发生流行和防控治理的现状、技术进展、面临问题和分区域治理对策建议，系统开展了大区域小麦条锈病发生流行的危害损失和防控植保贡献率测定，广泛开展了小麦品种对条锈病的抗性评价和应用研究，并对现有防治药剂进行筛选对比，对新药剂进行机制研究和生物测定评价，在防治药剂上形成了推广应用一批、技术储备一批和开发研究一批的格局。

在开展单项关键防治技术研究应用的基础上，课题组十分重视技术的集成创新与示范，在病害不同流行区的陕西、甘肃、四川、湖北、河南、青海、宁夏等省区共建立固定示范区9个，系统开展防治技术试验和示范，进行技术对比和熟化，扎扎实实将示范研究的论文写在大地上。在此基础上，通过开展多层次大范围研讨，提练集成了小麦条锈病分区综合防控技术体系，其中，“小麦条锈病‘压、延、阻’全程绿色防控技术”和“小麦条锈病‘一抗一拌一喷’跨区域全周期绿色防控技术”分别入选农业农村部2023年度、2024年度推介发布的全国农业主推技术，这是本课题的一个亮点，值得肯定和祝贺。

希望各课题参加单位和团队成员，以本书的编辑出版为契机，以问题为导向，今后更加关心小麦条锈病的研究与治理，不断提升小麦条锈病理论研究与实践应用水平，使小麦条锈病的治理经验能为其他病虫害的防控提供范例。

欣喜地看到课题组取得明显进展，谨以此为序！

康振生

中国工程院　院士

西北农林科技大学　教授

2024年10月

目 录

第一章 技术体系模式

第一节　小麦条锈病跨区域全周期绿色防控技术体系的构建与应用

小麦条锈病（病原菌：*Puccinia striiformis* f.sp.*tritici*）是我国小麦生产上一种大范围跨区域流行的重大病害，曾多次在全国和部分麦区大流行或特大流行，1950年和1964年曾造成全国小麦减产60亿公斤和32亿公斤，严重威胁国家粮食安全。新中国成立以来，经过几代科学家的努力，小麦条锈病防控能力得到明显提升，小麦条锈病一度得到较好控制，出现了减轻趋势。但是，近年来，由于小麦条锈菌毒性小种频繁变异，加之气候异常变化，小麦条锈病流行频率不断提高，2017年全国发病面积543.52万公顷，防治面积978.26万公顷，共造成小麦减产242.49多万吨；2020—2021年，小麦条锈病连续两年在全国偏重流行，全国预防控制面积分别达971.49万公顷和985.03万公顷，防治后实际发生面积分别为439.52万公顷和451.73万公顷，小麦减产分别为203.43万吨和225.65万吨，严重威胁小麦生产和国家粮食安全。为此，我们结合"十二五"以来我国在小麦条锈菌有性生殖、新小种产生、毒性变异机制以及病害跨区域传播流行机制等方面的最新成果，坚持"长短结合、标本兼治、分区治理、综合防治"的指导思想，制定了"以绿色防控为基础，以全周期管理为重点，以跨区域联防联控为保障"的防控策略，集成构建了小麦条锈病跨区域全周期绿色防控技术体系，为构建完善小麦条锈病可持续治理机制，全面推进小麦条锈病的持续高效治理奠定了基础。

1　基本含义

小麦条锈病是一种跨区域流行的重大病害，各个流行区之间相互依存、关系密切。推进小麦条锈病可持续治理，必须实施跨区域全周期绿色防控技术，才能从整体上提高病害的防控效果。所谓"跨区域"，就是"跨区域联防联控"，即将全国小麦条锈病的治理放在一个层面，通盘考虑、联防联控，通过加强越夏易变区的防控，降低发病菌源基数，减少向冬季繁殖区（越冬区）传播菌源的压力，推迟和减轻该区域的发病时间和发病程度，进而减少该区域向春季流行区传播菌源数量，最终达到减轻全国病害流行的目的。所谓"全周期"，就是"全过程周期管理"，即着眼小麦条锈病全年大区发生流行规律，从全国病害流行的每一个周期开始至该周期结束，关注条锈菌越夏阶段以及小麦播前苗后等关键时期，整个生育期实施全过程病害管控，在病害流行的各关键环节，采取针对性的防控措施，尤其是加强对病害流行管理相对薄弱的越夏阶段和条锈菌有性生殖阶段的防控，提高病害整体治理水平。所谓"绿色防控"，就是"减药控害、绿色高效"，即以铲除越夏区自生麦苗、合理布局抗病品种、加强秋播药剂拌种等预防控制措施为基础，将病菌基数控制在较低水平，减轻越夏区向冬季繁殖区（越冬区），再向春季流行区等病害下游流行区传播菌源的压力，后期以精准测报为依托，实施科学用药、精准防控和统防统治，提高病害大区联合防治效果，实现减药控害，提升小麦条锈病可持续治理水平。

2　侵染循环

小麦条锈菌属专性寄生菌，必须在活体植物上才能存活，病原菌的侵染循环包括在小檗上的有性生殖和在小麦上的无性繁殖两种形态。这两种形态在自然界交互发生，构成小麦条锈菌完整的侵染循环过程。

2.1　有性生殖

有性生殖是新毒性小种产生的主要途径。该阶段主要发生在转主寄主小檗上，包括发病小麦上的冬孢子萌发产生担孢子传播至小檗上、担孢子侵染小檗形成新的性孢子和锈孢子、锈孢子传播侵染小麦引起小麦发病等环节。①冬孢子产生与存活。冬孢子是影响小麦条锈菌有性生殖的关键因素，我国西北、西南是小麦条锈病策源地，在自然条件下或春季和秋季小檗抽出新叶时，小麦植株上、麦秸垛上或田间杂草上带有存活的冬孢子，在田间温湿度适宜时萌发，可作为侵染小檗的初侵染源。②担孢子侵染小檗。冬孢子萌发产生的担孢子传播到小檗上后，可直接侵染叶片组织，在叶片正面形成性孢子器和性孢子，随后进一步在叶片背面形成锈孢子器和锈孢子。③锈孢子回传侵染小麦。在小檗上产生的锈孢子传播到小麦叶片后，萌发产生芽管从气孔侵入小麦叶片，形成胞间菌丝，分化为夏孢子堆和夏孢子。

2.2 无性繁殖

该阶段主要以夏孢子形态在小麦生长季节完成多次再侵染，可分为越夏、侵染秋苗、越冬和春季流行4个环节。①病菌越夏。该阶段为夏季最热的7、8月，主要发生在我国西北、西南麦区，以及西藏和新疆等高海拔山区的自生麦苗上，越夏期间病菌有多次再侵染，以保留一定的菌源数量。②秋苗发病。条锈菌越夏后传播到附近小麦秋苗上，侵染秋苗发病后再经过2～3次再侵染，在秋苗上扩繁，形成一定的菌源量，进入越冬阶段。③病菌越冬。随着冬季来临，当平均气温降低至1～2℃时，条锈菌进入越冬阶段。在冬季最冷的12月至翌年1月，旬平均气温低于－7～－6℃的山东德州、河北石家庄至山西介休一线以北，条锈菌不能越冬，而这一线以南及以东的地区，冬季最冷月的旬平均气温一般高于上述温度，小麦地上部叶片带绿过冬，条锈菌可安全越冬。其中，陕南、鄂西北、豫南及西南麦区冬季气温较高，小麦仍能正常生长，条锈菌在冬季仍能进行侵染扩繁，形成春季病害流行的主要侵染菌源。④春季流行。小麦条锈菌越冬后，随着气温回升，侵染繁殖加快，形成大量夏孢子，并借助季风和气流传播至湖北、四川、河南、陕西、河北、山东、山西、安徽、江苏等小麦主产区，病菌在小麦上经过3～4次再侵染，造成春季流行。因传入时间早晚和气候适宜情况不同，每年病害流行程度出现轻重差异（图1–1）。

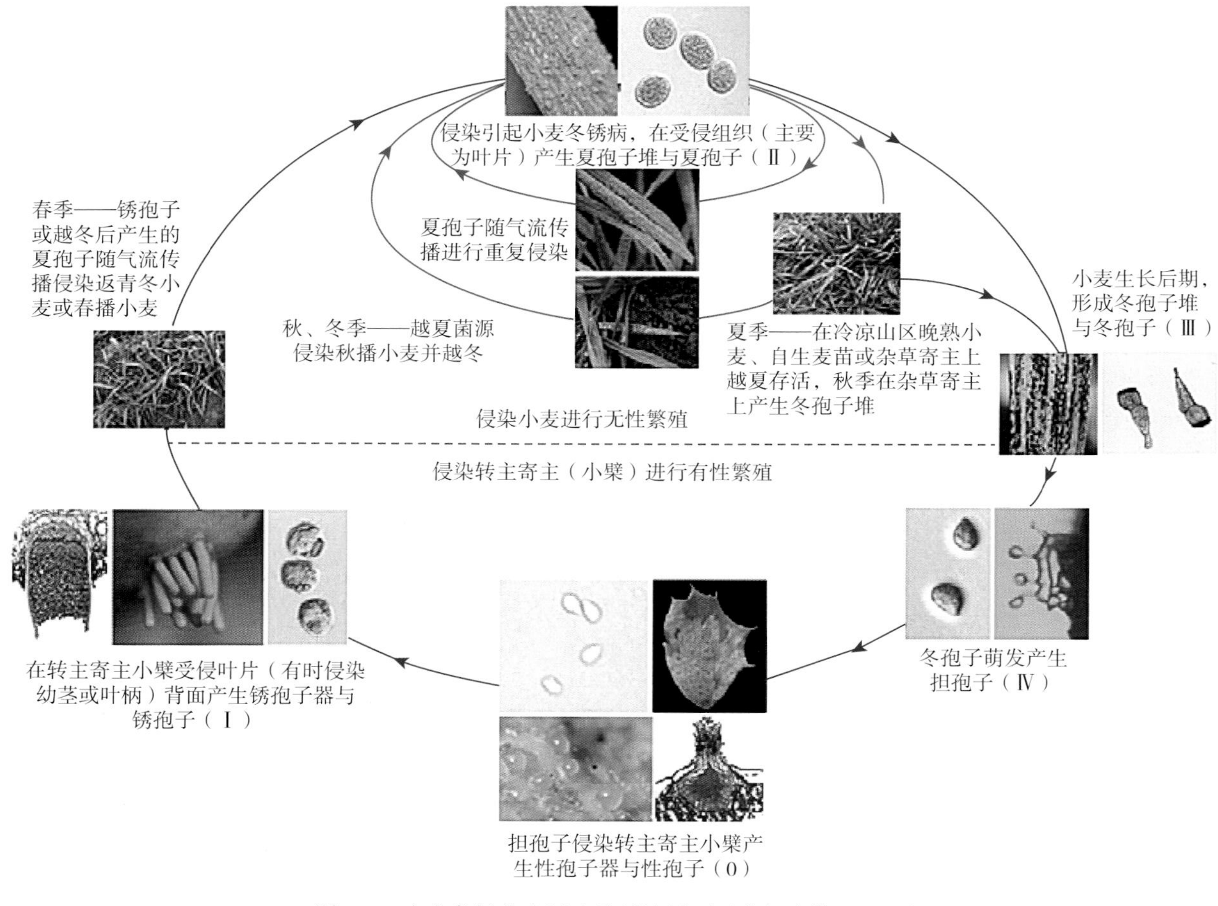

图1–1　小麦条锈菌生活史及侵染循环（康振生等，2015）

3 大区流行规律

通过多年研究，植保科技工作者将我国小麦条锈病发生流行的主要区域划分为越夏易变区、冬季繁殖区（越冬区）和春季流行区三大区域。

3.1 越夏易变区

主要包括西北和川西北的甘肃陇南、定西、临夏、甘南，陇东；陕西宝鸡；宁夏固原；青海海东；四川甘孜、阿坝、凉山；云南、贵州等西南高海拔山区；新疆、西藏等高海拔冷凉山区。其中，西北地区海拔1 500～1 800米的小麦种植区域是小麦条锈病的核心菌源区，其自生苗提供有效菌源的时间为8月下旬至9月上旬，秋苗提供有效菌源的时间为10月中旬至12月下旬。每年夏季最热月份，条锈菌在该地区自生麦苗和晚熟春麦上越夏后，将菌源传播到附近早播的小麦秋苗上，首先引起当地秋苗发病，经过2～3次再侵染，在秋苗上积累一定的菌源量，借助秋季的西北风等气流，向条锈菌冬季繁殖区（越冬区）传播菌源，引起冬季繁殖区（越冬区）小麦发病。近年来最新研究结果表明，西南越夏区可能是影响我国黄淮冬麦区南部和东部条锈病流行的又一“菌源中心”，该结论仍需在今后的实际观测研究中确定。

3.2 冬季繁殖区（越冬区）

主要包括西南盆地、云贵低山河谷、豫鄂汉水流域等麦区，以及西北、华北低纬度、低海拔麦区等，以陕西关中西部灌区、渭北旱塬麦区为重点。该地区冬季最冷月旬平均气温不低于 −7℃，条锈菌可以夏孢子形态继续侵染繁殖，或者以菌丝状态在病叶上或基部叶鞘上越冬，成为当地及邻近麦区春季条锈病流行的重要菌源基地，这一区域即春季菌源基地。翌年春季，随着气温回升，春季菌源基地越冬病叶上的夏孢子开始传播扩散，或病叶中的菌丝体复苏扩展，当旬平均气温上升至5℃时显症产孢，如遇春雨或潮湿结露，病害扩展蔓延加快，产生大量的夏孢子，夏孢子借助春季盛行的西北风等高空气流远距离传播到东部黄淮海小麦主产区导致条锈病春季流行危害。

3.3 春季流行区

主要包括黄淮海平原的陕西、山西、河南、山东、河北，长江中下游的江苏、安徽，以及河套春麦区的内蒙古、宁夏等大部麦区，是小麦条锈病春季防控的重点，也是影响全国小麦条锈病流行程度的关键区域。每年春季以后，随着气温回升和降雨增多，以及春季东南风的盛行，当条锈菌越冬菌源借助气流传入并侵染该区域小麦后，引起春季发病流行。小麦主栽品种的抗病性、传入菌源数量和时间，以及春季的降水、温度等气候条件成为病害能否大面积流行的关键因素。

4 跨区域全周期绿色防控技术体系

4.1 防控策略与目标

贯彻“预防为主，综合防治”植保工作方针，坚持“长短结合、标本兼治、分区治理、综合防治”的指导思想，以绿色防控为基础，以全周期管理为重点，以跨区域联防联控为保障，集成构建跨区域全周期绿色防控技术体系，形成小麦条锈病可持续治理机制。到2030年，全国小麦条锈病流行频率和强度显著降低，一般年份发生面积控制在200万公顷以下，发生区平均危害损失率控制在5%以下，条锈病绿色防控覆盖率达到70%以上，实现减量控害、节本增效、稳粮增收的可持续治理目标。

4.2 关键防控技术

4.2.1 精准监测和预报技术

充分利用遥感技术、孢子捕捉技术和大数据技术建立条锈病自动化监测体系，完善监测预警网络，应用早期诊断和预测技术，对条锈菌菌源量和田间发病程度进行实时监测，及时发布预报，指导生产防治。

4.2.2 条锈菌毒性变异监控技术

通过在西北关键越夏区和越冬区遮盖小麦秸秆堆垛、在春夏季铲除小麦田周边小檗或对染病小檗喷施杀菌剂等措施阻止条锈菌的有性繁殖，降低条锈菌变异概率，延缓或阻止新的毒性小种产生，延长抗病品种使用年限。

4.2.3 早期菌源控制技术

通过调整越夏区种植结构，实施秋播药剂拌种，铲除田间自生麦苗，减少向外传播的初始菌源量。越冬关键区和冬季繁殖区，通过加强早期诊断和监测，及时发现和控制早期菌源，开展秋冬季和早春“带药侦察”“发现一点、防治一片”，并开展重点区域全田防治，减少当地发病面积，降低外传菌源数量。

4.2.4 抗病品种合理布局技术

根据不同流行区生态特点和条锈病流行传播路线，合理布局不同抗病基因品种。其中，越冬关键区和冬季繁殖区选择种植全生育期抗病品种；春季流行区可以选择种植成株期抗病品种。从而建立生物屏障，阻遏条锈菌跨区传播。

4.2.5 应急防控技术

根据小麦条锈病大区流行特点，对条锈病流行速度快、发生危害重的区域，及时开展应急防控和统防统治。在小麦穗期结合“一喷三防”措施选用针对性强的杀菌剂、杀虫剂、叶面肥和植物生长调节剂、免疫诱抗剂等，对条锈病和其他病虫害进行全面防控，提高防治效果，保障小麦生产安全。

4.3 分区防控要点

4.3.1 越夏易变区

该区域治理的核心是：压低菌源、防止变异和阻遏菌源向外传播。

（1）阻遏条锈菌有性变异。在西北小麦条锈菌越夏易变区，在小麦田周边转主寄主小檗比较密集的区域，推广实施阻遏条锈菌有性生殖防变异技术，通过遮盖小麦秸秆堆垛，铲除麦田周边的小檗或者对感染条锈病的小檗喷施三唑酮、戊唑醇等杀菌剂控制发病，阻断条锈菌的有性繁殖，降低条锈菌变异概率，以减缓小麦条锈菌新的毒性小种的产生速度，防止品种抗性丧失，延长抗病品种使用年限。

（2）调整作物种植结构。在西北和西南小麦条锈病越夏易变区，推广实施种植结构调整生态控害技术，通过调整种植结构，改种薯类、豆类、蔬菜、中药材和青稞等，降低秋季条锈菌初始菌源基数。

（3）铲除夏秋自生麦苗。在每年7—9月，推广实施越夏菌源压减技术，对越夏易变区的小麦田及其周边的自生麦苗采取机械铲除、深翻深耕或喷施除草剂杀灭等措施，减少小麦自生麦苗的数量，减少越夏区菌源量和向秋苗传播的菌源量。

（4）合理布局抗病品种。充分利用小麦品种的抗锈性，推广种植小麦全生育期抗病品种。推广实施抗病基因（品种）合理布局技术，多抗源品种布局，注意合理搭配与冬季繁殖区和春季流行区抗病基因不同的小麦品种，减轻发病，减少菌源量，阻止病原菌传播。

（5）加强秋播药剂拌种。在西北、西南等小麦条锈菌越夏易变区，全面推广药剂拌种，实施小麦秋播种子包衣、药剂拌种全覆盖。应用具有内吸传导性的三唑类高效种衣剂，进行小麦种子包衣或拌种，坚决杜绝白籽下种。

（6）依据天气适期晚播。根据当年秋播期的天气条件和气候特点，因地制宜，适期晚播，推迟小麦出苗，防止冬前旺长，降低秋苗感染率，减少早期菌源量。

（7）注重秋苗监测防治。加强小麦条锈病发生情况调查和动态监测，早发现、早防治，“发现一点、防治一片”，压低秋苗菌源基数。

（8）科学开展春季防治。春季小麦返青后，加强病害监测预报，当病情达到防治指标时，及时采用三唑类化学药剂开展统防统治和联防联控。

4.3.2 冬季繁殖区（越冬区）

该区域治理的核心是：压低菌源基数，防止菌源外传，控制后期流行。

（1）合理布局抗病品种。采取多抗源品种布局，注意选择种植与越夏易变区和春季流行区不同抗源的品种，有条件地方尽量种植全生育期抗病品种。推广间套作防病技术，小麦与大麦、玉米、马铃薯、蚕豆等其他作物间作或套作，增加物种多样性，减轻病害发生。

（2）小麦秋播药剂拌种。邻近越夏易变区以及越夏菌源先传入区，小麦秋播时根据品种抗性，结合小麦土传病害和地下害虫的防治，选择戊唑醇、吡虫啉等高效内吸传导性杀菌剂或种衣剂拌种或包衣，杜绝白籽下种。同时，根据气候条件适期晚播。

（3）秋苗期防治。小麦秋苗期加强田间病情调查，及时掌握病害发生动态，发现病情时，开展“带药侦察、打点保面”防治，压低早期菌源基数。

（4）春季病害防治。早春依据田间病害发生情况，尽早进行防控，采取“防早、防小、防了”措施，压低前期基数。针对重点区域实施菌源阻截和应急防控。在小麦生长中后期，当田间病情达到防治指标时，及时开展统防统治和联防联控。

4.3.3 春季流行区

该区域治理的核心是：早发现、早防治，严防病害大面积流行。

（1）推广抗病品种。在协调小麦产量和品质的基础上，注意选择种植成株期抗病品种，避免种植与越夏易变区和冬季繁殖区相同抗源的品种。

（2）加强早期监测。充分发挥信息共享机制的作用，推广实施精准监测预警技术，及时掌握越夏易变区、冬季繁殖区的病情动态。采用早期诊断、自动化孢子捕捉等先进监测手段，结合田间调查，早发现、早预警，及时掌握当地病害发生动态，科学指导防治。

（3）科学用药防治。在黄淮南部靠近冬季繁殖区的麦区，小麦苗期采取“带药侦察、打点保面”措施，控制早发病田；小麦生长中后期当病情达到防治指标时，推广实施应急防治技术，及时开展统防统治和联防联控，控制病害流行。

4.4 推广机制

4.4.1 加强组织领导

各地农业农村主管部门要按照《农作物病虫害防治条例》要求，积极争取当地政府支持，将小麦条锈病的防控工作纳入各级政府的绩效考核指标。强化行政推动，压实属地责任，确保防控资金，制定防控方案，落实关键技术措施，提升保障能力。

4.4.2 提升监控能力

各地要充分利用动植物保护能力提升工程等基础设施建设项目，加强监测站点和防控设施建设，在重点发生区建立小麦条锈病田间系统监测点和区域应急防控分中心，完善小麦条锈病监测防控体系，提高病情测报的准确性和时效性，为实施小麦条锈病可持续治理提供技术保障。

4.4.3 搞好技术示范

开展当地主栽品种抗病性的监测与评价，开展条锈病防治新药剂、新技术试验，集成推广条锈病全周期绿色防控技术模式，形成适合当地的防控技术方案，在病害常发重发区分区域建立条锈病跨区域全周期绿色防控示范基地，指导所在区域防控工作。

4.4.4 强化宣传培训

加强对小麦条锈病防控意义和防控技术等方面的宣传，树立“防病保粮安民”意识。加大对基层植保技术人员和农户的培训。在小麦条锈病防治的关键季节，组织植保农技人员、乡村植保员等深入一线，开展防治技术指导，提高技术到位率。

4.4.5 加强技术协作

不断完善农科教协作机制，研究小麦条锈病可持续防控关键技术。结合实际，细化技术措施，明确主推技术，强化技术落地，提高防控效果；推进区域联防和统防统治，达到控制源头区、保护主产区、降低损失率的目的，不断提高小麦条锈病可持续治理技术水平。

5 推广应用情况

5.1 示范推广情况

2021年以来，全国农业技术推广服务中心、西北农林科技大学等全国锈病防控团队组织制定了《小麦条锈病跨区域全周期绿色防控技术方案》，并依托全国植保系统、农业科研院所及试验站等，分别在陕西宝鸡，甘肃天水、平凉，四川绵阳，湖北荆州、襄阳，河南南阳，青海西宁，宁夏固原等不同流行区建立示范基地进行技术示范推广，各个小麦主产区形成了以小麦条锈病预防控制为核心的全程绿色防控技术方案。近3年累计示范应用面积超过20万公顷，其中2023年推广应用12.17万公顷，对控制病害的流行发挥了重要作用。同时，全国农业技术推广服务中心组织在全国推广应用小麦条锈病跨区域全周期绿色防控技术，在全国植保体系开展多层次大范围技术培训，点上试验示范与面上技术推广相结合，促进了技术的快速推广，对提高我国小麦条锈病的可持续治理能力发挥了重要作用（表1–1）。

表1–1　2023年小麦条锈病跨区域全周期绿色防控技术示范基地应用效果

序号	示范基地名称	核心示范面积（$\times 10^4$公顷）	辐射带动面积（$\times 10^4$公顷）	绿色防控覆盖率（%）	减少农药使用量（%）
1	小麦条锈病春季流行区（河南邓州）绿色防控技术示范基地	0.120 7	2.000 0	68.5	29.4
2	小麦条锈病关键越冬区（陕西宝鸡）防控技术集成示范区	0.083 3	5.333 3	60	10～20
3	青海大通小麦条锈病绿色防控技术示范基地	0.006 7	0.140 0	100	50
4	甘肃陇南（甘谷）小麦条锈病菌源区综合治理示范基地	0.033 3	0.333 3	60	10
5	甘肃陇东（崆峒）小麦条锈病菌源区综合治理示范基地	0.033 3	0.333 3	60	10
6	湖北襄阳小麦条锈病综合防控试验示范基地	0.100 0	2.000 0	60	15～20
7	湖北荆州小麦条锈病综合防控试验示范基地	0.066 7	0.666 7	60	15～20
8	四川绵阳小麦条锈病关键冬繁区绿色防控示范基地	0.080 0	0.733 3	60	10
9	宁夏固原小麦条锈病综合防控示范基地	0.003 3	0.633 3	78.69	30.7
	合计	0.527 3	12.173 3	—	—

注：因分列数据存在四舍五入，所以加和数据与合计数据略有偏差。

5.2 提质增效情况

该技术在小麦条锈病不同流行区示范应用结果表明，示范区小麦条锈病平均防治效果达85%以上，平均单产提高5%以上，平均减少农药使用量10%以上，最高减少农药使用量50%，绿色防控覆盖率均60%以上。其中，河南邓州示范基地2023年现场验收结果表明，通过示范应用该项技术，示范区较农民自防增产7.6%、比对照增产21.9%，绿色防控覆盖率达68.5%、减少农药使用量29.4%。从全国看，每年至少控制病害流行降低2个发生等级，发病面积减少333万公顷，减少粮食损失500万吨，减少农药使用量10%以上，经济、社会和生态效益提升显著。

5.3 病害治理成效

2021年以来，依托“十四五”国家重点研发计划“小麦条锈病灾变机制与可持续防控技术研究”

等项目支撑，根据农业农村部的安排部署，全国农业技术推广服务中心紧紧围绕“保供固安全、振兴畅循环”的工作定位，以提高小麦条锈病等重大病虫害治理能力，减轻病虫危害损失，保障国家粮食安全为重任，先后制定了小麦条锈病跨区域全周期绿色防控技术方案和小麦条锈病分区防控技术模式，在小麦条锈病常发流行区大力推广以条锈病预防控制为核心的小麦条锈病跨区域全周期绿色防控技术体系，年推广应用面积超过300万公顷。每年从病害周期流行的各个环节抓起，治早、治小，压低菌源基数，尤其是加强了有性生殖阶段和越夏阶段的防控。一是实施小麦秸秆遮盖封垛，铲除麦田周边小檗，对发病的小檗喷施烯唑醇、三唑酮等，降低小麦条锈菌毒性新小种产生的概率。二是在越夏易变区，在越夏期间实施土地深翻和铲除自生麦苗等措施，减少自生麦苗发生，降低条锈菌越夏菌源量。三是强化小麦秋播药剂拌种。2021—2023年，全国小麦秋播拌种面积率分别达到90%、92%和94%，其中小麦条锈病流行菌源基地达到95%以上，明显推迟和减轻了小麦秋苗条锈病的发生，降低了秋季菌源基地的发病程度，减少了外传菌源数量。四是强化早期监控和后期统防统治。在小麦秋苗期至越冬阶段，加强病害调查监测，实施“带药侦察、打点保面”和“发现一点、控制一片”的策略，压低越冬菌源基数；小麦生长中后期，结合病害流行趋势和防治指标，以及小麦“一喷三防”措施实施，大面积开展统防统治和联防联控，从而将病害流行控制在了较低水平，初步实现了小麦条锈病可持续治理的目标。从近几年的流行情况看，在2020年和2021年全国小麦条锈病连续偏重流行的背景下，2022—2023年，全国小麦条锈病得到有效控制，2023年发病面积仅为51.37万公顷，约为发病高峰年份的1/10（图1-2）。

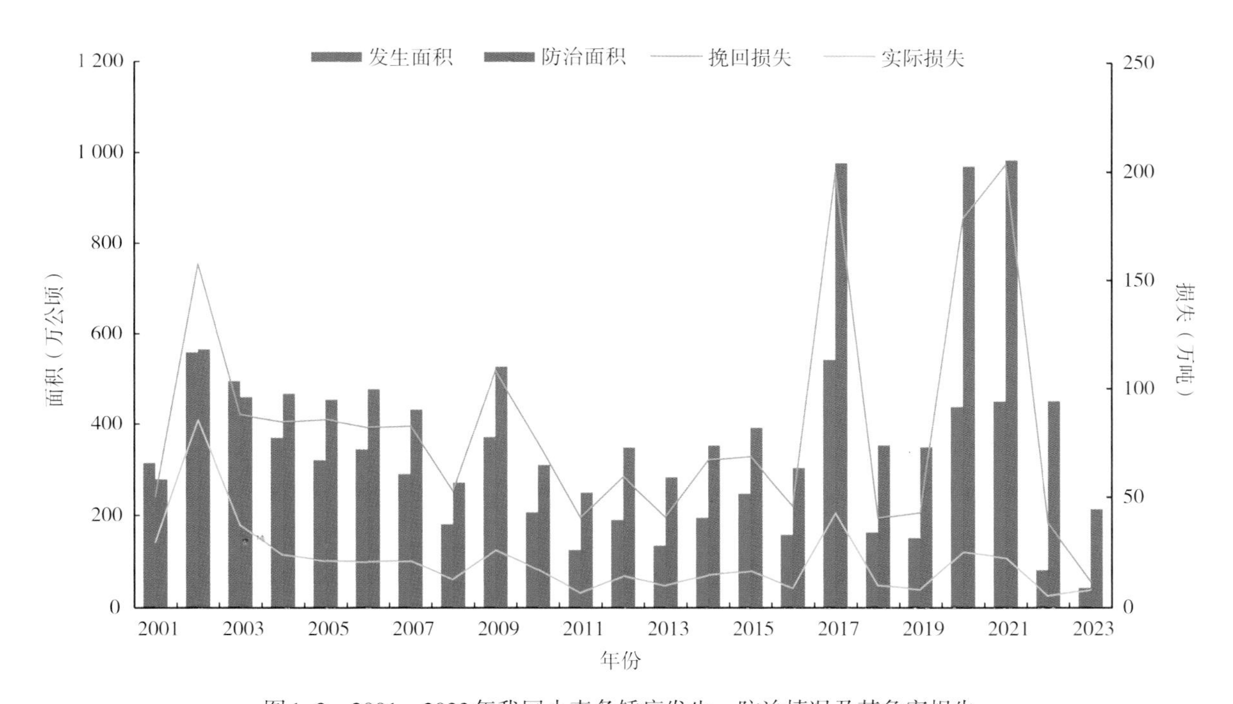

图1-2 2001—2023年我国小麦条锈病发生、防治情况及其危害损失

6 问题与展望

6.1 不断强化小麦条锈病流行各环节预防控制措施落实

小麦条锈病的发生危害具有长期性，在短期内难以完全根除。依据以往病害治理经验，条锈病每经过几年有效治理，广大农户和生产管理部门就会放松警惕，开始在落实种植抗病品种、秋播拌种、翻耕铲除自生麦苗等菌源地治理措施上打折扣，随着毒性新小种的产生和数量上升，主栽品种抗性丧失，遇到气候适宜年份，病菌加快繁殖，造成菌源积累和病害在一定范围较重程度流行。因此，必须牢固树立与小麦条锈病长期斗争的思想。在坚持做好病菌毒性小种发生变化动态监测的基础上，

不断强化病害监测预警，强化病害流行各环节预防控制措施的落实，不断根据病害治理最新进展，细化防控技术措施和方案，实现小麦条锈病持续有效治理，保障小麦生产安全。

6.2 不断强化小麦条锈菌有性生殖阶段研究

“十二五”以来，我国在小麦条锈菌的有性生殖研究方面取得了新的突破，研究证实了有性生殖是小麦条锈菌毒性变异的主要途径。为提高治理能力，今后还需进一步研究小麦条锈菌有性生殖在小麦条锈病流行中的作用及地位；研究有性生殖阶段对病害中长期流行规律及灾变机制的影响，研究监测小麦条锈菌毒性小种产生和变化动态，提出小麦条锈病长期和超长期（5～10年）发生趋势预测意见和治理对策建议，科学开展小麦条锈菌有性生殖阶段的研究与有效防控。

6.3 不断强化小麦条锈病全周期系统治理理念

小麦条锈病在我国跨区域周年发生流行，在时间和空间上均自成体系。因此，开展小麦条锈病跨区域联防联控，从全国小麦条锈病的有效控制出发，必须树立全周期系统治理的理念，不断优化和完善跨区域全周期绿色防控技术体系，提高可持续防控能力。一是强化联合监测预警和信息共享。在已有的工作基础上，按照小麦条锈病流行区划和大区流行规律，进一步建设完善监测网络体系，加密布设监测网点，配备自动化、智能化的监测设备，实施监测站点联网和监测数据共享，提升小麦条锈病监测预警能力。二是强化菌源基地治理，持续压低源头区菌源基数和外传菌源数量。三是强化跨区域联防联控。鉴于小麦条锈病跨区域发生流行，各个流行区相互依存，在加强菌源基地治理的基础上，各流行区在品种选择上要统一布局，在防治上要一体行动，春季流行区要根据菌源传入区的发生动态，及时加强预防控制工作。四是强化统防统治和应急防控能力建设。一般情况下，如能落实前期各项预防措施，病害偏重流行的可能性极小，但若遇个别气候特别适宜，部分地区预防措施落实不力的情况，病害势必在一定时空范围内加重流行。必须强化防灾减灾救灾意识，不断培育专业化统防统治组织，提升应急防控能力，一旦出现病害加重流行趋势，立即组织开展统防统治和应急防控，控制病害流行，将危害损失降到最低，为切实保障国家粮食安全作出应有贡献。

撰稿：刘万才　李跃　王保通　赵中华　王晓杰　康振生

第二节 陕西关键越冬区小麦条锈病绿色防控技术体系

小麦条锈病是我国小麦上重要的大区流行性病害，病菌可随高空气流跨区域远距离传播，引起整个小麦产区病害大流行，造成小麦重大产量损失。陕西省关中灌区和渭北旱塬麦区是小麦条锈病关键越冬区，同时也是小麦条锈病东西部菌源交流的“桥梁”地带，该区域小麦条锈病的发生不仅威胁本地小麦安全生产，同时病原菌还可传播至广大黄淮冬小麦主产区，引起全国小麦条锈病大流行。集成小麦条锈病关键越冬区绿色防控技术体系并示范推广，对有效防控小麦条锈病流行和保障广大冬麦区粮食安全具有重要意义。

1　防控策略

贯彻“预防为主、综合防治”的植保方针，采取“阻遏菌源、压减基数，防早防小、应急防控”的条锈病防控策略，结合小麦其他主要病虫害发生特点，开展全程绿色防控，达到持续有效控制小麦主要病虫害的目的。

2　防控目标

一般年份发生区平均危害损失率控制在5%以下，绿色防控覆盖率达到60%以上，化学农药使用量减少10%～20%，减轻病害危害，确保粮食安全。

3　技术要点

小麦条锈病关键越冬区主要包括陕西关中灌区和渭北旱塬麦区等，是小麦条锈病秋苗和早春防控的重点。其治理的核心是压低秋苗和早春菌源基数，防止菌源向东部冬麦区外传，小麦抽穗—扬花初期结合其他病虫害开展统防统治。

3.1　播种期

主要防治对象以小麦条锈病和地下害虫为主，兼顾茎基腐病、全蚀病等土传、种传病虫害。

①选用抗（耐）病品种。关中灌区推荐使用西农511、伟隆169、西农226、西农3517、西农979、陕农33等，渭北旱塬麦区推荐使用长旱58、西农928、渭麦9号、铜麦6号等。②药剂拌种。种植感病品种的，建议在播种前选用戊唑醇·吡虫啉、苯醚·咯·噻虫等悬浮种衣剂按推荐用量进行种子包衣。③适时晚播。在气候条件允许的情况下，较正常播期晚播5～7天。④控制早期菌源，加强秋苗病害调查，发现病点，及时控制。

3.2　返青拔节期

主要防治小麦条锈病，兼治白粉病、茎基腐病等苗期病害。

①实施“带药侦察、打点保面”措施，发现小麦条锈病零星病叶或发病中心，按照“发现一点、控制一片，发现一片、防治全田”的原则，立即封锁扑灭。如小麦条锈病扩展较快，应组织开展专业化应急防控，控制病原菌向东部下游地带扩散、蔓延，达到“压西防东控流行”的目的。药剂可选用1 000亿芽孢/克枯草芽孢杆菌可湿性粉剂喷雾，也可用三唑酮、戊唑醇等化学药剂进行防治。②在渭

北旱塬麦区小麦茎基腐病发病严重田块，按照“一拌一喷”防控技术要点，可用氰烯·己唑醇、丙硫菌唑、氟唑菌酰羟胺等药剂，按推荐用量喷淋麦株茎基部。防治病害时还可混配氨基寡糖素等免疫诱抗剂，提高小麦抗逆性。

3.3 抽穗扬花期

主要控制小麦条锈病流行，兼顾赤霉病、白粉病和穗蚜等，实施小麦“一喷三防”。

①小麦条锈病病叶率达0.5%时，选用戊唑醇、苯醚甲环唑等三唑类杀菌剂任意一种，如天气预报在小麦齐穗扬花初期遇雨，应选用丙唑·戊唑醇或氰烯·戊唑醇，与吡虫啉、啶虫脒、吡蚜酮、氨基寡糖素或芸苔素内酯，按各自推荐用量，兑水混配，全田喷雾，统防统治。②植保无人机作业亩*施药液量为1.5升以上，并添加沉降剂；喷杆喷雾机作业亩施药液量为15～20升。③小麦生长中后期病情达防治指标时，及时开展应急防治，控制小麦条锈病大面积流行。

4 推广机制

4.1 加强组织领导

要积极争取当地政府重视和财政部门支持，强化行政推动，压实防控责任，充实技术力量，将小麦条锈病防控经费纳入财政预算，强化防控资金保障。提前制定小麦条锈病防控方案和应急预案，将其纳入当地乡镇以上政府部门的绩效考核指标，提高技术推广保障能力。

4.2 强化病害监测

要完善小麦条锈病监测预警体系，在重点发生区建立小麦条锈病系统调查田、定点观测圃，加密大面积普查频次，提高病情测报的准确性和时效性，为实施小麦条锈病可持续治理提供技术保障。

4.3 搞好技术示范

在病害常发重发区分区域建立小麦条锈病全周期绿色防控示范区。开展当地小麦主栽品种抗病性的监测与评价，制定品种引进与淘汰计划以及种植布局规划；集成推广条锈病跨区域全程绿色防控技术模式，构建科学防控技术体系，指导所在区域防控工作开展。

4.4 加强技术培训

加强基层植保技术人员培训，加强对合作社和种植大户等经营主体、农资经销商的小麦条锈病防治关键技术要点等技术培训，加强专业化防治人员新技术、新知识培训，尤其是对无人机和喷雾器等高效施药器械的操作技能培训。加大对小麦条锈病防控意义、防治意识、防控理念和防控技术等方面的宣传力度，树立“防病保粮安民”意识。防治关键时期，组织广大植保农技人员深入一线，开展防治技术指导，提高技术到位率。

示范案例：

陕西关键越冬区小麦条锈病综合防控技术集成与示范方案

（陕西省宝鸡市岐山县，2022—2023年度）

示范区地址	陕西省岐山县凤鸣镇朱家塬村	核心区面积	0.6万亩	辐射带动面积	40万亩
小麦品种	西农226、伟隆169	播种时间	10月10—25日	亩播量	16公斤
预期目标	绿色防控技术覆盖率达60%以上，防效较常规区提高10%，减少化学农药使用量10%～20%				

* 亩为非法定计量单位，1亩≈667米²。全书同。——编者注

（续）

以小麦条锈病为主的全生育期病虫害绿色防控技术			
生育期	播种期	返青拔节期	抽穗扬花期
主要防治对象	条锈病、茎基腐病、地下害虫等	条锈病、白粉病、茎基腐病等	条锈病、赤霉病、蚜虫、白粉病等
关键技术	①种植抗（耐）条锈病品种。②药剂拌种：对不抗病品种，播期选用31.9%戊唑·吡虫啉悬浮种衣剂等拌种。③精细整地、合理施肥、适时晚播。④加强秋苗和早春条锈病查治，发现病点，及时封锁	①实施“带药侦察、打点保面”，发现零星病叶或发病中心，按照“发现一点、控制一片，发现一片、防治全田”的原则，立即封锁扑灭，早期选用三唑酮、戊唑醇等化学药剂进行防治。②渭北旱塬地区小麦茎基腐病发病重的田块，在小麦茎基部用氰烯·己唑醇悬浮剂喷雾防治	①条锈病病叶率达0.5%时，选用丙唑·戊唑醇或氰烯·戊唑醇＋吡虫啉或啶虫脒或吡蚜酮＋磷酸二氢钾或氨基寡糖素或芸苔素内酯喷雾进行“一喷三防”统防统治。②植保无人机亩施药液量为1.5升以上；喷杆喷雾机亩施药液量为15～20升。小麦生长中后期病情达防治指标时，及时统防统治和应急防治，控制小麦条锈病大面积流行
防控组织形式	选用抗病品种，统一包衣拌种	带药侦察，打点保面	一喷三防，统防统治
配套工作措施	①科学规划示范区，制定示范方案。②搞好技术培训。③统一品种。④组织统一包衣拌种	①加强田间条锈病调查普查。②落实“打点保面”技术措施。③提前备足大面积应急防治物资	①加强条锈病监测预警。②根据病情，采用大型施药器械或植保无人机进行统防统治。③搞好条锈病防效调查，实地测产验收，评价综合增产效果

撰稿：王保通　冯小军　王阳　汤春蕾　王亚红

第三节　甘肃冬麦区小麦条锈病菌源基地绿色防控技术体系

小麦条锈病是我国小麦生产上影响产量最严重的大区流行性气传病害。甘肃省内广大的冬小麦种植区域构成了我国小麦条锈菌越夏易变区的主体，该区域小麦条锈病可实现周年循环，为我国小麦条锈病的发生及流行源源不断地提供菌源。通过综合应用抗病品种布局、有性生殖阻滞、病害监测预警、高效新药剂精准施药等技术，在有效控制甘肃省小麦条锈病发生流行的基础上，保护全国主要麦区免受小麦条锈病的危害。

1　防控策略

贯彻“预防为主、综合防治”的植保方针，实施“种植结构调整、抗病品种合理布局、秋播药剂拌种、秋苗期防治和早春统防统治”等综合防控措施，抓紧、抓准、抓好防治关键时期，切实加强监测调查，做到及早发现、及时处置。核心菌源区要突出防早防小、区域联防，做到“带药侦察”“发现一点、控制一片”，打点保面，打南保北，压低菌源基数，降低向黄淮海主产区传播扩散风险。条锈病流行盛期组织开展统防统治和应急防治，做到应防尽防，严防大面积流行危害。

2　防控目标

小麦条锈病流行频率和强度显著降低，压低秋季菌源，阻遏菌源向外传播，发生区平均危害损失率控制在5%以下。条锈病绿色防控覆盖率达到55%以上，实现减量控害、节本增效、稳粮增收的可持续治理目标。

3　技术要点

甘肃冬麦区是小麦条锈病菌源基地和变异的关键区域，其治理的核心是：压低菌源、防止变异和阻遏菌源向外传播。一是调整作物种植结构。在甘肃冬麦菌源区，利用生物多样性技术，调整优化作物结构，种植玉米、马铃薯及蔬菜和中药材等高产高效益作物，减少菌源区小麦种植面积，降低菌源基数。二是阻滞病菌有性变异。在小麦田周边小檗生长区域，采取遮盖小麦秸秆堆垛、铲除周边小檗或对染病小檗喷施农药等措施，阻断条锈菌的有性繁殖，降低条锈菌变异概率，减缓条锈菌毒性小种产生速率。

3.1　越夏期

此期重点铲除夏秋季自生麦苗。在7—9月采取深翻深耕、机械铲除或除草剂杀灭等技术减少或切断条锈菌寄主，减轻当地秋苗发病，减少越夏区秋冬季菌源，降低外传菌源数量。

3.2　播种期

一是合理布局抗锈品种。在甘肃陇南小麦条锈菌越夏易变菌源区，推广全生育期抗病品种兰天31、中梁32、天选52、兰大211等系列丰产抗病品种，搭配种植兰天19、天选72及中梁44等抗锈基因背景多样化的品种，实施抗锈品种合理布局。在甘肃陇东条锈菌越夏菌源区，示范推广陇鉴110、陇鉴111、陇鉴117、西平1号、陇育5号、普冰151和普冰322等抗锈抗旱丰产品种。二是推广秋播

药剂拌种。在关键越夏菌源区，实施小麦秋播药剂拌种全覆盖，应用戊唑醇、烯唑醇等具内吸传导性的高效低毒杀菌剂，进行小麦种子包衣或拌种。三是因地制宜推广适期晚播措施。播种推迟到9月下旬至10月上旬，降低秋苗感染率，减少早期菌源，控制发生面积和程度，有效减少外传菌源量。

3.3　秋苗期

重点实施秋苗期病害监测及早期精准防治。在关键越夏菌源区，加强秋苗条锈病发生动态监测和预警预报，及早发现，及时进行点片防治，压低菌源基数，减少外传菌源数量。同时加强病情信息共享，协调冬繁区病害的监测和防控。

3.4　返青拔节期

春季小麦返青后，及时开展小麦条锈病系统监测和大田普查，陇南、天水等早发区域进行“带药侦察”，发现病叶立即喷药防治，“发现一点、防治一片”，及时控制发病中心，落实好打点保面的预防控制措施，压低本地菌源基数，减缓病害流行速度。当田间平均病叶率达到0.5%～1%时，及时组织专业化防治组织使用植保无人机等高效植保器械采用三唑酮、烯唑醇、戊唑醇、氟环唑、丙环唑等药剂进行应急防治。

3.5　抽穗扬花期

此期主要防治条锈病，兼治麦蚜和白粉病。①条锈病病叶率达0.5%时，可选用戊唑醇、氟环唑、丙环唑、三唑酮等药剂防治条锈病和白粉病，小麦蚜虫严重的添加吡虫啉、啶虫脒、吡蚜酮或高效氯氟氰菊酯等药剂兼治蚜虫。②植保无人机作业亩施药液量为1.0～1.5升；喷杆喷雾机作业亩施药液量为15～20升。小麦生长中后期当病情达到防治指标时，应及时开展应急防治和统防统治，控制小麦条锈病蔓延流行。

3.6　灌浆乳熟期

小麦条锈病、麦蚜和白粉病进入盛发期，此期主要结合小麦“一喷三防”，开展统防统治、群防群治，控制病虫害流行和危害。后期对病虫害造成的损失程度和防控效果进行调查评估，评价品种抗性、各种药剂成效以及综合防控方案成效，进一步完善防控技术体系。

4　推广机制

4.1　加强组织领导

落实政府主导、属地管理等工作要求，强化行政推动，压实防控责任，提前制定小麦条锈病防控方案和应急预案，积极争取当地财政支持，确保防控资金，落实防控措施。

4.2　强化监测预警

完善小麦条锈病监测预警体系，在重点发生区建立小麦条锈病系统调查田、定点观测圃，提高病情测报的准确性和时效性，为实施小麦条锈病可持续治理提供技术保障。

4.3　搞好技术示范

在病害常发重发区建立小麦条锈病全周期绿色防控示范基地。开展当地主栽品种抗病性的监测与评价，制定当地品种引进与淘汰计划以及种植布局规划；集成推广小麦条锈病全周期绿色防控技术模式，形成适合当地的防控技术方案，指导所在区域防控工作开展。

4.4　加大宣传力度

加强对小麦条锈病防控意义和防控技术等方面内容的宣传力度，树立“防病保粮安民”意识。

加大对基层植保技术人员和广大农户的培训。在小麦条锈病防治的关键季节，组织广大植保农技人员深入一线，开展防治技术指导，提高技术到位率。

4.5 加强技术协作

完善农科教协作推广机制，研究明确小麦条锈病可持续防控关键技术、关键区域、关键环节。结合实际，细化技术措施，明确主推技术，强化技术落地。推进区域联防和统防统治，达到控制源头区、保护主产区、降低损失率的目的。

示范案例：

甘肃冬麦区小麦条锈病综合防控技术集成与示范方案

（甘肃省庆阳市宁县，2022—2023年度）

示范区地址	甘肃省宁县中村镇	核心区面积	1.5万亩	辐射带动面积	20万亩
品种	普冰151等	播种时间	9月18日至10月5日	亩播量	12.5公斤
预期目标	示范区绿色防控率提升到50%以上，减少化学农药使用量10%左右				
全生育期病害绿色防控技术					
生育期	播种前	播种期	返青拔节期	抽穗扬花期	灌浆乳熟期
主要防治对象	—	条锈病、白粉病、蚜虫、条沙叶蝉以及地下害虫	白粉病、条锈病、条沙叶蝉、红蜘蛛、麦蚜	条锈病、白粉病、麦蚜	条锈病、麦蚜、白粉病
关键技术	①调整种植结构，减少东部高海拔冷凉越夏区小麦面积。②铲除自生麦苗，减少田间自生麦苗数量	①深翻灭茬、暴晒土壤、精细整地、测土施肥。②选择抗倒伏、抗锈品种。③精量播种、宽幅匀播、增强田间通风透光性。④药剂拌种：选用27%苯醚·咯·噻虫悬浮种衣剂、40%辛硫磷乳油＋15%三唑酮可湿性粉剂等包衣。⑤适时晚播，减少旺长，培育壮苗，增强抗性	①土壤解冻后及时镇压，除去枯枝干叶，消灭越冬虫卵和病叶，增温保墒，促进生长。②拔节前进行人工除草或化学除草，遇雨及时追施化肥，亩追施尿素5～10公斤，促弱转壮，提高抗性。③加强定点调查和全田普查，做好监测预警。④对达到防治指标的麦田，及时喷施己唑醇或戊唑醇＋吡虫啉或阿维菌素等药剂防治	①增加小麦条锈病早发区、易发区调查监测力度和频度，“发现一点、防治一片”，早发现、早防控。②抢抓时间，在非雨天气的时候及时用药，选用戊唑醇＋吡虫啉或氯氰·吡虫啉，用药后遇雨应及时补喷，应用药2～3次。③叶面喷施磷酸二氢钾，预防倒伏，提高抗逆性	①小麦条锈病、白粉病、麦蚜进入盛发期，做好监测调查和预报、实施“一喷三防”、统防统治、群防群治。②药剂选择己唑醇、戊唑醇、氟环唑，加入吡虫啉或噻嗪酮＋磷酸二氢钾或芸苔素内酯，注意轮换用药。③对病虫害损失程度和防控效果进行调查评估，评价品种抗性、各种药剂成效以及综合防控方案成效，及时分析总结，以便进一步改善防控技术体系
防控组织形式	发动群众，调整种植结构	统一包衣拌种，统一采购包衣抗病良种	带药侦察，打点保面	带药侦察，打点保面，应急防控	一喷三防，统防统治，全面防控
配套工作措施	加强宣传培训	开展技术指导	监测预警，制定应急预案	调配药械，采购药物，特事特办	加大宣传，现场测产，评估防效

撰稿：金社林　刘卫红　张晶东　王得毓

第四节　四川盆地冬繁区小麦条锈病绿色防控技术体系

四川盆地是我国小麦条锈菌从越夏菌源基地向东部麦区春季流行传播的关键冬繁区域，做好四川盆地冬繁区小麦条锈病防控工作对全国小麦安全生产具有重要意义。针对四川盆地冬繁区秋苗发病重且冬季持续繁殖的特点，以压低冬春菌源量为目标，集成创新出“秋苗菌源控制＋春季早期防控”的冬繁区小麦条锈病全周期绿色防控技术体系。

1　防控策略

贯彻“预防为主，综合防治”植保工作方针，落实“加强早期监测、压低秋苗菌源、减轻菌源外传、控制危害损失”的防控策略，有效控制小麦条锈病发生流行。

2　防控目标

示范区绿色防控率提升到60%以上，化学农药使用量减少10%～20%。

3　技术要点

持续开展小麦条锈菌毒性监测和品种抗性监测，大力推广高抗条锈病，兼抗白粉病、赤霉病和蚜虫的小麦品种，结合适期播种等高产栽培措施，辅以科学合理用药，控制小麦条锈病发生流行。

3.1　营造有利生态条件，减少病菌来源

小麦条锈菌越夏阶段至秋播前，以减少田间菌源为目标，措施为防除麦田周边田埂、沟渠、山坡的小檗，种植白车轴草、紫花苜蓿等多年生豆科作物，减少自生麦苗产生。

3.2　播种期

此期主要防治条锈病，兼治其他病虫。①根据小麦条锈菌毒性和品种抗性监测结果，选择川麦104、绵麦902、川麦98、川农30、科成麦6号等抗病高产品种。②药剂拌种。针对中抗条锈病或不抗白粉病、蚜虫品种，可选用吡唑醚菌酯、苯醚·咯·噻虫、戊唑醇＋丙硫唑或吡·咯·苯醚等进行包衣。③适时晚播。根据田间墒情，最适播种期为10月25日至11月5日。④提高播种质量。每亩播种量控制在12～15公斤，基本苗15万～20万苗即可，过低过高均不利于高产。推广带旋播种技术，简化耕整播种程序，若田面高低不平，可先用浅旋机械旋耕耙平，再进行免耕带旋播种。⑤播后推广封闭除草。

3.3　返青拔节期

此期主要防治小麦条锈病，兼治白粉病和小麦蚜虫。①加强监测预警。根据秋季菌源区秋苗发病程度，普查盆地北部历年早发地区发病点数，结合天气情况，评估盆地冬繁区发病程度。②实施“带药侦察、打点保面”措施，对小麦条锈病零星病叶或发病中心，按照“发现一点、控制一片，发现一片、防治全田”的原则，立即封锁发病田块，减少菌源外传，可选用戊唑醇、丙环唑、苯醚唑酰胺等药剂兼治白粉病，蚜虫严重的田块可添加吡蚜酮、抗蚜威或高效氯氟氰菊酯等病虫兼治。

3.4 抽穗扬花期

此期主要防治赤霉病，兼治条锈病和白粉病。①在小麦抽穗扬花期抢晴及时用药，用药后遇雨应及时补喷，赤霉病重发地区应用药2次。②选择对条锈病高效的戊唑醇、丙硫唑、苯醚唑酰胺，并加入对赤霉病高效的氰烯菌酯或氟唑菌酰羟胺。③植保无人机作业亩施药液量为1.5～2.0升；喷杆喷雾机作业亩施药液量为15～20升。④轮换用药：整个生育期和不同年份之间注意将戊唑醇、丙硫唑等三唑类药物与吡唑醚菌酯、苯醚唑酰胺、氰烯菌酯和氟唑菌酰羟胺轮换使用，穗期禁用吡唑醚菌酯以免增加赤霉病菌毒素合成。

3.5 灌浆期

此期主要对病虫害损失程度和防控效果进行调查，评价品种抗性、各种药剂防控成效以及绿色防控成效，组织开展观摩和总结活动，完善绿色防控技术体系。

4 推广机制

4.1 强化监测预警

完善小麦条锈病监测预警体系，在盆地西北部剑阁县、东北部营山县、东南部合江县等地建立小麦条锈病系统调查田和定点观测圃，开展长期定位监测。在宁南县和江油市、营山县、合江县建立品种抗性监测圃，为实施小麦条锈病可持续治理提供依据；发挥基层植保体系作用，通过省级重点测报站和乡村植保员加大普查力度，及时掌握小麦条锈病发生发展动态。

4.2 加强组织领导

提前制定年度小麦条锈病防控方案和应急防控预案，定期开展省、市两级会商，科学研判小麦条锈病发生趋势；积极争取政府重视和财政部门支持，压实防控责任，充实技术力量，落实防控资金，纳入粮食安全党政同责考核内容，提高技术推广保障能力。

4.3 搞好技术示范

建立条锈病冬繁区全周期绿色防控示范基地，选用高产抗病良种，全覆盖开展药剂拌种，适期晚播，推广带旋播种技术，科学合理用药，以点带面，推动所在区域小麦条锈病绿色防控工作顺利开展。

4.4 加大宣传力度

加大对小麦条锈病的防控意义、防治意识、防控理念和防控技术等方面的宣传力度，树立“防病保粮安民”意识。加大对基层植保技术人员和广大农户的培训，广泛宣传绿色防控技术的科学性和先进性。在小麦条锈病防治的关键季节，组织广大植保农技人员深入一线，开展防治技术指导，提高绿色防控技术到位率。

示范案例：

四川盆地冬繁区小麦条锈病综合防控技术集成与示范方案

（四川省绵阳市江油市，2022—2023年度）

示范区地址	四川省江油市武都镇	核心区面积	2万亩	辐射带动面积	25万亩
小麦品种	绵麦902等	播种时间	11月1—8日	亩播量	15公斤
预期目标	示范区绿色防控率提升到60%以上，减少化学农药使用量10%～20%				

（续）

全生育期病害绿色防控技术					
生育期	播种前	播种期	返青拔节期	抽穗扬花期	灌浆期
主要防治对象	—	条锈病、白粉病、蚜虫和土传病害	条锈病、白粉病，兼治蚜虫	赤霉病，兼治条锈病和白粉病	—
关键技术	铲除小檗，种植白车轴草、紫花苜蓿等多年生豆科作物，减少自生麦苗产生	①深翻埋茬、精细整地、平衡施肥。②选择抗小麦条锈病的优良品种。③药剂拌种：选用戊唑醇＋丙硫唑或吡·咯·苯醚等包衣。④适时晚播，免耕浅旋条播，加大播种量；封闭除草	①加强监测预警。②实施“带药侦察、打点保面”措施，可选用戊唑醇、丙环唑、吡唑醚菌酯、苯咪唑酰胺等药剂防治条锈病和白粉病，吡蚜酮、抗蚜威、高效氯氟氰菊酯等药剂兼治蚜虫	①在小麦抽穗扬花期抢非雨天气及时用药，用药后遇雨应及时补喷，赤霉病重发地区应用药2次。②选择戊唑醇，加入氰烯菌酯或氟唑菌酰羟胺，注意轮换用药，穗期禁用吡唑醚菌酯。③植保无人机作业亩施药液量为1.5～2.0升；喷杆喷雾机作业亩施药液量为15～20升	对病虫害损失程度和防控效果进行调查，评价品种抗性、各种药剂防控成效以及综合防控方案成效并组织观摩和总结活动，以便进一步改善防控技术体系
防控组织形式	组织种植豆科植物	统一包衣拌种	带药侦察，打点保面	一喷三防，统防统治	现场验收
配套工作措施	加强宣传	开展技术指导	监测预警，制定应急预案	加大宣传，主动防治	测产，及时抢收

撰稿：彭云良　杨芳　姬红丽　封传红　徐翔　尹勇

第五节　湖北冬繁区小麦条锈病绿色防控技术体系

湖北是我国小麦条锈病重要的冬繁区之一，在全国小麦条锈病大区流行中起重要“桥梁”地带作用，条锈病不但在湖北本地流行危害，还给黄淮海等北方小麦主产区提供大量的菌源，对当地小麦生产造成严重威胁。近年来，由于气候变化、种植结构改变，该病流行频率上升，危害损失加重，对小麦生产造成较大威胁。根据小麦条锈病冬繁区病害发生流行特点，集成湖北冬繁区小麦条锈病绿色防控防治技术体系。

1　防控策略

坚持“预防为主、综合治理、分类指导、节本增效”的原则，树立“公共植保、绿色植保”理念，采取“药剂拌种、压减基数、加强监测、打点保面、统防统治”的防控策略，抓住重点地区重大病虫、关键时期，指导开展综合防治，强化科学用药、减量用药，推进统防统治和绿色防控，有效控制病害发生流行。

2　防控目标

在保障防治效果的同时，一般年份发生区平均危害损失率控制在5%以下，绿色防控覆盖率达到60%以上，专业化统防统治率达45%以上，示范区比农民自防区化学农药使用量减少10%～20%。

3　技术要点

其治理的核心是：压低冬繁区菌源基数，早发现、早防治，严防病害大面积流行，打好条锈病阻击战，减少给北方和东部广大流行区提供的菌源量，减轻防控压力。

3.1　播种期

此期主要防治对象以条锈病、白粉病为主，兼顾纹枯病、全蚀病等土传、种传病害，重点要狠抓药剂拌种，杜绝白籽入地。①深翻埋茬、精细整地、平衡施肥。②选用鄂麦18、鄂麦596、鄂麦006、鄂麦DH16、襄麦25、襄麦55、襄麦62、扶麦368、西农979等抗（耐）小麦条锈病良种。③药剂拌种，可选用氟环唑、戊唑醇、苯醚甲环唑，加赤•吲乙•芸苔或芸苔素内酯进行包衣拌种。④适期晚播、机械条播。

3.2　返青拔节期

此期主要防治小麦条锈病，兼治纹枯病、白粉病和红蜘蛛等主要病虫害。重点要加强小麦大田的病情监测，全面落实“带药侦察、打点保面、防早防小、关口前移”的防控策略。①采用孢子捕捉器等先进仪器设备结合人工踏查方式对条锈病常年发生的老病窝区进行监测。②“带药侦察、打点保面”，对小麦条锈病零星病叶或发病中心，坚持“发现一点、控制一片，发现一片、防治大面”的原则，及时控制发病中心；当田间平均病叶率达到0.5%～1%时，组织开展大面积应急防控，并且做到同类区域全覆盖。防治药剂可选用戊唑醇、烯唑醇、氟环唑、丙环唑、

醚菌酯、吡唑醚菌酯、嘧啶核苷类抗菌素、丙唑·戊唑醇、氰烯·戊唑醇、烯肟·戊唑醇、三唑酮等。

3.3 抽穗扬花期

此期以防治赤霉病为主，兼治条锈病、白粉病等病害。防治药剂选择对赤霉病、条锈病、白粉病有兼治效果的药剂，并结合“一喷三防”，大力开展统防统治。①小麦赤霉病必须立足预防，坚持“主动出击、见花打药”不动摇，抓住小麦齐穗至扬花初期这一关键时期，及时喷施合适药剂，做到扬花一块防治一块。如预报扬花期有阴雨、结露和多雾天气，高感品种首次施药时间应提前至抽穗期。②如遇持续阴雨，第一次防治结束后，5～7天后进行第二次防治。每次施药后6小时内如遇雨，雨后应及时补施。③药剂可选用15%丙唑·戊唑醇悬浮剂、40%丙硫菌唑·戊唑醇悬浮剂、48%氰烯·戊唑醇悬浮剂或40%咪铜·氟环唑悬浮剂等，可添加磷酸二氢钾、赤·吲乙·芸苔、芸苔素内酯、大丽轮枝孢激活蛋白等植物诱抗剂（或植物生长调节剂）一起喷雾，可防病害、防干热风、防早衰。④采取植保无人机按亩施药液量1.0～1.5升，新型宽臂自走式喷杆喷雾机按亩施药液量为15～20升进行统防统治。

4 推广机制

4.1 加强组织领导

按照粮食安全党政同责要求落实小麦重大病虫害防控责任，严格执行《农作物病虫害防治条例》有关规定，落实政府统筹主导、农业农村部门指导、乡镇政府抓落实的工作机制，强化行政推动，压实防控责任，充实技术力量，确保防控资金，提前制定小麦条锈病防控工作方案和应急预案。

4.2 强化监测预警

要完善小麦条锈病监测预警体系，在重点发生区建立小麦条锈病孢子捕捉田、系统调查田、定点观测圃，提高病情测报的准确性和时效性，为“早发现、早实施、早防治”提供技术保障。

4.3 强化技术指导

各级植保机构要及时印发小麦重大病虫害防控方案和指导意见，层层建立分片包干责任制，防控关键时期选派精干力量深入生产一线，举办现场培训，面对面、手把手指导种植业大户、家庭农场、合作社及农民等开展防治，确保防控技术落到实处。

4.4 强化宣传引导

加大对小麦条锈病防控意义、防治意识、防控理念和防控技术等方面的宣传力度，充分利用电视、广播、报刊、微信公众号等媒体，大力宣传好经验、好做法、好典型，为小麦重大病虫害持续防控的推进营造良好的舆论氛围。

4.5 强化督导检查

省、市、县级各防病指挥部在小麦病虫防控的关键时期，深入各县各乡镇开展督办检查，发现问题及时整改；及时研判重大病虫害发生形势，指导开展防控工作；督促各地落实防控资金，力争各项防控措施落实到田，确保小麦生产稳产丰收。

示范案例:

湖北冬繁区小麦条锈病综合防控技术集成与示范方案

（湖北省襄阳市襄城区，荆州市江陵县，2022—2023年度）

示范区地址	湖北省襄城区卧龙镇 湖北省江陵县江北农场	核心区面积	襄阳：1万亩 荆州：1万亩	辐射带动面积	襄阳：20万亩 荆州：15万亩
小麦品种	襄阳：扶麦368等 荆州：西农979等	播种时间	襄阳：10月22—30日 荆州：10月25日至11月5日	亩播量	襄阳：12.5公斤 荆州：12.5公斤
预期目标	绿色防控技术覆盖率达50%以上，病害危害损失率控制在5%以下，减少化学农药使用量10%～20%				

全生育期病害绿色防控技术（虫害达标防治）				
生育期	播种期	返青拔节期	抽穗扬花期	灌浆期（需要时）
主要防治对象	条锈病、白粉病及纹枯病、全蚀病等土传、种传病害	条锈病，兼治纹枯病、红蜘蛛等	赤霉病，兼治条锈病、白粉病等	主防穗蚜，兼治白粉病
关键技术	①深翻埋茬、精细整地、平衡施肥。②选用抗（耐）小麦条锈病的优良品种。③药剂拌种：选用戊唑醇或三唑酮+赤·吲乙·芸苔或芸苔素内酯进行包衣拌种。④适时晚播，机械条播	①加强监测。②“带药侦察、打点保面”，对小麦条锈病零星病叶或发病中心，按照“发现一点、控制一片，发现一片、防治全田”的原则，立即进行封锁扑灭，选用戊唑醇、氟环唑、三唑酮等喷雾防治	①对赤霉病常发区主动出击，见花打药，统防统治。②锈病病叶率达0.5%时，选用15%丙唑·戊唑醇悬浮剂、40%丙硫菌唑·戊唑醇悬浮剂或48%氰烯·戊唑醇悬浮剂进行喷雾。③选用植保无人机、担架式喷雾机高效喷雾防治	根据穗芽发生情况，选用啶虫脒、吡虫啉、抗蚜威、高效氯氰菊酯、苦参碱等药剂防治
防控组织形式	统一包衣拌种	带药侦察，打点保面	一喷三防，统防统治	虫害达标防治
配套工作措施	①做好药剂拌种现场技术指导。②组织统一包衣拌种	①加强田间条锈病调查普查。②落实打点保面技术措施。③提前准备应急防治物资	①主动出击，“一喷三防”。②统防统治，高效防治	①测产验收、评价。②及时抢收，防止穗发芽

撰稿：杨立军　阙亚伟　许艳云　郭子平　龚双军　邓春林

第六节　河南春季流行区小麦条锈病绿色防控技术体系

小麦条锈病是我国小麦生产上影响产量最严重的大区流行性气传病害。近年来，由于气候变化、种植结构改变，该病流行频率上升，危害损失加重，对小麦生产造成较大威胁。根据春季流行区病害发生流行特点，集成推广小麦条锈病春季流行区全周期绿色防控防治技术体系。

1　防控策略

贯彻“预防为主、综合防治”的植保方针，采取“封锁菌源、压减基数，控南保北、联防联治”的防控策略，有效控制病害发生流行。

2　防控目标

一般年份发生区平均危害损失率控制在5%以下，绿色防控覆盖率达到60%以上，专业化统防统治率达60%以上，实现“三减一增”（减轻产量损失，减少防控投入，减缓环境压力，增加种粮收入）的防控目标，确保国家粮食安全。

3　技术要点

小麦条锈病春季流行区主要包括黄淮海平原、长江中下游，以及河套平原春麦区等大部麦区，是小麦条锈病春季防控的重点。其治理的核心是：早发现、早防治，严防病害大面积流行。

3.1　播种期

此期主要防治对象以小麦条锈病为主，兼顾纹枯病等土传、种传病害。①精细整地、合理施肥。②选用抗（耐）小麦条锈病的优良品种，如周麦22、周麦28、郑麦7698、郑麦366、西农979、郑麦101、郑麦136等。③药剂拌种。可选用戊唑·吡虫啉＋赤·吲乙·芸苔或芸苔素内酯等进行包衣拌种。④适时晚播。⑤加强秋苗条锈病查治，发现病点，及时封锁。

3.2　返青拔节期

此期主要防治小麦条锈病，兼治纹枯病、茎基腐病等病害。①早春普防小麦纹枯病，兼治条锈病，延迟发病期。②实施“带药侦察、打点保面”措施，发现小麦条锈病零星病叶或发病中心，按照“发现一点、控制一片，发现一片、防治全田”的原则，立即封锁扑灭，优先选用生物农药1 000亿芽孢/克枯草芽孢杆菌可湿性粉剂喷雾，也可用戊唑醇、三唑酮等化学药剂进行防治。

3.3　抽穗扬花期

此期主要防治小麦条锈病，兼治白粉病、赤霉病等病害。①条锈病病叶率达0.5%时，选用15%丙唑·戊唑醇悬浮剂、40%丙硫菌唑·戊唑醇悬浮剂或48%氰烯·戊唑醇悬浮剂喷雾进行统防统治，兼防小麦赤霉病、小麦白粉病等。②植保无人机作业亩施药液量为1.0～1.5升；喷杆喷雾机作业亩施药液量为15～20升。小麦生长中后期当病情达到防治指标时，应及时开展统防统治和应急防治，控制小麦条锈病大面积流行。

3.4 灌浆期

此期主要结合小麦“一喷三防”，根据条锈病、麦蚜、白粉病、叶枯病等病虫害发生情况，选用15%丙唑·戊唑醇悬浮剂或40%丙硫菌唑·戊唑醇悬浮剂+吡虫啉或啶虫脒或吡蚜酮或噻虫嗪+磷酸二氢钾或氨基寡糖素或芸苔素内酯喷雾，科学配方，综合作业，一喷多效。

4 推广机制

4.1 加强组织领导

积极争取当地政府重视和财政部门支持，强化行政推动，压实防控责任，充实技术力量，保障防控资金，提前制定小麦条锈病防控方案和应急预案，将其纳入当地乡镇以上政府部门的绩效考核指标，提高技术推广保障能力。

4.2 强化监测预警

完善小麦条锈病监测预警体系，在重点发生区建立小麦条锈病系统调查田、定点观测圃，提高病情测报的准确性和时效性，为实施小麦条锈病可持续治理提供技术保障。

4.3 搞好技术示范

在病害常发重发区分区域建立条锈病跨区域全周期绿色防控示范基地。开展当地主栽品种抗病性的监测与评价，制定当地品种引进、淘汰以及种植布局规划；集成推广条锈病春季流行区绿色防控技术模式，形成适合当地的防控技术方案，指导所在区域防控工作开展。

4.4 加大宣传力度

加大对小麦条锈病防控意义、防治意识、防控理念和防控技术等方面的宣传力度，树立“防病保粮安民”意识。加大对基层植保技术人员和广大农户的培训，广泛宣传跨区域全周期绿色防控技术的科学性和先进性。在小麦条锈病防治的关键季节，组织广大植保农技人员深入一线，开展防治技术指导，提高技术到位率。

示范案例：

河南春季流行区小麦条锈病综合防控技术集成与示范方案

（河南省南阳市邓州市，2022—2023年度）

示范区地址	河南省邓州市腰店镇	核心区面积	1万亩	辐射带动面积	25万亩
小麦品种	周麦22、郑麦366、郑麦136	播种时间	10月25日至11月5日	亩播量	15公斤
预期目标	绿色防控技术覆盖率达60%以上，防效较常规区提高10%，减少化学农药使用量10%～20%				
全生育期病害绿色防控技术（虫害达标防治）					
生育期	播种期	返青拔节期		抽穗扬花期	灌浆期
主要防治对象	条锈病、纹枯病等土传、种传病害	条锈病，兼治纹枯病、茎基腐病		条锈病、赤霉病，兼治白粉病等	条锈病

（续）

生育期	播种期	返青拔节期	抽穗扬花期	灌浆期
关键技术	①精细整地、合理施肥。②选用抗（耐）小麦条锈病的优良品种。③药剂拌种：戊唑·吡虫啉＋赤·吲乙·芸苔或芸苔素内酯进行包衣拌种。④适时晚播。⑤加强秋苗条锈病查治，发现病点，及时封锁	①早春选用三唑醇、戊唑醇防治小麦纹枯病，兼治条锈病，延迟发病期。②对小麦条锈病零星病叶或发病中心，按照“发现一点、控制一片，发现一片、防治全田”的原则，立即进行封锁扑灭，选用三唑酮、戊唑醇等喷雾防治	①锈病病叶率达0.5%时，选用15%丙唑·戊唑醇悬浮剂、40%丙硫菌唑·戊唑醇悬浮剂或48%氰烯·戊唑醇悬浮剂喷雾进行统防统治，兼防小麦赤霉病。②植保无人机作业亩施药液量为1.0～1.5升；喷杆喷雾机作业亩施药液量为15～20升	根据小麦条锈病病情发展及其他病虫害发生情况，选用15%丙唑·戊唑醇悬浮剂或40%丙硫菌唑·戊唑醇悬浮剂＋杀虫剂＋磷酸二氢钾喷雾，科学配方，综合作业，实施“一喷三防”
防控组织形式	统一包衣拌种	带药侦察，打点保面	统防统治	一喷三防
配套工作措施	①科学规划示范区，制定示范方案。②搞好技术培训。③统一品种。④组织统一包衣拌种	①加强田间条锈病调查普查。②落实打点保面技术措施。③提前备足大面积应急防治物资	①加强条锈病监测预警。②根据病情，采用大型施药器械或植保无人机进行统防统治	①加强病虫调查，组织“一喷三防”。②搞好条锈病防效调查，实地测产验收，评价综合增产效果

撰稿：彭红　吕国强　李跃　刘万才

第七节　宁夏春麦区小麦条锈病绿色防控技术体系

宁夏回族自治区固原市地处六盘山东麓，地势较高，夏季凉爽，是我国小麦条锈病西北越夏区重要的组成部分。近年来，由于气候变化、种植结构改变和毒性小种变异等，该病流行频率上升，危害损失加重，对小麦生产造成较大威胁。为有效控制小麦条锈病的流行危害，减轻灾害损失，保障小麦生产安全，植保部门根据宁夏春麦区小麦条锈病发生特点，制定小麦条锈病绿色防控技术体系。

1　防控策略

贯彻“预防为主、综合防治”的植保方针，采取“封锁菌源、压减基数，达标防治、联防联控”的防控策略，有效控制病害发生流行。

2　防控目标

一般年份发生区平均危害损失率控制在3%以下，重发年份控制在5%以下，绿色防控覆盖率达到60%以上，统防统治覆盖率达到50%以上，实现“三减一增”（减轻产量损失，减少防控投入，减缓环境压力，增加种粮收入）的防控目标，确保国家粮食安全。

3　技术要点

依据小麦条锈病跨区传播流行规律和发生特点，立足早发现、早防治，压低基数、联防联控，严防病害大面积流行成灾。

3.1　播种期

主要防治对象为苗期小麦条锈病，兼防白粉病、散黑穗病等病害和地下害虫。①精细整地、合理施肥。②选用抗（耐）小麦条锈病的优良品种，可选用宁春4号、宁春50、永良4号等。③药剂拌种，可选用吡虫啉＋戊唑醇＋芸苔素内酯进行包衣拌种。④根据天气情况，适时播种。

3.2　拔节期

主要以防治小麦条锈病、白粉病等病害为主。防治要点：对小麦条锈病零星病叶或发病中心，按照“发现一点、控制一片，发现一片、防治全田”的原则，立即进行封锁扑灭，可选用三唑酮、戊唑醇等杀菌剂进行喷雾。

3.3　抽穗扬花期

主要以防治小麦条锈病为主，兼治小麦白粉病和蚜虫等病虫害。①当条锈病病叶率达0.5%，田间百株蚜量达到500头时，选用戊唑醇、氟环唑、三唑酮等杀菌剂和啶虫脒、吡虫啉等杀虫剂进行喷雾防治。②植保无人机作业亩施药液量为1.5升以上；喷杆喷雾机作业时亩施药液量为15～20升。小麦生长中后期，当病情达到防治指标时（病叶率达到5%），应及时开展统防统治和应急防治，控制小麦条锈病大面积流行。

3.4 灌浆期

根据小麦条锈病、白粉病、麦蚜、棉铃虫等病虫害发生情况，结合小麦“一喷三防”措施，选用烯唑醇等杀菌剂+啶虫脒等杀虫剂+磷酸二氢钾等叶面肥+芸苔素内酯等植物生长调节剂，科学配方，统防统治，开展“一喷三防”，全面控制小麦病虫发生危害，提高小麦抗逆抗早衰能力，延长小麦灌浆时间，促进小麦丰产丰收。

4 推广机制

4.1 强化组织领导

积极争取当地政府重视和财政部门支持，强化行政推动，压实防控责任，充实技术力量，确保防控资金，提前制定小麦条锈病防控方案和应急预案，将其纳入当地乡镇以上政府部门的绩效考核指标，提高技术推广保障能力。

4.2 强化监测预警

完善小麦条锈病监测预警体系，密切关注条锈病菌源地的发生情况，在重点发生区建立小麦条锈病系统调查田、定点观测圃，及时发布病害预报预警信息，提高测报的准确性和时效性，为实施小麦条锈病可持续治理提供技术保障。

4.3 强化示范引领

在病害常发重发区分区域建立小麦条锈病全周期绿色防控示范基地。开展当地主栽品种抗病性的监测与评价，制定当地小麦品种引进、淘汰以及种植布局规划，集成推广适合当地的小麦条锈病全周期绿色防控技术模式，提高防控方案的简便性、有效性和科学性。

4.4 强化宣传培训

牢固树立“防病保粮安民”意识，加大对小麦条锈病防控意义、防治意识、防控理念和防控技术等方面的宣传力度，大力宣传小麦条锈病跨区域全周期绿色防控技术的必要性、科学性和先进性。加大对基层植保技术人员和广大农户的培训，在小麦条锈病防治的关键季节，组织广大植保农技人员深入一线，开展防治技术指导，促进技术落实落地，提高技术到位率。

示范案例：

宁夏春麦区小麦条锈病综合防控技术集成与示范方案

（宁夏回族自治区固原市原州区，2022—2023年度）

示范区地址	宁夏回族自治区原州区头营镇	核心区面积	500亩	辐射带动面积	2万亩
小麦品种	宁春4号、永良4号	播种时间	3月20日	亩播量	17.5公斤
预期目标	绿色防控技术覆盖率达60%以上，防效较常规区提高10%，减少化学农药使用量10%～20%				

（续）

以小麦条锈病绿色防控为主线的小麦病虫害全生育期绿色防控技术				
生育期	播种期	拔节期	抽穗扬花期	灌浆期
主要防治对象	条锈病、白粉病、散黑穗病和地下害虫等病虫害	条锈病，兼治白粉病	条锈病，兼治白粉病、蚜虫等病虫害	条锈病，兼治白粉病、蚜虫、棉铃虫等病虫害
关键技术	①精细整地、合理施肥。②选用宁春4号、宁春50和永良4号等抗（耐）小麦条锈病的优良品种。③药剂拌种：吡虫啉＋戊唑醇＋芸苔素内酯进行包衣拌种。④适时晚播	加强病虫害调查监测，对小麦条锈病零星病叶或发病中心，按照“发现一点、控制一片，发现一片、防治全田”的原则，立即选用三唑酮、戊唑醇等药剂喷雾防治，进行封锁扑灭。如果田间病虫害发生轻，尽量减少用药防治	①条锈病病叶率达0.5%时，选用三唑酮、戊唑醇、氟环唑、啶虫脒、吡虫啉等喷雾进行统防统治，兼防白粉病、蚜虫。②植保无人机作业亩施药液量为1.5升以上；喷杆喷雾机作业亩施药液量为15～20升	根据小麦条锈病病情发展及其他病虫害发生情况，选用烯唑醇等杀菌剂＋啶虫脒等杀虫剂＋磷酸二氢钾等叶面肥＋芸苔素内酯等植物生长调节剂，科学配方，统防统治，实施“一喷三防”
防控组织形式	统一包衣拌种	带药侦察，打点保面	统防统治	一喷三防
配套工作措施	①科学规划示范区，制定示范方案。②做好技术培训。③统一品种。④组织统一包衣拌种	①加强田间条锈病调查普查。②落实打点保面技术措施	①加强条锈病监测预警。②根据病情，采用植保无人机或喷杆喷雾机等高效施药器械统防统治。③提前储备应急防治物资	①加强病虫调查，组织“一喷三防”。②做好条锈病防效调查，实地测产验收，评价综合增产效果

撰稿：刘媛　马景　李健荣　李跃　王玲　刘万才

第八节　青海越夏基地小麦条锈病绿色防控技术体系

青海省是我国小麦条锈病重要越夏菌源基地，区域内大量的越夏菌源可在晚熟春麦上持续侵染至10月上旬，还有不同收获期的冬、春麦收割后产生的大量自生麦苗，可以从8月持续发病至12月上旬，进而将菌源传播到秋苗，并在局部冬麦区越冬完成周年循环。同时青海东部农田周围广泛分布着10种小檗，经测试，所有小檗均可作为小麦条锈菌的转主寄主，在小麦条锈病的侵染循环中发挥着重要作用。小麦条锈病在青海麦区几乎隔年流行，不仅影响当地小麦安全生产，更是形成大量的菌源向东部麦区输出，成为我国东部麦区秋季初始菌源基地。为加强青海小麦条锈病菌源基地的防控，从源头抑制小麦条锈病发生、变异与危害，保障东部主产麦区的安全生产，特制定本技术体系。

1　防控策略

贯彻“预防为主、综合防治”的植保方针，采取“阻遏菌源、压减基数，防早防小、应急防控”的条锈病防控策略，采取“种植抗病品种＋合理轮作＋适期播种＋有性生殖阻滞＋早期监测预警指导统防统治＋压低秋季自生麦苗数量”的防控技术体系，抓住重点地区重大病虫、关键时期，指导开展综合防治，强化科学用药、减量用药，推进统防统治和绿色防控，有效控制病害发生流行。

2　防控目标

一般年份发生区平均危害损失率控制在5%以下，绿色防控覆盖率达到60%以上，化学农药减量20%以上，减轻病害危害，确保粮食安全。

3　冬小麦条锈病防控技术要点

冬小麦种植区主要分布在海东的民和、化隆、循化、乐都，海南的贵德，黄南的尖扎等，是小麦条锈病秋苗期和春季防控的重点。其治理的核心是压低秋苗期和春季菌源基数，减少秋苗菌源向东部冬麦区外传，限制春季流行菌源向晚熟春麦区传播，在小麦抽穗—灌浆初期结合其他病虫害开展统防统治。

3.1　播前阶段

（1）铲除自生麦苗和杂草。在播种前采取深翻深耕、机械铲除或除草剂杀灭等技术，铲除田间或者麦田周边的秋季自生麦苗及杂草［唐松草（*Thalictrum aquilegifolium*）、臭草（*Melica scabrosa*）、早熟禾（*Poa annua*）、赖草（*Leymus secalinus*）、披碱草（*Elymus nutans*）、冰草（*Agropyron* spp.）］，减少或切断条锈菌寄主，减轻当地秋苗发病。

（2）避免冬、春麦间作。在冬春麦交错区要做好统筹规划，尽量避免冬麦和春麦邻近种植。

3.2　播种阶段

此期主要防治对象以小麦条锈病为主，兼顾茎基腐病等土传、种传病虫害。①选择抗病品种。

选择种植具有条锈病抗性的小麦良种，如青麦4号等。②药剂拌种。种植感病品种的，播种期实施药剂拌种全覆盖，杜绝白籽下种，建议在播种前使用具内吸传导性的高效低毒杀菌剂，进行小麦种子包衣或拌种，如每100公斤种子用6%戊唑醇悬浮种衣剂50克进行包衣，常用干种子量0.03%有效成分的三唑酮，用拌种机对种子进行干拌，充分拌匀，以免发生药害。③适时晚播。在气候条件许可的条件下，较正常播期晚播5～7天。④控制早期菌源。加强秋苗病害调查，发现病点，及时控制。

3.3 拔节期至孕穗期

该时期主要防治小麦条锈病，兼治白粉病等苗期病害。

在循化、化隆、尖扎、贵德等县沿黄河流域的小麦种植区，重点对条锈病越冬区域（如：循化县查汗都斯乡、街子镇、清水乡，化隆县牙什尕镇、甘都镇、群科镇，尖扎县康扬镇、坎布拉镇，贵德县河阴镇、河西乡）实施“带药侦察、打点保面”措施，发现零星病叶或发病中心，按照“发现一点、控制一片，发现一片、防治全田”的原则，立即封锁扑灭。如条锈病扩展较快，应组织开展专业化应急防控，控制病原菌向周边冬小麦以及春麦区扩散、蔓延。药剂可选用1 000亿芽孢/克枯草芽孢杆菌可湿性粉剂喷雾，也可用三唑酮、戊唑醇等化学药剂进行防治。

3.4 抽穗至灌浆阶段

此期主要控制条锈病流行，兼顾白粉病、麦茎蜂和穗蚜等，实施小麦“一喷三防”。①条锈病病叶率达0.5%时，选用戊唑醇、苯醚甲环唑等三唑类杀菌剂任一种，如有蚜虫、麦茎蜂危害，与吡虫啉或啶虫脒或吡蚜酮或噻虫嗪＋磷酸二氢钾或氨基寡糖素或芸苔素内酯，按各自推荐用量，兑水混配，全田喷雾，统防统治。②植保无人机作业亩施药液量为1.5升以上，并添加沉降剂；喷杆喷雾机作业亩施药液量为15～20升。③小麦生长中后期病情达防治指标时，及时开展应急防治，控制小麦条锈病大面积流行。

3.5 成熟至收获阶段

此期主要控制田间自生麦苗的数量，压低自生麦苗提供越夏菌源的基数。①小麦成熟后及时收割，避免过度成熟后收割造成大量落粒。②收获后及时深翻深耕，减少自生麦苗产生。③9月中下旬，在自生麦苗密度较大且条锈病发生严重的田块（条锈病病叶率达0.1%）选用戊唑醇、苯醚甲环唑等三唑类杀菌剂任意一种喷雾防治；自生麦苗密度小且发生条锈病田块可以采用机械铲除的方法。

4 春小麦种植区条锈病防控技术要点

春小麦种植区是防控小麦条锈病越夏菌源的重点。其治理的核心是压低小麦条锈病越夏菌源基数，防止越夏菌源向冬麦区传播，小麦扬花至灌浆初期结合其他病虫害开展统防统治。

4.1 播前阶段

合理轮作，做好作物和小麦品种布局规划，麦田周围分布小檗的区域要进行小麦和油菜或者马铃薯合理轮作，在冬春麦交错区要做好统筹规划，尽量避免在冬小麦附近种植春小麦；做好药械贮备和技术培训工作。

4.2 播种阶段

①选择抗病品种。选用青春38、青麦11、青麦343、互麦18等抗病品种。②减少药剂拌种。可以减少药剂拌种环节。③适时早播。在气候条件许可的条件下，较正常播期早播5～7天。

4.3 拔节期至孕穗期

加强小麦条锈病监测调查，当病情指数达到防治指标时，采用戊唑醇、氟环唑、丙硫唑等药剂进行喷雾防治。在春小麦麦田周边小蘖生长比较密集的区域，重点采取遮盖小麦秸秆堆垛的方法或对染病小蘖喷施烯唑醇、三唑酮等农药阻断条锈菌的有性繁殖。

4.4 抽穗至灌浆阶段

主要控制条锈病流行，兼顾白粉病、麦茎蜂和穗蚜等，实施小麦“一喷三防”。对条锈病菌源量和田间发病情况进行实时监测，及时发布预报，做好防治措施的协调应用。①条锈病病叶率达0.5%时，选用戊唑醇、苯醚甲环唑等三唑类杀菌剂任意一种，如有蚜虫、麦茎蜂危害，用吡虫啉或啶虫脒或吡蚜酮或噻虫嗪＋磷酸二氢钾或氨基寡糖素或芸苔素内酯，按各自推荐用量，兑水混配，全田喷雾，统防统治。②植保无人机作业亩施药液量为1.5升以上，并添加沉降剂；喷杆喷雾机作业亩施药液量为15～20升。③小麦生长中后期病情达防治指标时，及时开展应急防治，控制小麦条锈病大面积流行。

4.5 成熟至收获阶段

此期主要控制田间自生麦田的数量，压低自生麦苗提供越夏菌源的基数。①小麦成熟后及时收割，避免过度成熟后收割造成大量落粒。②收获后及时深翻深耕，减少自生麦苗产生。③9月中下旬，在早熟的春麦区（种植海拔高度在2 500米以下，收获期在8月中旬以前）自生麦苗密度较大且条锈病发生的田块选用戊唑醇、苯醚甲环唑等三唑类杀菌剂任意一种喷雾防治，自生麦苗密度小且发生条锈病田块可以采用机械铲除的方法。

5 推广机制

5.1 强化组织领导

积极争取当地政府重视和财政部门支持，强化行政推动，压实防控责任，充实技术力量，保障防控资金，提前制定小麦条锈病防控方案和应急预案，将其纳入当地乡镇以上政府部门的绩效考核指标，提高技术推广保障能力。

5.2 强化监测预警

完善小麦条锈病监测预警体系，在重点发生区建立小麦条锈病系统调查田、定点观测圃，提高病情测报的准确性和时效性，为实施小麦条锈病可持续治理提供技术保障。

5.3 强化技术示范

在病害常发重发区分区域建立小麦条锈病跨区域全周期绿色防控示范基地。开展当地主栽品种抗病性的监测与评价，制定当地品种引进、淘汰以及种植布局规划；集成推广小麦条锈病跨区域全周期绿色防控技术模式，形成适合当地的防控技术方案，指导所在区域防控工作开展。

5.4 强化宣传培训

加大对小麦条锈病防控意义、防治意识、防控理念和防控技术等方面的宣传力度，树立“防病保粮安民”意识。加大对基层植保技术人员和广大农户的培训，广泛宣传跨区域全周期绿色防控技术的科学性和先进性。在小麦条锈病防治的关键季节，组织广大植保农技人员深入一线，开展防治技术指导，提高技术到位率。

示范案例:

青海春麦区小麦条锈病菌源基地综合防控技术集成与示范方案

（青海省西宁市大通回族土族自治县，2022—2023年度）

示范地址	青海省大通回族土族自治县塔尔镇、东峡镇	核心示范面积	0.6万亩	辐射带动面积	7.1万亩
小麦品种	青麦11、青麦343	播种时间	3月28日至4月5日	亩播种量	18～20公斤
预期目标	绿色防控技术覆盖率达90%以上，病害危害损失率控制在5%以下，减少化学农药使用量50%以上				
全生育期病害绿色防控技术					
生育期	播前阶段	播种期	拔节至孕穗期	抽穗至灌浆期	成熟至收获期
关键技术	①深翻深耕、机械除草或除草剂杀灭。②制定合理轮作布局规划。有性生殖区小麦与马铃薯、油菜轮作，避免在冬小麦附近种植春小麦	①春小麦选用青麦11、青春343等抗病品种。②适时早播5～7天	①遮盖小麦秸秆堆垛或对染病小檗喷施烯唑醇、三唑酮等农药阻断小麦条锈菌的有性繁殖。②对染病小檗喷施农药（杀菌剂品种和用量：三唑酮有效成分8～10克/亩，烯唑醇有效成分3.5～5克/亩）等阻断小麦条锈菌的有性繁殖	①对条锈病菌源量和田间发病情况进行实时监测，及时发布预报，做好防治措施的协调应用。②小麦条锈病病叶率达0.5%时，选用戊唑醇、苯醚甲环唑等三唑类杀菌剂任意一种，如有蚜虫、麦茎蜂危害，与吡虫啉或啶虫脒或吡蚜酮或噻虫嗪+磷酸二氢钾或氨基寡糖素或芸苔素内酯，按各自推荐用量，兑水混配，全田喷雾，统防统治。③植保无人机作业亩施药液量为1.5升以上，并添加沉降剂；喷杆喷雾机作业亩施药液量为15～20升。④小麦生长中后期病情达防治指标时，及时开展应急防治，控制小麦条锈病大面积流行	①成熟后及时收割，避免过度成熟后收割造成大量落粒。②收获后及时深翻深耕，减少自生麦苗产生。③在9月中下旬，采用机械铲除或者杀菌剂喷雾防治等方法控制自生麦苗上条锈病的发生
组织形式	合理轮作	选择抗病品种	田间小麦条锈病监测预警	一喷三防，统防统治	压低自生麦苗菌源数量
配套工作措施	①科学规划，制定示范方案。②搞好技术培训	统一使用抗病品种	①加强田间条锈病调查普查。②落实打点保面技术措施	①加强条锈病监测预警。②提前储备应急防治物资。③根据病情，采用大型施药器械或植保无人机进行统防统治，组织“一喷三防”	①及时收获、及时翻耕。②开展自生麦苗条锈发病普查，必要时喷雾防治

撰稿：郭青云　姚强　张剑

第九节　小麦条锈病“压、延、阻”全程绿色防控技术*

1　技术概况

1.1　技术基本情况

小麦条锈病是发生在我国小麦上的一种跨区域流行的重大病害，曾多次在全国和部分麦区大流行或特大流行，造成小麦严重减产，严重威胁小麦稳产高产。近年来，由于条锈菌毒性小种变异，加气候异常，小麦条锈病流行频率提高，2017年发病面积超过8 000万亩，造成小麦减产200多万吨，严重威胁国家粮食安全。为此，全国植保科教推广研发单位依托“十三五”“十四五”国家重点研发计划等项目实施，在系统揭示小麦条锈菌新毒性小种产生及毒性变异机制，以及小麦条锈病跨区域传播流行、田间发生动态的基础上，系统完善了小麦条锈病侵染循环和大区流行规律，制定了“强化监测预警、分区分类施策、坚持源头治理、实施全程控制、推行联防联控、实现绿色发展”的防控策略，重构了以压减菌源基地初始菌源量为重点，以延缓病原菌变异频率、延长抗病品种使用寿命为关键，以阻遏病原菌跨区传播为保障的小麦条锈病“压、延、阻”全程绿色防控技术，大大降低了条锈菌越夏菌源量，延缓了病原菌变异速率和抗病品种使用寿命，有效控制了全国小麦条锈病流行势头，减轻了危害损失，示范应用效果和效益显著，为保障粮食安全发挥了重要作用。

1.2　技术示范推广情况

在示范推广方面，该技术主要依托全国植保体系、科研院所及项目承担单位等在全国不同小麦种植区和条锈病流行区分别集成分区防控技术模式，通过项目带动，汇聚全国优势科研教学推广单位，采用边研究、边示范的方法，集成最新研究成果和技术，由全国农业技术推广服务中心牵头，在全国小麦条锈病发生的关键区域分别建立防控技术示范区，并组织开展现场观摩和技术培训，主要采用点上试验示范与面上技术推广相结合、线上与线下相结合、理论培训与技术指导相结合的方式。从2003年开始，以我国西北、西南小麦条锈病越夏区综合治理为核心，在全国小麦主产区进行示范和推广应用。2022年，在研究实践的基础上，进一步集成了“小麦条锈病‘压、延、阻’全程绿色防控技术”，由全国农业技术推广服务中心牵头在全国推广应用。

1.3　提质增效情况

该技术支撑的两个成果，在小麦条锈病有效防控和小麦提质增效方面发挥了重要作用。其中，小麦条锈菌新毒性小种监测与抗锈基因的挖掘及应用成果推广后，陕西省2011—2014年小麦条锈病发生面积较2002—2010年年平均值分别减少了126.4万亩、284.2万亩、77.5万亩和297.3万亩，有效控制了陕西省小麦条锈病危害，4年共挽回产量损失24.9万吨，折合人民币9.96亿元。另外，由于种植抗病品种和精确预报，减少了农药的使用量和人工费用，累计减少防治面积1 952万亩，减少投入2.93亿元，合计增收节支12.89亿元。小麦条锈菌毒性变异与条锈病综合防治技术体系研发与应用成果推广后，在陕西和甘肃建立了试验示范基地，累计推广1 817万亩，挽回产量损失31.53万吨，折合人民币12.61亿元，减少防治费用2.73亿元，合计增收15.34亿元。该技术有效地从源头遏制了小麦条锈病发生与危害。该技术近3年在条锈病不同发生区示范后，示范区平均防病效果达85%以上，平均单产提高5%以上，对小麦主产区农户形成了良好的带动效果。其中，河南邓州示范基地2022年现场验收结果表明，通过推广该项技术，较农民自防增产7.7%，较对照增产27.5%，将条锈病病叶率控制在1.5%以下，绿色防控覆

* 该技术入选农业农村部2023年度全国农业主推技术。

盖率达68.5%，减少农药使用29.4%。从全国看，每年至少控制病害流行降低1个发生等级，发病面积减少2 000万亩，减少粮食损失22.5万吨，减少农药用量20%以上，经济、社会和生态效益十分显著。

1.4 技术获奖情况

该技术核心成果“小麦条锈病菌新毒性小种监测与抗锈基因的挖掘及其应用”获2015年度陕西省科学技术进步奖一等奖（2016年3月颁发证书）；“小麦条锈菌毒性变异与条锈病综合防治技术体系研发与应用”获2017年度陕西省科学技术进步奖一等奖（2018年4月颁发证书）。

2 技术要点

2.1 压减小麦条锈病菌源基地菌源量技术

甘肃东南部和陇中、宁夏南部、四川西北部和青海海东市以及云南、贵州等的高海拔冬麦区是小麦条锈病菌源基地和变异关键区，其治理的核心是压低条锈菌初始菌源量，防控技术要点如下。

2.1.1 调整作物种植结构

关键越夏区实施结构调整，种植油菜、豆类、薯类、中药材和青稞等，减少越夏区小麦种植面积。

2.1.2 铲除越夏期病原寄主

采取深翻深耕、机械铲除或除草剂杀灭等技术，铲除自生麦苗和禾本科杂草，铲除条锈菌寄主。

2.1.3 种植全生育期抗病品种

在菌源基地大力推广种植全生育期抗病品种。加强抗病品种布局规划，并注意选择与其他麦区遗传背景差异大的小麦品种，减缓病原菌变异。

2.1.4 秋播小麦拌种技术

在越夏区、冬繁区和关键越冬区，对不是全生育期抗性品种实施小麦秋播药剂拌种全覆盖，杜绝白籽下种。应用具内吸传导性的高效低毒杀菌剂，进行小麦种子包衣或拌种。同时，因地制宜推广适期晚播。

2.1.5 秋苗早期防治技术

加强条锈病发生动态监测和预警预报，及早发现，及时开展越夏区、冬繁区和关键越冬区秋苗防治，压低菌源基数，减少外传菌源数量。加强病情信息共享，指导冬繁区防控。

2.2 延缓条锈菌变异技术

在关键越夏区，小麦田周边小檗生长比较密集的区域，通过采取遮盖小麦秸秆堆垛、铲除小麦田周边小檗或对染病小檗喷施农药等措施阻断条锈菌有性繁殖，降低条锈菌变异概率，减缓条锈菌新毒性小种产生速度。主要技术要点如下。

2.2.1 铲除小麦田周围小檗

在条锈菌主要越夏区和关键越冬区，对小麦田周围50米范围内的小檗进行人工铲除。

2.2.2 遮盖小檗附近的麦垛

冬季尽量处理掉小麦秸秆，或者对小檗周围堆放的麦垛进行人工遮盖，防止小麦秸秆上的病原菌冬孢子传入周围小檗，阻止有性繁殖发生。

2.2.3 杀菌剂喷施发病小檗

如果小檗密度大，且刚开始发病，采用高效杀菌剂对其进行喷雾，阻断病菌有性繁殖、变异和产生新的毒性小种。

2.3 阻遏条锈菌跨区域传播技术

在小麦条锈病越夏区、关键越冬区和冬繁区、春季流行区，通过病害精准监测，分区域选用不同抗病类型的抗病品种，实施合理布局，阻遏条锈菌跨区域传播，有效控制条锈病传播流行。

2.3.1 精准监测和预报技术

充分利用遥感技术、孢子捕捉技术和大数据技术建立条锈病自动化监测体系，完善监测预警网

络，对条锈菌菌源量和田间发病情况进行实时监测。开发应用早期诊断和预测技术，及时发布预报，指导防治工作开展。

2.3.2　抗病品种合理布局技术

在条锈病各流行区，根据不同生态区特点和条锈病流行传播路线，合理利用不同抗病基因品种，在不同区域进行布局，建立生物屏障，阻遏病菌跨区传播。越冬区和冬繁区应选择种植全生育期抗病品种；春季流行区可以选择种植成株期抗病品种。

2.3.3　跨区应急防控技术

根据小麦条锈病大区流行特点，对条锈病流行快、发生危害重的区域，采取应急防控，开展统防统治。在小麦穗期结合“一喷三防”措施，采用针对性的杀菌剂、杀虫剂和叶面肥等，对条锈病和其他病虫害进行全面防控，提高防治效果，保障小麦生产安全。

3　适宜区域

该技术适宜在全国小麦条锈病常发流行区推广应用。已经在陕西、甘肃、河南、湖北、山东、河北、四川、贵州、云南、青海、宁夏等省区应用。

4　注意事项

4.1　强化预防措施

坚持“预防为主、综合防治”植保方针，树立“防”重于“治”的理念，尤其越夏区、越冬和冬繁区要强化秋播种子处理措施，压低早期菌源基数。

4.2　强化越夏治理

越夏区自生麦苗的铲除和耕翻措施对压低秋苗发病率作用明显，但由于本项措施对当季作物无效益，因而落实不彻底，要注意加强。

4.3　强化有性阻断

在西北关键越夏区和越冬区要通过遮盖小麦秸秆堆垛、春夏季铲除小麦田周边小檗或对染病小檗喷施农药等措施阻断条锈菌的有性繁殖，减缓或阻止新的毒性小种产生，延长抗病品种使用年限。

5　技术依托单位

5.1　西北农林科技大学

联系地址：陕西省杨凌区邰城路3号
邮政编码：712100
联 系 人：王晓杰、王保通、赵杰、康振生
联系电话：029-87080063，13572410050
电子邮箱：wangxiaojie@nwsuaf.edu.cn

5.2　全国农业技术推广服务中心

联系地址：北京市朝阳区麦子店街20号楼704室
邮政编码：100125
联 系 人：刘万才、李跃
联系电话：010-59194542，13621269778
电子邮箱：liuwancai@agri.gov.cn

第十节　小麦条锈病“一抗一拌一喷”跨区域全周期绿色防控技术*

1　技术概述

1.1　技术基本情况

小麦条锈病是我国小麦生产上影响产量最严重的大区流行性气传病害，大流行年份发病面积超过9 000万亩，可造成产量损失40%以上，甚至绝收。受条锈菌越夏、越冬条件和菌源关系的影响，病害流行区之间相互依存、关系密切。近年来，由于气候变化、种植结构改变，条锈病流行频率上升，危害损失加重，严重威胁小麦生产安全。为推进小麦条锈病可持续治理，切实控制病害流行，减轻危害损失，保障国家粮食安全，研发制定更加高效绿色的防控技术十分必要。为此，我们在充分总结提炼近年来小麦条锈病流行灾变规律和防控关键技术等最新成果的基础上，研发制定了小麦条锈病“一抗一拌一喷”跨区域全周期绿色防控技术。所谓“跨区域全周期绿色防控”，就是对小麦条锈病实施“跨区域联防联控、全过程周期管理”，实现减药控害、绿色高效的目标，即着眼小麦条锈病全年大区发生流行规律，对全国病害流行的每一个周期，实施全过程病害管控，通过加强越夏易变区的防控，降低发病菌源基数，在不同流行区布局不同类型抗病基因品种，建立生物屏障，减轻向冬繁区和关键越冬区传播菌源的压力，推迟该区域的发病时间和程度，进而减少向春季流行区传播的菌源数量，后期结合精准测报，实施以“一喷三防”为主的统防统治，最终达到减轻全国小麦条锈病流行的目的。

1.2　技术示范推广情况

2015年以来，基于我国小麦条锈病严重发生态势，结合我国该领域最新研究进展，全国农业技术推广服务中心组织制定了《小麦条锈病跨区域全周期绿色防控技术方案》，依托全国植保系统、农业科研院所及试验站等，分别在陕西宝鸡，甘肃天水、平凉，四川绵阳，湖北荆州、襄阳，河南南阳，青海西宁，宁夏固原等条锈病不同流行区建立示范点进行技术示范推广，集成了小麦条锈病跨区域全周期绿色防控技术体系，并由全国农业技术推广服务中心组织在全国推广应用，通过在全国植保体系开展多层次大范围技术培训，点上试验示范与面上技术推广相结合，促进了该技术的快速推广普及。近三年累计应用面积300万亩，其中2023年累计应用182.6万亩，对控制病害流行发挥了重要作用。在2020年和2021年全国条锈病连续大流行的背景下，2022—2023年，全国小麦条锈病得到有效控制，2023年发病面积不足发病高峰年份的1/10。

1.3　提质增效情况

该技术在条锈病不同流行区示范后，示范区平均防病效果85%以上，平均单产提高5%以上，减少农药使用10%以上，对主产区农户科学防控病害起到了重要的带动作用。河南邓州示范基地2023年现场验收结果表明，通过推广该项技术，条锈病病叶率控制在1.5%以下，较农民自防增产7.6%，比不防治对照增产21.9%，绿色防控覆盖率达68.5%，减少农药使用30.1%。从全国看，每年至少降低发生程度2个等级，发病面积减少5 000万亩，减少粮食损失50万吨，减少农药用量20%以上，经济、社会和生态效益十分显著。

1.4　技术获奖情况

该技术核心成果“小麦条锈病菌新毒性小种监测与抗锈基因的挖掘及其应用”获2015年度陕西

* 该技术入选农业农村部2024年度全国农业主推技术。

省科学技术进步奖一等奖（2016年3月颁发证书）；“小麦条锈菌毒性变异与条锈病综合防治技术体系研发与应用”获2017年度陕西省科学技术进步一等奖（2018年4月颁发证书）。

2　技术要点

2.1　抗病品种合理布局技术

在条锈病不同流行区，根据其生态区特点和条锈病流行传播路线，合理布局不同抗病基因品种，建立生物屏障，阻遏病菌跨区传播。越夏菌源基地、越冬区和冬繁区尽量种植全生育期抗病品种；春季流行区可以选择种植成株期抗病品种。

2.2　早期菌源控制技术

病菌数量在传播流行中起着重要作用。通过调整越夏区种植结构，提高秋播药剂拌种比例，铲除或耕翻降低自生麦苗数量，减少菌源基地初始菌源量。通过加强早期诊断和监测，及时发现并控制传入越冬区和冬繁区的菌源，开展秋冬季和早春“带药侦察”“发现一点、防治一片”，并开展重点区域药剂防控，减少当地发病面积，降低外传菌源数量。

2.3　精准监测和预报技术

充分利用遥感技术、孢子捕捉技术和大数据技术建立条锈病自动化监测体系，完善监测预警网络，对条锈菌菌源量和田间发病情况进行实时监测。结合病原菌早期诊断技术，及时发布预报，指导开展防治工作。

2.4　分区治理与跨区防控技术

根据小麦条锈病大区流行特点，在越夏区，通过调整作物结构、铲除夏秋季自生麦苗、优化抗病品种布局和强化秋播拌种等措施，压低前期菌源基数；在冬繁区和关键越冬区，通过抗病品种合理布局、药剂拌种、监测预警和春季应急防控等措施，压低菌源基数、防止菌源外传；在春季流行区，通过推广成株期抗病品种、早期预警和科学防控，控制病害流行。对条锈病流行快、发生危害重的区域，采取应急防控，开展统防统治。在小麦穗期结合“一喷三防”措施，采用针对性的杀菌剂、杀虫剂和叶面肥等，对条锈病和其他病虫害进行全面防控，提高防治效果，保障小麦生产安全。

2.5　条锈菌毒性变异监控技术

小檗作为重要的条锈菌转主寄主，是条锈菌发生有性繁殖和产生变异的重要场所，冬孢子是条锈菌从小麦转到小檗的主要形态。通过在西北关键越夏区和越冬区遮盖小麦秸秆堆垛、春夏季铲除小麦田周边小檗或对染病小檗喷施农药等措施阻断条锈菌的有性繁殖，降低条锈菌变异概率，减缓或阻止新的毒性小种产生，从而减轻抗病品种的压力，延长抗病品种使用年限。

3　适宜区域

该技术适宜在全国小麦主产区推广应用。已经在陕西、河南、甘肃、四川、青海、湖北、宁夏等省区应用。

4　注意事项

因菌源基数和气候因素影响，条锈病各年度间、各流行区发病程度差异大，应在抓好抗病品种布局和秋播拌种防治的基础上，加强病情调查，实施精准测报和防控，提高防控效果，切实控制病害危害。

5 技术依托单位

5.1 全国农业技术推广服务中心

联系地址：北京市朝阳区麦子店街20号楼704室
邮政编码：100125
联 系 人：刘万才、李跃
联系电话：010-59194542
电子邮箱：liyuenew@agri.gov.cn

5.2 西北农林科技大学

联系地址：陕西省杨凌区邰城路3号
邮政编码：712100
联 系 人：王保通、王晓杰、康振生
联系电话：029-87091312，13572410050
电子邮箱：wangbt@nwsuaf.edu.cn

5.3 河南省植物保护植物检疫站

联系地址：河南省郑州市金水区农业路27号
邮政编码：450002
联 系 人：李好海、彭红
联系电话：0371-65917976
电子邮箱：hnszbzcfk@163.com

参考文献

曹宏，兰志先，2003．陇东小麦条锈病发生流行的原因与持续控制对策．植物保护（2）：39-41．
曹世勤，金社林，段霞瑜，等，2011．甘肃中部麦区小麦条锈病菌越夏调查及品种抗性变异监测结果初报．植物保护，37（3）：133-138．
陈善铭，周嘉平，李瑞碧，等，1957．华北冬小麦条锈病流行规律研究．植物病理学报，3（1）：63-85．
陈万权，2013．小麦重大病虫害综合防治技术体系．植物保护，39（5）：16-24．
陈万权，刘太国，2023．我国小麦秋苗条锈病发生规律及其区间菌源传播关系．植物保护，49（5）：50-70．
陈万权，徐世昌，金社林，等，2011．小麦条锈病菌源基地生态治理技术研究与应用．植物保护，37（1）：168-170．
陈万权，徐世昌，吴立人，2007．中国小麦条锈病流行体系与持续治理研究回顾与展望．中国农业科学，40（增刊1）：177-183．
陈文，2021．小麦条锈菌冬孢子的田间产生和活力及其有性生殖在青云贵的发生．杨凌：西北农林科技大学．
杜志敏，姚强，黄淑杰，等，2019．青海东部小麦条锈菌转主寄主小檗资源调查与鉴定．植物病理学报，49（3）：370-378．
郭海鹏，范东晟，冯小军，等，2021．陕西省2020年小麦条锈病防控实践与体会．中国植保导刊，41（3）：86-88．
胡小平，王保通，康振生，2014．中国小麦条锈菌毒性变异研究进展．麦类作物学报，34（5）：709-716．
黄冲，姜玉英，李佩玲，等，2018．2017年我国小麦条锈病流行特点及重发原因分析．植物保护，44（2）：162-166，183．
姜玉英，曾娟，2007．2006年西北川西北小麦条锈病越夏概况和有关问题的探索．中国植保导刊（1）：17-19．
康振生，王晓杰，赵杰，等，2015．小麦条锈菌致病性及其变异研究进展．中国农业科学，48（17）：3439-3453．
李明菊，2004．云南省小麦条锈病流行体系的研究现状．植物保护（3）：30-33．
李佩玲，牛雯雯，宋霞，等，2021．山东省2020年小麦条锈病发生特点及应对策略．农业科技与信息（18）：71-75．
李振岐，曾士迈，2002．中国小麦条锈病．北京：中国农业出版社．
李振岐，商鸿生，1989．小麦锈病及其防治．上海：上海科学技术出版社．
刘万才，刘振东，黄冲，等，2016．近10年农作物主要病虫害发生危害情况的统计和分析．植物保护，42（5）：1-9，46．
刘万才，王保通，赵中华，等，2022．我国小麦条锈病历次大流行的历史回顾与对策建议．中国植保导刊，42（6）：21-27，41．
刘万才，赵中华，王保通，等，2022．小麦条锈病跨区域全周期绿色防控技术方案．中国植保导刊，42（8）：74-76，54．
刘万才，赵中华，王保通，等，2022．我国小麦条锈病防控的植保贡献率初析．中国植保导刊，42（7）：5-9，53．
刘万才，卓富彦，李天娇，等，2021．“十三五”期间我国粮食作物植保贡献率研究报告．中国植保导刊，41（4）：33-36，51．
刘孝坤，洪锡午，谢水仙，等，1984．陇南南部条锈菌越夏的初步研究．植物病理学报，14（1）：9-16．
刘尧，陈晓云，马雲，等，2021．甘肃陇南感病小檗在小麦条锈病发生中起提供（初始）菌源作用的直接证据．植物病理学报，51（3）：366-380．
陆宁海，詹刚明，王建锋，等，2009．我国小麦条锈菌体细胞遗传重组的分子证据．植物病理学报，39（6）：561-568．
吕国强，彭红，曾娟，等，2021．自然重发年份小麦条锈病和赤霉病防控效果规模化评估．中国植保导刊，41（8）：45-49．
马占鸿，2018．中国小麦条锈病研究与防控．植物保护学报，45（1）：1-6．
马占鸿，石守定，姜玉英，等，2004．基于GIS的中国小麦条锈病菌越夏区气候区划．植物病理学报（5）：455-462．
马占鸿，石守定，王海光，等，2005．我国小麦条锈病菌既越冬又越夏地区的气候区划．西北农林科技大学学报（自然科学版）（S1）：11-13．
宁党锋，钱丰，张文斌，等，2021．2020年咸阳市小麦条锈病流行概况及防控措施．中国植保导刊，41（10）：96-99．
潘广，陈万权，刘太国，等，2011．天水地区不同海拔高度小麦条锈菌越冬调查初报．植物保护，37（2）：103-

106.
沈丽，罗林明，陈万权，等，2008. 四川省小麦条锈病流行区划及菌源传播路径分析. 植物保护学报（3）：220-226.
石守定，马占鸿，王海光，等，2005. 应用GIS和地统计学研究小麦条锈病菌越冬范围. 植物保护学报（1）：29-32.
苏东，吕国强，张弘，等，2021. 2019—2020年度河南省小麦条锈病发生特点及影响因素分析. 中国植保导刊，41（2）：44-46，53.
万安民，张忠军，金社林，等，2004. 湖北省西北部山区小麦条锈菌越夏研究简报. 植物病理学报（1）：90-92.
王海光，杨小冰，马占鸿，2009. 应用HYSPLIT-4模式分析小麦条锈病菌远程传播事例. 植物病理学报，39（2）：183-193.
王鹏伟，刘章义，冯小军，等，2014. 陇南、陇东和关中地区小麦条锈病远程预警系统. 麦类作物学报，34（8）：1153-1160.
王新俊，2005. 平凉市小麦条锈病监测预报技术探讨. 中国植保导刊（9）：36-37.
王永芳，王孟泉，郭朝贺，等，2022. 河北省2021年小麦条锈病发生及防治实践. 农业灾害研究，12（12）：157-159.
韦士成，谢中卫，2017. 2017年安徽省临泉县小麦条锈病重发原因及防控对策. 中国植保导刊，37（12）：57-59.
吴立人，牛永春，2000. 我国小麦条锈病持续控制的策略. 中国农业科学（5）：46-53.
谢水仙，陈万权，陈杨林，等，1992. 陇南和阿坝地区小麦条锈病传播的研究. 植物病理学报，22（2）：127-134.
谢水仙，汪可宁，陈杨林，等，1993. 我国小麦条锈病菌传播与高空气流关系的初步研究. 植物病理学报，23（3）：203-209.
谢水仙，陈万权，陈扬林，等，1997. 陇南地区小麦条锈病发生动态与治理. 植物保护学报（1）：29-34.
谢水仙，彭于发，张平高，等，1987. 湖北省小麦条锈菌越夏的初步研究. 植物病理学报（1）：42-48.
许艳云，杨俊杰，张求东，等，2021. 湖北省2020年小麦条锈病大流行特点与关键防控对策. 中国植保导刊，41（2）：100-103.
姚强，郭青云，闫佳会，等，2014. 青海东部麦区小麦条锈菌越冬调查初报. 植物保护学报，41（5）：578-583.
曾娟，姜玉英，霍治国，2011. 小麦重大病虫害发生流行的气候影响评价. 科技导报，29（20）：68-72.
赵杰，张宏昌，姚娟妮，等，2011. 中国小麦条锈菌转主寄主小檗的鉴定. 菌物学报，30（6）：895-900.
赵杰，赵世垒，彭岳林，等，2016. 林芝地区小麦条锈菌转主寄主小檗的鉴定与分布. 植物病理学报，46（1）：103-111.
赵中华，2004. 2003年全国小麦条锈病的流行特点及治理策略. 中国植保导刊（2）：15-17.
Chen X M，2005. Epidemiology and control of stripe rust（*Puccinia striiformis* f. sp *tritici*）on wheat. Canadian Journal of Plant Pathology，27（3）：314-337.
Huang C，Sun Z Y，Yan J H，et al.，2011. Rapid and precise detection of latent infections of wheat stripe rust in wheat leaves using loop-mediated isothermal amplification. Journal of Phytopathology，159（7/8）：582-584.
Jin Y，Szabo L J，Carson M，2010. Century-old mystery of *Puccinia striiformis* life history solved with the indentification of Berberis as an alternate host. Phytopathology，100（5）：432-435.
Wang X J，Zheng W M，Buchenauer H，et al.，2008. The development of a PCR-based method for detecting *Puccinia striiformis* latent infections in wheat leaves. European Journal of Plant Pathology，120（3）：241-247.

第二章 发生流行现状

第一节　我国小麦条锈病历次大流行的历史回顾

小麦条锈病是我国农业生产中较为严重的病害之一，其流行频率高、发病范围广、危害损失重，严重威胁农业生产和国家粮食安全。新中国成立以来，小麦条锈病在全国多次大流行，给小麦生产造成了严重损失。系统回顾总结小麦条锈病发生流行的历史，分析病害流行的特点、原因，以及造成的危害损失，有助于我们进一步总结经验，吸取历史教训，明确病害流行对农业生产和国家粮食安全构成的潜在威胁，增强做好研究治理和防控工作的责任感。同时，针对造成病害流行的原因和当前研究治理工作中存在的问题，提出对策建议，为实现小麦条锈病的可持续治理提供科学指导。

1　小麦条锈病历次大流行的历史回顾

1950年以来，我国小麦条锈病的发生流行及治理经历了防治能力有限、病害猖獗流行（1950年、1964年），具备一定防治能力、危害损失降低（1983年、1985年），防治能力提高、挽回损失增加（1990年）和实施综合治理、危害明显减轻（2002年、2017年和2020年）4个阶段，病害的发生流行范围、发病面积和造成危害损失逐步降低，反映了我国小麦条锈病治理研究水平和防控能力的不断提高。

1.1　1950年，小麦条锈病在全国大流行，黄河、长江流域麦区暴发流行

全国发病面积未见确切统计，估计超过1 000万公顷。全国因条锈病造成小麦减产60亿公斤。其流行程度之重，是新中国成立之前数十年所罕见，也是新中国成立之后70余年绝无仅有的，其流行特点有以下几点。①流行范围广。发病范围遍及我国西北、华北和长江流域麦区，其中，河北发病面积74.4万公顷。②发病程度重。河北发病严重的地区约占20%，受害小麦大部分未能抽穗，造成后期大面积集中连片绝收现象。③造成损失大。河北全省因病平均减产15%，发病比较严重的地区估计减产30%～50%，全省损失小麦8亿公斤；陕西发病最重的华阴、华县等地产量损失30%～50%；全国因条锈病造成的小麦减产损失相当于当年小麦总产的41.38%。

1.2　1964年，小麦条锈病在全国麦区大流行，华北、西北冬麦区特大流行

全国锈病发生面积约800万公顷，造成小麦产量损失32亿公斤。发病和受害严重的有河北、山西、北京、山东、河南、江苏、安徽、陕西、甘肃和宁夏等省（自治区、直辖市），发病特点有以下几点。①3种锈病混发。河北、山西、河南、山东、江苏、安徽等省份均为条锈病、叶锈病、秆锈病混合发生，且均以条锈病为主。②发病省份多、面积大。西北麦区的陕西、甘肃、宁夏、新疆，华北麦区的河北、山西、北京，以及长江、黄淮麦区的江苏、安徽、河南等省份发病面积大，且重发面积比例高。其中，河北发病146.67万公顷，减产50%的严重发病田面积6.40万公顷，减产30%～40%的重发病田面积18.00万公顷，减产约20%的较重发病田面积42.00万公顷；山东发病面积176.00万公顷，占全省小麦种植面积的49.8%。③感病品种发病严重。当年全国大面积种植的碧蚂1号、农大183、华北187、玉皮、甘肃96、陕农9号和南大2419等小麦品种因条中1号等优势小种的出现，大都表现为高感而严重发病。河南感病品种碧蚂1号发病普遍，大部分地区发病达100%，严重度65%～100%。

1.3　1983年，小麦条锈病在冬麦区大流行

发病范围除甘肃、陕西、四川等常发区外，黄淮、江淮和汉水流域麦区也大范围流行，发病面

积600.20万公顷，造成小麦减产10.74亿公斤，发病特点有以下几点。①发病面积大。发病范围和面积虽不及1950年和1964年，但仍为当时我国小麦条锈病发生有记录以来第三大年份。②发病省份多。主要包括甘肃、陕西、四川、湖北、河南、河北、山西、山东、江苏、安徽、青海等省份，其中以鄂中、豫南、鲁西南、陕南和陇南发病最重。③受害损失重。如河南发病158.33万公顷，重病田块减产15%～20%，因病造成小麦减产3.56亿公斤；山东发病76.40万公顷，造成小麦减产1.53亿公斤；甘肃发病39.53万公顷，因病造成小麦减产1.95亿公斤。

1.4　1985年，小麦条锈病在西北麦区及豫南大流行

全国发病面积约333.33万公顷，造成小麦减产8.50亿公斤，其中甘肃、陕西、河南、湖北和安徽5省发病面积285.00万公顷。局部特大流行是其主要特点。虽然当年发病面积总体不是很大，但甘肃、陕西、青海、宁夏等省（自治区）以及豫南麦区发生面积大、程度重，造成严重减产，为大流行至特大流行，如甘肃庆阳种植小麦22.27万公顷，几乎全部发病，比1984年减产48.73%，为特大流行。华北、西南以及江淮麦区严重发病情况则较少。

1.5　1990年，小麦条锈病在冬麦区大面积暴发流行

该年条锈病发生严重程度超过1983年和1985年，仅次于1950年和1964年的第三大流行年份。据统计，全国发病面积656.72万公顷，实际造成小麦减产12.37亿公斤；防治面积416.87万公顷，共挽回小麦产量14.37亿公斤。该年发病特点有以下几点。①发病省份多。发病范围为有明确记载以来最大，波及甘肃、陕西、湖北、河南、山东、河北、山西、北京、天津、江苏、安徽、浙江、宁夏、青海、新疆、四川、云南、贵州、西藏共19个省（自治区、直辖市）。②暴发区域相对集中。暴发流行的重病区主要集中在甘、陕、鄂、豫、鲁、冀6省，发病面积占全国的89%。其中，甘肃天水、陕西商洛以及豫西南部及鲁西南部等大部地区大流行，严重发病面积约215.17万公顷，小麦受害损失率高达20%。③防治能力开始提高。1990年，开启了我国第一次大面积应用三唑酮等高效农药应急防治小麦条锈病的先河。尽管当年三唑酮的市场供货量还比较紧张，但各地积极筹措资金，购买药剂进行应急防治。如甘肃省紧急拨专款购买三唑酮200吨，及时组织开展防治。全国小麦条锈病防治面积占发病面积的63.48%，减轻了危害损失。

1.6　2002年，小麦条锈病在全国大流行

2002年的条锈病流行是继1950、1964和1990年之后的第四次大流行。据统计，全国发病面积558.27万公顷，实际造成小麦减产8.51亿公斤；防治面积564.58万公顷，共挽回小麦产量15.72亿公斤。分区域发病特点有以下几点。①西北和西南麦区大部大流行。甘肃全省大流行，天水、陇南、庆阳和平凉等市受害最为严重。陕西汉中、安康、商洛、宝鸡等地大流行，汉中发病面积占小麦种植面积的95%；宁夏中宁县及其以南地区发病面积接近大流行的1985年；四川北部、西部和南部发病严重；重庆普遍严重发生，主要有开县、忠县和万州等28个县（市、区）发病；云南发病面积占小麦种植面积的48%，该年是当地历史上第二个重发生年，大理、保山、玉溪、曲靖、楚雄、临沧、丽江等地发病严重；贵州发病面积占播种面积的30%，该年是当地此前10年间流行面积最大、危害损失最重的一年，流行区主要在西部、西南部、北部、东北部麦区。②汉水流域鄂西北和豫南麦区大流行。湖北主要有襄樊、十堰、荆州、荆门以及潜江和天门等麦区发生流行；河南驻马店、南阳、漯河、平顶山和许昌等地偏重发生。③河南黄河以北和山东、河北南部麦区中度或偏轻发生。山东主要发生区包括菏泽、济宁、临沂和枣庄等地，河北主要发生区包括中南部的邯郸、邢台、衡水和石家庄等地。④长江中下游的江苏、安徽发病较轻。

1.7　2017年，小麦条锈病在全国大流行

江汉平原及黄淮南部大流行，新疆伊犁河谷、四川沿江河流域及攀西地区偏重发生，华北、黄淮北部以及西南、西北的其他麦区中等发生。据统计，全国发病面积543.52万公顷，实际造成小麦减

产4.28亿公斤；防治面积978.26万公顷，共挽回小麦产量19.97亿公斤。发生特点有以下几点。①冬繁区见病早、范围广、病情重。河南南阳唐河、湖北十堰郧西分别在2016年12月14日和12月22日见病，分别为此前30年和此前10年最早。截至2017年2月底，河南、湖北、四川、云南、贵州、重庆、陕西、甘肃8省（自治区、直辖市）有65市290县（市、区）发病，见病面积17万公顷，同比增加2倍，是2010年以来早春发病面积最大、范围最广的一年。②春季发病范围北扩东移明显，流行速度快。3月下旬，条锈病流行区跨过河南境内的沙河后，快速向北、向东扩散。3月30日，四川、云南、贵州、重庆、陕西、甘肃、湖北、河南、安徽9省（自治区、直辖市）72市384个县（市、区）见病，发生面积63.8万公顷，同比增加1.9倍。4月以后，病害快速扩展，平均每周增加50个县（市、区）、60万公顷。山东4月27日、5月2日和5月9日，见病县数分别达到12、61和88个，见病面积相继突破13.3万公顷、66.7万公顷和200万公顷。③黄淮麦区发生普遍，局部病情较重。安徽、江苏、河南、陕西、山西、山东和河北等黄淮海麦区425个县（市、区）发病、发病面积411万公顷，占全国发病总县数和面积的49.8%和75.6%。陕西南部、河南南部和湖北江汉平原局部发病较重，汉水流域平均病叶率超过50%，西南麦区大部平均病叶率超过30%，重病区超过60%；山东济宁重发地区病叶率超过80%。④西北及西南麦区发生相对平稳。受春季干旱等气候因素影响，甘肃、青海、宁夏和新疆等省（自治区、直辖市）病害扩散速度相对较慢，发生较轻。西南麦区主要发生在四川沿江河流域、攀西地区和川南地区，云南临沧、曲靖、昭通，贵州东南部和西北部，局部偏重发生。

1.8 2020年，小麦条锈病在陕西、湖北和河南南部麦区大流行

据统计，全国发病面积439.52万公顷，同比增加1.9倍，实际造成小麦减产2.49亿公斤。防治面积971.49万公顷，是发病面积的2.21倍，共挽回小麦产量17.85亿公斤。发生特点有以下几点。①秋苗发病早、范围广，冬前基数高。2019年秋，甘肃、宁夏、陕西3省份秋苗主发区发生面积20.70万公顷，比2018年和2016年同期分别增加3倍和63.2%。②早春病情扩展速度快。3月初，条锈病在西南地区、汉水流域和黄淮南部麦区8个省（自治区、直辖市）54个市208个县（市、区）发生26.20万公顷。其中，西南和汉水流域麦区进入快速扩散期，湖北南部病田率达50%，云南玉溪澄江、贵州毕节纳雍、四川绵阳梓潼等地局部田块最高病叶率超过60%。黄淮南部麦区发病中心增多，河南南阳9个县（市、区）查见发病中心超150个，平均病田率为2.3%，病叶严重度为5%～60%。③汉水流域、黄淮南部及四川沿江流域偏重至大流行。在湖北，该年为近30年来发病程度最重、区域最广、面积最大的年份。河南南部麦区偏重至大流行，黄河以南其他麦区中度至偏重流行。在四川，条锈病发生为该地区近10年来最重。④西北、西南部分麦区及黄淮、江淮等麦区中等发生。甘肃发生程度重于2019年及常年，陇南、天水、平凉和定西发病较普遍。云南、贵州、重庆等西南大部偏轻至中等发生。山东、河北中等发生，鲁西南和冀南麦区发病普遍、病情较重。江苏、安徽总体偏轻发生，苏南以及沿江局部麦区偏重发生。

2 造成小麦条锈病大流行的根本原因

分析我国小麦条锈病历次大流行的历史，流行原因主要有新的毒性小种发展为优势小种、主栽品种抗性丧失、气候条件特别适宜、防控措施落实不够以及前期发病基数高等。总结剖析小麦条锈病大流行的成因，从中找出问题所在，总结防控经验，有助于为进一步完善防控治理技术、提高治理水平奠定基础。

2.1 毒性小种发展为优势小种，主栽品种抗性丧失

造成小麦条锈病大流行的主要原因，首先是主栽品种抗病性丧失、感病品种大面积种植，缺乏对条锈病有抵御能力的品种。如1964年小麦条锈病在全国特大流行，从品种和病菌生理小种上来讲，是新的毒性小种条中1号上升成为优势小种，导致当年全国大面积种植的碧蚂1号、玉皮、农大183、华北187、陕农9号和南大2419等主栽品种抗性丧失，表现为高感而严重发病。1990年，条中29号

发展为优势小种，造成该年全国小麦条锈病大流行。条中29号于1985年被首次发现，其出现频率从1985年的0.26%，迅速提升至1986年的3.47%、1987年的9.5%、1988年的28.0%和1989年的40.31%。该小种对我国当时主要小麦品种致病性很强，致病范围广，侵染率高，对以YR-9为主要抗源的“洛类”品种及其许多后代有较强的致病力。

2.2 前期温暖湿润、后期低温多雨的气候条件适宜病害流行

以条锈病大流行的年份为例，如1990年的湖北、河南、甘肃。1989年11月下旬和12月上旬，湖北麦区平均气温分别为9.2℃和7.6℃，比常年偏高1℃；1990年3月中旬平均气温14.4℃，比常年平均值偏高5.1℃；1989年11月下旬降水量40毫米，为此前30年同一时期雨量最多的一旬；1990年1—4月总降水量201.7毫米，田间湿度大，对病菌传播发展极有利。河南1990年春季雨水多、湿度大、日照少、气温低，特别是4月下旬至5月上旬，降水时间长、雨量大，为小麦条锈病的发生流行创造了有利的气候条件；据记载，4月底至5月，该地麦区降水160毫米，较历年同期平均值增加1.5倍，而同期气温较常年平均低1～2℃。高湿低温正好满足条锈菌夏孢子萌发和侵入所需要的条件，延长了条锈病的发生危害时间。1989年甘肃天水夏秋季充足的降水和适宜的气温，以及冬季充沛的降雪和长时间的积雪覆盖，也给条锈菌越夏、越冬创造了有利条件。

2.3 预防控制措施落实不够，后期应急防控不及时

从人为防治角度分析历次条锈病大流行，都一定程度上存在防治措施落实不够的问题。一般在病害大流行后，通过选育推广有针对性的抗病优质高产品种以及加强各项预防控制措施，病害在其后几年内会得到控制，流行频率降低、发病程度减轻，但也易造成广大农户和生产管理部门在病害防治上产生松懈麻痹思想，因而在落实越夏阶段治理、秋播拌种等措施上力度减弱，为病害的流行埋下隐患。这种情况下，随着时间的推移，必然会产生新的毒性小种，当新的毒性小种发展为优势小种时，如果其他预防控制措施落实不严，遇到适宜的气候年份，菌源基数积累到一定量，病害就会流行；如果对病害疏于监管，警惕性不够，后期化学药剂应急防治时间滞后，或者错过最佳防控时期，病害流行程度就会加重，甚至造成病害大流行。因此，加强小麦条锈病发生流行规律研究，坚持病害长期系统监测，及时预警指导防治，对实现病害的可持续治理具有事半功倍的效果。

2.4 前期发病基数高，为后期病害流行提供了充足菌源

多年研究表明，小麦条锈病后期的流行程度与前期的菌源基数关系极为密切。前期菌源基数高，后期病害流行的频率就高。如1989年秋，甘肃冬麦区小麦条锈病发病面积高达20.93万公顷，占冬小麦种植面积的25%；其中，天水市麦积区冬前病田率74.7%，发病田普遍率0.59%，平均发病中心945个/亩。陕西关中西部冬前苗期发病普遍，形成明显发病中心，病田率、平均每亩病叶数和发病中心数表现为：陇县100%、68张、29.4个，岐山县27.3%、15.2张、0.94个，扶风县83%、5.5张、0.6个。湖北冬前沿汉水流域自西北向东南形成了明显的发病中心带，谷城县重病田冬季病叶率达1%～2%，与此前冬前发病最重的1984年比，秋苗病田率高25%、每亩病叶数高1.54倍。1990年3月中旬，湖北襄阳病田率90.4%，发病普遍率20.6%，发病面积13.33万公顷；4月上旬，湖北襄阳病田率100%，普遍率43.30%，发病面积30万公顷。2017年，小麦条锈病在冬繁区发病早，冬季繁殖代数多，积累菌源数量大，截至2月底，湖北、河南、四川、云南、贵州、重庆、陕西、甘肃8省（自治区、直辖市）见病面积17万公顷，同比增加2倍，是2010年以来早春发病面积最大、范围最广的一年；截至2017年3月30日，四川、云南、贵州、重庆、陕西、甘肃、湖北、河南、安徽9省（自治区、直辖市）发生面积63.8万公顷，同比增加1.9倍。足够的菌源为春季病害的扩散蔓延创造了条件，增加了后期病害防控的压力。

3 实施小麦条锈病可持续治理的对策建议

近年来，小麦主产区总体降水较为充沛，加上生产水平提高、水肥条件改善、种植密度大、田

间郁蔽，非常有利于小麦条锈病的发生流行。如防控稍有松懈，病害就有可能反弹，加重流行危害，造成一定损失。为切实加强小麦条锈病防控，推进病害可持续治理，减轻危害损失，提出如下建议。

3.1 加强小种变异监测，提高抗病育种前瞻性

3.1.1 密切监测小麦条锈菌生理小种的变化动态

要加强对新发现的高毒性小种的监测，准确掌握优势小种变异动态。当新的毒性小种频率升高，发展为优势小种，意味着病害加重流行的风险加大。应针对性加强毒性小种治理，延缓其发展速度；加强毒性小种分布区病害预防措施实施力度，通过各个环节措施落实，压低菌源基数，减轻病害流行程度。

3.1.2 加强抗病育种，提高小麦抗锈育种能力

推广种植抗病品种是防治小麦条锈病最经济有效的方法。要针对优势毒性小种，加快抗病品种选育，依据高毒性小种变异情况，提前指导抗病育种，实现抗病育种与小种变化、毒性小种发展同步，提高抗病育种的前瞻性，充分发挥抗病品种在病害防控中的关键作用。

3.2 加强病害监测预警，为指导防控提供支撑

3.2.1 加强病情调查监测，及时掌握全区域的发病信息

各基层植保机构应按照《GB/T 15795—2011 小麦条锈病测报技术规范》要求，开展病害发生情况系统观测，定期组织开展病菌越夏期、越冬期等各个时段的病情普查。进一步完善农作物重大病虫害数字化监测预警系统中条锈病监测模块，实施小麦条锈病发生防控信息共享，为各地及时掌握全国各发生区的发病情况，实施异地分析预测，提高测报准确性和早期预见性提供数据支持。

3.2.2 推进智能化监测预警，提高监测预报技术水平

借鉴应用相对成熟的马铃薯晚疫病实时预警系统、小麦赤霉病远程监测预警系统等，采用大数据、人工智能深度学习研发拟合度好、准确率高、使用范围广的小麦条锈病预测预报模型，结合电子感知、无线发送等现代信息技术，开发小麦条锈病专用预报装备，实现预测因子自动采集传输，构建小麦条锈病智能监测预警平台，从而进一步提高全国小麦条锈病联网监测智能预报技术水平，为实施小麦条锈病精准防控提供有力支撑。

3.2.3 开发病害流行气候指标大尺度预测技术

小麦条锈病属于典型的气候型病害，每年的气候变化与病害流行的关系十分密切。要通过加强与气象机构的合作，研究建立小麦条锈病流行气候指标大尺度预测技术，根据每一个阶段的气象指标，对条锈病发生趋势实施气候指标滚动预测。结合越夏区治理、品种抗性布局、秋播拌种处理等前期防控措施落实情况，对病害实时发生趋势进行校正预测，从而与地面监测预报结果相互印证，提高预测预报的准确性和时效性。同时，在每个病害流行周期结束时，对全季气候因子对病害流行情况的影响进行评价，在此基础上，进行病害防控成效评估，为科学评估病害防控的植保贡献率提供佐证。

3.3 落实关键防治技术，提高防控效果

3.3.1 实施越夏区治理，减少越夏菌源量

西北、西南小麦条锈菌越夏区，既是病菌变异的关键区，也是病害治理的核心区。①压缩小麦面积。通过实施种植结构调整和生物多样性利用技术，在西北、西南关键越夏区种植豆类、薯类、中药材以及蔬菜和青稞等，压减小麦面积，减少菌源基数。②减少自生麦苗数量。在每年夏秋季7—10月，对关键越夏区小麦种植田及周边散落麦粒形成的自生麦苗，采取深翻、机械铲除或化学除草剂杀灭等技术，减少夏秋季自生麦苗数量，切断夏孢子传播寄主，减轻当地秋苗发病，减少秋冬季菌源，降低外传菌源数量。

3.3.2 合理布局抗病品种，延长抗性品种使用寿命

应统筹考虑，加强抗病品种布局规划，充分发挥抗病品种在病害防控中的作用。在小麦条锈菌越夏区、越冬区、冬繁区和春季流行区，结合当地种植者对小麦品质的要求，选种全生育期抗病品

种。要注意采取多抗源品种布局，并注意选择与其他麦区抗病遗传背景差异大的小麦品种，增加品种抗病遗传多样性，防止品种单一化。春季流行区尽可能选择成株期抗病性强的品种，及时淘汰生产上严重感病的品种。

3.3.3 加强秋播拌种处理，减轻秋苗发病程度

小麦秋播药剂拌种可有效推迟和延缓秋苗发病。在越夏关键区、越冬关键区和冬繁区，应结合防治小麦土传病害，选择具有内吸传导性的高效低毒杀菌剂，进行小麦种子包衣或拌种，实现小麦秋播药剂拌种全覆盖，从而降低秋苗感染率，减少早期菌源，控制发生面积和程度，有效减少外传菌源量，并减少冬繁菌源基数。同时，因地制宜推广适期晚播，避开病菌侵染高峰期。

3.3.4 实施早期精准防控，减轻后期流行压力

加强对关键越冬区和冬繁区秋苗期和越冬期条锈病侵染发病情况监测调查，根据监测预报结果，对早期发现的发病中心或点片地块，采取“发现一点，防治一片”的策略，选用微生物杀菌剂或高效低毒化学农药进行防控，压低菌源基数，减少外传菌源数量。对于春季流行区，依据早春田间病害发生情况，做到“防早、防小、防了”，以减轻后期病害流行，防止小麦条锈病大面积迅速扩散蔓延。

3.3.5 实施后期科学用药，提升应急防控能力

在小麦条锈病各发生区，实施预防措施，在小麦生长中后期，当田间条锈病病情达到防治指标时，开展统防统治和应急防治，选用三唑酮、烯唑醇等高效药剂进行大面积喷雾防治，控制小麦条锈病大面积流行危害。在小麦抽穗期至灌浆期，可结合小麦其他病虫害的防治实施“一喷三防”，采用针对性的杀菌剂、杀虫剂和叶面肥，对条锈病和其他病虫进行全面防控，也可起到防干热风和抗倒伏的作用，促进小麦增产，保障小麦生产安全。

3.3.6 加强有性生殖阻断，降低新小种产生概率

小檗作为条锈菌转主寄主，在条锈菌有性繁殖、发生变异和产生毒性新小种中发挥重要作用，而冬孢子是条锈菌从小麦转到小檗的主要形态。要充分提高农户认识，结合技术指导、宣传培训等，在条锈菌关键越夏区，做好小麦秸秆堆垛遮盖、小麦田周边小檗铲除和对染病小檗喷施农药防治等措施，阻断条锈菌的有性繁殖循环，降低条锈菌变异概率，减缓、阻止新的生理小种产生，延长抗病品种使用年限。

3.4 完善防控技术体系，提升病害治理能力

3.4.1 完善小麦条锈病联防联控机制

小麦条锈病在全国范围内周而复始，每年形成一个大的循环，越夏区、越冬区、冬繁区和春季流行区相互影响，密不可分，前一个环节防控措施落实好、防效好，后一个防控环节的压力就小；落实好上述各个环节的防治，全国病害的发生流行程度就会明显减轻。因此，全国小麦条锈病的防控应该采取“全国统筹、分区施策，区域联防、统防统治”的策略，从全国和各发生区政府部门和生产者多个维度建立联防联控工作机制，实施全国小麦条锈病防控“一盘棋”运作。农业农村部建立全国小麦条锈病联防联控制度，制定小麦条锈病预防秋播拌种、应急防治政策，落实防控补助资金，加强病害防控的统一指导，组织开展全国病害的大区联合监测和滚动预测，适时安排部署小麦秋苗拌种、春病冬防、春季应急统防等重大防治行动，提高病害整体防治效果。小麦条锈病不同发生区各级农业农村部门按照全国病害防控统一部署，实施分区防控策略，组织广大农技人员加强技术培训及宣传的力度，指导当地农户和生产经营者全面落实相应的防控措施，提高防控整体效果。

3.4.2 构建大范围跨区域全周期防控技术体系

现行的全国小麦条锈病防控实施了“重点治理越夏易变区、持续控制冬季繁殖区和全面预防春季流行区”的治理策略，以及以生物多样性利用为核心，以生态抗灾、生物控害、化学减灾为目标的小麦条锈病菌源基地综合治理技术体系。即越夏易变区以推广抗锈良种、药剂拌种和退麦改种、适期晚种的“两种（zhǒng）两种（zhòng）”防病技术体系，冬季繁殖区以种植抗锈良种、秋播药剂拌种和春夏季“带药侦察、打点保面”的“两种一喷”防病技术体系和春季流行区以种植慢锈或成株期抗病品种、实时监测、达标（病叶率达到5%）统防统治的分区综合治理技术体系，在推进我国小麦条

锈病的长期可持续治理方面发挥了重要作用。但限于当时的研究进展，尚未树立大范围跨区域全周期治理的思想，对越夏阶段的治理措施落实不够，条锈菌有性生殖阶段阻截防控措施还存在宣传培训不够、技术普及率低的问题。因此，应进一步完善小麦条锈病防控技术体系，重点加强越夏区治理和有性生殖阻断防控技术的推广应用，进一步控制小麦条锈病的流行危害。

3.4.3 实施小麦条锈病大范围跨区域全周期防控

根据小麦条锈病大区流行传播规律最新研究成果，在明确小麦条锈病防控目标和策略的基础上，制定实施小麦条锈病大范围跨区域全周期防控技术方案。综合考虑区域布局，分越夏区、关键越冬区、冬繁区和春季流行区制定技术方案，明确各个关键区域、关键时期、关键防治技术，将小麦条锈病的防控技术要求落实落细到全年病害流行全周期的每一个环节，提高技术到位率，为实现小麦条锈病的可持续控制提供全面技术支撑。

撰稿：刘万才　王保通　赵中华　李跃　康振生

第二节　陕西省小麦条锈病发生防治现状与治理策略

小麦条锈病因为远距离传播、跨区域流行、扩展速度快、危害损失重成为威胁小麦安全生产的主要因素之一，被农业农村部列为一类农作物病害。小麦是陕西省主要粮食作物，目前，种植面积稳定在96万公顷。受病菌生理小种变异、品种抗性强弱、气候变化、栽培管理等因素影响，陕西小麦条锈病的发生与流行出现了新特点，作为小麦条锈病的冬繁区和关键越冬区，陕西省因地、因病进行了防治策略调整和防控实践。笔者总结整理了近年陕西省小麦条锈病发生防治现状，以期为今后条锈病的高效防控提供借鉴。

1　近年来病害发生流行概况

1.1　病害发生概况

2001—2022年，陕西省小麦条锈病累计发生面积1.18亿亩次，防治后仍造成产量实际损失累计60.00万吨（数据来自《全国植保专业统计资料》）。其中，中等偏重以上发生程度、发生面积600万亩/年以上、防治后仍造成实际产量损失超3万吨/年的有9年（图2-1）。

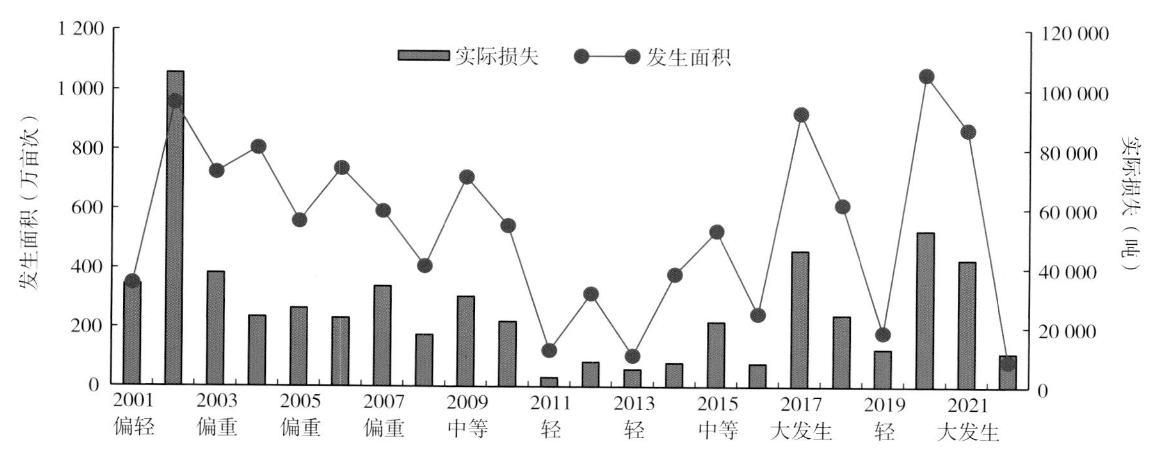

图2-1　2001—2022年陕西省小麦条锈病发生危害情况

1.2　发生流行特点

1.2.1　重发年份增多，成灾频率加快

2002—2023年，22年间条锈病发生程度有8年是轻至偏轻发生，5年是中等发生，6年是偏重发生，2002年、2017年、2020年和2021年4年大发生，其中2020年全省发生面积1 052万亩，占当年小麦种植面积的72.1%，为1980年以来历史最高。

1.2.2　冬前秋苗发病加重，关中越冬区出现冬繁现象

2015年以前小麦条锈病一般在汉中、宝鸡2市3～7个县区发生，发病面积不足10万亩，多以单片病叶或零星发病中心为主；2016年后，除2019年外，秋苗发病区域涉及汉中、宝鸡、咸阳、西安4市11～16个县（市、区），发病面积14万～26万亩。尤其是2020年、2021年，秋苗发病范围分别增至7市30个县、37个县，北至咸阳长武、彬州等县（市、区），东至渭南临渭，关中分别有11个和10

个县（市、区）出现冬繁现象，发生面积猛增到61.55万亩和84.61万亩（表2-1），各地出现大量发病中心，发生范围之广、面积之大、程度之重，为近年少有。

表2-1　2012—2021年陕西省小麦秋苗条锈病发生情况

年份	秋苗发病县（市、区）数			秋苗发病面积	
	累计发生县（市、区）数（个）	陕南冬繁区发生县（市、区）数（个）	关中冬繁区发生县（市、区）数（个）	秋苗累计发病面积（万亩）	冬繁区发病面积（万亩）
2012	7	2	0	19.54	2.28
2013	3	1	0	8.45	0.3
2014	7	1	0	9.79	0.2
2015	5	2	0	10.8	0.1
2016	14	3	0	25.9	2.3
2017	16	8	0	16.33	1.4
2018	11	3	0	14.05	1.26
2019	4	0	0	0.88	0
2020	30	6	11	61.55	6.81
2021	37	5	10	84.61	2.48

1.2.3　关中麦区始见病期不断提早，流行始盛期明显提前

2019年以前，关中西部条锈病见病时间多在2月中旬以后，关中东部多在4月中旬以后，均晚于陕南早发常发区的上年12月上中旬；但2020年、2021年，关中西部的秋苗始见病期提早到11月上旬，早于陕南常发区1个多月，加上冬季气温偏高，部分县（市、区）出现冬繁现象，为春季病害流行积累了大量菌源。2016—2018年，春季关中条锈病流行始盛期提前到4月15日至20日，2020年始盛期更是提前到4月6日至8日，4月中旬已达流行高峰（表2-2、图2-2）。

表2-2　陕西不同区域小麦条锈病始见病时间

年份	陕西南部汉中市	关中西部宝鸡市	关中东部渭南市
2010	2009/12/11	2010/3/17	2010/5/10
2011	2010/12/14	2011/3/29	2011/5/下旬
2012	2011/11/28	2012/2/10	2012/5/下旬
2013	2012/12/3	2013/4/18	2013/5/下旬
2014	2013/12/18	2014/2/24	2014/5/12
2015	2015/1/4	2014/11/10	2015/4/14
2016	2016/1/4	2016/3/31	2016/4/19
2017	2016/12/7	2016/12/2	2017/4/11
2018	2017/12/7	2018/3/26	2018/4/11
2019	2019/2/28	2018/12/6	2019/5/4
2020	2019/12/16	2019/11/8	2020/3/5
2021	2020/12/8	2020/11/9	2020/11/27

2　病害防控进展与成效

近年，陕西省坚持“前移关口、分区治理、压西防东控流行”的防控策略，创新集成了大发生年份“药剂拌种＋早期应急防控＋中期提前普防＋穗期‘一喷三防’”为核心的全程高效治理技术体系，形成了分区治理4种技术模式，构建了“政府主导、部门协作、统防统治”的防控机制。2001—2022年累计防治面积1.75亿亩次，挽回粮食产量损失207.03万吨（数据来自《全国植保专业统计资料》），有效控制了条锈病流行危害。

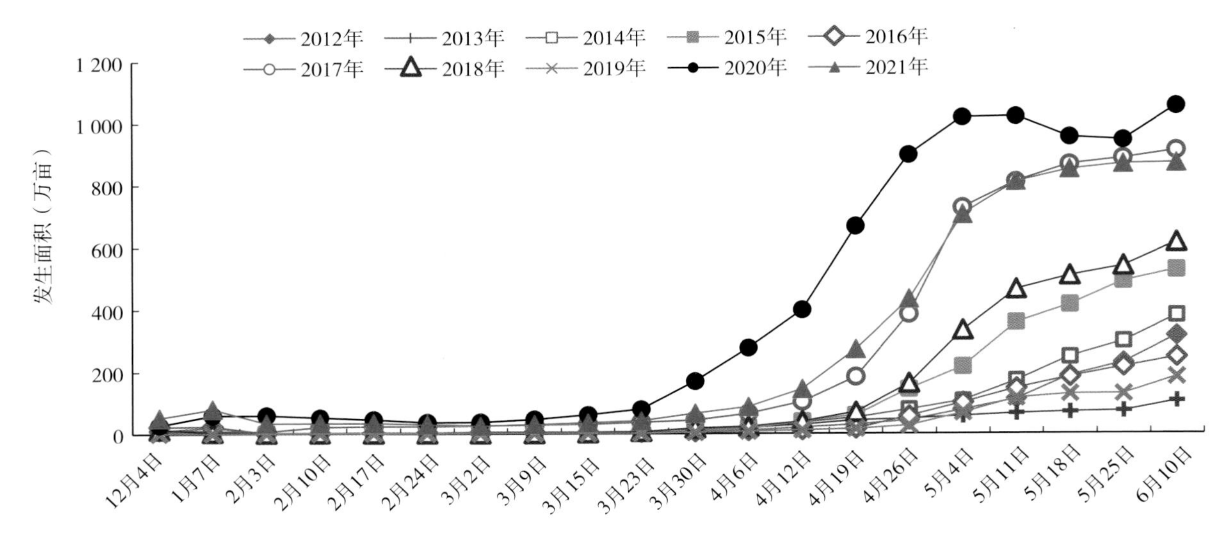

图2-2　陕西省2012—2021年小麦条锈病发生面积扩展过程

2.1　以病害监测为基础，科学划分流行区域

系统调查、智能化监测与大田普查相结合，综合分析多点、多年条锈病始见期、发生程度、发生面积、病害流行扩展速度与同期气候特点等，结合越冬区出现冬繁现象等，将陕西小麦条锈病防控区域划分为陕南常发早发区、关中中西部早发重发区、关中东部一般发生区、渭北旱塬偶发区4个区域。根据各区条锈病发生特点，进行相应分区治理，并提出关中中西部早发重发区为重点防控区域，前移防治关口，尽可能阻截病菌进一步东扩。

2.2　开展防控技术研究，创新集成分区治理技术模式

针对关键环节，研究高效防控技术，通过大田人工接种抗病性鉴定和自然感病监测，评价、明确小麦主栽品种抗性，形成关中中西部小麦品种布局意见。通过不同区域多年、多点田间试验示范，筛选、明确戊唑醇、苯醚·咯·噻虫、戊唑·吡虫啉等悬浮种衣剂和戊唑醇、丙环唑、己唑醇、烯唑醇及其复配剂等高效药剂防治效果及应用技术要点。立足小麦全生育期，集成防控技术模式，以抗性品种布局和药剂拌种为基础，前移防治关口，陕南常发早发区实施秋冬挑治＋早春普防（偏重发生区）＋穗期“一喷三防”，关中中西部早发重发区实施秋冬挑治＋建立防控阻截带（早春以发病中心外延2公里快速进行药剂防治）＋提前普防（春季发病始盛期），齐穗扬花期“一喷三防”为最后一道防线。

2.3　构建防控工作机制，实践形成技术推广新模式

通过行政推动与经费保障支持、技术指导与宣传发动到位、专业化统防引领与群防群治并举等组织措施，探索构建了“党政主导、专家会商、部门督导、技术指导、统防统治”的防控工作新机制，实践形成了“技术部门＋社会化服务组织/新型生产主体＋农户”的技术推广新模式；培育扶持了专业化防治服务组织317个，引领发展植保无人机2 000多台（架），统防统治日作业能力98万亩以上。全省小麦拌种率由原来的40%增加到80%以上，条锈病常发重发区的陕南和关中中西部拌种率达95%以上。早春条锈病阻截带建设延迟病害侵染20天以上，防效提高25个百分点；流行始盛期病田率达20%时提前普防，防效提高10～25个百分点，不但保障了陕西省小麦生产安全，而且阻截了条锈病菌源东扩，为我国广大黄淮冬麦区条锈病防控减轻了压力。

3　推进病害持续治理的策略

粮食安全“国之大者”。陕西在小麦条锈病全国大区流行循环中地位特殊，陕南是小麦条锈菌冬繁

区，关中灌区和渭北旱塬麦区是关键越冬区，同时也是小麦条锈病菌源东西部交流的“桥梁”地带，做好小麦条锈病绿色防控和持续治理工作，对保障陕西至广大黄淮冬麦区粮食安全意义重大。

3.1　依法防控，强化行政推动

小麦条锈病跨区域流行、扩展速度快，其防控必须坚持联防联动、统防统治，往年小麦条锈病大流行年份的治理经验也证明了这一点。粮食安全党政同责，依照《农作物病虫害防治条例》等国家法律和政策要求，坚持“政府主导、属地负责”是条锈病防控的首要保障。常发重发区要将条锈病的防控纳入县区、乡镇政府的绩效考核指标，强化行政推动，压实属地责任，加强部门协作，提高保障能力。

3.2　关口前移，强化技术支撑

树立问题导向，加强防控技术研究，培育植物保护新质生产力。着眼“阻断条锈病跨区域传播”目标，坚持“关口前移、分区治理、压西防东控流行”防控策略，落实“测、种、拌、喷”全周期防控技术。通过智能化监测与系统调查相结合，精准监测预报；开展抗病性鉴定与田间自然感病评价，合理布局抗性品种；播种期提高药剂拌种覆盖率，建设第一道防线；生长期分区建立防控阻截带，早春提前普防，穗期“一喷三防”等，压减陕南和关中中西部早发、常发、重发区病菌基数，尽可能阻截条锈菌东扩蔓延。

3.3　强化示范，发挥主体带动作用

利用“一喷三防”“防灾减灾”“省级重大病虫防控”等专项资金，不断培育、依托专业化防治组织、种植大户、家庭农场等为主的新型农业经营主体，分区域联建、共建条锈病集成治理技术示范区，充分发挥新型农业经营主体组织化和集约化程度高、新技术新产品接受快、辐射带动农户多等作用，将其打造成病虫害监测阵地、统防统治示范引领阵地、技术宣传和培训阵地，推动条锈病防控技术的规模化应用，使其成为病虫害防控、保障国家粮食安全的有生力量。

撰稿：王亚红　冯小军　魏会新　王美宁

第三节　河南省小麦条锈病发生防治现状与治理策略

河南省是我国小麦主产区，常年种植面积8 500万亩以上，约占全国的1/5，总产占全国的1/4。条锈病是严重影响河南省小麦丰产丰收的一种大区流行性病害，具有流行速度快、影响范围大、危害损失重等特点，南阳、信阳、驻马店等豫南地区，既是冬繁区，也是春季流行区，病害发生明显重于其他麦区。1990年小麦条锈病曾在河南省大流行，产量损失达55万吨，之后每年都有不同程度的发生，经组织大面积应急控制和统防统治，才没有造成大的减产。近年来，河南省大力示范推广小麦条锈病全生育期绿色防控技术，持续控制病害，一直处于偏轻发生。

1　近25年来河南省小麦条锈病发生概况及特点

1.1　不同年份发病程度、发生面积差异大

2000—2024年，河南省小麦条锈病平均发生面积867.96万亩（图2-3），其中发生面积2 000万亩以上年份4年（分别是2003年、2017年、2020年和2021年），900万～2 000万亩年份7年，500万～900万亩年份3年，100万～500万亩6年，100万亩以下5年。按照小麦条锈病测报技术规范规定，病田率大于10%为3级以上发生，大于20%为4级以上发生。根据河南省小麦种植面积推算，小麦条锈病年发生面积850万亩以上为中度以上发生，1 700万亩以上为4级以上发生。从图2-3可以看出，近25年中，条锈病中度及以上发生年份有11年，占比44%，偏重及以上发生年份有4年，占比16%。

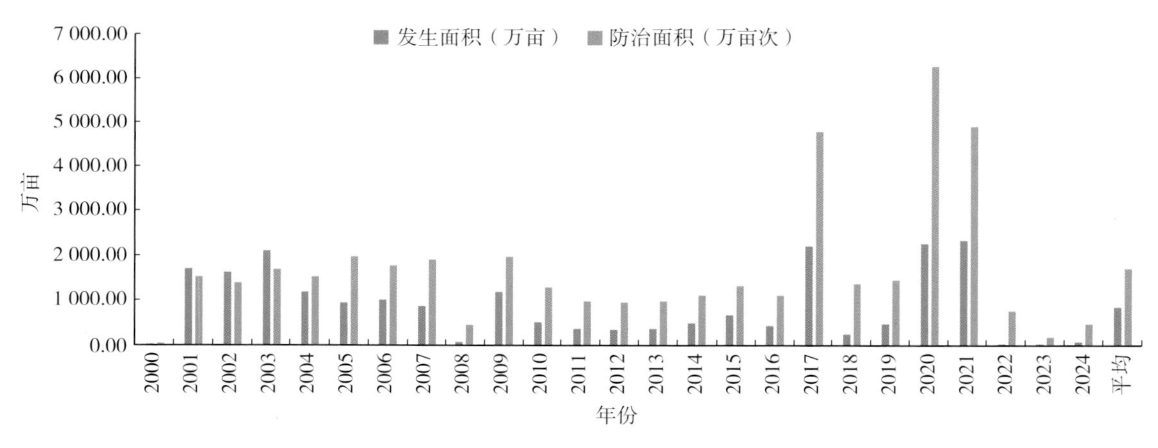

图2-3　2000—2024年河南省小麦条锈病发生防治面积统计图

1.2　始见时间大部分在3月上中旬，首发地集中在豫南麦区

2000—2024年历史监测资料（表2-3）显示，河南省首次查到小麦条锈病病叶时间年度间差异很大，但多数年份集中在3月。近25年中，在上一年秋苗期见病的有3年，占比12%；3月见病的有15年，占比60%，其中3月上中旬见病的有10次，占比40%。结合图2-3和表2-3可以看出，见病越早（特别是秋苗期见病年份），病害发生级别越高。

从病害首发地点来看，主要集中在豫南麦区。近25年中，有19年是在南阳市首次查到条锈病，占比76%，其中11年是在淅川县，占58%，另外4年在唐河县发现，占21%，两县均与湖北省毗邻；有5年在信阳市首次查到条锈病，占比20%，其中3年在潢川县，占60%。在驻马店首次查到条锈病的仅1年。

表2-3 2000—2024年河南省小麦条锈病首次见病时间段统计

见病时段	秋苗	1—2月	3月上旬	3月中旬	3月下旬	4月上旬	4月中旬
出现年数	3	2	9	1	5	3	2
占比（%）	12	8	36	4	20	12	8
发生程度（级）	4	2～3	1～4	2	2～3	1～2	1～2

1.3 防治面积占比较高，挽回损失效果明显

2000—2024年，河南省年均防治小麦条锈病面积是发生面积的2倍，发生面积越小，防治占比越大，2008年、2022年、2023年、2024年全省发生面积均不足100万亩，防治（兼治）面积是发生面积的7～50倍，而中等以上发生年份，防治面积一般是发生面积的2～2.5倍（图2-3）。

2000—2024年统计数据显示，通过防治，河南省年均挽回小麦条锈病损失192 287.36吨，占应挽回损失（挽回损失＋实际损失）的82.58%；平均每亩挽回损失9.35公斤。每年挽回损失占当年小麦总产的0.09%～2.6%，平均为0.60%。偏重发生年份为2003年、2017年、2020年、2021年，挽回损失分别为2.10万吨、8.06万吨、6.33万吨和10.04万吨，分别占当年小麦总产的0.92%、2.18%、1.69%、2.64%（表2-4）。

表2-4 2000—2024年河南省防治小麦条锈病挽回损失统计表

年份	发生面积（万亩）	防治面积[2)]（万亩）	防治占比	挽回损失[2)]（吨）	实际损失[2)]（吨）	亩挽回损失（公斤）	小麦总产[1)]（万吨）	挽回损失/小麦总产（%）
2000	6.7	5.8	0.87	197.74	121.24	3.41	2 235.95	0.00
2001	1 697.24	1 533.68	0.90	188 034.31	88 752.54	12.26	2 299.71	0.82
2002	1 630.85	1 411.55	0.97	271 652.04	137 668.54	19.24	2 248.39	1.21
2003	2 092.29	1 699.38	0.81	209 973.72	116 196.04	12.36	2 292.5	0.92
2004	1 192.52	1 547.25	1.30	145 759.63	42 649.30	9.42	2 480.93	0.59
2005	942.96	1 976.83	2.10	136 513.74	27 328.04	6.91	2 577.69	0.53
2006	1 040.98	1 760.15	1.69	122 527.23	44 939.00	6.96	2 936.5	0.42
2007	901.30	1 895	2.10	130 386.00	26 861.75	6.88	2 958.31	0.44
2008	62.52	453.4	7.25	73 045.15	615.33	16.11	3 036.2	0.24
2009	1 178.36	1 987.71	1.69	254 494.66	35 306.33	12.80	3 092.2	0.82
2010	520.50	1 309.6	2.52	92 532.05	33 963.10	7.07	3 121	0.30
2011	372.12	986.7	2.65	77 726.90	9 853.22	7.88	3 144.9	0.25
2012	337.30	958	2.84	32 953.20	3 827.74	3.44	3 223.07	0.10
2013	390.20	1 004.4	2.57	79 344.37	15 801.44	7.90	3 266.33	0.24
2014	523.25	1 137.5	2.17	132 383.45	21 299.72	11.64	3 385.2	0.39
2015	687.66	1 335.43	1.94	86 763.77	22 602.82	6.50	3 526.9	0.25
2016	437.60	1 109.71	2.54	66 403.27	9 671.48	5.98	3 618.62	0.18
2017	2 210.02	4 795.75	2.17	806 409.71	181 998.55	16.82	3 705.21	2.18
2018	260.16	1 366.21	5.25	50 599.61	11 482.69	3.70	3 602.85	0.14
2019	480.75	1 458.44	3.03	97 713.55	14 701.04	6.70	3 741.77	0.26
2020	2 271.15	6 252.8	2.75	633 138.31	71 168.72	10.13	3 753.13	1.69
2021	2 360.05	4 872.01	2.06	1004 454.04	93 561.71	20.62	3 802.86	2.64
2022	35.22	763.64	21.68	80 385.50	1 629.53	10.53	3 812.7	0.21
2023	3.45	171.43	49.69	3 525.39	327.17	2.06	3 550.1	0.01
2024	65.78	476.77	7.25	30 266.56	1 872.12	6.35	3 785.33	0.08
平均	868.04	1 690.77	5.23	192 287.36	40 567.97	9.35	3 167.93	0.60

注：1）数据来源国家统计局网站；2）数据来源植保统计网站。
因分列数据存在四舍五入，所以加和数据与总计数据略有偏差。

2 近年小麦条锈病绿色防控技术进展与成效

长期以来，河南省委、省政府对小麦条锈病防控工作高度重视，提出“打点保面、防南控北，把条锈病阻截在沙河以南，最大程度减轻危害损失”的总体要求，每年均加强领导、精心组织、提前部署、行政推动，投入大量的人力财力用于病害防治，适时组织群众开展应急防控、统防统治和群防群治，防控工作成效显著，没有出现因病害导致大面积严重减产的典型案例。

近年来，在小麦条锈病防控技术上，河南省除继续推广“带药侦察”“发现一点、控制一片”等成功经验外，积极研究探索、示范推广全生育期绿色防控措施，实现病害持续控制。

2.1 防控策略

提出四个转变，一是病害防治时期由主攻春季防治向各生育期全程防治转变；二是防治手段由单纯依靠化学防治向绿色防控转变；三是组织形式由一家一户分散防治向规模化统防统治转变；四是由单病单治向多病兼治综合控制转变。

重点抓好三个环节，一是抓好播期包衣拌种，控制秋苗发病，减少本地菌源；二是抓好早春病害查治，治早治小，打点保面，降低病害发生程度；三是重点抓好豫南病害控制，延缓病害扩展蔓延，压缩流行范围，减轻危害损失。

2.2 关键技术

根据以上防治策略，结合河南省小麦条锈病发生流行特点和防治工作现状，在多年研究优化改进集成的基础上，形成了小麦条锈病春季流行区全生育期绿色防控技术模式。

2.2.1 播种期

以防治条锈病为主，兼顾纹枯病等土传、种传病害。①精细整地、合理施肥。②选用抗（耐）小麦条锈病的优良品种，如周麦22、周麦28、郑麦7698、郑麦366、西农979、郑麦101、郑麦136等。③药剂拌种。可选用戊唑·吡虫啉＋赤·吲乙·芸苔或芸苔素内酯等进行包衣拌种。④适时晚播。⑤加强秋苗条锈病查治，发现病点，及时封锁。

2.2.2 返青拔节期

主治小麦条锈病，兼治纹枯病、茎基腐病等病害。①早春普防小麦纹枯病，兼治条锈病，延迟发病期。②实施“带药侦察、打点保面”措施，发现小麦条锈病零星病叶或发病中心，按照“发现一点、控制一片，发现一片、防治全田”的原则，立即封锁扑灭，优先选用生物农药1 000亿芽孢/克枯草芽孢杆菌可湿性粉剂喷雾，也可用戊唑醇、三唑酮等化学药剂进行防治。

2.2.3 抽穗扬花期

主治条锈病、赤霉病，兼治白粉病等病害。①条锈病病叶率达0.5%时，选用15%丙唑·戊唑醇悬浮剂、40%丙硫菌唑·戊唑醇悬浮剂或48%氰烯·戊唑醇悬浮剂喷雾进行统防统治，兼防小麦赤霉病、白粉病等。②植保无人机作业亩施药液量为1.5升以上；喷杆喷雾机作业亩施药液量为15～20升。

2.2.4 灌浆期

根据条锈病、麦蚜、白粉病、叶枯病等病虫害发生情况，选用丙唑·戊唑醇或丙硫菌唑·戊唑醇＋吡虫啉或啶虫脒或吡蚜酮或噻虫嗪＋磷酸二氢钾或氨基寡糖素或芸苔素内酯喷雾，科学配方，综合作业，一喷多效。

2.3 防控成效

2022年以来，河南省采取有效措施，大力推广小麦条锈病春季流行区全生育期绿色防控技术，成效显著。

一是发病面积大大减少。2000—2024年，河南省小麦条锈病年均发生面积868.04万亩，其中

2017—2021年5年间有3年偏重发生，发生面积均达2 200万亩以上。而2022—2024年发生面积分别为35.22万亩、3.45万亩、65.78万亩。二是发生程度明显降低。2022—2024年全省见病县数分别为64个、21个、64个，明显少于2020年的129个和2021年136个，病害始终被控在点片发生阶段，均为轻发生，没有造成全省大面积流行。三是节支保产作用显著。由于病害控制效果好，小麦条锈病发生程度轻，防治压力大大减轻，2022—2024年防治面积分别为763.64万亩、171.43万亩、476.77万亩，虽直接挽回损失有所减少，但节约了大量的人力财力投入，保护了全省小麦生产安全，间接经济效益、社会效益更加明显（表2-5）。

表2-5 2022—2024年河南省小麦条锈病发生防治情况统计表

年份	始见期	3月见病县数	4月见病县数	5月见病县数	总见病县数	发生面积（万亩）	防治面积（万亩次）	挽回损失（吨）
2022	3月10日	2	39	23	64	35.22	763.64	80 385.50
2023	4月10日	0	14	7	21	3.45	171.43	3 525.39
2024	3月1日	3	51	10	64	65.78	476.77	30 266.56

3 推进小麦条锈病持续治理的对策建议

虽然通过近年的综合治理，小麦条锈病在河南省的暴发频率和发生程度均有所降低，但由于该病是大区流行性病害，适宜条锈病发生流行的基本条件长期存在，如果防控工作稍有松懈，病害极有可能迅速反弹，加重流行危害。因此，做好小麦条锈病持续治理是长期、艰巨的任务。

3.1 加强主栽小麦品种抗病性监测

种植抗病品种是防治小麦条锈病最有效的方法。随着小麦条锈病菌生理小种变化，小麦品种抗病性也会随之改变甚至丧失，因此，加强主栽小麦品种田间抗病性监测显得尤为必要。各级植保部门、育种单位，每年都应组织技术人员开展不同小麦品种条锈病发生情况田间调查，及时掌握当地主栽品种对条锈病的抗性情况及变化，在此基础上，提出切实可行的抗病品种推荐利用意见。

3.2 加强大区联合监测预警

河南省既是小麦条锈病冬季繁殖区，也是春季流行区。秋苗期菌源来自西北麦区，春季菌源来自西南麦区。传统条锈病早期监测是在秋苗期和早春组织大量技术人员开展拉网式普查，如同大海捞针。随着机构改革，基层技术人员越来越少，大面积普查难度越来越大，需要通过大区联合，加强菌源地发生情况交流，利用病害流行模型，提前预测条锈病可能发病区域，指导技术人员有针对性开展调查，提高调查效果。

3.3 狠抓绿色防控措施落实

①种植全生育期抗（耐）病品种，充分发挥抗病品种在病害防控中的作用。②注重健身栽培。适期晚播，降低秋苗侵染概率，减轻发病程度。科学水肥管理，促进小麦健壮生长，增强小麦抗病能力。③科学用药。病害初发期，严控发病中心，做到“发现一点、控制一片，发现一片、控制全田”。普发流行期，病叶率达0.5%时，对达标田块喷药防治，最大限度控制病害流行。④统筹兼顾。防治小麦条锈病应与小麦纹枯病、白粉病、赤霉病等病害防治有效结合，主次兼顾，综合防治，尽可能做到一次用药，多种效果。通过以上措施，真正达到化学农药减量控害的目的。

3.4 加强组织领导，建立应急防控机制

小麦条锈病是国家一类病害，一旦暴发流行，将直接影响国家粮食安全。因此，建议小麦主产

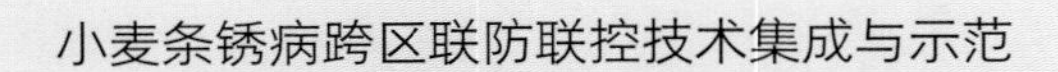

区各级政府进一步加强对病害防控工作的组织领导，落实“属地管理”责任，强化行政推动，各级财政应继续加大对小麦条锈病防治的政策支持和资金投入力度，鼓励科研单位和企业开展相关研究。同时要提前制定应急预案，做好各项准备，在病害大发生时，迅速组织力量进行统防统治和群防群治，最大程度降低危害损失。

撰稿：彭红　王磊

第四节　湖北省小麦条锈病发生防治现状与治理策略

2006年以来，由于种植结构调整，小麦种植区域由鄂北地区扩展到江汉平原，小麦成为湖北省第二大粮食作物。小麦条锈病是我国小麦生产上影响产量最严重的大区流行性气传病害，是影响我国粮食安全的重大灾害。近10年来，由于气候变化、种植结构改变、条锈病菌生理小种变异较快，条锈病流行频率上升，危害损失加重。小麦条锈病重发频发的严峻态势，对湖北省小麦生产构成较大威胁。为有效治理小麦条锈病，确保小麦生产安全，笔者对2000年以来湖北省小麦条锈病发生防治情况进行了回顾与分析，并优化了相应的治理对策。

1　近年来病害发生流行概况

湖北省是我国小麦条锈病主要冬繁区，是条锈病向长江下游、黄淮海麦区传播的中转站，在全国小麦条锈病大区流行中起重要“桥梁”地带作用。条锈病不仅在湖北本地流行危害，还为长江下游、黄淮海等小麦产区提供大量的菌源，对我国小麦生产造成严重威胁。

1.1　条锈病传入路径

湖北省条锈病最早见病地点在鄂西北的十堰市郧阳区、郧西县和襄阳市谷城县、樊城区、宜城市、枣阳市等沿汉江地区，这些病点的病菌由西北越夏区传入，再逐步向南扩展。2019年出现在荆州市的荆州区、江陵县等，且存在条锈病流行初期沿长江向鄂东扩散的新特点，并随季风向北扩展。中国农业科学院植物保护研究所和西北农林科技大学近年研究发现，小麦条锈菌在冬季或早春既可随西北季风沿汉江传入鄂西北麦区，再向江汉平原扩散流行，也可从云贵川地区随西南季风沿长江传入江汉平原麦区，再传入鄂东、鄂北等麦区。表明湖北麦区条锈病初始菌源主要由西北陕甘地区和西南云贵川地区两条路径传入（历年首见病点见表2-6）。

表2-6　湖北省2004—2024年小麦条锈病始见地点和时间

始见病月份	始见病地点及年份
上年11月	襄阳市（2006—2010年、2012年），随州市（2013年）
上年12月	襄阳市（2004年、2005年、2011年、2014年、2020年），十堰市（2015年、2017年、2018年、2021年、2024年），荆门市（2016年）
当年1—2月	荆州市（2019年、2022年、2023年）

1.2　条锈病见病时间早

湖北省小麦播种时间主要在10月中下旬，由于湖北省常年冬季日平均气温在4.1～6.7℃，冬季累计降水量在115.3毫米，有利于小麦条锈病菌传入湖北后在本地繁殖和越冬，所以条锈病见病时间早。大多数年份始见病时间在上一年11月中旬至12月下旬。2004—2024年的21年中，有18年在上一年12月之前见病（其中，7年在11月见病，11年在12月见病），有3年在当年1—2月见病。由西北沿汉江传入鄂北的年份，首次见病区域在襄阳、十堰等鄂北地区，见病时间一般在12月之前；由西南沿长江传入江汉平原地区的年份，首次见病区域在荆州，见病时间一般在年后1—2月（表2-6）。

1.3 流行扩展快、区域广

湖北省常年春季累计降水量344.9毫米，其中3、4月多连阴雨，常年累计雨量平均分别为77.7毫米、117.5毫米，平均气温分别为11.8℃、17.1℃，春季雨水充沛、湿度大，极有利于小麦条锈病扩展流行。只要菌源充足，传入湖北后，流行扩展快、区域广。如大发生的2017年，于上年的12月22日在十堰市始见小麦条锈病发病中心（预计12月中旬见病点），枣阳市12月28日见2个病点，1月6日发展为8个发病中心，老河口市12月29日见1块田4个发病点，1月6日发展为3块田10个发病中心，到2月底已相继在襄阳市其他县（市、区）以及荆门市、随州市等地见病，并很快发展成中心病团。随着3月气温回升，晴雨相间气候下条锈病扩散蔓延速度明显加快，到4月中旬已在17个市（州）的62个县（市、区）发病，襄阳、荆门、随州、荆州等重发区病田率达80%以上，对照田病叶率100%、严重度80%以上，5月调查时共有66个县（市、区）发病，全省发生面积约66.99万公顷，占种植面积的58.1%。

1.4 重发频率高危害重

根据湖北省植保专业统计和各监测点定点调查资料分析，2000—2024年的25年中，全省小麦条锈病偏重以上发生年份有11年，分别是2002年、2003年、2004年、2006年、2009年、2014年、2015年、2017年、2019年、2020年和2021年，重发频率44%，平均发生面积占平均种植面积的44.6%。其中，2014—2021年的8年中，重发年份6年，重发频率高达75%；2020年发生最严重，发生面积高达74.30万公顷，占种植面积的72%（图2–4）。同时，湖北省小麦条锈病造成的危害损失较重，如果不防控，近25年年均自然损失1.13亿公斤，11个偏重以上发生年份年均自然损失1.85亿公斤，其中，2020年年均自然损失高达4.09亿公斤（图2–5）。这种连续生物灾害引起国家高度重视，国家相关科研团队开展了“小麦条锈病成灾机制与可持续防控技术研究”（2021YFD1401005）。2022年以来，随着项目的实施，湖北省小麦条锈病得到有效控制，年均发生面积10.44万公顷，约占种植面积10%。

2 条锈病防控进展与成效

2.1 防控策略

湖北省坚持“预防为主、综合治理、分类指导、节本增效”的原则，树立“公共植保、绿色植保”理念，采取“关口前移、监测预警、带药侦察、打点保面、统防统治”的防控策略，抓住重点地区、关键时期，指导开展综合防治，强化精准用药、减量增效，推进统防统治与绿色防控融合，有效

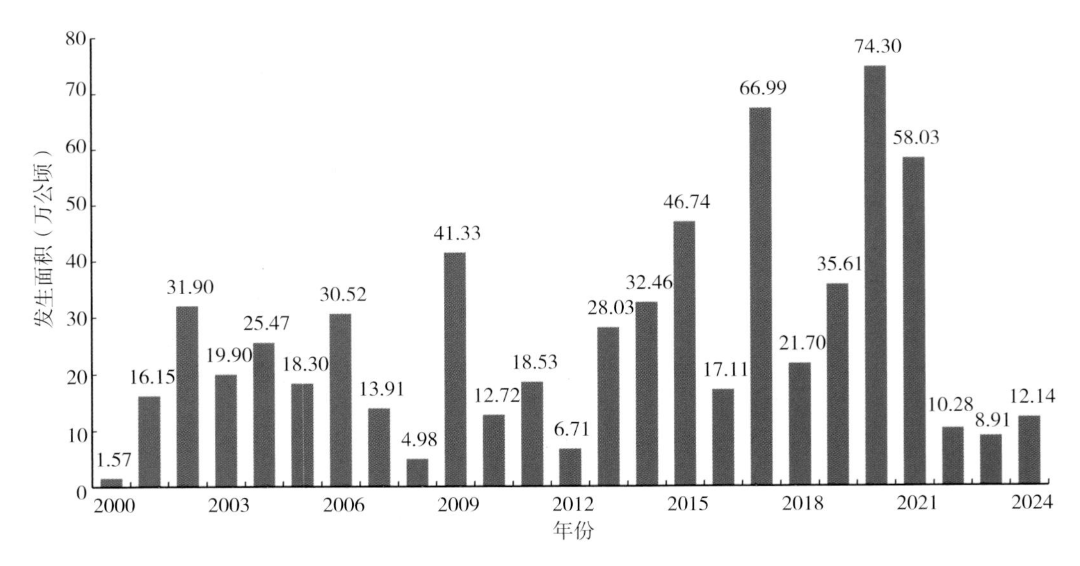

图2–4 湖北省2000—2024年小麦条锈病发生面积图

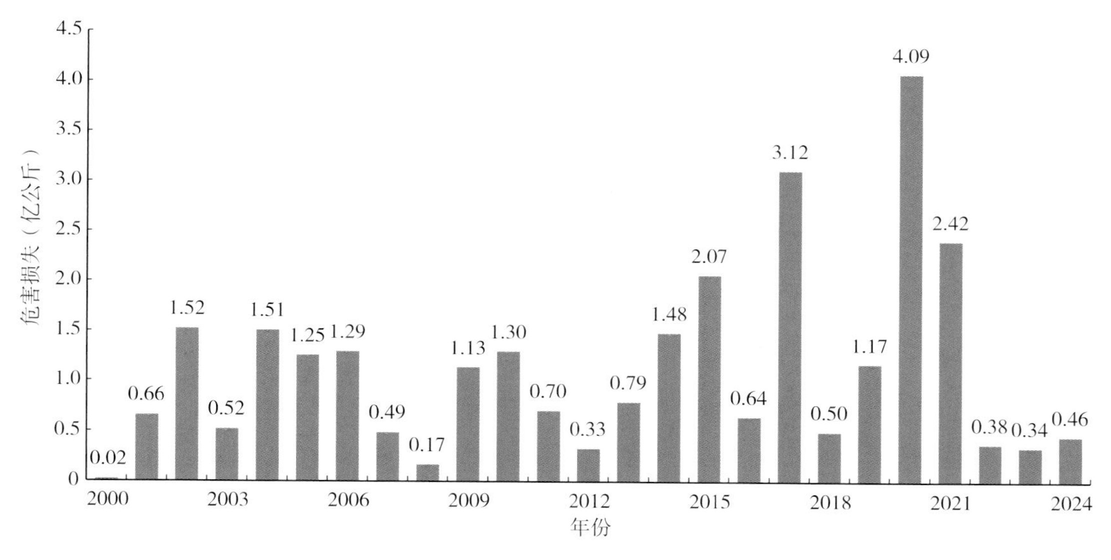

图2-5 湖北省2000—2024年小麦条锈病危害损失图

控制条锈病发生流行。

2.2 防控主要技术

为有效遏制条锈病传播蔓延，湖北省重点采取“一抗一拌二喷”（即抗性品种，药剂拌种，前期打点保面、后期一喷多效）的绿色防控技术，将防治技术贯穿于全生育期。将条锈病防控关口前移到播种期，实行“一抗一拌”；重点关注苗期—返青拔节期，实行“带药侦察、打点保面”“发现一片、防治大面”；在抽穗扬花期，实行“一喷三防”，确保条锈病不在本省大面积流行，同时减轻长江下游和黄淮海等主产麦区的防控压力。

2.2.1 播种期

此期重点采取“一抗一拌”的技术措施。①深翻埋茬、精细整地、平衡施肥，及时清除周边杂草。②选用鄂麦18、鄂麦596、鄂麦006、鄂麦DH16、襄麦25、襄麦55、襄麦62、扶麦368、西农979等抗（耐）小麦条锈病良种。③选用戊唑醇、苯醚甲环唑、三唑酮等药剂，同时添加赤•吲乙•芸苔、芸苔素内酯或大丽轮枝激活蛋白等免疫诱抗剂（或植物生长调节剂）进行包衣拌种。④适期晚播、机械条播。

2.2.2 苗期—返青拔节期

此时期重点落实“带药侦察、打点保面”防控策略。①加强监测，及时预警。采用孢子捕捉器等先进仪器设备，并结合人工踏查方式对常年条锈病发生区进行监测，及时发布预警信息。②带药侦察，打点保面。发现的条锈病是单片病叶时，以病点为中心及时对周围2米区域喷药防治，发现单个发病中心时及时对周围20米区域喷药防治。③统防统治，控制流行。当田间平均病叶率达到0.5%～1%时，及时组织开展大面积统防统治，并且做到同类区域全覆盖。防控药剂可选用戊唑醇、烯唑醇、氟环唑、丙环唑、醚菌酯、吡唑醚菌酯、嘧啶核苷类抗菌素等。

2.2.3 抽穗扬花期

此期以防治赤霉病为主，兼治条锈病，实行“一喷三防”。防控赤霉病时应选择对条锈病有兼治效果的药剂，如丙唑•戊唑醇、丙硫菌唑•戊唑醇、氰烯•戊唑醇、醚菌•氟环唑等，并结合“一喷三防”，大力开展统防统治。可添加磷酸二氢钾、赤•吲乙•芸苔、芸苔素内酯或大丽轮枝孢激活蛋白等植物诱抗剂（或植物生长调节剂）一起喷施，达到防病害、防干热风、防早衰的目的。

2.3 小麦条锈病治理成效

2000年以来，湖北省小麦条锈病年均防治面积47.75万公顷次，年均挽回损失0.96亿公斤。11个偏重发生年份年均防治面积70.27万公顷次，年均挽回损失1.56亿公斤，其中2017年和2020年年均防治面积114.69万公顷次，年均挽回损失3.12亿公斤（图2-6、图2-7）。2022年以来，通过实施国家重点研发计划“小麦条锈病成灾机制与可持续防控技术研究”项目，湖北省将条锈病防控关口前移，强化药剂拌种，每年小麦药剂拌种面积90%以上，同时推广种植抗性品种，关键时期开展科学用药防控，将小麦条锈病控制在轻发生，近三年小麦条锈病年均发生面积10.44万公顷，防治面积28.93万公顷次，年均挽回损失0.34亿公斤。同时，随着发生面积和防控面积减少，农药减量效果显著，近三年农药用量均值比前三年降低68.5%。

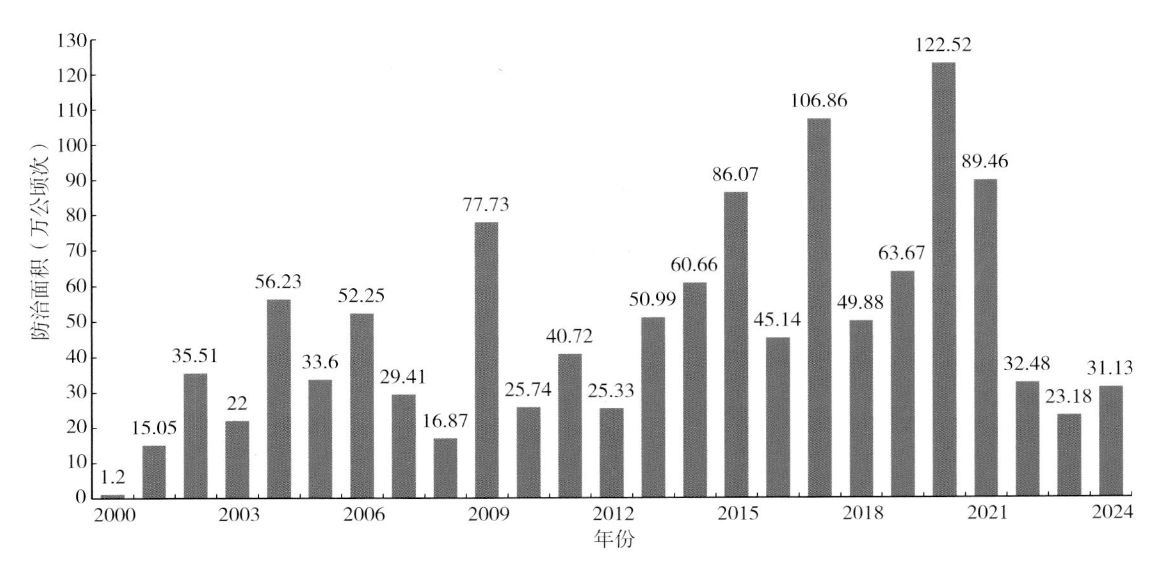

图2-6 湖北省2000—2024年小麦条锈病防治面积图

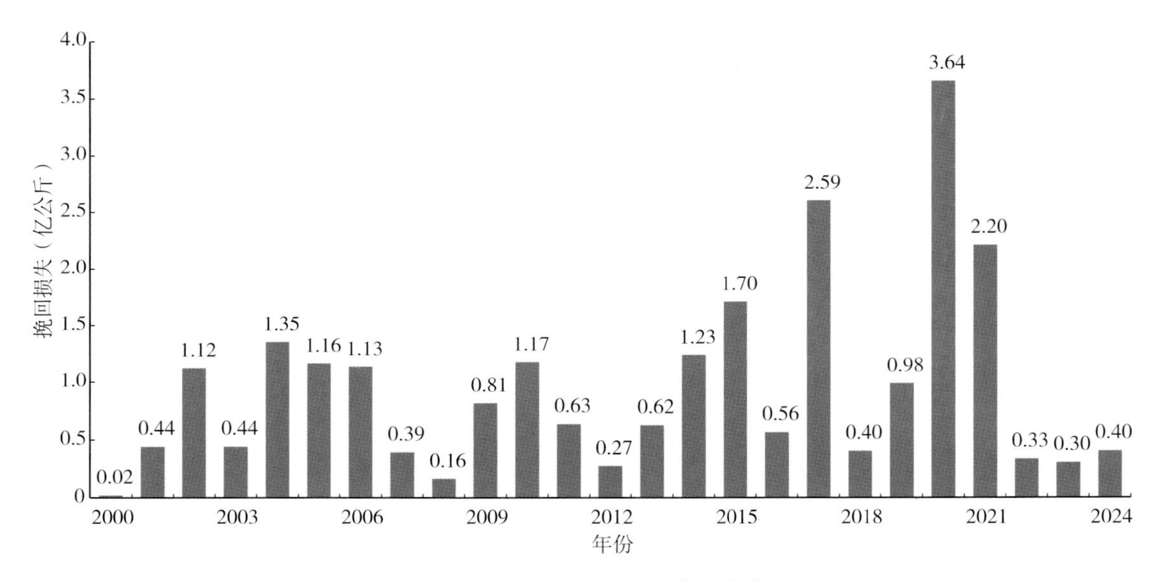

图2-7 湖北省2000—2024年小麦条锈病挽回损失图

3 推进病害持续治理的策略

为保障湖北省粮食生产安全和农业生态环境安全，推动农业绿色高质量发展，以“政府主导、属地负责”为原则，实行小麦条锈病“预防为主、综合防控”“带药侦察、打点保面”的防控策略，采取防控关口前移、关键时期科学精准防控等措施，确保小麦条锈病得到有效持续控制。

3.1 强化监测预警，科学指导防控

不断完善小麦条锈病监测预警体系，在重点发生区建立小麦条锈病孢子捕捉田、系统调查田、定点观测圃，利用条锈病孢子捕捉仪等先进监测设备和病害数字化预警监控平台，结合人工大面积普查，及时监测条锈病发生动态，提高病情测报的准确性和时效性，为“早发现、早决策、早防治”提供技术保障；同时做好条锈病防控技术的示范、宣传和培训，科学引领和指导生产者开展条锈病防控，提高技术到位率。

3.2 坚持综合施策，确保粮食安全

加大条锈病综合防控技术推广力度。①种植抗性品种。根据小麦条锈病在湖北不同区域的流行特点和传播规律，有针对性地布局种植抗（耐）条锈病品种，形成生物屏障，阻止病原菌侵染流行。鄂北地区（襄阳、十堰）重点推广种植抗条锈病品种，江汉平原地区（荆门、荆州等地）重点推广种植抗赤霉病兼耐条锈病品种。②普及农业防治。以健康栽培为基础，结合适期精量晚播、机械条播，采取深翻埋茬、精细整地、合理施肥、开好“三沟”等农艺措施，及时清除周边杂草，促进小麦健壮生长。③推广药剂拌种。大力推广秋播药剂拌种技术，覆盖率要求达90%以上，降低冬季菌源量，达到事半功倍的效果。④落实早期挑治。在冬季和早春，坚持“带药侦察、打点保面”的防控策略，及时控制发病中心。⑤实行统防统治。在春季采取“见点打片、见片打面”的措施，及时控制条锈病发病中心和大面积流行。当田间条锈病达标时，科学选择药剂及时开展统防统治，做到同类区域全覆盖。

3.3 强化政府主导，确保措施到位

为确保条锈病可持续控制技术落实到位，要做到三个强化。①强化政府主导地位。按照粮食安全党政同责要求落实小麦重大病虫害防控责任，严格执行《农作物病虫害防治条例》有关规定，落实政府统筹主导、农业部门针对指导、乡镇政府抓落实的工作机制，强化行政推动，压实防控责任。②强化防控资金投入。据近5年统计，中央和湖北省各级财政投入湖北小麦病虫害防控资金年均1.10亿元，此资金重点用于小麦“一喷三防”，重点防治赤霉病，用于条锈病防控资金极少。因此，各级政府要加大条锈病防控资金投入，重点用于统一秋播药剂拌种和病害达标区域的统防统治，提高条锈病防控效果。③强化推广机构职能。各地要牢固树立公共植保理念，认真贯彻落实习近平总书记关于“基层农技推广体系要稳定队伍、提升素质、回归主业，强化公益性服务功能”的重要讲话精神，根据《农作物病虫害防治条例》有关要求，进一步深化机构改革，健全国家植保体系，稳定基层植保队伍，提升人员业务素质，增强公益服务能力，为确保植保技术落实到田提供有力保证。

撰稿：周华众　许艳云　杨俊杰　邓春林

第五节　四川省小麦条锈病发生防治现状与治理策略

四川省是我国小麦条锈病重要的越夏区和冬繁区，在全国病害大区流行中起到重要作用，做好四川省小麦条锈病防控工作对控制全国病害的流行意义重大。近年来，四川本着“长短结合、标本兼治”的原则，实施“以治理越夏区为关键、以控制冬繁区为重点、以预防流行区为保证”的分区治理策略，大力开展小麦条锈病菌源地分区综合治理工作，取得显著成效。

1　基本概况

1.1　四川小麦种植情况

四川素有“天府粮仓”之称，是我国13个粮食主产省之一。1999年全省小麦种植面积2 727万亩，随着耕作制度的变化和种植结构的调整，四川省小麦播种面积逐年减少，到2021年全省小麦种植面积下降至874万亩。2022年以来，习近平总书记指示要“打造更高水平天府粮仓”，四川省通过撂荒地整治等措施，小麦种植面积连年增长，2024年恢复到900万亩以上。

1.2　历年病害发生流行概况

20世纪90年代至2009年，随着条锈病生理小种变化，主栽品种抗性丧失，加上气候条件适宜，四川省小麦条锈病发生严重（图2-8）。1999年以来，小麦条锈病连续11年在四川暴发，平均发生面积875.7万亩，占小麦播种面积的43.4%，占小麦病虫害发生总面积的27.3%，占病害发生面积的45.4%，防治后仍年均损失小麦近8.2万吨，占小麦病虫危害总损失的53.7%，年均实际损失约15万吨。特别是2002年，小麦条锈病在四川省大流行，发生面积、病情指数、实际损失等各项指标均为历史最高水平，条锈病成为四川省小麦最重要的病害，严重威胁小麦生产安全。

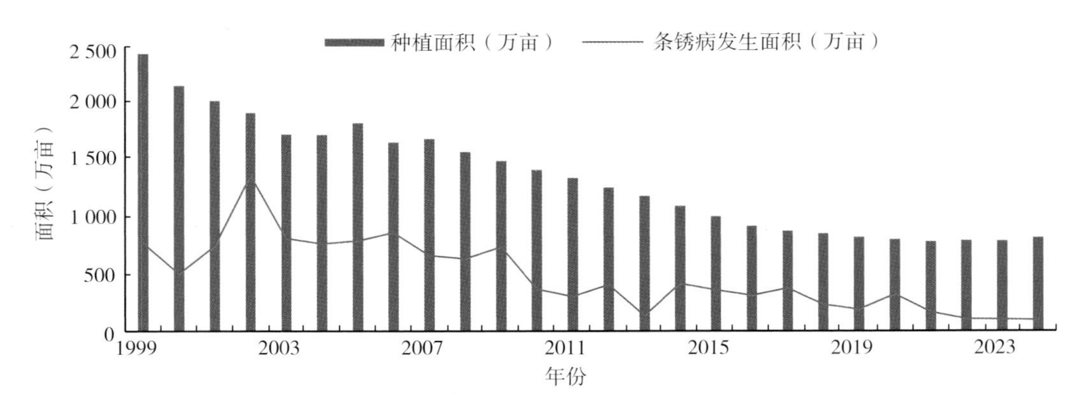

图2-8　1999—2024年四川省小麦种植面积与条锈病发生面积

2010—2020年，四川省小麦条锈病属中等发生，局部偏重，年均发生面积342万亩，占种植面积的30%，占病虫害发生面积的23.6%，实际损失年均约5万吨。近三年，四川省小麦条锈病发生趋于平稳，属中等偏轻发生，年均发生面积110万亩，仅占种植面积的12%，占病虫害发生面积的15.5%，实际损失年均约3万吨。

2　防控技术进展

2003年以来，在农业部“重点治理越夏区、持续控制冬季繁殖区、全面预防春季流行区”的全国小麦条锈病区域治理策略的推动下，四川省大力开展条锈病分区综合治理，其中，越夏区治理工作以减少越夏场所、最大限度降低初始侵染菌源、截断侵染循环链为主攻方向；冬繁区治理工作的重点是控制病害流行，最大限度压低冬春菌源量，减轻外传菌源压力，控制病害危害损失。

2.1　越夏区

2.1.1　调整种植结构

在保障粮食安全的基础上，根据不同地区、不同海拔越夏区的具体情况，因地制宜，通过改种豆类、薯类、青稞等作物，逐年压减越夏区小麦种植面积，减少病菌的越夏场所，缩小病菌的越夏群体。

2.1.2　铲除自生麦苗和转主寄主

在常规冬麦种植区引导农民及时铲除或耕翻自生麦苗，切断循环链条，减少初始菌源。在越夏易变区，小麦田周边小檗生长比较密集的区域，通过采取遮盖小麦秸秆堆垛、铲除小麦田周边小檗或对染病小檗喷施农药等措施阻断条锈菌的有性生殖发生，降低病菌毒性变异概率，延长小麦品种使用年限。

2.1.3　推广药剂拌种

推广应用小麦药剂拌种技术，核心越夏区药剂拌种全覆盖，有效推迟条锈病发生。晚熟冬麦和春麦是控制越夏菌源的重点，要在品种合理布局和推广药剂拌种的基础上，重点抓好拔节—孕穗期的药剂防治。

2.2　冬繁区

2.2.1　加强早期监测

设置病害监测圃，配备监测设施、设备，通过省级重点测报站和乡村植保员加大田间普查力度，有效掌握条锈病的发生、发展动态，为大面积防治提供科学依据。

2.2.2　合理品种布局

冬繁区推广种植与越夏区和春季流行区不同抗源的全生育期抗病品种。积极推广小麦与大麦、蚕豆、玉米、马铃薯等其他作物的间作、套作，提高生物多样性，减轻小麦条锈病、白粉病等病害发生。

2.2.3　推广药剂拌种

通过药剂拌种推迟秋苗发病始期，压低冬前菌源数量，减轻春季菌源压力，小麦条锈病关键冬繁区药剂拌种全覆盖。根据当年气候条件，适期晚播避开或缩短病菌侵染时段，推迟秋季发病始期，降低冬繁菌源基数。

2.2.4　秋苗勤查早治

全面落实“带药侦察”“发现一点、防治一片”的预防措施，及时封锁发病田块，减少菌源外传，减轻晚熟冬麦及春麦区流行风险。

3　推进病害持续治理的策略

一是调整种植结构，强化规模化经营和专业化生产。近年来，随着耕作制度变化，四川省小麦多为小农户分散种植，当前农村劳动力不足，常因管理不善导致病害发生，因此应在具有适宜种植小麦的自然条件和经济条件的地区，调整农业种植布局，进行小麦规模化生产，便于实施生态调控和统防统治，降低小麦条锈病流行扩散风险。

二是进一步提高对小麦条锈病的监测预警能力。条锈病属大范围流行性病害，其发生发展规律受气候、病原菌、耕作栽培等多种因素影响，要进一步提高对小麦条锈病监测预警水平，加快智慧测报技术的探索研究，研发条锈病监测预警模型，逐步实现孢子智能捕捉、气候信息自动采集、发病情况准确预测、预警信息即时传递，充分发挥病虫害监测预警系统在防灾减灾中的重要作用。

三是进一步集成优化绿色防控技术。加大科研力度，加强全生育期高抗新品种的选育；加大新型生物农药和高效、低毒与环境友好型化学农药的研发力度，开展新技术新产品的试验和示范，进一步提高条锈病防控效果，为小麦条锈病可持续治理提供有力支撑。

四是立足大区流行，做好分区域可持续治理。研究、建立小麦条锈病分区域、可持续治理长效机制。针对越夏区、冬繁区，进一步完善小麦条锈病分区治理方案，提出小麦条锈病标本兼治、可持续治理的长效措施。

撰稿：田卉

第六节　甘肃省小麦条锈病发生防治现状与治理策略

1　近年来病害发生流行概况

小麦条锈病是影响小麦稳产、高产的重要因素，而甘肃省又是全国小麦条锈病流行危害的关键区域，甘肃是小麦条锈病核心越夏区，对全国大区流行影响深远。2000—2023年的24年间，甘肃省小麦条锈病总计发生12 773.08万亩次，有2次大流行，平均10年左右1次，2～3年1次中度以上流行。2002年以来，甘肃省小麦条锈病发生面积总体呈下降趋势，2000—2010年，正常发生年份为600万～700万亩次左右；2010—2020年，正常发生年份为300万～400万亩次左右；2021—2023年，小麦条锈病发生面积分别为473.77万、165.51万和112.37万亩次，2023年发生面积为近24年最低（图2-9）。分析原因为一是菌源基数小。近三年全省秋苗期小麦条锈病发生均在100万亩以下，较历年均值显著降低，且病菌越冬范围小，本地菌源量少。二是春夏季大部分麦区干旱少雨，有较长时间的高温天气，不利于小麦条锈菌扩散流行。三是抗病品种普遍种植。冬麦区特别是陇南和陇东等地种植抗（耐）病品种比例70%左右，有效限制病害发生程度和流行速度。四是防控措施到位。小麦秋播拌种、秋苗防治、早春防治和“一喷三防”等技术措施和政策资金落实及时，充分发挥了防控作用。

图2-9　甘肃省小麦条锈病历年发生面积

2　病害防控进展与成效

2000—2023年，甘肃省累计防治小麦条锈病13 831.62万亩次（图2-10），累计挽回损失143.24万吨（图2-11）。2012年以来，中央财政每年投入补助资金支持小麦条锈病等重大病虫害防治，同时开展小麦“一喷三防”，科研、教学、植保植检等部门开展了小麦条锈病菌源区综合治理。

2.1　强化行政推动，提高执行力

鉴于甘肃省小麦条锈病发生流行对全国的重要影响，各级政府部门及时将小麦条锈病防控列入农业工作的重中之重进行安排部署。在每年召开的全省农业工作会议上，领导就小麦条锈病防控进行

图2-10　甘肃省小麦条锈病历年防治面积

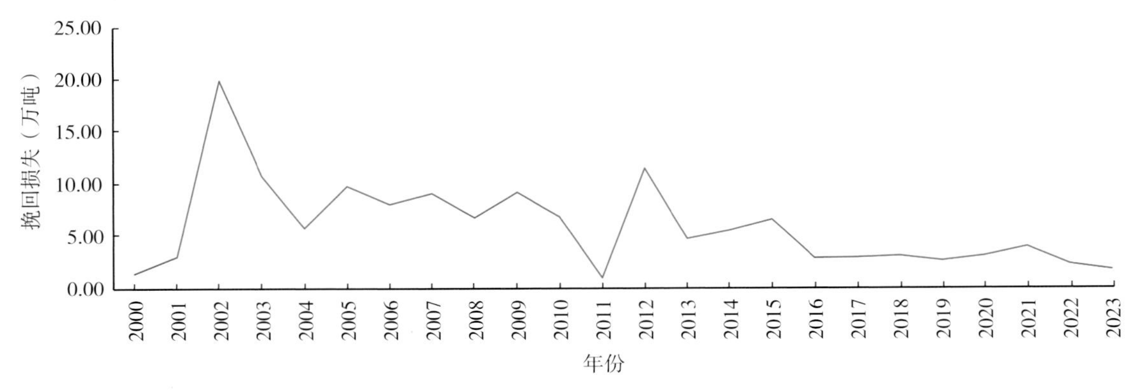

图2-11　甘肃省小麦条锈病防治挽回损失

安排。甘肃省农业农村厅从秋播开始采取各种措施加大行政推动力度，每年秋播前及时下发《关于切实抓好秋冬种工作意见的通知》《全省秋播药剂拌种工作方案》《关于开展小麦条锈病秋播药剂拌种督导工作的通知》等文件，主要负责同志对做好小麦重大病虫害防控进一步安排部署，有力支持了各地小麦条锈病防治工作开展。各地农业部门按照省厅方案要求，成立领导小组、细化实施方案、落实目标责任、强化工作督导，提高执行力，保障了全省小麦条锈病防控工作顺利开展。

2.2　加大监测力度，准确把握病情

准确的病情信息是有效指导防控的基础，为及时将病情控制在初发阶段，各地加大病情监测力度，一是及早启动小麦条锈病周报工作。二是全面贯彻“带药侦察、早防早治”防控策略。各级植保部门依托小麦条锈病综合防治试验站、农业有害生物预警与控制区域站等的监测设备，改进测报技术，采取定人、定点、定期的“三定”监测办法，实施5天一查，7天一报，及时发布病虫信息，为上级部门决策及广大群众开展防控提供了科学依据。

2.3　整合防控技术，开展综合治理

2004年以来，甘肃省植物保护站与农业科学院联合，开展了小麦条锈病综合治理技术研究，全面整合了防控技术，研究提出的“三道防线：越夏菌源控制、秋苗病情控制、早春应急防治”治理策略，“三个结合——大田防治与源头生态治理相结合、源头生态治理与产业开发农民脱贫致富相结合、产业开发与市场引导相结合”治理思路和“三个多样性：作物多样性、品种多样性、防治技术多样性”治理技术在条锈病发生区得到了广泛应用，且效果显著。

2.4　扩大抗病品种布局，减轻病害流行程度

随着冬小麦种植面积的逐渐压缩，各地注重品种抗性监测和抗病品种选育推广工作。天水市麦

积区植保植检站从2004年以来一直在高山区的新阳镇设立小麦抗锈性观察圃，观察品种30个，通过几年的观察，发现有13个品种达到了中抗以上水平，占43%，为大田推广提供了依据。全省各地通过多年的努力，筛选了多个抗（耐）病品种，做到了每个区域品种合理布局，为推迟早春发病、减轻春季流行奠定了基础。

2.5 稳步推进专业化统防统治，全面提升防控质量

甘肃省依托国家重大病虫害防治补助资金和小麦“一喷三防”补助资金，支持小麦主产区开展小麦条锈病等重大病虫害专业化统防统治，一是采取政府购买服务的方式，委托专业化防治组织、植保服务组织等带物资（药肥）开展统防统治，统一喷施作业。有的县（市、区）由政府部门共同筛选专业化服务组织，采用植保无人机集中对全县域实施喷防作业。二是统一配发物资，组织农户自行开展喷施作业。有的县（市、区）落实县、乡、村三级联动机制，动员群众广泛参与，及时采购分发杀菌剂、杀虫剂、叶面肥等物资，调集植保无人机完成飞防作业。经测算，2023年实施小麦“一喷三防”的试验田在长势和产量上均有不同程度的提高，粒重指标方面，平均延长灌浆时间3.3天，平均增强灌浆强度12.55%，平均千粒重增加1.45克；质量指标方面，平均容重增加27克/升，平均不完善粒减少2.45个百分点，平均霉变率减少0.5个百分点；产量指标方面，平均单产增加28.9公斤/亩。

3 推进病害持续治理的策略

3.1 调整作物种植结构

从省情、地域、农业发展实际出发，以战略性主导产业、区域性优势产业及地方性特色产业为主，通过压缩条锈病关键地带小麦种植面积，大力发展具有较高经济效益的旱作农业，引领农民转变观念，增加收入。重点发展玉米、马铃薯、冬油菜以及各种果树和中药材等。

3.2 阻遏条锈菌有性变异

在关键越夏区，小麦田周边小檗生长比较密集的区域，通过采取遮盖小麦秸秆堆垛、铲除小麦田周边小檗或对染病小檗喷施农药等措施阻断条锈菌的有性繁殖，降低条锈菌变异概率，减缓条锈菌新毒性小种产生速度，延长抗病品种使用年限。

3.3 铲除夏秋季自生麦苗

冬小麦播种前10～20天，动员广大农户对即将播种的小麦田进行深翻（20厘米以上），铲除自生麦苗。利用专业化防治组织铲除田埂、荒地、乡间小道、麦场等（凡是有自生麦苗的地方）的自生麦苗。减少或切断条锈菌寄主，减轻当地秋苗发病，减少越夏区秋冬季菌源，降低外传菌源数量。

3.4 优化抗病品种布局

充分利用品种抗性，推广种植全生育期抗病品种。加强抗病品种布局规划，采取多抗源品种布局，并注意选择与其他麦区遗传背景差异大的小麦品种，减缓病菌变异。

3.5 推广小麦秋播药剂拌种

在关键越夏区，实施小麦秋播药剂拌种全覆盖，杜绝白籽下种。应用具内吸传导性的高效低毒杀菌剂，进行小麦种子包衣或拌种。同时，因地制宜推广适期晚播，降低秋苗发病率，减少早期菌源，控制发生面积和程度，有效减少外传菌源量。

3.6 实施秋苗期防治

加强条锈病发生动态监测和预警预报，及早发现，及时开展秋苗防治，压低菌源基数，减少外

传菌源数量。加强病情信息共享，协调冬繁区做好小麦条锈病防控。

3.7 实施后期病害统防统治

春季小麦返青后，根据田间病情发生情况，当病情达到防治指标时，及时采用高效低风险化学药剂开展统防统治，控制病害流行危害。

撰稿：张晶东　王得毓　左佳妮

第七节 青海省小麦条锈病发生防治现状与治理策略

青海省小麦种植区依地理环境可划分为河谷水浇地、丘陵山旱地、高寒山旱地、柴达木绿洲农业灌溉区四个不同生态区；东起民和回族土族自治县马场垣乡，西至德令哈市柯鲁柯镇，南至同仁市曲库乎乡，北至祁连县八宝镇，地理坐标在东经97°08′～116°41′，北纬36°18′～39°91′，海拔高度在1 691～3 050米之间，地形地貌差异较大；除东部农业区黄河、湟水河谷小麦种植区相对集中，大部分地区小麦种植分散，呈现点状分布，表现出分布地域广，地形地貌复杂，生态环境多样，播种时间、种植品种和农艺措施差异较大的特点。2000年前，全省小麦年均播种面积20万公顷左右，随着退耕还林、还草政策的实施和种植业结构的调整，小麦播种面积急剧下降，2003年后，年均播种面积逐步稳定在10万公顷左右，其中冬小麦播种面积1.333万公顷左右，品种以中麦175为主，春小麦播种面积8.667万公顷左右，品种以青麦1号、青麦5号、青麦10、青春38、高原437、通麦2号等为主。小麦条锈病每年在位于青藏高原东缘黄河和湟水河谷地区东经100°58′～102°51′，北纬35°56′～36°23′，海拔高度1 691～2 024米的种植冬小麦的地区始发，该地区是青海省冬小麦主要种植区域，也是青海省每年小麦条锈病最先发病的地区。条锈病发生沿河谷地区由东向西蔓延，依次向丘陵山旱地、高寒山旱地传播，在气候条件适宜的时候柴达木绿洲农业灌溉区亦可发病；正常年份发生面积和程度由低到高依次为柴达木绿洲农业灌溉区、河谷水浇地、丘陵山旱地、高寒山旱地；发生时间为5月上旬到10月下旬；7月中旬至9月上旬为春小麦抽穗期至蜡熟期，是发病高峰期，小麦条锈病在丘陵山旱地和高寒山旱地种植区发生时间长、发生程度重、越夏菌源量大、提供有效菌源的时间长，是青海省小麦条锈菌最重要的越夏区。

1 近年来病害发生流行概况

2000—2023年，青海省小麦累计播种面积270.242万公顷，小麦条锈病累计发生面积95.233万公顷，发生程度1～4级（表2-7、图2-12）。

表2-7 2000—2023年青海省小麦条锈病发生情况汇总表

年份	播种面积（万公顷）	发生面积（万公顷）	防治面积（万公顷次）	挽回损失（吨）	实际损失（吨）	发生程度（级）
2000	16.554	2.482	2.930	2 753.00	1 866.50	3
2001	14.975	3.114	1.092	542.80	613.31	1
2002	14.250	9.821	4.761	19 094.28	49 034.07	4
2003	10.700	8.620	8.057	45 799.26	6 778.31	3
2004	10.220	7.207	8.252	11 620.53	446.75	3
2005	9.680	6.919	9.089	30 212.46	3 436.22	3
2006	10.487	2.333	2.000	1 350.00	1 125.00	1
2007	10.786	10.044	11.933	53 200.00	1 980.00	3
2008	11.017	3.059	3.857	8 894.20	4 680.94	2
2009	11.287	6.465	8.215	15 201.94	6 513.46	1
2010	11.242	4.290	6.502	11 649.62	4 377.17	2
2011	10.756	1.672	1.744	5 618.22	3 822.73	1
2012	11.069	5.155	5.398	13 346.80	10 037.65	3
2013	11.517	2.342	3.747	8 598.67	5 126.08	2

（续）

年份	播种面积（万公顷）	发生面积（万公顷）	防治面积（万公顷次）	挽回损失（吨）	实际损失（吨）	发生程度（级）
2014	10.983	3.149	3.125	8 873.31	3 614.86	2
2015	11.236	3.425	3.545	10 368.11	3 203.32	2
2016	11.288	1.324	1.504	3 596.60	1 511.90	4
2017	11.242	1.201	1.136	2 679.65	853.28	2
2018	11.160	1.715	1.313	6 096.04	5 407.09	2
2019	10.241	1.735	2.036	3 550.82	1 033.97	2
2020	9.479	2.265	2.025	5 323.68	1 874.12	3
2021	9.882	3.412	5.098	12 096.02	1 700.46	3
2022	10.126	1.744	1.784	4 137.30	1 230.70	2
2023	10.067	1.738	1.993	12 224.40	1 843.50	2
平均	11.260	3.968	4.214	12 367.82	5 087.97	2.33

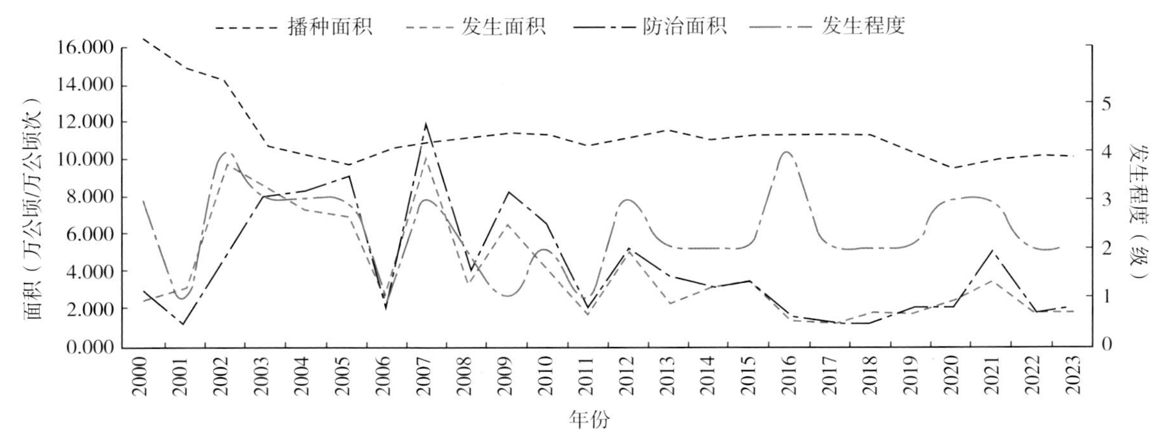

图2-12　2000—2023年青海省小麦播种面积及条锈病发生面积、发生程度和防治面积示意图

将1990—2023年青海省5—8月平均气温、降水量（图2-13）作为自变量，小麦条锈病发生系数（发生面积/播种面积）作为因变量，进行线性回归分析，*R*平方值分别为0.018、0.091，均不能具体分析自变量对于因变量的影响，说明青海省5—8月平均温度对小麦条锈病发生影响较小，根据历史经验，这一时期的降水量是小麦条锈病发生的必要条件，但降水的时空分布是决定小麦条锈病发生流行面积和程度的关键因素。

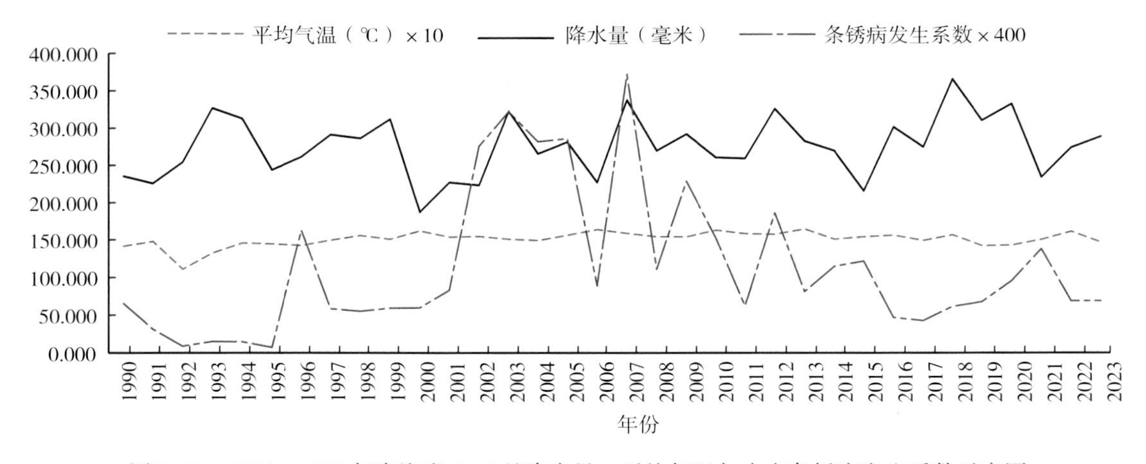

图2-13　1990—2023年青海省5—8月降水量、平均气温与小麦条锈病发生系数示意图

2 近年来小麦条锈病防控进展与成效

青海省是我国小麦条锈病重要越夏菌源基地，小麦条锈病防控具有重要战略意义，青海省在实践中联合青海省农林科学院总结和完善了以田间调查为基础、以监测预报为先导、以常规防控结合应急防控为保障、以分阶段统防统治为手段、以推广抗病品种结合科学用药为抓手的“青海越夏菌源基地小麦条锈病绿色防控技术体系”。主要包括播前阶段：铲除关键越夏区小麦田的自生麦苗及周边禾本科杂草，麦田周围分布小檗的区域进行小麦、油菜或马铃薯合理轮作，在冬春麦交错区避免冬麦和春麦邻近种植；播种阶段：选择种植具有不同抗条锈病基因的小麦良种，秋播药剂拌种，冬小麦适时晚播，春小麦不拌种适时早播；苗期阶段：对麦田周边小檗采取铲除、遮盖、喷药措施；孕穗至灌浆阶段：实时监测田间发病情况，及时发布预报，协调应用防治措施，平均病叶率达到防治指标时，及时采用杀菌剂喷雾防治；乳熟至成熟阶段：做好小麦品种抗性评价、防治效果评估和产量测定工作。2000—2023年小麦条锈病累计防治面积101.136万公顷，累计挽回产量损失29.68万吨（图2-14）。

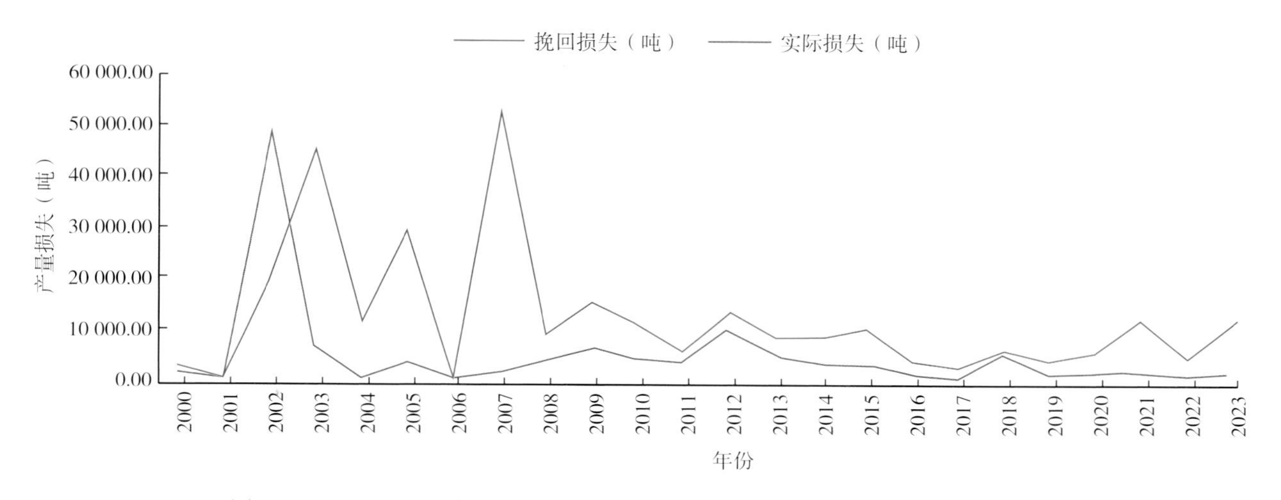

图2-14　2000—2023年青海省小麦条锈病挽回产量损失和实际产量损失示意图

实践证明，通过及时、准确的监测预警，充分的物资和防控力量的准备，高效的组织能力和统防统治为主的分阶段防控技术措施，小麦条锈病在青海省可防可治。

2002年小麦条锈病侵染流行初期，未能准确预报出大流行趋势，导致小麦条锈病大发生，尽管后期采取了应急防控措施，全年发生面积9.821万公顷，占播种面积的68.92%，防治面积4.761万公顷，占发生面积的48.48%，发生程度4级，实际损失49 034.07吨，挽回损失19 094.28吨，是历史上造成损失最大的年份。2007年小麦条锈病发生初期，青海省农业技术推广总站及时发布第一、第四、第九期病虫情报，准确预测了小麦条锈病将出现大面积发生，并制订了防治方案，引起各级政府和农业部门的高度重视；青海省启动农作物重大病虫紧急防控预案，青海省政府办公厅下发《关于防治小麦条锈病的紧急通知》，省财政厅下拨200万元从四川、甘肃、陕西等地紧急购进三唑酮90吨，并拨付40万元机动喷雾器汽油补贴，各县（市、区）在小麦主产区抽调劳力组织防治队，集中时间、集中器械，开展统一集中连片防治，赢得了施药时间，提高了防治效果；尽管小麦条锈病全年发生面积仍然达到10.044万公顷，占播种面积的93.12%，但防治面积达到了11.933万公顷，是发生面积的118.81%，实际发生程度控制在3级以下，实际损失1 980.00吨，挽回损失53 200.00吨，是历史上挽回损失最多的年份（图2-15）。

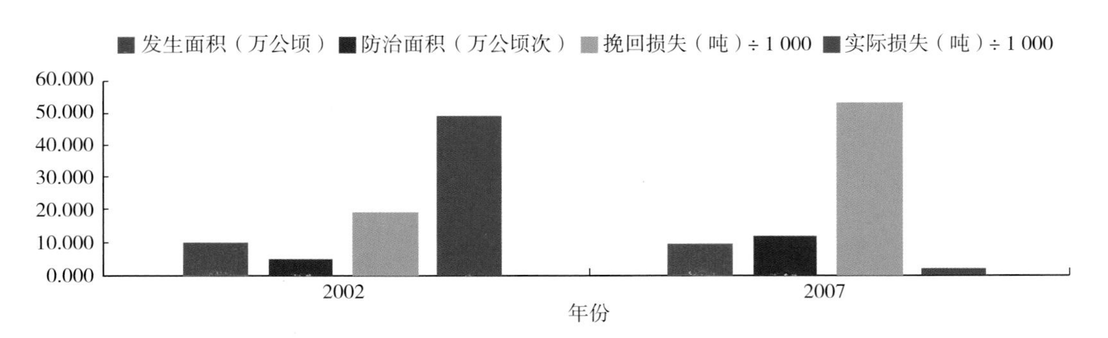

图2-15　2002年、2007年小麦条锈病发生防治结果对比示意图

3　小麦条锈病持续治理策略

根据保障国家粮食安全和青海省绿色发展战略的要求，结合青海省实际，坚持“预防为主、综合治理、分类指导、节本增效”的原则，树立“科学植保、公共植保、绿色植保”理念，采取“种植抗病品种 + 合理轮作 + 适期播种 + 有性生殖阻滞 + 早期监测预警指导统防统治”的防控策略，抓住重点地区、关键时期，指导开展综合防治，强化科学用药、减量用药，持续推进统防统治和完善绿色防控技术，有效控制小麦条锈病发生流行。

撰稿：秦建芳　李播

第八节　宁夏回族自治区小麦条锈病发生防治现状与治理策略

小麦条锈病是世界范围内小麦生产上的一种重要病害，也是我国发生面积较广、危害较重的小麦病害之一。宁夏地处我国小麦条锈病华北、西北流行区的西北端，地理生态条件复杂，属我国小麦条锈病流行区划中的越夏区，常年均有发生，发生程度不一。但经采取有效的防控措施，控制了其流行危害，保障了小麦生产安全和丰收。

1　小麦条锈病发生危害概况

1.1　发生情况

2000—2023年宁夏小麦条锈病年发生面积0.45万～22.20万公顷，防治面积0.50万～17.63万公顷次，总体呈下降趋势，但年际间出现波动（图2-16）。其中，2000—2009年、2010—2019年、2020—2023年小麦条锈病平均发生面积分别为8.44万公顷、4.08万公顷、1.33万公顷，防治面积分别为9.11万公顷次、5.35万公顷次、1.79万公顷次，发生面积和防治面积总体均呈下降趋势。

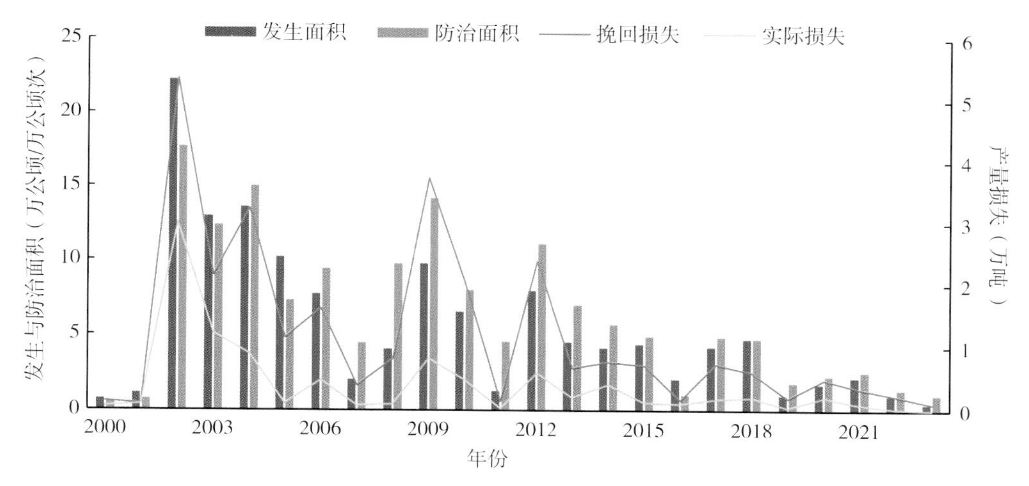

图2-16　2000—2023年宁夏小麦条锈病发生面积、防治面积与产量损失情况

注：条锈病发生、防治及产量损失数据来源于全国农业技术推广服务中心《全国植保专业统计资料》。

2020—2023年宁夏小麦年种植面积6.74万～37.08万公顷，小麦条锈病年发生面积0.74万～22.20万公顷，小麦种植面积和条锈病发生面积总体呈下降趋势。2002年、2003年、2004年、2005年、2009年、2012年条锈病发生面积较大，分别为22.20万公顷、12.96万公顷、13.59万公顷、10.18万公顷、9.76万公顷和7.95万公顷，发生面积占种植面积的比例分别为59.87%、40.60%、48.72%、36.88%、44.66%和44.41%。2015年、2017年、2018年和2021年小麦条锈病虽然发生面积较低，但发生面积占种植面积的比例均在32.4%以上（图2-17）。

1.2　危害损失

通过对2000—2023年小麦条锈病的发生危害情况统计分析，可知通过防治小麦条锈病，宁夏每年挽回小麦产量损失0.10万～5.35万吨（图2-16），占宁夏小麦总产量的0.12%～5.56%。其中，2000—2009年、2010—2019年和2020—2023年经防治后平均挽回损失分别为1.87万吨、0.84

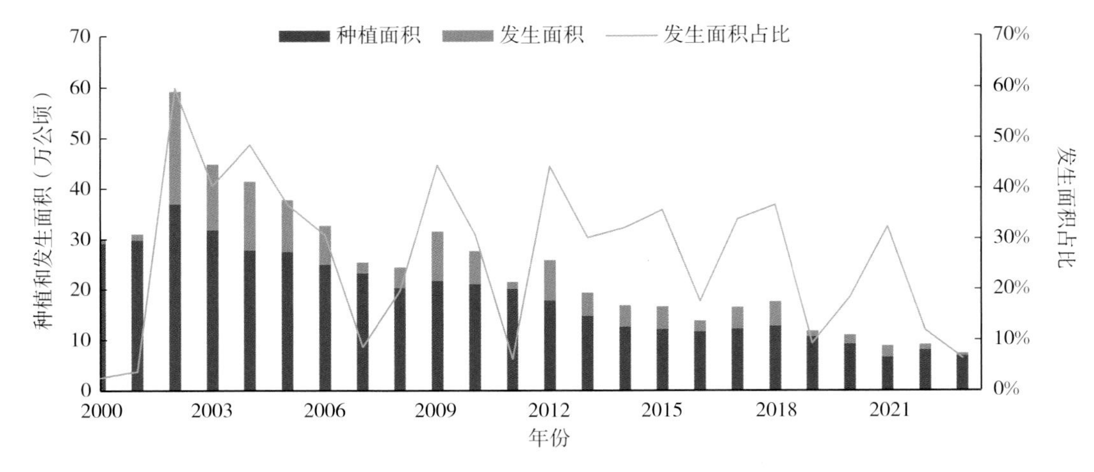

图2-17　2000—2023年宁夏小麦种植及条锈病发生情况

注：小麦种植面积来源于国家统计局，小麦条锈病发生面积数据来源于全国农业技术推广服务中心《全国植保专业统计资料》。

万吨和0.30万吨，挽回损失率分别为2.42%、1.77%和1.23%，占小麦病虫总体挽回损失率的8.26%～15.83%，防治后每年仍然损失小麦0.01万～3.00万吨，占宁夏小麦总产量的0.01%～3.12%；2000—2009年、2010—2019年和2020—2023年经防治后实际损失分别为0.68万吨、0.24万吨和0.09万吨，实际损失率分别为0.88%、0.51%和0.37%，占小麦病虫总体实际损失率的11.06%～14.65%（表2-8、图2-16）。宁夏条锈病年平均实际损失产量为0.34万吨，不足宁夏小麦总产量的0.7%；通过防治年平均可挽回小麦产量1万吨，约占宁夏小麦总产量的2%。

表2-8　2000—2023年不同时期宁夏小麦条锈病危害造成小麦产量损失情况

年份范围	小麦种植面积（万公顷）	小麦产量（万吨）	条锈病平均挽回损失（万吨）	条锈病平均实际损失（万吨）	平均挽回损失率（%）		平均实际损失率（%）	
					小麦病虫害合计	条锈病	小麦病虫害合计	条锈病
2000—2009	27.44	77.22	1.87	0.68	15.30	2.42	6.01	0.88
2010—2019	14.68	47.39	0.84	0.24	18.63	1.77	4.58	0.51
2020—2023	7.76	24.38	0.30	0.09	14.89	1.23	2.97	0.37
平均	16.63	49.66	1.00	0.34	16.27	2.01	4.52	0.68

注：小麦种植面积及产量数据来源于国家统计局，危害损失数据来源于全国农业技术推广服务中心《全国植保专业统计资料》。

2　防控进展与成效

2.1　近年来采取的防控技术

2.1.1　推广抗病品种

应用抗病品种是防控小麦条锈病最经济有效且对环境安全的可持续途径。2000年以来，宁夏推广的冬小麦品种经历了几次变化更替。2000—2010年，冬小麦主推品种为宁冬9号、宁冬10、宁冬11、榆8号、中引6号等；2011—2015年，冬小麦主推品种为榆8号、宁冬10、宁冬11、中引6号、宁冬14等。2015年以后，宁夏财政补贴在南部山区、中部干旱带的重点县实施冬小麦免费供种，明显提高了冬小麦种子的统供率。2015年后冬小麦主推品种为榆8号、兰天26、兰天32、陇育5号等。宁夏春小麦主栽品种多年来变化不大，宁春4号一直是宁夏春小麦的主栽品种，并在此基础上推广了宁春39、宁春50、宁春51、宁春46等品种。从不同时期主推品种对小麦条锈病的抗性来看，冬小麦对条锈病的抗性较强。宁夏小麦条锈病一般在宁南山区冬小麦上最先发现菌株，然后逐步扩展到引黄灌区的春小麦。但近年来推广冬小麦的抗锈品种，有力地减缓了条锈病向引黄灌区的扩展。

2.1.2 加强越夏区菌源治理

宁夏采取多方面措施治理越夏菌源，减少菌源积累，减轻宁夏乃至全国的越夏菌源扩散。一是实施小麦条锈病菌源地综合治理项目。2003—2005年在彭阳县和西吉县实施该项目，项目建立了小麦条锈病系统观测圃，理清了小麦条锈病在宁夏的越夏情况；组建“应急联防服务队”，每年5月下旬至7月上旬，从低海拔到高海拔乡镇进行联防，采取送药械、送药剂、送技术的办法，增强了应急防治力度，起到了积极的防治带动作用。二是在越夏区开展小麦条锈病品种抗性对比、药剂防治等试验，采取示范推广种植抗病品种、大面积联防、深耕翻、药剂拌种、适期播种等综合防治措施。其中，深耕翻技术显著减少自生麦苗数量，推迟了自生麦苗的生育期，降低病情指数；药剂拌种技术可有效地推迟秋苗发病期20天左右，拌种田平均发病程度比未拌种田降低10%；适期播种技术可减轻秋苗发病，减少秋季菌源的积累和传播。三是调整越夏区种植结构。2003年以来，结合国家退耕还林、还草政策，宁夏进行种植结构调整，增加玉米、马铃薯种植面积，减少小麦和水稻种植面积，同时，引导农民种植优质蔬菜、中药材等，减少了菌源区小麦种植面积，有利于降低菌源基数。2002年宁夏小麦种植面积37.08万公顷，达到历史高峰期；2013年后，小麦种植面积逐步减少，到2020年宁夏小麦种植面积9.29万公顷，比历史高峰期（2002年）减少27.79万公顷，减少74.9%。

2.1.3 条锈病转主寄主小檗调查

陇南小麦条锈菌在野生感病小檗上进行有性生殖是常年发生的，感病小檗在新小种产生和在陇南小麦条锈病的发生中起提供菌源的作用。2018年，宁夏在原州区、彭阳县、泾源县、西吉县、隆德县和海原县小麦田周边的山坡、林地开展了小麦条锈病转主寄主小檗的专项调查。调查发现，原州区六盘山脉林区，西吉县火石寨山阴地区，彭阳县古城镇挂马沟林场，隆德县山河乡、陈靳乡、城关镇、好水乡、观庄乡、奠安乡共6个乡镇沿六盘山脉的村落，泾源县香水镇西峡村、黄花乡向阳村、六盘山镇花果村，海原县南华山北麓等地均有小檗，经鉴定均为短柄小檗。西吉县、隆德县、泾源县和彭阳县调查发现短柄小檗上有锈菌侵染。转主寄主小檗的调查，对开展条锈菌有性生殖的综合治理技术的集成与示范提供了一定的支持。

2.1.4 做好监测预报

一是加强监测，掌握病情发生动态。各地植保技术人员严格按照测报规范开展条锈病的监测，冬麦区4月20日开始，春麦区5月5日开始，选择代表性田块，每5天进行1次调查；当小麦条锈病发生后，坚持系统监测与大田普查相结合，随时掌握病情发生消长动态，及时发布预报和防治警报；根据病虫预报，如有偏重流行风险，扩大监测范围，加密调查频次，关键时期坚持一天一调查一汇报，为防治工作提供科学依据。二是落实“带药侦察”“发现一点、控制一片”的防治措施。对已查到发病中心和零星病叶的区域，立即组织开展喷药封锁，减少菌源扩散，控制病害扩展蔓延，减轻危害程度。三是积极申请国家植保工程项目，加强区域测报站建设，提升监测预警能力。2004年开始，农业部先后为宁夏投资建设了西吉县、彭阳县、原州区、中宁县等12个农业有害生物预警与控制区域站及自治区农业有害生物预警与控制分中心；2010年建设了宁夏农业有害生物监控信息系统，实现了测报数据的网络统一报送；2020—2021年又分别在贺兰县、灵武市、利通区、青铜峡市等8个县（市、区）建立了全国农作物病虫疫情监测宁夏分中心省级田间监测点。宁夏病虫监测逐渐进入数字化、智能化和自动化阶段，提升了监测预报水平。

2.1.5 推广综合防控技术

（1）播种期：精细整地、合理施肥；选用抗（耐）小麦条锈病的优良品种；药剂拌种；适时晚播。

（2）拔节期：对发现的小麦条锈病零星病叶或发病中心，按照“发现一点、控制一片，发现一片、防治全田”的原则，立即进行封锁扑灭，选用三唑酮、戊唑醇等杀菌剂喷雾防治。

（3）抽穗扬花期：条锈病病叶率达0.5%时，选用三唑酮、戊唑醇、氟环唑、啶虫脒、吡虫啉等喷雾进行统防统治，兼防白粉病、蚜虫。植保无人机作业亩施药液量为1.5升以上；喷杆喷雾机作业亩施药液量为15～20升。小麦生长中后期当病情达到防治指标时，应及时开展统防统治和应急防治，控制小麦条锈病大面积流行。

（4）灌浆期：此期主要结合小麦“一喷三防”，根据条锈病、白粉病、麦蚜、棉铃虫等病虫害发生情况，选用烯唑醇等杀菌剂＋啶虫脒等杀虫剂＋磷酸二氢钾等叶面肥＋芸苔素内酯等植物生长调节剂，科学配方，统防统治，实施“一喷三防”。

2.2 治理成效

2.2.1 明确了宁夏小麦条锈病发生规律

多年来，国家和自治区在小麦条锈病监测方面不断投入，监测设备和手段不断改进，进一步明确了宁夏小麦条锈病发生规律。小麦条锈菌一般在春季于宁南山区始见，随着气流等逐渐传播至中部干旱带和引黄灌区，春夏期间在平原麦区的小麦上侵染危害，小麦生长后期病菌夏孢子随气流传播至高寒麦区的晚熟春麦、自生麦苗或小糵上繁殖蔓延度过夏季，到秋天又随气流传回平原麦区的秋播冬小麦上侵染危害，病菌在关中地区、华北平原中南部、成都平原及江汉流域等冬麦区以潜伏菌丝或夏孢子状态越冬或冬繁，第二年春季小麦返青后潜伏菌丝长出夏孢子，反复侵染小麦，并向北部麦区扩散，传播至宁南山区小麦产区进行侵染，至小麦生长后期，再以夏孢子传播至高寒麦区，如此往返传播，完成周年循环。

2.2.2 建立了综合防控技术模式

在总结多年实践经验的基础上，形成了一套小麦条锈病综合防控绿色防控技术模式，通过该模式的应用，在春季及时开展条锈病早期监测，病菌扩散后及时组织开展统防统治，夏季通过清除自生麦苗、减少晚熟小麦面积等措施治理越夏菌源，秋季冬小麦适时晚播，及早调查秋苗条锈病发生情况，根据秋苗发病情况及时防控秋苗条锈病，有效控制了小麦条锈病的蔓延，发病面积逐年下降，灾情明显减轻。小麦条锈病大发生频次降低，小麦条锈病预测预报准确率达95%以上，防控效果达90%以上，小麦条锈病引起的危害损失率控制在3%以内。

2.2.3 农药使用量逐年减少

由于综合防控方案切实可行，组织措施得力，技术措施到位，小麦条锈病的发生扩散得到有效的控制，特别是宁南山区各地积极开展统防统治，有效遏制了小麦条锈菌的扩散，减少了农药投入，减轻了环境污染，起到了很好的示范带动作用，取得了较好的经济效益、社会效益、生态效益。

3 推进病害持续治理的策略

宁夏小麦产区在我国小麦条锈病流行传播链最前端，针对近年来小麦条锈病在宁夏的发生情况，结合其他菌源地条锈菌传播的推论，提出以下推进小麦条锈病持续治理的策略。

3.1 选育抗病品种是治理条锈病的长远策略

应用抗病品种是控制条锈病最经济有效的措施。宁夏小麦抗病品种应用面积还较小，需加大抗病品种的选育与推广。但小麦条锈菌优势小种变异快，极易造成主栽品种抗病性丧失。因此，加强优势小种的监测，挖掘广谱抗性基因，加快小麦抗性品种选育是持续控制条锈病的一项重要措施。同时，在抗性品种的选育和推广中要注意多抗源品种间的搭配，延缓新小种的出现频率，延长抗性品种的使用年限。

3.2 压低越夏菌源是治理条锈病的关键措施

宁南山区是中国小麦条锈病的重要菌源基地、病菌新小种产生的策源地和品种抗病性变异的易变区，其菌源数量对全国小麦条锈病发生流行起着至关重要的作用，是源头治理的重点区域。宁南山区海拔高度不同，条锈病在这些地区垂直分布上周年循环，反复侵染，因此宁南山区成为生理小种的主要产生地之一，同时，源源不断地向小麦主产区提供菌源。近年来，随着种植结构的调整，宁夏小麦面积呈减少趋势，对减少越夏菌源有一定的作用。2023年固原市春小麦种植面积3 000公顷左右，部分春小麦收获时间延迟到了8月中旬，为小麦条锈菌越夏提供了便利。因此，建议合理调整宁南山

区春小麦种植结构，特别是减少高海拔地区的小麦种植面积，在小麦种植区提倡翻耕灭茬、清除自生麦苗、适当推迟播期等防治措施，阻断条锈病的周年循环，将会有效地控制条锈病的流行。

3.3 化学防治是治理条锈病的重要措施

条锈病的控制离不开化学防治。宁南山区小麦播种早，秋苗发病较重，从10月初至11月上中旬均可向外输出菌源。因此，化学防治首先要大力推广药剂拌种措施，延缓条锈病发生期，减少外传菌源。其次在春季条锈病点片发生期，落实“发现一点，控制一片”策略，及时控制发病中心，把条锈病控制在初发阶段。小麦生长后期，当田间条锈病病情达到防治指标时，结合小麦“一喷三防”开展统防统治和应急防治，选用适当杀菌剂，与杀虫剂、植物生长调剂等混用，控制病害流行危害，保障小麦生产安全。

3.4 生态治理是持续控制的必要措施

小麦条锈病的生态治理是农业科研和推广人员在认真总结经验的基础上，提出的持续治理策略。生态治理以生态学理论为基础，通过生物多样性控制条锈病。生态治理是一项系统工程，包括小麦品种的多样性（主要强调抗病基因的多样性）、作物种类的多样性、防治措施的多样性等内容。目前，国家十分重视小麦条锈病的治理工作，合理进行生态治理规划，逐步调整种植业结构等，为实现小麦条锈病的持续控制贡献力量。

撰稿：刘媛　马景　李健荣　梁晓宇

参考文献

白小军，王宪国，陈东升，2014．宁夏小麦品种慢锈基因*Lr34/Yr18*的分子检测．麦类作物学报，34（11）：1480–1484．
曹世勤，王晓明，贾秋珍，等，2017．2003—2013年小麦品种（系）抗条锈性鉴定及评价．植物遗传资源学报，18（2）：253–260．
陈善铭，齐兆生，1995．中国农作物病虫害．北京：中国农业出版社．
陈万权，康振生，马占鸿，等，2013．中国小麦条锈病综合治理理论与实践．中国农业科学，46（20）：4254–4262．
陈万权，刘太国，2023．我国小麦秋苗条锈病发生规律及其区间菌源传播关系．植物保护，49（5）：50–70．
冯贺奎，彭红，刘广峰，等，2023．豫南小麦条锈病春季流行动态及发生趋势预测．中国植保导刊，43（1）：40–43．
姜华，孟建军，施万喜，等，2016．冬小麦新品种陇育5号选育报告．甘肃农业科技（7）：11–13．
李壮，黄彦川，张传量，等，2024．长江中下游小麦新品系条锈病抗性评估与抗病基因分析．麦类作物学报，44（7）：835–845．
刘万才，李跃，王保通，等，2024．小麦条锈病跨区域全周期绿色防控技术体系的构建与应用．植物保护，50（3）：1–9，36．
刘万才，赵中华，王保通，等，2022．我国小麦条锈病防控的植保贡献率初析．中国植保导刊，42（7）：5–9，53．
刘尧，陈晓云，马雲，等，2021．甘肃陇南感病小檗在小麦条锈病发生中起提供（初始）菌源作用的直接证据．植物病理学报，51（3）：366–380．
马占鸿，2018．中国小麦条锈病研究与防控．植物保护学报，45（1）：1–6．
阙亚伟，龚双军，王志清，等，2023．条锈病对不同抗性小麦品种的危害损失率和防治阈值研究．中国植保导刊，43（11）：5–9，19．
孙建鲁，王吐虹，冯晶，等，2017．100个小麦品种资源抗条锈性鉴定及重要抗条锈病基因的SSR检测．植物保护，43（2）：64–72．
王晓晶，马占鸿，姜玉英，等，2018．基于2002—2012年气象数据的中国小麦条锈病菌越夏区划．植物保护学报，45（1）：124–137．
许艳云，罗汉钢，张求东，等，2017．2017年湖北省小麦条锈病发生特点及防控对策．湖北植保（4）：43–45．
许艳云，杨俊杰，张求东，等，2021．湖北省2020年小麦条锈病大流行特点与关键防控对策．中国植保导刊，41（2）：100–103．
于思勤，彭红，李金锁，等，2017．2017年河南省小麦条锈病流行的原因分析及应对措施．中国植保导刊，37（12）：34–39．
张薇，祁翠兰，亢玲，等，2016．宁夏春小麦品种条锈病抗性分析．宁夏农林科技，57（8）：24–26．

第三章

危害损失测定

第一节　我国小麦条锈病防控的植保贡献率研究

小麦条锈病是我国农业生产中较为严重的病害之一，曾多次在全国和部分麦区大流行、特大流行，造成小麦严重减产，严重威胁小麦稳产高产和国家粮食安全。新中国成立70多年以来，我国小麦条锈病的研究治理取得了显著成绩，在研究摸清病害大区流行规律的基础上，实施了越夏区治理、抗病品种合理布局、秋播期药剂拌种、早期精准防控和流行期科学用药等一系列防控措施，有效降低了病害的流行程度和流行频率，减轻了危害损失，初步实现了病害的可持续治理，为保障国家粮食安全作出了重要贡献。笔者认为，从全国来讲，小麦条锈病属于大区流行性病害，条锈病的最终流行程度是由落实前期各个环节预防措施决定的，现行的按照各地最终的病害发生面积和防治面积测算防治挽回损失的方法不甚科学，大大低估了病害前期预防各环节的贡献。正确的病害防控贡献率应该对病害前期所采取的各项预防措施发挥的效果进行充分测算，拟合病害可能的流行程度和范围，再与实际发生流行情况比较，测算病害防控的成效，即防控的成效由两部分组成：一是实际防控挽回的产量损失，二是通过预防使得本应该发生的病害没有发生而挽回的产量损失。为此，笔者在总结分析我国小麦条锈病历次大流行危害损失情况的基础上，分析了条锈病防控贡献率的因子组成，初步测算了不同年份条锈病防控的植保贡献率，以期为科学测算我国农作物病虫害防控的植保贡献率提供可供参考的范例。

1　小麦条锈病历次大流行的危害损失情况

1950年以来，小麦条锈病在全国或部分麦区多次严重流行，其发生危害和防治大致分为4个阶段，见证了我国小麦条锈病防治能力的提高。①防治能力有限，病害猖獗流行。1950年和1964年，由于防治条件有限、防治药剂稀缺，人们在病害面前束手无策，任凭小麦条锈病流行蔓延，造成的危害损失十分严重，分别占当年小麦总产的41.37%和15.36%。但相关文献中既没有发生面积、防治面积的数据，也没有防治挽回产量的数据。②具备防治能力，危害损失降低。1983年和1985年，我国植保工作正逐步走上正轨，各主要发病省份开始比较规范地统计发病面积，防治上已使用一定量新型化学农药，对病害表现出一定的控制能力，小麦条锈病危害损失下降到1%左右。③防治能力提高，挽回损失增加。1990年，小麦条锈病在全国范围内第三次大流行，经过防治挽回小麦产量14.37亿公斤。虽然防治能力有所提高，但仍不能满足生产需要，尤其是当年新型高效农药三唑酮供应不足，防治面积仅占发病面积的63.48%，防治后实际仍造成小麦损失12.37亿公斤。④实施综合治理，危害明显减轻。2002年、2017年和2020年，随着病虫害防治能力的提升，2002年小麦条锈病防治面积超过发生面积，挽回损失是实际损失的1.85倍；2017年和2020年，条锈病防治面积分别是发生面积的1.71倍和2.21倍，挽回损失是实际造成损失的4.67倍和7.17倍。实际造成损失由1950年的60亿公斤下降到2020年的2.49亿公斤，造成损失的占比无论从绝对数量还是相对数量都明显减轻（表3-1）。

表3-1　我国小麦条锈病历次大流行危害损失情况

时间（年）	发生面积（万公顷）	防治面积（万公顷）	挽回损失（亿公斤）	实际损失（亿公斤）	小麦总产（亿公斤）	挽回损失占比（%）	实际损失占比（%）
1950	1 000	—	—	60	145.02	—	41.37
1964	800	—	—	32	208.40	—	15.36
1983	600.20	—	—	10.74	813.90	—	1.32

（续）

时间（年）	发生面积（万公顷）	防治面积（万公顷）	挽回损失（亿公斤）	实际损失（亿公斤）	小麦总产（亿公斤）	挽回损失占比（%）	实际损失占比（%）
1985	333.33	—	—	8.50	858.05	—	0.99
1990	656.72	416.87	14.37	12.37	982.29	1.46	1.26
2002	558.27	564.58	15.72	8.51	902.90	1.74	0.94
2017	543.52	928.26	19.97	4.28	1 342.41	1.49	0.32
2020	439.52	971.49	17.85	2.49	1 342.54	1.33	0.19

注：1990年以前病害发生面积数据引自相关文献，其中1950年、1964年的发病面积为估值；1990年以后数据来自全国农业技术推广服务中心《全国植保专业统计资料》（1990—2020）。小麦产量来自国家统计局国家数据网站（http://data.stats.gov.cn）。

2　小麦条锈病防控的植保贡献率因子组成

近年来，我国小麦条锈病防控实施了分区域防控治理对策和技术体系，病害的监测治理能力明显提升，病害的流行危害程度明显减轻，这正体现了病害治理策略的改进和防控贡献率的提高。现行的按照各地最终发病情况和防治效果测算病害防治挽回损失以及植保贡献的方法不甚科学，大大低估了病害防治的植保贡献率。因为病害的最终流行结果是在前期多个环节人为干预、阻碍病害流行条件下形成的，防控的贡献已经隐含在病害防治的各个环节。如果没有前期各个环节的防控，一般年份，病害可能至少是中等流行；多雨的年份，都会大流行。病害流行的范围、程度，造成的危害损失将远远高于目前的水平。笔者将从以下方面探讨小麦条锈病防控的植保贡献率因子组成。

2.1　实施越夏区治理降低病害流行程度

根据小麦条锈病的大区发生流行规律，近年来，我国在小麦条锈病防控工作中加强了越夏区治理技术措施的落实，通过调整种植结构，种植冷凉蔬菜、中药材等经济作物，压缩越夏区小麦播种面积以压减小麦条锈菌越夏基地面积，减少越夏菌源量；同时，通过开展夏季翻耕，减少自生麦苗等越夏期间条锈菌存活寄主数量，进一步减少越夏条锈菌数量，减少向秋苗传播菌源，从而在越夏环节降低病害的流行程度。

2.2　种植抗病品种降低病害流行程度

在实施越夏区治理的基础上，结合各地实际，在选择种植适合各地的抗锈性小麦品种的基础上，根据条锈病大区发生流行路线，在越夏区、冬繁区和春季流行区，合理布局含有不同抗病基因的抗锈性小麦品种，从品种的层面进一步降低病害的流行程度，并延缓品种抗锈性的丧失。

2.3　播种期实施种子处理降低病害流行程度

实践证明，小麦播种期使用对路农药开展药剂拌种、种子包衣等处理，对于推迟小麦秋苗发病、降低冬前菌源基数和减轻后期流行程度具有显著作用。多年来，小麦主产区各级农业农村主管部门植保体系将秋播拌种作为工作硬性要求，大力组织推广小麦秋播拌种技术，保证了秋播拌种技术的到位率和应用范围，该项措施的大面积实施对于降低病害后期在本地及全国的流行程度上也发挥了重要作用。

2.4　早期精准防治降低病害流行程度

加强小麦条锈病发生动态监测调查和预警预报，及早发现，及时开展越夏区秋苗防治、冬繁区冬季防治，实施春病秋防、春病冬防；根据监测结果和异地情况，对冬繁区和早发区采取“带药侦察”“发现一点、控制一片，发现一片、控制全田”的防控策略，控制条锈病发病中心，防止小麦

条锈病大面积迅速扩散蔓延，进而压低前期菌源基数，减少外传菌源数量，从而降低病害后期流行程度。

2.5 春季流行期科学用药控制病害流行

依据小麦条锈病发生区域特点，在前期实施各项预防控制措施的基础上，早春依据田间病害发生情况，尽早进行防控，做到“防早、防小、防了”“打南保北，控西保东”，以限制后期病害流行并压减外传菌源；在小麦生产中后期，田间条锈病病情达到防治指标时，及时开展化学药剂防治，必要时组织统防统治和应急防治，控制小麦条锈病大面积流行危害。

2.6 阻遏条锈菌有性变异延缓小种产生

在西北、西南等关键越夏区，小麦田周边小檗生长比较密集的区域，通过采取遮盖小麦秸秆堆垛、铲除小麦田周边小檗或对染病小檗喷施农药等措施，阻断条锈菌的有性繁殖循环，降低条锈菌变异概率，减缓新的生理毒性小种产生速度，延长抗病品种使用年限。总体上对病害的发生流行亦有一定的控制作用。

综上所述，当前我国小麦条锈病的防控，从越夏区治理、抗病品种应用、种子处理、早期监测防控、后期科学用药等，每一个环节都为减轻最终病害流行程度作出了贡献，发挥了作用。通过环环紧扣，将病害在自然情况下可能大流行的程度，控制在偏轻流行或者轻流行（图3–1）。在测算病害的防控成效时，应充分考虑这些因素在降低病害流行程度和挽回产量损失中的作用。

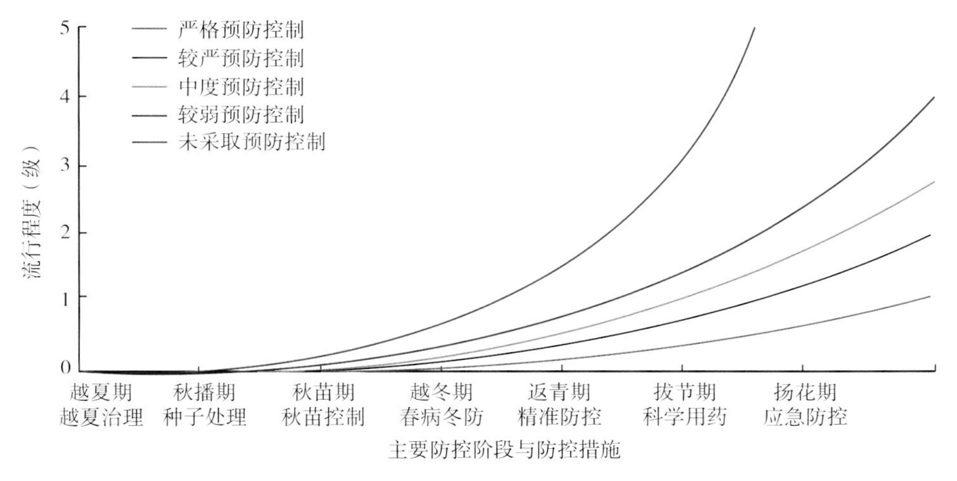

图3–1 小麦条锈病预防控制条件下流行曲线示意图

3 近年来小麦条锈病防控的植保贡献率估算

3.1 小麦条锈病防控植保贡献率测算原则

根据小麦条锈病的发生流行特点和预防控制的实际，笔者认为，小麦条锈病防控的植保贡献率首先应该拟合一套流行年份与损失率模型，制定流行年份与损失率对照表。其次，在每年病害发生防控结束后，根据病害流行的年份气候，结合当前生产水平，科学研判、确定病害流行程度。然后参考农作物病虫害防治植保贡献率测算方法，根据不同流行年份病害拟合程度，按照完全不防治情况下的产量损失率减去实际防控条件下的产量损失率进行测算。

3.2 小麦条锈病大流行年份防控的植保贡献率分析

20世纪50年代，由于对病害流行规律不清、防治能力有限、防治药剂稀缺，无法实施全方位的预防控制措施，造成病害猖獗流行。60年代以后，随着对病害发生流行规律的研究和防治技术的推广应用，小麦条锈病防治能力逐步增强，防控植保贡献率明显提高。如果以1950年小麦条锈病流行危害情况作为基数，用1950年病害流行危害造成的理论产量损失率减去之后各病害流行年份防治后理论产量损失率，测算病害防控的植保贡献率，则1964年病害防控的植保贡献率为15.95%；20世纪80年代以来各流行年份的防控贡献率一般都在28%以上，接近小麦总产的30%。表明近年来，在条锈病大流行年份，全国小麦条锈病防控的植保贡献率接近30%（表3-2）；挽回产量损失低的大流行年份在230亿公斤以上，高的年份甚至接近400亿公斤。如果防治不好，产量按损失一半计算的话，则损失小麦115亿～200亿公斤，对国家粮食安全影响巨大。

表3-2　我国小麦条锈病历次大流行防控的植保贡献率测算结果

时间（年）	实际损失（亿公斤）	小麦总产（亿公斤）	理论总产（亿公斤）	实际损失占总产量比重（%）	实际损失占理论产量比重（%）	植保贡献率（%）	测算挽回产量（亿公斤）
1950	60.00	145.02	205.02	41.37	29.27	0	0
1964	32.00	208.40	240.40	15.36	13.31	15.95	38.35
1983	10.74	813.90	824.64	1.32	1.30	27.96	230.60
1985	8.50	858.05	866.55	0.99	0.98	28.28	245.10
1990	12.37	982.29	994.66	1.26	1.24	28.02	278.72
2002	8.51	902.90	911.41	0.94	0.93	28.33	258.22
2017	4.28	1 342.41	1 346.69	0.32	0.32	28.95	389.84
2020	2.49	1 342.54	1 345.03	0.19	0.19	29.08	391.14

3.3　小麦条锈病一般流行年份防控的植保贡献率分析

近年来，随着生产水平提高、密植高产栽培技术推广、灌溉条件改善、氮肥用量增加，麦田环境比20世纪50—70年代更加有利于病害的流行。加之近年我国小麦主产区小麦生长期间雨水条件总体较好，致使条锈病流行概率明显提高，防控措施稍有松懈，病害流行程度就明显加重。全国小麦条锈病流行之所以能够被控制在一个较低的水平，是因为小麦主产区各地在小麦生长前期落实各项预防措施取得显著防控成效。参考联合国粮农组织（FAO）给出的"在全球范围内，农作物病虫害每年造成高达40%的产量损失"的估算意见，并结合我国农业生产复种指数高、密植高水高肥的栽培措施十分有利于农作物病虫害发生的实际，将小麦生产中病虫害造成的损失威胁设定为40%。由统计数据可知，我国每年小麦病虫害实际造成的损失一般不超过5%，如按5%计，则每年通过防治挽回产量损失占35%。综合考虑全国小麦生产中常发的病虫害种类，包括条锈病、赤霉病、纹枯病、白粉病、蚜虫等，结合多年病虫害发生数据和监测防治工作经验，估算每年小麦病虫害防控挽回损失中条锈病防控挽回损失的占比为10%～20%，则条锈病防控挽回损失在整个小麦产量中的占比为3.5%～7.0%，防控其他病虫害挽回损失的占比则为28%～31.5%，即为一般年份小麦条锈病防控的植保贡献率为3.5%～7.0%。如以近年全国小麦平均产量1 300亿公斤计算，则每年通过防控小麦条锈病挽回的小麦产量为45亿～90亿公斤。

4　小结与讨论

4.1　关于小麦条锈病的防控成效和植保贡献率

综合考虑各类防控因素，目前在我国种类繁多的病虫害中，小麦条锈病全程的预防控制技术措施最为全面系统，落实执行力度最为彻底到位。总体来看，防控效果是十分显著的，通过前期各个环节的预防控制，估算我国小麦条锈病每年流行时间至少推迟1个月，流行面积至少减少一半，流行程度下降2个等级左右。一般年份，将病害控制在中等及以下流行程度，遇到气候条件特别适宜的年份，病害流行危害程度也能够被大大减轻。通过防控，一般年份，每年至少挽回小麦产量损失45亿

公斤，防控植保贡献率约在3.5%以上；病害重发流行年份，每年至少挽回小麦产量230亿公斤，防控植保贡献率接近30%。

4.2 关于小麦条锈病防控挽回损失的统计差异

笔者曾根据植保统计数据研究了近年全国农作物病虫害发生和危害损失情况，也指出了病虫害防控挽回损失和实际损失被低估的问题。本文测算的小麦条锈病防控成效与统计数据间存在差异的关键在于统计数据大多以小麦生长后期的发病面积和实施化学防治面积多少测算挽回损失和实际造成的损失，忽略和低估了小麦条锈病防控前期所采取的各项预防措施发挥的作用；同时，也可能存在实际防控测产被低估的情况，因而造成了统计数据偏低，建议在今后的统计工作中逐步校正。

4.3 关于小麦条锈病发生流行程度的年份差异

小麦条锈病发生流行程度年际间的差异是存在的，即使是大流行年份，其流行特点、区域范围和危害损失也不一定相同。本文是在统计分析的基础上，对病害发生流行给出的总体判断。建议有兴趣的读者，参考这个思路，对病害的年度流行情况、防控贡献和挽回损失等进行科学拟合，提出更为科学合理的测算方法。

4.4 关于进一步加强小麦条锈病预防控制的建议

我国小麦条锈病的研究与治理已取得举世瞩目的成就，也已建立十分有效的防控技术体系。但病害研究与治理永无止境，必须结合最新研究成果，在应用好以往治理技术措施的基础上，研发和实施大范围跨区域全周期综合防控技术体系和技术模式，全国病害流行区一盘棋布局，突出关键区域、关键技术，环环紧扣，将病害流行控制在较低水平，减轻病害危害损失，为保障国家粮食安全作出应有贡献。

撰稿：刘万才　赵中华　王保通　李跃　王晓杰　康振生

第二节　小麦条锈病对产量的影响及危害损失率研究

近年来小麦条锈病在豫南地区频繁偏重流行，局部减产严重，为控制小麦条锈病，河南省制定了“准确监测、带药侦察、发现一点、控制一片”的防控策略，及时对发现的零星病叶和发病中心进行封锁扑灭，对压低菌源基数，降低流行风险，延缓或控制小麦条锈病的蔓延速度和流行危害发挥了重要作用。但由于生态条件、小麦品种特性及条锈病生理小种的改变，病害发生危害出现了新变化，之前采用的经济阈值已无法有效指导病害防控。因此，明确小麦条锈病不同发生程度与产量损失的关系，在此基础上确定合理的经济阈值，对小麦条锈病的精准预报和防控尤为重要。豫南地区是小麦条锈病的主要春季流行区，笔者在此进行了自然状态下小麦条锈病田间产量损失试验，结果可为该病的防控和损失评估提供参考。

1　材料与方法

1.1　试验地概况

试验于2022年2月16日至6月30日在南阳市农业科学院潦河试验基地进行，基地面积35公顷，试验用地面积2 000米^2，土地平整，肥力均一，按科研要求统一管理，选用当地主栽品种百农207（中感小麦条锈病），按基本苗18万棵/亩播种，行距20厘米。生产管理同大田，冬前与返青期统一实施化学除草，田间杂草发生较轻。虫害防治严格按照当地技术方案进行，虫害较轻。田间自然发病，小麦返青后不使用任何杀菌剂，赤霉病、白粉病、纹枯病发生相对较轻，对产量影响较小。

1.2　试验设计

试验设16个小区，每小区面积14.4米^2（9.0米 × 1.6米），南北走向，试验区周边及各小区均设置2米保护行，各小区随机排列，作为单独的自然发病考核单元，不设重复。在试验区发病初期距发病点较远的未发病小区中随机选择1个小区进行施药控制，作为不发病对照。

1.3　调查方法

1.3.1　病情调查

在3月10日（小麦返青后15～20天）开始调查，至5月20日小麦乳熟期即病情稳定时结束，间隔10天，共调查8次，每小区对角线5点取样共调查100片叶片，记录病叶数和严重度级别，计算病叶率和病情指数，严重度分级按《GB/T 15795—2011 小麦条锈病测报技术规范》。

$$病叶率（\%）= 病叶数/调查总叶数 \times 100$$

$$病情指数 = \sum（各级病叶数 \times 相应严重度值）/（调查总叶数 \times 最高级代表值）\times 100$$

1.3.2　产量损失率测定

在小麦成熟后，各小区实收测产，折算亩产量；每小区每次取1 000粒小麦籽粒称重，3次重复，计算千粒重；用不发病的小区为对照，计算不同发病梯度的产量损失率，分析病情与小麦产量的关系。

$$产量损失率（\%）=（对照区产量 - 处理区产量）/对照区产量 \times 100$$

1.3.3　经济阈值

小麦条锈病危害造成小麦产量损失的经济损害允许水平（EIL）是随小麦产量、价格和防治费用等因素变化而变化的动态值，通过调研种植户和市场，统计分析每亩防治费用C（药剂＋人工）为14元；

因条锈病受环境影响较大，故效益因子F设为2，P为未发生病害时产量（公斤/亩），小麦单价V按当年平均市场价3.0元/公斤，药剂防治的平均防治效果E为85%。

$$EIL=(C\times F)/(P\times V\times E)$$

1.4　数据统计分析

采用Office 2007和DPS7.05软件进行数据分析，使用邓肯氏新复极差法检验方差，使用线性回归和多项式回归分析相关性和回归方程。

2　结果与分析

2.1　小麦扬花期病情指数与病情稳定期病情指数的关系

根据小麦扬花期和病情稳定期（灌浆期）病情调查结果，进行多项式回归分析，病情稳定期病情指数（y）与扬花期病情指数（x）呈极显著正相关，多项式方程为$y=-5.217\,6x^2+28.058x+5.156\,7$，相关系数$R=0.977\,3$，$p=0.000\,1$（图3-2），在扬花期未发病时拟合偏差则较大。

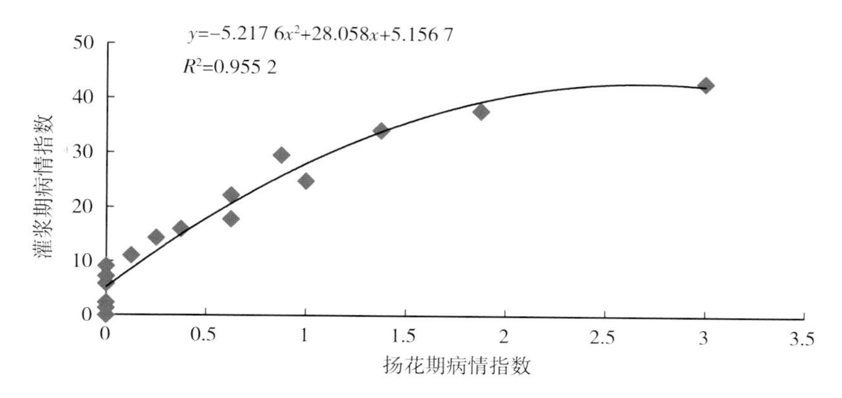

图3-2　2022年河南南阳小麦条锈病病情稳定期病情指数与扬花期病情指数关系

2.2　病叶率与病情指数的关系

根据病情调查数据，采用二次多项式回归分析方法分析出扬花期和病情稳定期（灌浆期）病情指数（y）和病叶率（x）的关系均呈极显著相关关系，扬花期病情指数与病叶率的相关系数$R=0.998\,0$，$p=0.000\,1$，灌浆期病情指数与病叶率的相关系数$R=0.996\,7$，$p=0.000\,1$（图3-3）。

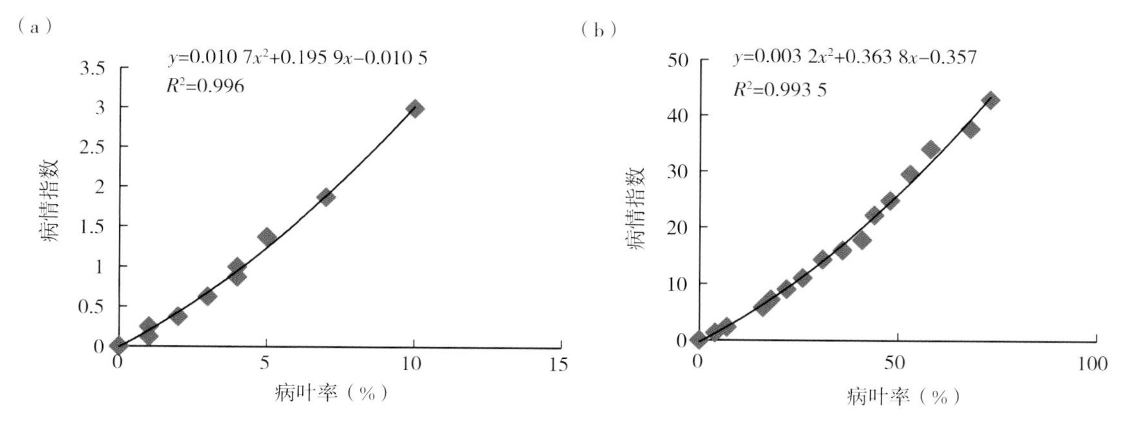

图3-3　2022年河南南阳小麦条锈病病情指数与病叶率的关系

（a）扬花期　（b）灌浆期

2.3　病叶率和病情指数与小麦产量的相关性

分析病情稳定期（灌浆期）的病叶率、病情指数与收获期千粒重、产量测定结果（表3-3）可知，病叶率、病情指数、千粒重、产量各因素间相关性均达极显著水平，以病情指数与产量的相关性最高，相关系数为 −0.977 4（表3-4）。

表3-3　2022年河南南阳小麦条锈病发病情况及产量相关指标

小区编号	病叶率（%）	病情指数	千粒重（克）	产量（公斤/亩）	损失率（%）
1	53	29.63	43.7	565	14.39
2	36	16.00	48.9	634	3.94
3	41	17.88	47.9	620	6.06
4	22	9.13	50.6	646	2.12
5	16	5.88	50.9	653	1.06
6	48	24.88	45.6	593	10.15
7	7	2.38	51.4	656	0.61
8	44	22.25	47.5	607	8.03
9	0	0	51.8	660	—
10	58	34.13	41.0	541	18.03
11	31	14.38	48.5	631	4.39
12	26	11.13	50.1	638	3.33
13	18	7.25	50.1	642	2.73
14	68	37.75	39.7	527	20.15
15	73	43.00	37.2	503	23.79
16	4	1.38	51.6	657	0.45

表3-4　2022年河南南阳小麦条锈病病情稳定期发生程度及产量因素相关性分析

因子	相关系数R			
	病叶率（x_1）	病情指数（x_2）	千粒重（x_3）	产量（x_4）
病叶率（x_1）				
病情指数（x_2）	0.990 2**			
千粒重（x_3）	−0.943 6**	−0.976 8**		
产量（x_4）	−0.942 0**	−0.977 4**	0.997 4**	

注："**"表示相关关系极显著（$p<0.01$）。

2.4　小麦产量与病情指数的关系

根据产量（y）与病情稳定期病情指数（x）采用二次多项式回归分析方法得出方程为$y=-0.060\,7x^2-1.194\,9x+659.984\,2$，相关系数$R=0.996\,3$，$p=0.000\,1$，回归关系极显著（图3-4），样本拟合准确度为99.47%。

2.5　产量损失率

依据病情稳定期田间发病情况调查和产量测定结果，以未发病小区产量为对照计算出产量损失率，将各小区的产量损失率与病情指数通过二项式回归分析建立函数关系式：$y=0.009\,2x^2+0.180\,7x+0.002\,7$，$R=0.996\,3$，$p=0.000\,1$，$y$为产量损失率，$x$为稳定期的病情指数，产量损失率与病情指数之间呈极显著的正相关（图3-5）。在发病相对较轻的2022年，在自然发病、秋冬季防治、

春季不防治条件下，仍有31.25%的面积（5个小区）的产量损失率高于10%，最高达23.79%，平均产量损失率达7.45%。

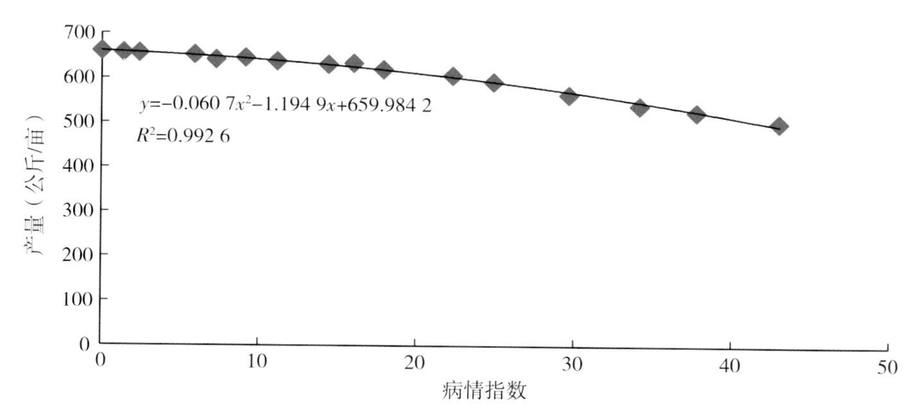

图3-4 2022年河南南阳小麦产量与条锈病病情稳定期病情指数的关系

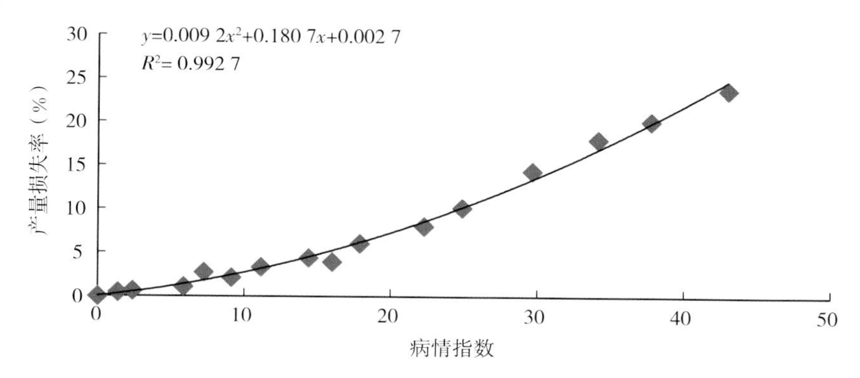

图3-5 2022年河南南阳小麦条锈病产量损失率与病情稳定期病情指数的关系

2.6 经济阈值的确定

结果表明：未发病对照区的产量为660公斤/亩，可计算得出经济损害允许水平为1.663 7%。根据病情稳定期产量损失率与病情指数的函数关系（图3-5），计算出经济损害允许水平时的病情指数为6.817 6，病叶率为17.140 3%。根据病情稳定期病情指数与扬花期病情指数的函数关系和病害初发期病叶率与病情指数的关系方程（图3-3a），推算出对应的扬花期病情指数为0.059 9，病叶率为0.35%，即扬花期病叶率达到0.35%或病情指数达到0.06时即可防治。

3 小结与讨论

本研究明确了豫南地区种植感病品种的发病和损失情况，明确了小麦条锈病的病情与千粒重和产量的相关性及影响程度，产量损失率与稳定期病情指数呈极显著正相关，函数关系方程为：$y=0.009\ 2x^2+0.180\ 7x+0.002\ 7$，对不同发生程度造成的危害损失评估非常方便快捷，并推算出了经济损害允许水平时的扬花期（防治适期）病叶率和病情指数为0.35%和0.06，为条锈病发生趋势预测和防治提供了依据。明确了在自然发病条件下，即使病害较轻流行的2022年，在2021年秋冬季防治，春后不防治条锈病的情况下，其产量损失率仍达到7.45%。由此可见，条锈病危害损失相当严重。生产上高感条锈病的小麦品种占大多数，本研究结果可为小麦条锈病大面积防治提供依据。多种病害对小麦产量复合危害的损失和经济阈值还有待进一步探讨。

撰稿：吕国强　李金榜　彭红　冯贺奎　刘万才

第三节　河南省小麦条锈病不同发生级别危害损失率评价研究

为了准确评价不同发生流行年份小麦条锈病造成的损失情况和防治植保贡献率，根据全国农业技术推广服务中心安排，河南省植物保护植物检疫站测防科设计了条锈病不同发生级别危害损失试验评价方案，安排条锈病常发区和偶发区开展试验评价，以明确不同发生级别造成的危害损失情况，计算挽回损失率，测算不同流行年份小麦条锈病防治植保贡献率。

1　评价方法

1.1　评价试验地点

试验点选择河南省条锈病常发区的信阳市光山县、南阳市唐河县和条锈病偶发区的安阳市北关区。每个县调查3个乡，每个乡调查1块符合条件的地块，作为条锈病病情及产量的系统调查田。

1.2　试验设计与调查

选择地力均匀，种植管理一致，连片种植且条锈病发病各种级别（0级、1级、2级、3级、4级、5级）都存在的麦田开展调查。每块田不同级别调查3次重复，每个重复不少于10米^2。调查地点做好标记，到小麦收获期，测定所标记点不同发生级别小麦产量。

条锈病按病情指数和严重度分级标准，依据《GB/T 15795—2011小麦条锈病测报技术规范》进行计算，计算公式如（1）、（2）。

病叶平均严重度（D）：

$$D=\frac{\sum(i\times l_i)}{L} \quad (1)$$

D：病叶平均严重度；i：各严重度值；l_i：各严重度值对应的病叶数（片）；L：调查总病叶数（片）。

病情指数（I）：

$$I=F\times D\times 100 \quad (2)$$

I：病情指数；F：病叶率；D：病叶平均严重度。

不同发病级别损失率%=[（不发病区单产－不同发病级别单产）/不发病区单产]×100

1.3　危害损失率测算

本试验设定，条锈病发生0级没有损失，为理论产量；发生5级造成损失最大；不同发生级别下造成的损失居于中间。通过计算条锈病造成的最大损失率和不同发生级别的实际损失率，进而类推不同发生年份的危害损失率。计算方法如公式（3）～（5）。

最大损失率（%）=[（不发生区单产－5级发生区单产）/不发生区单产]×100　（3）

实际损失率（%）=[（不发生区单产－不同级别发生区单产）/不发生区单产]×100　（4）

挽回损失率（%）=[（不同级别发生区单产－5级发生区单产）/不发生区单产]×100　（5）

1.4　植保贡献率计算

不同防治水平植保贡献率测算：最大损失率减去不同级别发生区产量损失率，即为不同级别发生区植保贡献率，可用以下公式计算：

植保贡献率（%）=[（不同级别发生区单产－5级发生区单产）/不发生区单产]×100　（6）

县域范围的植保贡献率测算：根据不同生态区条锈病发生程度、分布状况和防治情况调查数据，结合代表区域植保贡献率测算结果，采用加权平均的办法测算县域植保贡献率。其算法如公式（7）。

$$县域植保贡献率(\%) = \sum[(防后不同发病程度单产 - 发病最重单产)/完全不发病单产] \times 不同发生程度面积占种植面积的比 \times 100 \quad (7)$$

2 评价结果

2.1 3个县级试验点各级危害损失率测定评价结果

小麦条锈病5级发生时，信阳市光山县、南阳市唐河县、安阳市北关区小麦产量损失率分别为23.97%、22.76%、20.17%，平均22.3%；4级发生时，3个点小麦产量损失率分别为13.14%、15.68%、12.01%，平均13.61%；3级发生时，3个点小麦产量损失率分别为10.27%、10.67%、7.65%，平均9.53%；2级发生时，3个点小麦产量损失率分别为8.35%、3.84%、3.92%，平均5.37%；1级发生时，3个点小麦产量平均损失率为2.80%。详见表3–5。

表3–5 2023年小麦条锈病不同级别发生区危害损失率评价结果

测试县区	发病级别	平均病叶率（%）	病情指数	平均单产（公斤/亩）	产量损失率（%）	挽回损失率（%）
信阳市光山县	0	0	0	412	—	23.97
	1	10.7	2.1	386.9	6.09	17.86
	2	28	7.8	377.6	8.35	15.61
	3	38.3	13.5	369.67	10.27	13.68
	4	52.3	24.8	357.87	13.14	10.82
	5	66.7	33.1	313.3	23.97	—
南阳市唐河县	0	0	0	440.6	—	22.76
	1	10	0.94	434.5	1.38	21.38
	2	35	6.5	423.7	3.84	18.93
	3	43	15.17	393.6	10.67	12.1
	4	69	23.68	371.5	15.68	7.08
	5	68	30.5	340.3	22.76	—
安阳市北关区	0	0	0	624.7	—	20.17
	1	25	3.12	618.8	0.94	19.23
	2	55	9.06	600.2	3.92	16.25
	3	61.7	12.34	576.9	7.65	12.52
	4	95	22.97	549.7	12.01	8.16
	5	99.3	55.28	498.7	20.17	—

2.2 不同级别发生区挽回损失率评价结果

以条锈病5级发生区的产量作为对照区（不防治）产量，0级发生区产量作为理论产量，1～4级发生区作为轻发生、偏轻发生、中度发生、偏重发生区产量，计算不同发生级别防治挽回损失率。信阳市光山县、南阳市唐河县、安阳市北关区3个点条锈病轻发生（1级）时，挽回损失率为17.86%～21.38%，偏轻发生（2级）时，挽回损失率为15.61%～18.93%，中度发生（3级）时，挽回损失率为12.1%～13.68%，偏重发生（4级）时，挽回损失率为7.08%～10.82%（见表3–5）。

2.3 2023年三县（区）条锈病防治植保贡献率

根据对条锈病不同级别挽回损失率评价，测算当地当年条锈病防控植保贡献率。根据当年普查结果，结合春季条锈病发生趋势预测和本年度防治情况，调查测算各地条锈病不同级别发生面积占比，以面积占比为权重，加权平均计算本地当年条锈病防治植保贡献率。然后以各县小麦种植面积为权重，加权平均计算全省小麦条锈病防治植保贡献率。根据本年度天气条件和全国条锈病发生情况，推算在没有防治情况下自然发生时，信阳市光山县、南阳市唐河县、安阳市北关区即使不防治条锈病也不发生条锈病的面积占0级面积比分别为65%、60%、80%。因此，计算植保贡献率时设定，通过防治取得0级发生防效的面积比例分别为35%、40%、20%。据此测算，2023年信阳市光山县、南阳市唐河县、安阳市北关区小麦条锈病防控植保贡献率分别为8.5%、9.1%、4.62%，全省平均防控植保贡献率为8.97%，详见表3-6。

表3-6　2023年河南省小麦条锈病防控植保贡献率评价试验结果

县（区）	发生级别	挽回损失率（%）	不同级别占比（%）	贡献面积占比（%）	本县防控植保贡献率（%）	面积占比（%）	全省植保贡献率（%）
信阳市光山县	0	23.97	98.8	35.00	8.5	8.37	8.97
	1	17.86	0.75	0.75			
	2	15.61	05.	05.			
	3	13.68	0.15	0.15			
	4	10.82	0.05	0.05			
	5		0.05	0.05			
南阳市唐河县	0	22.76	99.99	40.00	9.1	89.91	
	1	21.38	0.004 7	0.004 7			
	2	18.93	0	0			
	3	12.1	0	0			
	4	7.08	0	0			
	5		0	0			
安阳市北关区	0	20.17	94.88	20.00	4.62	1.72	
	1	19.23	2.44	2.44			
	2	16.25	1.22	1.22			
	3	12.52	0.73	0.73			
	4	8.16	0.49	0.49			
	5		0.24	0.24			

3　结论与讨论

3.1　结论

3.1.1　生产中条锈病发生级别应控制在2级以下

条锈病5级发生时，3个点小麦产量损失率均在20%以上，2级发生时产量损失率在3.92%～8.35%，1级发生时产量损失率在0.94%～6.09%。信阳市光山县小麦产量较低，产量损失率较大，安阳市北关区小麦产量高，产量损失率相对较低。如果条锈病危害损失率控制在5%以内，条锈病发生级别应控制在2级以下。

3.1.2　条锈病防治挽回产量损失率大，防控植保贡献率高

把条锈病5级发生防控到1级发生时，挽回损失率在17.86%～21.38%。

3.1.3　条锈病发生情况

2023年防治后条锈病在河南省零星发生，全省发生面积3.46万亩，是近20年来发生最轻的年份。本研究是定局时随机调查，均是防治后数据。如果按照刘万才等2021年发表文献计算植保贡献率，数据偏大，与病虫害轻发生年份植保贡献率偏低相矛盾也不符合现实情况。因此笔者综合考虑了当地本年度趋势预报数据、定局调查数据，结合当地条锈病历史发生情况，推算出在自然发病情况下，3个调查县点应有的不发病面积占比分别为65%、60%、80%，此部分不应该掺入植保贡献率计算，扣

除后计算结果与2022年吕国强等的调查结果相近。

3.2　讨论

3.2.1　条锈病是大区流行性病害，危害损失率测定比较困难

河南省属于条锈病春季流行区，不同流行年份发生程度不同，同一块地也不是均匀发生，设计不同防治区域来人为营造不同发生级别比较困难，而且小麦田一般都是多种病害同时发生，目前小麦田杀菌剂杀菌谱广，很难计算单个病害危害损失率。本研究在条锈病发生高峰期，选择不同生态条件的田块代表不同类型田，在同一块田里调查条锈病不同发生级别区域，做好标记，小麦成熟后测定产量，计算不同发生级别损失率结果更为准确。

3.2.2　2023年河南省小麦条锈病轻发生，对评价数据有一定的影响

2023年河南省小麦条锈病轻发生，发生面积是近10年最低。从评价数据看，作为对照的5级病情指数多在分级下限附近，如果是流行年份，对照区病情指数会更高，对产量影响会更大。

撰稿：张国彦　刘杰　彭红　王朝阳　李金榜　罗倩云

第四节　湖北省小麦条锈病对不同抗性小麦品种的危害损失率和防治阈值

由条形柄锈菌小麦专化型（*Puccinia striiformis* West. f. sp. *tritici*）引起的小麦条锈病是危害小麦安全生产的重要病害之一，严重时可导致大面积减产。目前生产上主要采用种植抗病品种和喷施化学药剂的方法进行防治。而喷施化学药剂需要在达到经济阈值（即防治指标）时，才最经济和节本增效。条锈病不同抗性水平的品种，其经济阈值也存在差别。明确不同小麦抗性品种的条锈病不同发生程度与危害损失率之间的关系，设定合理的经济阈值，对指导生产上适时施药尤为重要。本研究选取湖北生产上主推的对条锈病具有不同抗性的5个品种，在田间采取人工接种的方式，通过喷施梯度浓度的化学药剂形成条锈病不同发病程度，研究不同发生程度下条锈病对不同抗性品种的危害损失率，分析品种抗性与植保贡献率的关系，并建立不同抗性品种的经济阈值，以期为指导不同抗性类型的小麦品种条锈病防治提供依据。

1　材料与方法

1.1　试验地概况

试验在荆州市农业科学院江陵试验基地进行，于2022年11月4日按麦种12.5公斤/亩播种，机械条播，行距25厘米。按大田生产常规管理，冬前与返青期统一采用15%炔草酸可湿性粉剂30毫升/亩兑水15公斤进行化学除草，在小麦扬花期用专一性药剂25%氰烯菌酯悬浮剂100毫升/亩兑水30公斤喷雾进行赤霉病防治，整体而言田间杂草、赤霉病和白粉病发生较轻，未发生虫害，条锈病之外的其他病虫草害对产量影响较小。

1.2　供试品种、菌株和药剂

供试小麦品种共5个：兰考198（高感条锈病）、扶麦368（中感条锈病）、华麦1168（中感条锈病）、襄麦46（中抗条锈病）和鄂麦DH16（高抗条锈病），均由湖北扶轮农业科技开发有限公司提供。供试条锈菌株为流行小种CYR32、CYR33和CYR34的混合菌种，由西北农林科技大学提供。供试药剂为12.5%氟环唑悬浮剂［巴斯夫植物保护（江苏）有限公司］和15%三唑酮可湿性粉剂（四川润尔科技有限公司）。

1.3　试验设计

在每个供试品种的种植区域内均设置12.5%氟环唑悬浮剂10毫升/亩、30毫升/亩、50毫升/亩（50毫升/亩为产品推荐使用剂量），15%三唑酮可湿性粉剂80克/亩（农民习惯使用剂量）共4个施药处理，1个清水对照，另外再设置不接菌并全程防控条锈病的小区作为不发病对照，每处理3次重复。每个小区面积为15米^2（2.5米×6.0米），小区随机排列，留间距1米宽走道，试验区周边设置2米宽保护行。小麦返青拔节期（2023年2月16日）傍晚时分在各小区（不接菌小区除外）以条锈菌混合夏孢子悬浮液（孢子浓度10^4个/毫升）作均匀喷雾，并盖膜保湿过夜，在接种后35天［抽穗扬花期（3月20日）］条锈病开始普遍显症时，按处理设置对各品种分别喷施药剂。

1.4　田间调查

1.4.1　病情调查

施药后第7天，每小区采取对角线5点取样法，每点60片叶，每小区调查300片叶上的发病严重

度。根据《GB/T 15795—2011小麦条锈病测报技术规范》对病情严重度进行分级，共分9级：0级，叶片无病斑；1级，病斑面积占整个叶面积的5%以下；3级，病斑面积占整个叶面积的6%～25%；5级，病斑面积占整个叶面积的26%～50%；7级，病斑面积占整个叶面积的51%～75%；9级，病斑面积占整个叶面积的76%以上。由此计算病情指数和防治效果。

病情指数＝[∑(各级病叶数×相应级值)/(调查总叶数×9)]×100

防治效果(%)＝[(清水对照区病情指数－药剂处理区病情指数)/清水对照区病情指数]×100

1.4.2　产量损失率测定

在小麦成熟期，以小区为单位进行实收，室内晒干脱粒并测产，将测产结果折算为亩产量；各品种以其不发病小区为对照，计算条锈病不同发生梯度下的产量损失率。

产量损失率(%)＝[(不发病对照区产量－处理区产量)/不发病对照区产量]×100

1.5　植保贡献率与防治阈值的计算

将本试验所设的不接菌并全程防控条锈病的小区视为严格科学防治区，产量受损最轻，视为理论产量；完全不防治情况（清水对照）下病害造成的损失最大；不同发病梯度的危害损失居中。采用刘万才（2021）的方法，比较完全不防治情况下的产量损失与实施常规防治后的产量损失，以此测算植保贡献率。

植保贡献率(%)＝[(常规防治区单产－清水对照区单产)/严格科学防治区单产]×100

采用二次多项式回归分析方法建立供试品种产量损失率与抽穗扬花期条锈病病情指数的函数关系，根据函数关系式计算出各品种的防治阈值。

2　结果与分析

2.1　不同药剂对不同抗病性水平小麦的条锈病防效

调查发现，品种抗病性越强，相应区域条锈病病情指数越低。比较各品种清水对照区的病情指数，高感品种兰考198病情指数最高，为62.96，高抗品种鄂麦DH16病情指数最低，为29.13。各品种的病情指数均随处理区药剂浓度的升高而降低，相应地，防效逐渐升高。两种药剂中，12.5%氟环唑悬浮剂50毫升/亩处理对各品种条锈病的防效为91.90%～93.95%，而农民常规用药15%三唑酮可湿性粉剂80克/亩处理的防效为38.7%～75.94%，前者较后者对小麦条锈病具有更好的防治作用（表3–7）。

表3–7　喷施氟环唑或三唑酮对不同小麦抗病性品种上条锈病的防效

供试药剂	制剂用量（毫升、克/亩）	小麦品种	病情指数	相对防效（%）
12.5%氟环唑悬浮剂	10	兰考198	43.83b	(30.29±3.37) e
		扶麦368	29.26d	(38.33±2.77) de
		华麦1168	23.77e	(44.55±6.65) cd
		襄麦46	19.82ef	(49.16±1.87) c
		鄂麦DH16	14.51g	(49.76±5.07) c
	30	兰考198	19.51ef	(68.94±2.86) b
		扶麦368	14.32g	(69.65±2.40) b
		华麦1168	11.05gh	(74.61±1.28) b
		襄麦46	9.82h	(74.81±1.04) b
		鄂麦DH16	7.51hi	(73.86±4.37) b
	50	兰考198	4.94ijk	(92.18±0.69) a
		扶麦368	3.83ijk	(91.93±0.91) a
		华麦1168	3.52ijk	(91.90±1.09) a
		襄麦46	2.72jk	(93.02±0.95) a
		鄂麦DH16	1.73k	(93.95±1.20) a

（续）

供试药剂	制剂用量（毫升、克/亩）	小麦品种	病情指数	相对防效（%）
15%三唑酮可湿性粉剂	80	兰考198	32.41d	（48.35±4.13）c
		扶麦368	28.94d	（38.70±3.86）de
		华麦1168	21.48ef	（50.62±1.79）c
		襄麦46	18.86f	（51.55±1.37）c
		鄂麦DH16	6.98hij	（75.94±2.32）b
清水对照		兰考198	62.96a	—
		扶麦368	47.28b	—
		华麦1168	43.39b	—
		襄麦46	38.89c	—
		鄂麦DH16	29.13d	—

注：试验于2023年2—3月在湖北省荆州市江陵县小麦田进行；兰考198为条锈病高感品种，扶麦368、华麦1168为中感品种，襄麦46为中抗品种，鄂麦DH16为高抗品种；同列数据后不同小写字母表示差异显著（$p<0.05$）。

2.2 小麦条锈病对不同抗性品种的危害损失率和植保贡献率

调查结果（表3-8a、b）显示，条锈病危害造成的产量损失率随品种抗性的增强而下降；在清水对照区，高感品种兰考198的产量损失率最高，为71.88%，高抗品种鄂麦DH16的产量损失率最低，为29.96%，其余3个中感至中抗品种的产量损失率居中。在施用氟环唑的处理中，各品种产量损失率均随施药量的增加而下降，相应地，植保贡献率随施药量增加而提高，当制剂用量为50毫升/亩（产

表3-8a 施药对不同抗病性小麦品种产量的影响和施药处理的植保贡献率

供试药剂	制剂用量（毫升、克/亩）	兰考198			扶麦368			华麦1168		
		亩产量（公斤）	产量损失率（%）	植保贡献率（%）	亩产量（公斤）	产量损失率（%）	植保贡献率（%）	亩产量（公斤）	产量损失率（%）	植保贡献率（%）
12.5%氟环唑悬浮剂	10	191.44d	46.57b	25.30d	242.22c	29.55ab	12.80c	257.60c	28.59b	11.66c
	30	279.11b	22.22d	49.66b	279.80b	18.57bc	23.79b	294.87b	18.26c	22.00b
	50	337.80a	6.15e	65.73a	326.49a	5.80c	36.56a	340.57a	5.55d	34.70a
15%三唑酮可湿性粉剂	80	237.52c	33.49c	38.39c	236.30c	31.40ab	10.95c	272.52bc	24.46b	15.79bc
清水对照	—	100.22e	71.88a	—	198.30d	42.35a	—	215.43d	40.25a	—

表3-8b 施药对不同抗病性小麦品种产量的影响和施药处理的植保贡献率

供试药剂	制剂用量（毫升、克/亩）	襄麦46			鄂麦DH16		
		亩产量（公斤）	产量损失率（%）	植保贡献率（%）	亩产量（公斤）	产量损失率（%）	植保贡献率（%）
12.5%氟环唑悬浮剂	10	286.55b	23.41b	13.99b	290.22b	17.17b	12.79b
	30	313.95b	15.87c	21.53b	324.53a	7.53c	22.43a
	50	354.07a	5.35d	32.04a	332.72a	5.14c	24.82a
15%三唑酮可湿性粉剂	80	293.95b	21.50bc	15.90b	319.73a	8.67c	21.29a
清水对照	—	233.91c	37.40a	—	245.66c	29.96a	—

注：试验于2023年2—3月在湖北省荆州市江陵县小麦田进行；兰考198为条锈病高感品种，扶麦368、华麦1168为中感品种，襄麦46为中抗品种，鄂麦DH16为高抗品种；同列数据后不同小写字母表示差异显著（$p<0.05$）。

品推荐剂量）时，兰考198、扶麦368、华麦1168、襄麦46和鄂麦DH16的产量损失率均为最低，分别为6.15%、5.80%、5.55%、5.35%和5.14%，对应的植保贡献率均为最高，分别为65.73%、36.56%、34.70%、32.04%和24.82%，从中也可以看出植保贡献率随品种抗性的增强而下降，对高感品种兰考198的植保贡献率最高，对高抗品种鄂麦DH16的植保贡献率最低。对于施用三唑酮的处理，高感品种兰考198的产量、产量损失率和植保贡献率均介于氟环唑高、中、低剂量处理之间；中感品种扶麦368、华麦1168和中抗品种襄麦46的上述3项指标均与氟环唑低剂量处理相当，无显著差异；高抗品种鄂麦DH16的3项指标均与氟环唑中等剂量处理相当，无显著差异，由此得出12.5%氟环唑悬浮剂用于小麦条锈病防治较15%三唑酮可湿性粉剂更为高效，也具有更高的植保贡献率；在本试验设计浓度范围内，12.5%氟环唑悬浮剂50毫升/亩处理的防病效果和植保贡献率最高。

2.3　用药量、病情指数与小麦产量的相互关系

经统计分析，氟环唑施用剂量与5个品种的病情指数均呈极显著负相关，相关系数r_1在－0.983 4～－0.931 7；5个品种在抽穗扬花期的病情指数与产量及产量损失率的关系密切，病情指数与产量呈极显著负相关，与产量损失率则呈极显著正相关（表3-9）。根据金小靖等（2022）、吕国强等（2022）的研究结果，结合本研究中各品种在抽穗扬花期（3月20日）开始普遍显症的现象，得出小麦抽穗扬花期条锈病的发生程度对小麦产量影响较大。

表3-9　不同抗病性品种小麦上的条锈病病情指数与产量、产量损失率的相关性

小麦品种	药剂用量与病情指数的相关系数r_1	病情指数与产量的相关系数r_2	病情指数与产量损失率的相关系数r_3
兰考198（高感）	－0.983 4*	－0.998 3*	0.998 3*
扶麦368（中感）	－0.968 7*	－0.990 5*	0.992 7*
华麦1168（中感）	－0.942 9*	－0.975 6*	0.975 3*
襄麦46（中抗）	－0.932 6*	－0.987 7*	0.988 4*
鄂麦DH16（高抗）	－0.931 7*	－0.991 3*	0.991 8*

注：相关系数右上角标“*”表示两者极显著相关。

2.4　小麦条锈病的防治阈值

建立兰考198、扶麦368、华麦1168、襄麦46和鄂麦DH16因条锈病造成的产量损失率与抽穗扬花期病情指数的函数关系（图3-6），根据函数关系式算出5个品种上条锈病的防治阈值，当兰考198、扶麦368、华麦1168、襄麦46、鄂麦DH16上的小麦条锈病病情指数分别达到5.443、4.819、3.994、3.376、5.150时即可开展防治。

3　结论与讨论

通过研究发现，供试5个小麦品种的病情指数和产量损失率均随着用药量的增加而降低，防病效果、产量和药剂处理的植保贡献率均随着用药量的增加而提高。条锈病危害造成的产量损失率随品种抗病性的增强而下降。随着品种抗病性的增强，植保贡献率逐渐降低。从另一方面看，处理区病害发生越重，药剂处理的植保贡献率越高，而在轻发生程度下植保贡献率则较低。

通过对种植户、市场的调查与分析，使用15%三唑酮可湿性粉剂，每亩防治费用（人工＋药剂）为14元，使用12.5%氟环唑悬浮剂，每亩防治费用为26元，但后者对小麦条锈病具有更高的防效，应综合考虑后进行选择。建议种植户在条锈病发生较重的田块（如在返青拔节期发现多个发病中心、大的中心病团或全田病叶率达5%）使用氟环唑，而在条锈病发生不太重的田块（如发病较迟，返青拔节期未见发病，仅在抽穗扬花期见零星病叶）使用三唑酮。

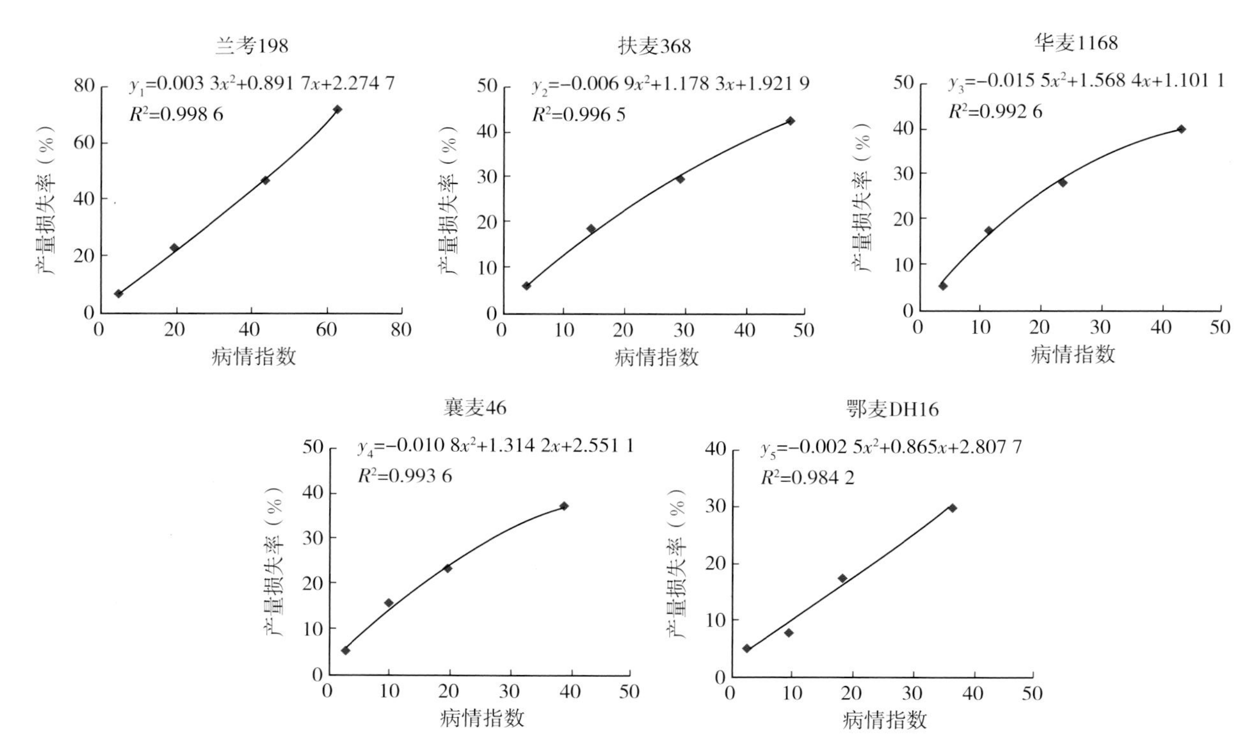

图3-6　5个小麦品种因条锈病引起的产量损失率与病情指数的关系

撰稿：阙亚伟　龚双军　王志清　向礼波　曾凡松
袁斌　薛敏峰　史文琦　刘万才　杨立军

第五节　青海省小麦条锈病对不同抗性小麦品种的危害损失率和防治阈值

明确不同抗病性品种上条锈病发生程度与危害损失率的关系，对设定最佳阈值和生产中科学施药具有重要指导作用。青海省作为条锈病西北越夏菌源基地的重要组成部分，在全国条锈病的大流行中发挥着重要作用，青海省春小麦面积约150万亩，冬小麦约20万亩，晚熟春麦产生的大量越夏菌源可持续发病到10月上旬，不仅导致本地病害流行，同时形成大量的菌源向东部麦区输出，成为我国东部麦区秋季初始菌源基地。本研究选取青海小麦生产上中对条锈病具有不同抗性的5个品种，在人工接菌保证充分发病的前提下，再喷施系列浓度的防治药剂，保证各小区不同程度的发病，进而研究不同发病程度下条锈病对不同抗性品种的危害损失率，分析品种抗病性与挽回损失率的关系。确定不同抗性品种的防治阈值，不仅为青海省的小麦条锈病综合治理提供理论依据，而且对指导全国条锈病的源头治理，实施“控点保面、控西保东、控南保北”策略具有重要战略意义。

1　材料与方法

1.1　试验地概况

试验在青海大学农林科学院试验基地进行，2024年4月1日机械条播，播种量18公斤/亩，行距15厘米。按大田生产规范管理，3～5叶期统一施用10%苯磺隆可湿性粉剂20克/亩＋5%唑啉草酯乳油80毫升/亩并后期配合人工除草，整个生育期小麦白粉病、赤霉病等其他病害未见发生，也没有明显虫害，试验区除条锈病之外，其他病虫草害对小麦产量影响甚微。

1.2　供试品种、菌株和药剂

供试小麦品种共5个：Taichuang29（高感条锈病）、高原448（中感条锈病）、青春38（中抗条锈病）、青春343（高抗条锈病）、航优721（近免疫），均由青海省农业有害生物综合治理重点实验室提供。供试条锈菌为流行小种CYR32、CYR33和CYR34的混合菌种，由青海省农业有害生物综合治理重点实验室提供。供试药剂为12.5%氟环唑悬浮剂［巴斯夫植物保护（江苏）有限公司］，15%三唑酮可湿性粉剂（四川国光农化股份有限公司），22.5%啶氧菌酯悬浮剂（美国杜邦公司）。

1.3　试验设计

在每个供试品种的种植区域内均设置12.5%氟环唑悬浮剂10毫升/亩、30毫升/亩、50毫升/亩（50毫升/亩为产品推荐使用剂量），15%三唑酮可湿性粉剂80克/亩（农民习惯使用剂量），22.5%啶氧菌酯30毫升/亩、38毫升/亩、45毫升/亩共7个施药处理，1个清水对照，再设置不接菌并全程严格科学防控条锈病的小区作为不发病对照，每处理3次重复。每个小区面积为30米^2（5米×6米），小区随机排列，预留1米宽走道，田间四周设置5米宽保护行。小麦返青拔节期（2024年5月17日）在各小区（不接菌小区除外）将条锈菌夏孢子混合滑石粉装入试管，利用玻璃棒敲击试管使夏孢子滑石粉混合物均匀滑落，在接种前用喷壶对叶片喷施水和吐温40的混合液。在接种后25天［抽穗扬花期（6月11日）］条锈病开始逐渐显症时，按试验计划对各小区人工喷施药剂。

1.4　田间调查

1.4.1　病情调查

施药后第7天，以五点取样法对各小区展开病情调查，每个样点调查300片叶，一个小区调查

1 500片叶上的发病程度。按照《GB/T 15795—2011小麦条锈病测报技术规范》对病情严重度进行分级，共分6级：0级，叶片无病斑；1级，病斑面积占整个叶面积的5%以下；3级，病斑面积占整个叶面积的6%～25%；5级，病斑面积占整个叶面积的26%～50%；7级，病斑面积占整个叶面积的51%～75%；9级，病斑面积占整个叶面积的76%以上。由此计算病情指数和防治效果。

病情指数 =［∑（各级病叶数 × 相应级值）/（调查总叶数 ×9）］×100

防治效果（%）=［（清水对照区病情指数 − 药剂处理区病情指数）/清水对照区病情指数］×100

1.4.2　产量损失率测定

在小麦成熟期，按小区实收，采取人工收割，经过三天阳光晒干，脱粒并测产，将测产结果折算为亩的产量；以严格科学防控的小区产量作为不发病对照，求出不同发病程度下的产量损失率。

产量损失率（%）=［（不发病对照区产量 − 处理区产量）/不发病对照区产量］×100

1.5　挽回损失率与防治阈值的计算

本试验所设的严格科学防控小区因无病害发生，产量可视为理论产量；清水处理的小区病害发生最严重，产量损失最大；其他药剂处理的小区受病害影响位于前两者之间。采用刘万才（2021）的方法，测算完全不防治（清水对照）和农户常规防治（药剂梯度防治）下的不同产量损失，以此来计算挽回损失率。

挽回损失率（%）=［（常规防治区单产 − 清水对照区单产）/严格科学防治区单产］×100

将R语言中的ggplot2包用于数据可视化，负责生成图表和回归曲线，使用stats包中的lm( )函数进行二次回归分析，并通过summary( )函数计算R^2值，建立供试小麦品种的产量损失率与抽穗扬花期条锈病病情指数之间的数学函数关系，并依据函数推算出各品种的病害防治阈值。

2　结果与分析

2.1　不同药剂对不同抗病性水平小麦的条锈病防效

结果表明，在同一药剂梯度处理下，品种的抗病性与病情指数呈明显的负相关关系（表3-10）。对比各品种清水对照区的病情指数，高感品种Taichuang29病情指数最高，为65.20，近免疫品种航优721未见条锈病发病。各品种的病情指数均与喷施药剂的浓度呈显著负相关。观察发现中感和中抗品种的防效相对高于高感和高抗品种，说明在实际生产上中感和中抗品种是否进行药剂防治对产量的影响相对更大。在药剂选择上，12.5%氟环唑悬浮剂和22.5%啶氧菌酯悬浮剂对中感和中抗品种的防效相对高感和高抗品种更高，而农民常规用药15%三唑酮可湿性粉剂80克/亩处理的防效在品种之间没有呈现显著的差异且防效也明显低于12.5%氟环唑悬浮剂和22.5%啶氧菌酯悬浮剂的高剂量防效，因此在实际生产中针对中感和中抗品种应当选择12.5%氟环唑悬浮剂和22.5%啶氧菌酯悬浮剂而非15%三唑酮可湿性粉剂。

表3-10　喷施不同药剂不同抗性品种的病情指数和防效

供试药剂	制剂用量（毫升、克/亩）	小麦品种	病情指数	相对防效（%）
12.5%氟环唑悬浮剂	50	Taichuang29	17.75a	82.25b
		高原448	7.10b	88.40a
		青春38	2.50c	88.00a
		青春343	0.70d	80.65b
		航优721	0d	0c
12.5%氟环唑悬浮剂	30	Taichuang29	25.70a	74.30b
		高原448	9.90b	83.90a
		青春38	5.25c	74.85b
		青春343	1.15d	68.20c
		航优721	0e	0d

（续）

供试药剂	制剂用量（毫升、克/亩）	小麦品种	病情指数	相对防效（%）
12.5%氟环唑悬浮剂	10	Taichuang29	39.25a	60.75b
		高原448	13.65b	77.75a
		青春38	8.60c	58.80b
		青春343	1.60d	55.70b
		航优721	0d	0c
15%三唑酮可湿性粉剂	80	Taichuang29	31.70a	68.30a
		高原448	13.20b	78.45a
		青春38	7.10bc	66.00a
		青春343	0.85bc	76.35a
		航优721	0c	0b
22.5%啶氧菌酯悬浮剂	45	Taichuang29	14.40a	85.60b
		高原448	6.15b	89.90a
		青春38	2.00c	90.40a
		青春343	0.60d	83.45b
		航优721	0d	0c
22.5%啶氧菌酯悬浮剂	38	Taichuang29	27.05a	72.95b
		高原448	9.50b	84.45a
		青春38	3.10c	85.20a
		青春343	0.95cd	73.80b
		航优721	0d	0c
22.5%啶氧菌酯悬浮剂	30	Taichuang29	39.20a	60.80c
		高原448	12.55b	79.60a
		青春38	6.20c	70.20b
		青春343	1.70d	52.90d
		航优721	0d	0e
空白对照		Taichuang29	65.20a	—
		高原448	35.50b	—
		青春38	20.80c	—
		青春343	3.60d	—
		航优721	0d	—

注：同列数据后不同小写字母表示差异显著水平。

2.2　不同抗性品种的小麦在条锈病侵害下的损失率及植保措施的贡献率

调查结果（表3-11）显示，条锈病对小麦产量的影响和品种的抗性密切相关，品种抗性越高产量损失越小；在清水对照区，高感品种Taichuang29的产量损失率最高，为47.70%，中感和中抗品种的产量损失率也达到了近49%和29%，进一步表明药剂防治对高感和中感品种在生产中的必要性，高抗品种青春343清水对照区的产量损失率为7.40%，近免疫品种航优721的产量损失率最低，为3.19%，高抗品种的抗性虽能很大程度减小条锈病造成的产量损失，但是对比药剂防治成本和挽回的产量经济损失，高抗品种的药剂防治也有一定必要性。观察航优721的不同处理，发现条锈病对产量还是有一定影响，虽然未见发病叶片但是对比产量结果可发现药剂处理免疫品种也能轻微降低产量损失。

12.5%氟环唑悬浮剂和22.5%啶氧菌酯悬浮剂不同药剂梯度的处理结果显示，产量损失率与药剂浓度的增加呈现出负相关趋势，挽回损失率则与药剂浓度呈现正相关关系。两种药剂的最高剂量处理的小区产量也为同一药剂所有处理中最高。当对比同一药剂浓度处理的不同抗性品种，发现挽回损失率与抗性强度呈现负相关关系，说明在生产中抗性越弱的品种越要注重药剂防治，药剂防治对于抗性越弱的品种挽回的产量损失也越高，对于高抗和近免疫品种而言，药剂防治的挽回损失率相对较低。

表3-11a 施药对不同抗性品种产量的影响和施药处理的挽回损失率

供试药剂	制剂用量（毫升、克/亩）	Taichuang29			高原448			青春38		
		挽回损失率（%）	产量损失率（%）	亩产量（公斤）	挽回损失率（%）	产量损失率（%）	亩产量（公斤）	挽回损失率（%）	产量损失率（%）	亩产量（公斤）
12.5%氟环唑悬浮剂	50	49.02ab	11.66e	461.90b	37.65a	10.95d	577.80a	21.85ab	7.07d	632.00b
12.5%氟环唑悬浮剂	30	42.65cd	18.04cd	428.55c	32.90ab	15.70bcd	546.95abc	18.85abc	10.01c	611.85c
12.5%氟环唑悬浮剂	10	32.76e	27.93b	376.85e	26.00c	22.61b	501.95c	13.95c	14.91b	578.65d
15%三唑酮可湿性粉剂	80	38.18e	22.50c	405.15d	28.30c	20.25bc	517.30bc	15.70bc	13.20b	590.30d
22.5%啶氧菌酯悬浮剂	45	52.33a	8.36e	479.20a	38.85a	9.73d	585.65a	24.50a	4.38e	650.30a
22.5%啶氧菌酯悬浮剂	38	44.24bc	16.45d	436.85c	35.40ab	13.18cd	563.25ab	20.95ab	7.92cd	626.15bc
22.5%啶氧菌酯悬浮剂	30	38.18e	22.50c	405.20d	28.55c	20.05bc	518.70bc	15.45bc	14.91b	588.60d
清水对照		—	47.70a	273.45f	—	48.59a	333.50d	—	28.90a	483.55e

表3-11b 施药对不同抗性品种产量的影响和施药处理的挽回损失率

供试药剂	制剂用量（毫升、克/亩）	青春343			航优721		
		挽回损失率（%）	产量损失率（%）	亩产量（公斤）	挽回损失率（%）	产量损失率（%）	亩产量（公斤）
12.5%氟环唑悬浮剂	50	6.25a	1.14c	678.35ab	2.75a	0.44bc	692.9a
12.5%氟环唑悬浮剂	30	4.45b	2.98b	665.70bc	1.75ab	1.42abc	686.0ab
12.5%氟环唑悬浮剂	10	1.40c	6.04a	644.65e	0.55b	2.655ab	677.4b
15%三唑酮可湿性粉剂	80	3.45b	3.95b	659.05cd	2.90a	0.30bc	693.8a
22.5%啶氧菌酯悬浮剂	45	7.05a	0.358c	683.70a	3.10a	0.08c	695.4a
22.5%啶氧菌酯悬浮剂	38	3.80b	3.61b	661.35c	1.60ab	1.56abc	685.0ab
22.5%啶氧菌酯悬浮剂	30	1.70c	5.70a	647.00de	1.45ab	1.75abc	683.7ab
清水对照		—	7.40a	635.35e	—	3.19a	673.7b

注：同列数据后不同小写字母表示差异显著水平。

对于施用15%三唑酮的处理，从高感到近免疫的5种抗性品种的产量、产量损失率和挽回损失率基本介于12.5%氟环唑和22.5%啶氧菌酯的中、低剂量处理之间，由此可推断15%三唑酮的防治效果只能达到12.5%氟环唑和22.5%啶氧菌酯的中、低剂量水平，说明12.5%氟环唑和22.5%啶氧菌酯相比于15%三唑酮具有更高的挽回损失率。

在本次试验中，12.5%氟环唑和22.5%啶氧菌酯在不同抗性的小麦品种处理上，在产量、产量损失率以及挽回损失率等指标方面表现出相似的趋势，两者在防治小麦条锈病上均取得了较好的效果，相比两种药剂的防治效果，12.5%氟环唑悬浮剂（50毫升/亩）对各品种条锈病的防效范围为80.65%至88.40%，而22.5%啶氧菌酯（45毫升/亩）的防效则为83.45%至90.40%。两者在推荐剂量下的防效差异不显著，22.5%啶氧菌酯的防效略高于12.5%氟环唑。

2.3 用药量、病情指数与小麦产量的相互关系

结果显示12.5%氟环唑和22.5%啶氧菌酯两种药剂的施用剂量与5个品种的病情指数均呈显著负相关，并且相关系数也随着抗性的增强而减小，说明抗性越弱的品种对药剂防治越敏感。12.5%氟环唑的施用剂量与不同抗性品种的病情指数相关系数r_1在－0.998～－0.921之间，22.5%啶氧菌酯的施用剂量与不同抗性品种的病情指数相关系数r_1在－0.991～－0.934之间，由此推测施用22.5%啶氧菌酯相比12.5%氟环唑对相同抗性品种的防治效果更显著、见效更快。5个品种在抽穗扬花期的病情指数与产量呈显著负相关，与产量损失率则呈显著正相关（表3-12），可以推断抽穗扬花期阶段小麦条锈病的发病程度与小麦的最终产量关系紧密，应重点关注该阶段的小麦条锈病的药剂防治。

表3-12 不同抗病性品种小麦上的条锈病病情指数与产量、产量损失率的相关性

小麦品种	药剂	药剂用量与病情指数的相关系数r_1	病情指数与产量损失率的相关系数r_2	病情指数与产量的相关系数r_3
T29	氟环唑	－0.998	0.989	－0.989
	啶氧菌酯	－0.991		
高原448	氟环唑	－0.990	0.942	－0.945
	啶氧菌酯	－0.974		
青春38	氟环唑	－0.964	0.972	－0.968
	啶氧菌酯	－0.953		
青春343	氟环唑	－0.921	0.780	－0.766
	啶氧菌酯	－0.934		
航优721	氟环唑	—	—	—
	啶氧菌酯	—		

2.4 小麦条锈病的防治阈值

通过二次回归多项式分析，构建了不同抗性品种的病情指数与产量损失率之间的函数关系，进而计算出5种抗性品种的防治阈值（图3-7）。结果显示，在Taichuang29、高原448、青春38、青春343的病情指数达到7.35、2.25、1.65和1.46时即可进行防治。而航优721由于为近免疫品种，药剂防治对其意义不大，可根据实际情况考虑是否对该品种进行药剂防治。

3 结论与讨论

本研究分析了青海省生产上5个不同抗性小麦品种在不同病害梯度的产量损失率，以及品种抗性与挽回损失率之间的关系。表明5个品种的病情指数和产量损失率均随着药剂用量的增加而下降，防治效果、产量和药剂处理的挽回损失率则随着用药量的增加而提升。条锈病造成的产量损失率随着品种抗病性的增强逐渐减少，而挽回损失率则呈下降趋势。这也表明，病害发生越严重的处理区，药剂防治的挽回损失率越高，而在病害较轻的情况下，挽回损失率相对较低。

前人对挽回损失率也做了一些研究，郑点等（2024）和彭昕华等（2024）分别对汉中市和豫南地区小麦病虫害防控挽回损失率进行了研究，得到小麦病虫害防控挽回损失率平均值分别为16.9%和27.07%。雷霆等（2024）在临渭区对小麦病虫害防控的挽回损失率进行了研究，得到农户常规防治的挽回损失率为24.40%。本研究中的15%三唑酮可湿性粉剂80克/亩处理为农民常用的药剂防治方法，计算得到本研究中15%三唑酮可湿性粉剂80克/亩处理的不同抗性品种的平均挽回损失率，低于雷霆等得到的农户常规防治的挽回损失率，这是因为本研究中的挽回损失率不包含虫害和其他病害防治的挽回损失率，因此仅防治条锈病的挽回损失率研究结果与前人的研究结果基本一致。本研究结果表明挽回损失率随品种抗性的增强而下降的结果与阙亚伟等（2023）的研究结果也一致。

对于同一抗性水平的品种，病情指数越高挽回损失率越低，本试验中不同抗性水平的品种均符

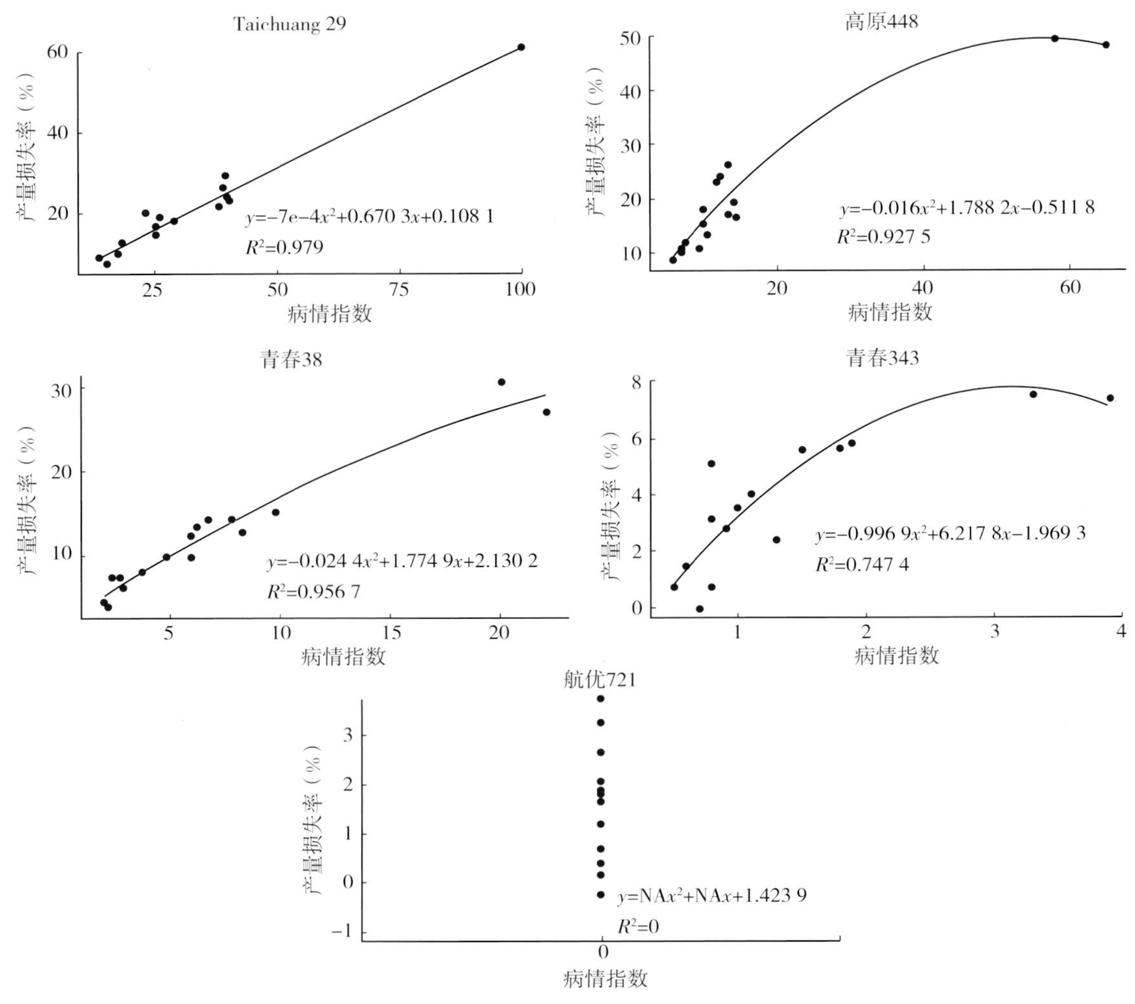

图3-7　5个小麦品种因条锈病引起的病情指数与产量损失率的关系

合这个规律，说明生产中要特别注意条锈病的早期防治，若药剂防治的时间节点选在麦田发病率较高或者发病程度较严重时，就会降低药剂防治对条锈病防治的挽回损失率，也就降低了药剂防治的综合效率，不能发挥药剂防治的最大经济效益。当小麦条锈病的病情指数在5%时，对应的高感品种Taichuang29的挽回损失率约为65%，中感品种高原448的挽回损失率约为40%，中抗品种青春38的挽回损失率约为18%；当病情指数为10%时，对应的高感品种Taichuang29的挽回损失率约为55%，中感品种高原448的挽回损失率约为35%，中抗品种青春38的挽回损失率约为11%；当病情指数为15%时，对应的高感品种Taichuang29的挽回损失率约为50%，中感品种高原448的挽回损失率约为28%，说明病情指数一定时药剂防治对不同抗性水平品种的挽回损失率随着品种抗性的增强而降低，即同等发病程度下，抗性越弱的品种药剂防治的挽回损失率越高。高抗品种青春343和免疫品种航优721的病情指数在本次试验的不同处理中均小于5%，证明这两个品种目前抗性良好，可在青海省内大面积推广种植。

药剂防治对高感品种的挽回损失率最高，生产中首先要对抗性品种的分布合理布局，其次是对高感品种及时进行药剂防治。中感和中抗品种药剂防治的挽回损失率也相对较高，观察本次试验结果可知是否采取药剂防治对这两种抗性品种的小麦产量影响很大，药剂防治的小区相对于清水对照区，中感品种最高可挽回约40%的产量，中抗品种最高可挽回约25%的产量。高抗品种青春343药剂防治的挽回损失率在1.4%～7.05%之间，近免疫品种航优721药剂防治的挽回损失率在0.55%～3.10%之间，对这两种抗性品种的小麦，生产中可综合考量经济效益和防治投入成本决定是否进行药剂防治。但在统防统治过程中，要注意其他病虫害的发生，及时追加叶面肥，并且做好抗病性监测，以防小麦条锈菌毒性变异，品种抗性丧失。

参考文献

柏亚罗，2022．杀菌剂氯氟醚菌唑的全球登记和上市进展．世界农药，44（3）：1-8．
陈万权，康振生，马占鸿，等，2013．中国小麦条锈病综合治理理论与实践．中国农业科学，46（20）：4254-4262．
郭海鹏，范东晟，冯小军，等，2021．陕西省2020年小麦条锈病防控实践与体会．中国植保导刊，41（3）：86-88．
郭海鹏，魏会新，冯小军，等，2021．陕西省2020年小麦条锈病发生流行特点和原因分析及对策．陕西农业科学，67（2）：89-90．
韩青梅，康振生，魏国荣，等，2003．杀菌剂Fulicur与Caramba防治小麦条锈病的研究．植物保护（5）：61-63．
何永梅，2011．植物源白粉病特效杀菌剂——大黄素甲醚．农药市场信息（20）：37．
黄冲，姜玉英，纪国强，等，2018．2017年我国小麦条锈病流行大尺度时空动态分析．植物保护学报，45（1）：20-26．
纪明山，2017．植物有害生物抗药性及治理对策．新农业（2）：33-34．
姜瑞中，曾昭慧，刘万才，等，2005．中国农作物主要生物灾害实录1949—2000．北京：中国农业出版社．
金小靖，康小慧，陈万权，等，2022．条锈病对小麦产量的影响及其经济阈值研究．中国植保导刊，42（5）：39-43．
康振生，王晓杰，赵杰，等，2015．小麦条锈菌致病性及其变异研究进展．中国农业科学，48（17）：3439-3453．
雷霆，石彩云，王永梅，等，2024．临渭区2023年小麦病虫害防控效果与挽回损失率评价试验．基层农技推广，12（3）：20-23．
李佩玲，牛雯雯，宋霞，等，2021．山东省2020年小麦条锈病发生特点及应对策略．农业科技与信息（18）：71-75．
李振岐，曾士迈，2002．中国小麦锈病．北京：中国农业出版社．
刘万才，2021．试论植物保护贡献率的测算方法．中国植保导刊，41（8）：5-8．
刘万才，李跃，彭红，等，2023．2023年全国小麦病虫害防控挽回损失率评价研究报告．中国植保导刊，43（8）：49-53．
刘万才，李跃，赵中华，等，2022．2022年全国小麦病虫害防控植保贡献率评价报告．植物医学，1（5）：1-7．
刘万才，刘振东，黄冲，等，2016．近10年农作物主要病虫害发生危害情况的统计和分析．植物保护，42（5）：1-9．
刘万才，王保通，赵中华，等，2022．我国小麦条锈病历次大流行的历史回顾与对策建议．中国植保导刊，42（6）：21-27．
刘万才，赵中华，王保通，等，2022．我国小麦条锈病防控的植保贡献率初析．中国植保导刊，42（7）：5-9．
刘万才，卓富彦，李天娇，等，2021．“十三五”期间我国粮食作物植保贡献率研究报告．中国植保导刊，41（4）：33-36．
刘悦，曾凡松，龚双军，等，2020．解淀粉芽孢杆菌EA19菌株对小麦赤霉病的防治效果．植物保护学报，47（6）：1270-1276．
吕国强，李金榜，彭红，等，2022．小麦条锈病对产量的影响及为害损失率．中国植保导刊，42（10）：62-66．
吕国强，彭红，曾娟，等，2021．自然重发年份小麦条锈病和赤霉病防控效果规模化评估．中国植保导刊，41（8）：45-4．
马占鸿，2018．中国小麦条锈病研究与防控．植物保护学报，45（1）：1-6．
马占鸿，石守定，姜玉英，等，2004．基于GIS的中国小麦条锈病菌越夏区气候区划．植物病理学报（5）：455-462．
毛玉帅，段亚冰，周明国，2022．琥珀酸脱氢酶抑制剂类杀菌剂抗性研究进展．农药学学报，24（5）：937-948．
彭昕华，彭红，冯贺奎，等，2024．2023年豫南地区小麦病虫害防控挽回损失率评价．中国农技推广，40（4）：91-95．
阙亚伟，龚双军，王志清，等，2023．条锈病对不同抗性小麦品种的为害损失率和防治阈值研究．中国植保导刊，43（11）：5-9，19．
苏东，吕国强，张弘，等，2021．2019—2020年度河南省小麦条锈病发生特点及影响因素分析．中国植保导刊，41（2）：44-47．
万安民，赵中华，吴立人，2003．2002年我国小麦条锈病发生回顾．植物保护，29（2）：5-8．
王新茹，赵建昌，白伟，等，2008．几种三唑类杀菌剂对小麦条锈病的防治效果．麦类作物学报，28（4）：705-708．

向礼波，石磊，徐东，等，2021．3种新型生物产品及复配杀菌剂防治小麦赤霉病的研究．植物保护，47（4）：276–281．

许艳云，杨俊杰，张求东，等，2021．湖北省2020年小麦条锈病大流行特点与关键防控对策．中国植保导刊，41（2）：100–103．

杨光富，2020．化学生物学导向的绿色农药分子设计．中国科学基金，34（4）：495–501．

姚强，2018．青海省小麦条锈病流行规律研究．杨凌：西北农林科技大学．

于思勤，彭红，李金锁，等，2017．2017年河南省小麦条锈病流行的原因分析及应对措施．中国植保导刊，37（12）：34–39．

曾凡松，向礼波，杨立军，等，2012．一株内生细菌EA19的分离鉴定及其对小麦白粉病菌的抑制效果．湖北农业科学，51（23）：5344–5347．

赵峰庚，李享福，董忠强，2013．几种杀菌剂防治小麦条锈病防效初探．汉中科技（2）：38–39．

郑点，左金钟，陆小成，等，2024．2023年汉中市小麦病虫害防控挽回损失率评价研究报告．种子科技，42（11）：22–25．

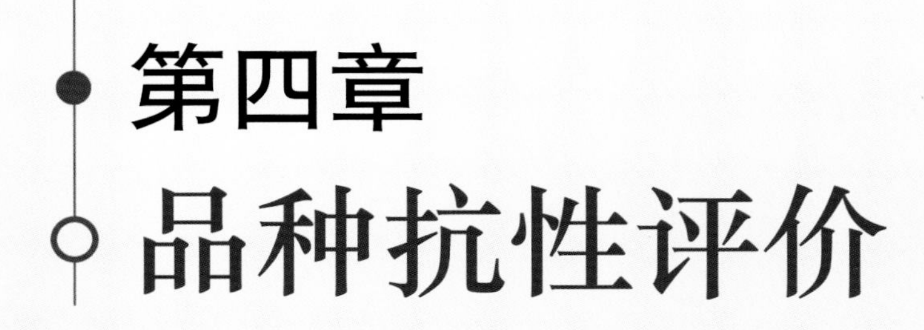

第四章
品种抗性评价

第一节　河南省小麦主栽品种对小麦条锈病的抗性评价

河南省小麦播种面积常年稳定在8 500万亩以上，连续多年播种面积、总产量位居全国第一，自2015年小麦总产量首次突破350亿公斤以来，已连续8年稳定在350亿公斤以上，2022年小麦播种面积8 523.68万亩，总产达到创纪录的381.3亿公斤，占全国1/4以上，对全国粮食生产和国家粮食安全起着至关重要的作用。河南不但是小麦种植面积大省、产粮大省，也是小麦育种、繁种大省，新中国成立以来，引领了我国数次小麦品种的更新换代。据不完全统计，目前全省从事小麦育种的科研院所、企业200余家，常年繁育面积稳定在430万亩，繁育优质小麦种子19亿公斤，除满足本省用种外，还向湖北、江苏、安徽等省份外调种子5亿～6亿公斤，河南省小麦育种水平全国领先，优良品种对小麦增产的贡献率达到46%左右。

1　河南省小麦主要品种种植情况

2022年度，全省推广面积500万亩以上的小麦品种有6个：郑麦379、郑麦1860、百农4199、西农511、周麦36、新麦26，合计推广面积4 279万亩，占全省小麦种植面积的50%左右。全省推广面积100万～500万亩的小麦品种有10个：中麦578、百农207、平安11、泛麦8号、丰德存麦5号、囤麦127、郑麦369、西农979、洛麦26、伟隆169，合计推广面积2 256万亩，占全省小麦种植面积的26%左右。全省推广面积50万～100万亩的小麦品种有7个：郑麦136、扬麦15、豫农516、洛旱22、豫麦49-198、商麦156、百农307，合计推广面积509万亩，占全省小麦种植面积的6%左右。

2　目前河南省主要小麦品种对常见病害的抗性

优良的小麦品种不但确保了小麦的丰产丰收，而且在重大病虫的预防控制中也发挥着不可替代的作用。如小麦条锈病是河南麦区的第一大病害，1990年、2002年、2017年在河南省大流行，分别造成5.5亿公斤、1.4亿公斤、2.0亿公斤的产量损失，危害严重，选育和利用抗病品种就是防治该病害最经济、最有效和最安全的关键措施，多年来，河南省高度重视抗病育种工作，在小麦品种审定中，对达不到条锈病抗性要求的品种实行一票否决制，对控制或减轻条锈病危害损失起到了重要作用。

通过查阅农作物种子审定登记相关资料，目前在河南省种植面积较大的小麦品种（以2022年数据为参考）对条锈病、赤霉病、白粉病、纹枯病、叶锈病等主要病害的抗性鉴定结果见表4-1、表4-2。

表4-1　河南省种植面积较大的小麦品种对常见病害的抗性鉴定

品种名称	种植面积	抗性鉴定
郑麦379	500万亩以上	高感叶锈病、白粉病、赤霉病、纹枯病，中感条锈病
郑麦1860	500万亩以上	高抗叶锈病，中抗条锈病，高感纹枯病、赤霉病和白粉病
百农4199	500万亩以上	高感白粉病、赤霉病，中感条锈病、叶锈病，中抗纹枯病
西农511	500万亩以上	高感白粉病、赤霉病，中感叶锈病、纹枯病，中抗条锈病
周麦36	500万亩以上	高抗条锈病、叶锈病，高感或中感白粉病、赤霉病，高感纹枯病
新麦26	500万亩以上	高感白粉病、赤霉病，中感条锈病，中抗叶锈病、纹枯病

（续）

品种名称	种植面积	抗性鉴定
中麦578	100万～500万亩	高感叶锈病、条锈病、纹枯病、赤霉病，中感白粉病
百农207	100万～500万亩	高感叶锈病、赤霉病、白粉病、纹枯病，中抗条锈病
平安11	100万～500万亩	中感纹枯病，高感赤霉病、白粉病、叶锈病、条锈病
泛麦8号	100万～500万亩	高抗叶锈病，中抗条锈病、叶枯病，中感白粉病、纹枯病
丰德存麦5号	100万～500万亩	高感赤霉病、纹枯病，中感叶锈病、白粉病、条锈病
囤麦127	100万～500万亩	中感条锈病、叶锈病、白粉病、纹枯病，高感赤霉病
郑麦369	100万～500万亩	高感叶锈病、白粉病、赤霉病，中感纹枯病，中抗条锈病
西农979	100万～500万亩	高感赤霉病，中感叶锈病、白粉病、纹枯病，中抗条锈病
洛麦26	100万～500万亩	中感条锈病、叶锈病、白粉病、纹枯病，高感赤霉病
伟隆169	100万～500万亩	高感纹枯病、赤霉病、白粉病，中感条锈病、叶锈病
郑麦136	50万～100万亩	中抗白粉病，中感条锈病、叶锈病、纹枯病，高感赤霉病
扬麦15	50万～100万亩	中抗至中感赤霉病，中抗纹枯病，中感白粉病、条锈病
豫农516	50万～100万亩	中感条锈病、叶锈病、白粉病、纹枯病，高感赤霉病
洛旱22	50万～100万亩	高感条锈病、白粉病、黄矮病，中感叶锈病
豫麦49-198	50万～100万亩	高抗叶枯病，中抗条锈病，中感白粉病、纹枯病、叶锈病、赤霉病
商麦156	50万～100万亩	中感纹枯病，高感赤霉病、白粉病、条锈病，中感叶锈病
百农307	50万～100万亩	中抗白粉病，中感条锈病、叶锈病，高感纹枯病、赤霉病
中麦895	50万亩以下	中感叶锈病，高感条锈病、白粉病、纹枯病、赤霉病
郑麦583	50万亩以下	中感叶锈病、纹枯病，中抗白粉病、条锈病、叶枯病
郑麦7698	50万亩以下	中抗白粉病、条锈病、叶枯病，中感叶锈病、纹枯病，高感赤霉病
郑麦101	50万亩以下	高感叶锈病、白粉病、赤霉病、纹枯病，中抗条锈病
百农AK58	50万亩以下	高抗条锈病、白粉病、秆锈病，中感纹枯病，高感叶锈病、赤霉病
周麦22	50万亩以下	高抗条锈病、叶锈病，中感白粉病、纹枯病，高感赤霉病、秆锈病
郑麦113	50万亩以下	中抗条锈病，中感叶锈病、白粉病、纹枯病，高感赤霉病
郑麦119	50万亩以下	中抗条锈病、白粉病，中感叶锈病、纹枯病、赤霉病
信麦69	50万亩以下	高抗条锈病，中抗叶锈病、纹枯病，轻感白粉病，中感叶枯病
先麦12	50万亩以下	中感条锈病、叶锈病、白粉病，中抗纹枯病，高感赤霉病
郑麦9023	50万亩以下	高抗赤霉病、梭条斑花叶病毒病，中抗叶枯病、叶锈病、条锈病、纹枯病
扬麦13	50万亩以下	高抗白粉病、纹枯病，中感梭条斑花叶病毒病、赤霉病、条锈病
扬麦30	50万亩以下	高抗白粉病，中抗赤霉病、黄花叶病毒病，中感纹枯病，高感条锈病、叶锈病
扬麦20	50万亩以下	高感条锈病、叶锈病、纹枯病，中感白粉病、赤霉病
天宁38	50万亩以下	中感条锈病、叶锈病、白粉病、纹枯病，高感赤霉病
豫农98	50万亩以下	中感条锈病、叶锈病、白粉病、纹枯病，高感赤霉病
宛麦98	50万亩以下	中抗条锈病，中感叶锈病、白粉病、纹枯病，高感赤霉病
丰德存麦21	50万亩以下	高感条锈病、赤霉病、白粉病、叶锈病，中感纹枯病
洛麦26	50万亩以下	高感纹枯病、白粉病、赤霉病，中感叶锈病，中抗条锈病
兰考198	50万亩以下	中感条锈病，高感白粉病、赤霉病
郑麦366	50万亩以下	高抗条锈病、秆锈病，中抗白粉病，中感赤霉病，高感叶锈病、纹枯病、叶枯病
周麦28	50万亩以下	中抗叶锈病、条锈病、白粉病、叶枯病，耐赤霉病

表4-2　河南省小麦主推品种对5种病害的抗性表现

序号	品种名称	条锈病	叶锈病	白粉病	纹枯病	赤霉病
1	周麦36	HR	HR	HS	HS	HS
2	郑麦1860	MR	HR	HS	HS	HS
3	西农511	MR	MS	HS	MS	HS
4	百农4199	MS	MS	HS	MR	HS

（续）

序号	品种名称	条锈病	叶锈病	白粉病	纹枯病	赤霉病
5	新麦26	MS	MS	HS	MR	HS
6	郑麦379	MS	HS	HS	HS	HS
7	郑麦369	MR	HS	HS	MS	HS
8	西农979	MR	MS	MS	MS	HS
9	丰德存麦5号	MS	MS	MS	HS	HS
10	囤麦127	MS	MS	MS	MS	HS
11	洛麦26	MR	MS	MS	MS	HS
12	伟隆169	MS	MS	HS	HS	HS
13	百农207	MR	HS	HS	HS	HS
14	中麦578	HS	HS	HS	MS	HS
15	平安11	HS	HS	HS	MS	HS
16	泛麦8号	MR	HR	MS	MS	HS
17	商麦156	HS	MS	HS	MS	HS

注：HR为高抗、HS为高感、MR为中抗、MS为中感。

以上结果表明，目前河南省种植的主要小麦品种对赤霉病的抗性普遍较差，全部表现为高感，对小麦条锈病的抗性相对较好，且抗性品种比例呈增加趋势，对叶锈病、白粉病和纹枯病的抗性水平一般，高抗品种比例小，高感品种比例呈逐年增加的趋势。同时发现，没有兼抗5种病害的品种，说明现阶段抗病品种的抗源比较单一，河南省小麦生产仍存在较大的潜在风险。

3 河南省主栽小麦品种对条锈病的抗性情况

进一步对2022年河南省种植小麦条锈病的小麦品种性能进行分析，结果见表4-3。

表4-3 河南省小麦主栽品种对条锈病的抗性情况

抗性等级	小麦品种名称			
	500万亩以上	100万～500万亩	50万～100万亩	50万亩以下
高抗	周麦36			百农AK58、周麦22、信麦69
中抗	郑麦1860、西农511	郑麦369、西农979	豫麦49-198	郑麦583、郑麦101、郑麦113、郑麦119、郑麦9023、宛麦98、洛麦26、周麦28、郑麦7698
中感	百农4199、新麦26、郑麦379	丰德存麦5号、囤麦127、洛麦26、伟隆169	郑麦136、豫农516、百农307、扬麦15	扬麦15、先麦12、扬麦13、天宁38、豫农98、兰考198
高感		中麦578、平安11、百农207、泛麦8号	商麦156、洛旱22	中麦895、扬麦30、扬麦20、丰德存麦21

从表4-3可以看出，2021—2022年河南省种植面积在50万亩以上的小麦品种对条锈病的抗性存在明显差异，其中高抗、中抗、中感、高感条锈病的品种分别有1个、5个、11个和6个，分别占品种总数的4.35%、21.74%、47.83%和26.09%。中感、高感的品种占73.91%，高抗、中抗的品种占比26.09%，表明目前河南省主要品种对小麦条锈病抗病性仍然较弱。需要特别指出的是：百农207、泛麦8号两个品种虽然在品种审定时鉴定为中抗，但实际调查发现，目前均已经丧失抗性，表现高感。

全省种植面积500万亩以上的6个小麦品种（占全省小麦种植面积的50%）中，周麦36表现高抗，郑麦1860、西农511表现中抗，百农4199、郑麦379、新麦26表现中感。

豫南地区是小麦条锈病冬繁区和春季流行区，种植的小麦品种较多，除了以上品种外，其他品种如周麦22、郑麦113、郑麦119、信麦69、宛麦98和郑麦9023等对条锈病抗性较好，扬麦15、扬麦13、扬麦30、扬麦20、天宁38、豫农98等品种抗性较差。在条锈病偏重发生的条件下，还必须结合关键期药剂防治，才能控制病害流行。

另外，据河南省农业科学院小麦研究所、河南省农业科学院植物保护研究所对近10年来河南省审定小麦品种的抗条锈病性系统分析，结果表明：供试的302个小麦品种中对条锈病表现高抗的品种有12个（中育9307、周麦32、郑麦103、囤丰809、金丰205、禾丰3号、驻麦305、农麦22、郑品麦26、中原丰1号、军麦518、禾麦53），占供试品种的4.0%；表现中抗的品种82个，占供试品种的27.2%；表现中感的品种208个，占供试品种的68.9%。河南省小麦品种审定中，对高感条锈病品种实行一票否决制，因此审定品种中无高感条锈病品种。高抗条锈病品种的抗病基因主要来自周麦9号或周8425B，抗源比较单一。

4　河南省后备品种抗病性情况

2021—2023年，河南省农业科学院植物保护研究所对参加河南省小麦区试等中间试验的860个品种进行了成株期综合抗病性鉴定和抗性评价，结果表明，860个小麦品种中，对条锈病高抗的有豫农1901、才智0949和开麦1805等213个，占鉴定总数的24.78%；中抗的有开麦1917、河大310和新麦9319等233个，占27.09%；中感的有益丰118、轮选196和淇麦198等402个，占46.74%；高感的有豫农388、新选266、军通137等12个，占1.40%。可以看出，大部分是中感品种，其次是中抗、高抗品种，极少数是高感品种。与前些年相比，抗病品种比例有明显提高，一方面大家都认识到抗病品种在小麦病虫害防治中的重要作用，另一方面河南省品种审定标准规定对条锈病高感的小麦品种一票否决，对小麦品种的选育和利用起到了很好的导向作用。

5　河南省小麦抗条锈病品种布局建议

河南省小麦品种资源丰富，品种之间对病害的抗性水平存在明显差异，同一品种在不同年份的田间抗病性表现也不尽相同，有些品种在推广应用的过程中，抗病性可能逐步丧失，因此，为更好地发挥品种在病害防控中的作用，在进行品种布局前，应充分了解每个品种的特征特性及在不同年份的综合表现，做到良种良法配套，既注重品种的丰产性和优质专用性，还应综合考虑其稳产性、适应性和抗逆性，并结合不同地域小麦病害的发生频率和发生特点，选择丰产优质且综合抗性较好的品种。就小麦条锈病而言，对于豫南（信阳、南阳和驻马店南部）条锈菌冬繁区和常发区，应尽量种植对条锈病中抗以上的，且最好对赤霉病中抗以上的小麦品种，在病害偏重以上发生年份，有效的药剂防治仍必不可少。

撰稿：吕国强　宋玉立　彭红　徐飞

第二节　2021—2023年陕西省审定小麦品种抗病性评价

小麦（*Triticum aestivum* L.）是陕西省的主要粮食作物之一，近十年来种植面积保持在1 440万～1 630万亩，其丰欠关乎国计民生。小麦条锈病、赤霉病和白粉病等病害是严重影响小麦安全生产的重大生物灾害，一般可导致小麦产量损失10%～30%，大流行年份甚至达80%以上，严重时可造成绝产。多年生产实践证明，选育和种植抗病品种是防治小麦重大病害最经济、最有效和最环保的措施。新中国成立以来，以赵洪璋院士、李振声院士和李振岐院士等为代表的小麦遗传育种家和植物病理学家十分重视小麦抗病育种工作，先后培育出一大批抗病品种在黄淮麦区种植，在黄淮麦区小麦生产和粮食安全的保障上发挥了重要作用。因此，陕西省培育的小麦品种的抗病性水平一直处于全国领先地位。20世纪50—60年代，著名小麦育种家赵洪璋院士培育的碧蚂1号品种具有良好的抗条锈性，曾经在全国年推广面积超9 000万亩，有效地控制了小麦条锈病的大流行；在之后黄淮冬麦区的几次大规模小麦品种更新换代中，陕西省培育的小麦品种亦发挥了重要的作用，例如丰产3号、小偃6号、陕农7859、小偃22、西农979等。为了确保生产上主栽小麦品种的抗病性水平，避免高感品种给生产造成潜在病害流行威胁，对参加区域试验品种进行抗病性鉴定与评价，是品种区域试验的重要内容，也是品种审定时的重要要求。

小麦条锈病、小麦赤霉病和小麦白粉病是小麦生产上的三大病害，小麦条锈病和小麦赤霉病是我国一类农作物病害，小麦白粉病也是发生面积较大、发生频次较高的病害。本章研究分析了2014—2023年陕西省新审定的小麦品种对小麦条锈病、小麦赤霉病和小麦白粉病等的抗病性，并对陕西省小麦抗病育种现状进行了分析，旨在为小麦抗病育种和生产上利用小麦抗病品种合理布局控制病害提供科学依据。

1　材料与方法

1.1　供试品种

供试品种为2014—2023年陕西省农作物品种审定委员会审定通过的小麦品种，由各育种单位提供，共179份，品种名称及育种单位见表4-4。高感条锈病对照品种为铭贤169，高感白粉病对照品种为京双16，抗赤霉病对照品种为苏麦3号，由西北农林科技大学植物保护学院小麦病原真菌监测与抗病遗传实验室保存并提供。

表4-4　供试品种名称及育成单位

品种名称	育种单位	品种名称	育种单位
西农528	西北农林科技大学	西农857	西北农林科技大学
普冰701	中国农业科学院作物科学研究所	西农619	西北农林科技大学
兴民118	陕西兴民种业有限公司	西农533	西北农林科技大学
喜麦203	陕西奥瑞丰现代种业有限公司	巨良8079	陕西巨良种业有限公司
中麦170	中国农业科学院棉花研究所	咸麦519	咸阳市农业科学研究院
金麦1号	陕西三原金种子种业科技有限公司	西农38	西北农林科技大学
喜麦199	藏喜	大唐63	陕西大唐种业股份有限公司
西农658	西北农林科技大学	陕道198	陕西聚丰种业有限公司
怀川358	河南怀川种业有限责任公司	孟麦101	孟州市农丰种子科技有限公司

（续）

品种名称	育种单位	品种名称	育种单位
天麦863	陕西天丞禾农业科技有限公司	荣华188	陕西荣华农业科技有限公司
陕垦224	陕西省杂交油菜研究中心	荣华906	陕西荣华农业科技有限公司
长航1号	长武渭北旱塬小麦试验基地	荣华286	陕西荣华农业科技有限公司
商麦1619	商洛学院	西农105	西北农林科技大学园艺学院
西农668	西北农林科技大学	伟隆166	陕西杨凌伟隆农业科技有限公司
小偃68	西北农林科技大学	藁优5766	陕西鑫晟禾农业发展有限责任公司
奉先211	蒲城县农业技术推广中心	华垦麦818	陕西农垦大华种业有限责任公司
西农188	西北农林科技大学	凌麦989	陕西荣华农业科技有限公司
西安240	西安市农业科学研究所	西农286	西北农林科技大学
科晨787	陕西振华农业科技有限公司	西农837	西北农林科技大学
阎麦2037	西安市阎良区农业新品种试验站	西农926	西北农林科技大学
兴民618	陕西兴民种业有限公司	西农627	西北农林科技大学
西农511	西北农林科技大学	西农333	西北农林科技大学
西农20	西北农林科技大学	华麦027	河南耕誉农业科技有限公司
致胜5号	陕西高农种业有限公司	西农161	西北农林科技大学
泰麦733	河南省泰隆种业有限公司	大地532	西安大地种苗有限公司
小偃269	西北农林科技大学	武农66	杨凌职业技术学院
小偃58	西北农林科技大学	巨良19	陕西省农牧良种场
新麦153	九圣禾种业股份有限公司	西农936	西北农林科技大学
隆麦813	陕西隆丰种业有限公司	西农921	西北农林科技大学
天麦899	陕西天丞禾农业科技有限公司	西农579	西北农林科技大学
西农805	西北农林科技大学	西农943	西北农林科技大学
旱麦988	陕西隆丰种业有限公司	谷道0366	陕西高农种业有限公司
西农585	西北农林科技大学	西农116	西北农林科技大学
伟隆158	陕西杨凌伟隆农业科技有限公司	渭麦10	渭南市农业科学研究所
唐麦8311	陕西大唐种业股份有限公司	秦鑫368	西安鑫丰农业科技有限公司
孟麦028	孟州市农丰种子科技有限公司	荣华661	陕西荣华农业科技有限公司
伟隆121	陕西杨凌伟隆农业科技有限公司	西农920	西北农林科技大学
兴民68	陕西兴民种业有限公司	西农328	西北农林科技大学
福高328	陕西高农种业有限公司	农科1132	陕西省种子工作总站
秦鑫2711	西安鑫丰农业科技有限公司	鑫博188	陕西高农种业有限公司
农大1108	中国农业大学	西农136	西北农林科技大学
普冰151	西北农林科技大学	西农1125	西北农林科技大学
秦农21	宝鸡市农业科学研究院	西麦159	渭南市农上农农业发展有限公司
商高2号	西安市高陵区农作物研究所	西纯919	西北农林科技大学
双优2号	韩城市平德粮食专业合作社	西农186	西北农林科技大学
西农585	西北农林科技大学	西农175	西北农林科技大学
仪麦1号	陕西聚丰种业有限公司	兴民918	陕西兴民种业有限公司
秦鑫106-5	西安市鑫丰农业科技有限公司	西农681	西北农林科技大学
孟麦0322	孟州市农丰种子科技有限公司	西农684	西北农林科技大学
小偃23	西北农林科技大学	西农865	西北农林科技大学
凌科608	杨凌国瑞农业科技有限公司	西农119	西北农林科技大学
伟隆169	陕西杨凌伟隆农业科技有限公司	西农2566	西北农林科技大学
仪麦2号	陕西聚丰种业有限公司	西农998	西北农林科技大学
西农6151	西北农林科技大学	西农833	西北农林科技大学
西麦158	渭南大晚成现代种业有限责任公司	杨职171	杨凌职业技术学院
西农109	西北农林科技大学	高旱3号	西安市高陵区农作物研究所
西农519	西北农林科技大学	汉麦8号	汉中市农业科学研究所

（续）

品种名称	育种单位	品种名称	育种单位
西农364	西北农林科技大学	汉麦9号	汉中市农业科学研究所
陕禾192	宝鸡迪兴农业科技有限公司	沔麦188	勉县良种场
航麦287	中国农业科学院作物科学研究所	荣华520	陕西荣华农业科技有限公司
大地528	西安大地种苗有限公司	西农282	西北农林科技大学
惠麦5715	西北农林科技大学	伟隆181	陕西杨凌伟隆农业科技有限公司
伟隆123	杨凌伟隆农业科技有限公司	伟隆188	陕西杨凌伟隆农业科技有限公司
陕禾1028	宝鸡迪兴农业科技有限公司	西农9622	西北农林科技大学
郑麦132	河南省农业科学院小麦研究所	西农527	西北农林科技大学
凌麦669	杨凌国瑞农业科技有限公司	欣育麦1号	兴平市金禾农业技术服务有限公司
伟隆136	陕西杨凌伟隆农业科技有限公司	咸麦341	咸阳市农业科学研究院
西农388	西北农林科技大学	西农226	西北农林科技大学
西农059	西北农林科技大学	西农939	西北农林科技大学
阎麦5811	西安市阎良区农业新品种试验站	西农838	西北农林科技大学
西农836	西北农林科技大学	西农151	西北农林科技大学
憨丰3468	西北农林科技大学	西农599	西北农林科技大学
阎麦5810	西安市阎良区农业新品种试验站	西农1165	西北农林科技大学
西农9112	西北农林科技大学	伟隆323	陕西杨凌伟隆农业科技有限公司
武农6号	杨凌职业技术学院	宝研12	宝鸡市农业科学研究院
西农518	西北农林科技大学	西农261	西北农林科技大学
西高9924	西安市高陵区农作物研究所	秋实369	渭南市秋实农技种业有限公司
大唐66	陕西大唐种业有限公司	西农1699	西北农林科技大学
普冰2011	中国农业科学院作物科学研究所	西农5812	西北农林科技大学
唐麦76	陕西大唐种业有限公司	西农591	西北农林科技大学
旱麦728	陕西隆丰种业有限公司	西农925	西北农林科技大学
渭麦9号	渭南市农业科学研究所	西农966	西北农林科技大学
福麦3号	西安大地种苗有限公司	西农530	西北农林科技大学
西农226	西北农林科技大学	旱麦638	陕西隆丰种业有限公司
汉麦7号	汉中市农业科学研究所	秦育3号	宝鸡市农业科学研究院
西农106	西北农林科技大学	西农68	西北农林科技大学
西农868	西北农林科技大学	金麦208	西安大地种苗有限公司
西农858	西北农林科技大学	伟隆396	陕西杨凌伟隆农业科技有限公司
西农911	西北农林科技大学	稷麦8号	西北农林科技大学
西农537	西北农林科技大学		

1.2 供试菌种

1.2.1 小麦条锈菌（*Puccinia striifomis* f.sp. *tritici*）

由近年来我国小麦条锈菌优势小种CYR32、CYR33、CYR34等量混合的新鲜夏孢子组成。各生理小种的夏孢子均在鉴别寄主上鉴定确认后，在高感品种铭贤169上扩繁，干燥后在4℃冰箱保存备用。

1.2.2 小麦赤霉菌（*Fusarium graminearum* Schw.）

使用实验室保存的强致病力菌株，经活化后扩繁成接种的孢子悬浮液，悬浮液中分生孢子浓度调至1×10^5～5×10^5个/毫升，4℃冰箱保存备用。

1.2.3 小麦白粉菌（*Blumeria graminis* f.sp. *tirtici*）

从陕西省不同小麦种植区大田采集小麦白粉病标样分离，混合后所得的混合菌种在高感品种京双16上繁殖，繁殖苗作为大田诱发接种体备用。

所有供试病原菌均由西北农林科技大学植保学院小麦病原真菌监测与抗病遗传实验室保存并扩

繁，病菌分离及扩繁方法详见行业标准《NY/T 1443.1—2007小麦抗病虫性评价技术规范》（第一部分：小麦抗条锈病评价技术规范）、《NY/T 1443.4—2007小麦抗病虫性评价技术规范》（第四部分：小麦抗赤霉病评价技术规范）和陕西省地方标准《DB61/T 1013—2016小麦白粉病防控技术规程》。

1.3 鉴定方法

1.3.1 鉴定圃设置与管理

所有抗病鉴定试验均采用大田成株期人工接种方法，鉴定圃设在西北农林科技大学曹新庄试验农场（陕西省杨凌示范区国家农作物新品种审定特性鉴定实验站）小麦品种抗性鉴定圃内。每种鉴定病害各设置一个相对独立的鉴定圃，不同病害鉴定圃之间用保护行隔离，保护行宽度5米，条锈病和赤霉病鉴定圃设置在不同网室中，防止条锈菌传至其他病圃，另外有利于在穗期对赤霉病病圃进行喷雾保湿。每个鉴定圃种植一套供试品种，每品种播种一行，行长2米，行距0.25米，每个鉴定圃周围种植相应的感病品种对照。鉴定圃播种时间为当地最适播种期，田间施肥灌溉等管理同大田。

1.3.2 抗病性鉴定方法

大田接种鉴定方法按照行业标准《NY/T 1443.1—2007小麦抗病虫性评价技术规范》（第一部分：小麦抗条锈病评价技术规范）、《NY/T 1443.4—2007小麦抗病虫性评价技术规范》（第四部分：小麦抗赤霉病评价技术规范）和陕西省地方标准《DB61/T 1013—2016小麦白粉病防控技术规程》执行。

2 结果与分析

2.1 2014—2023年陕西省审定小麦品种抗条锈病鉴定结果

在供试的179份小麦品种中，对小麦条锈病免疫的品种有8份，分别为陕禾1028、郑麦132、憨丰3468、西农9112、西农537、陕道198、荣华289、西农865；近免疫品种有1份，为荣华188，免疫-近免疫品种占总供试品种的5.03%。高抗品种有22份，分别为西农528、西农658、长航1号、西农668、奉先211、西农188、科晨787、天麦899、普冰151、伟隆136、西农518、福麦3号、西农858、西农533、伟隆166、凌麦989、荣华661、西农920、西农256、杨职171、汉麦9号、西农591，占供试品种的12.29%。22份高抗品种中，西北农林科技大学选育的品种有10份，占高抗品种的45.45%。中抗品种有63份，占供试品种的35.20%。中感品种有76份，占供试品种的42.46%。高感品种有7份，占供试品种的3.91%。慢锈品种1份，为航麦287。结果如图4-1所示。

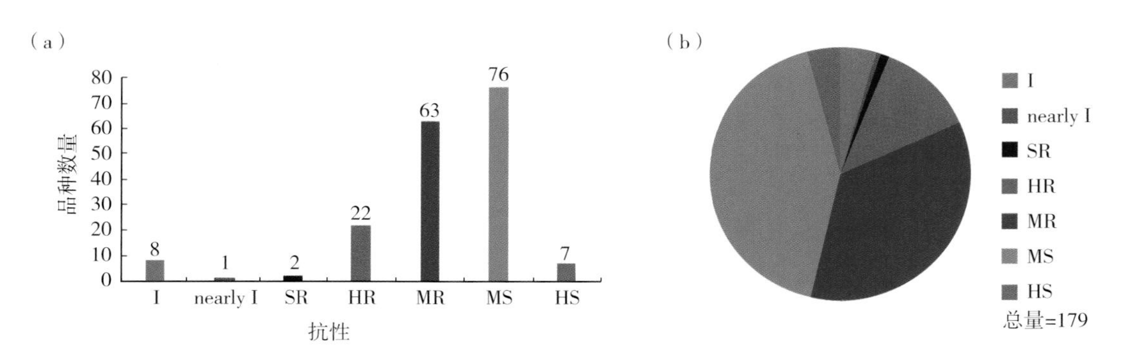

图4-1 179份供试小麦品种不同抗条锈类型的品种数（a）及所占比例（b）

注：I. 免疫；nearly I. 近免疫；SR. 慢锈；HR. 高抗；MR. 中抗；MS. 中感；HS. 高感。

2.2 2014—2023年陕西省审定小麦品种抗白粉病鉴定结果

在供试的179份小麦品种中，对小麦白粉病免疫的品种1份，为西农175；高抗品种有5份，为新麦153、西农805、唐麦831、农大1108、唐麦76；中抗品种有18份，为中麦170、金麦1号、长航1号、西安240、兴民618、西农511、西农20、西农585、伟隆158、孟麦028、伟隆121、普冰151、

秦农21、商高2号、陕禾192、西农911、西农286、西农62；抗病品种有3份，为西农668、小偃58、普冰701。在179份小麦品种中，对小麦白粉病有抗性的共有27份，占总供试品种的15.08%。中感品种有30份，占供试品种的16.76%。感病品种有12份，占供试品种的6.70%。而高感品种有110份，占供试品种的61.45%。结果如图4-2所示。

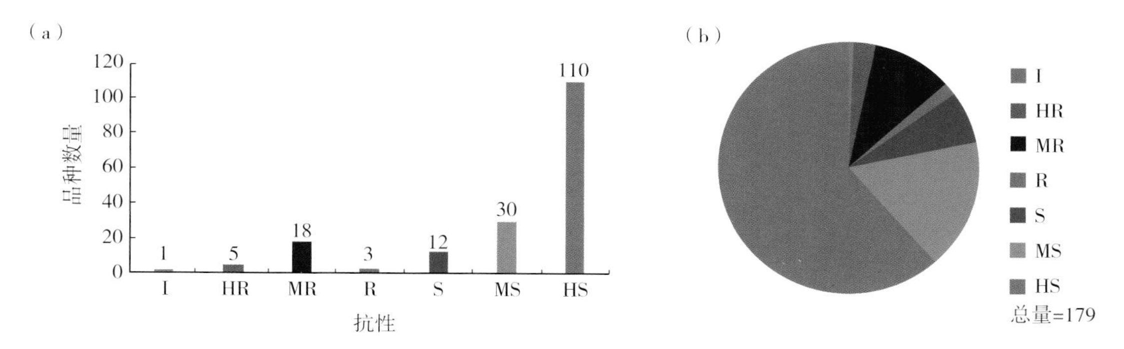

图4-2　179份供试小麦品种不同抗白粉类型的品种数（a）及所占比例（b）

注：I. 免疫；HR. 高抗；MR. 中抗；R. 抗病性；S. 感病性；MS. 中感；HS. 高感。

2.3　2014—2023年陕西省审定小麦品种抗赤霉病鉴定结果

在供试的179份小麦品种中，没有高抗小麦赤霉病的品种，中抗品种共有15份，分别为西农528、西农658、西农188、致胜5号、西农585、唐麦831、孟麦028、兴民68、普冰151、商高2号、西纯919、兴民918、西农119、西农256、西农966；抗病品种共有9份，分别为长航1号、奉先211、兴民618、新麦153、福高328、秦农21、西农175、西农681、杨职171。对小麦赤霉病有抗性的品种合计24份，占供试品种的13.41%。感病品种有27份，占供试品种的15.08%。中感品种有52份，占供试品种的29.05%。高感品种有76份，占供试品种的42.46%。统计结果如图4-3所示。

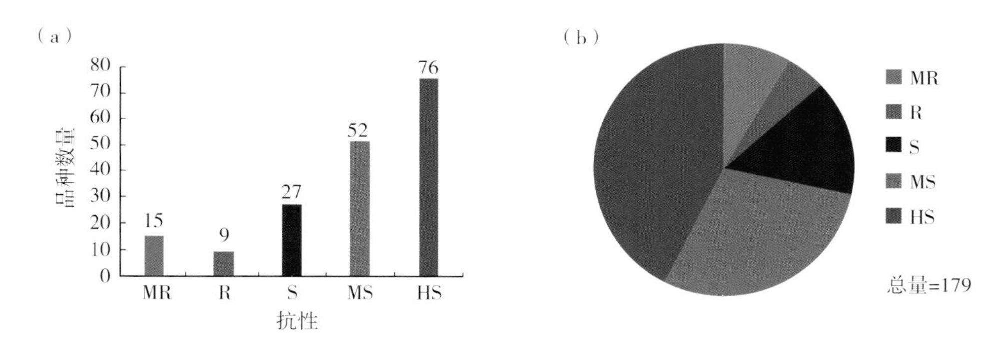

图4-3　179份供试小麦品种不同抗赤霉类型的品种数（a）及所占比例（b）

注：MR. 中抗；R. 抗病性；S. 感病性；MS. 中感；HS. 高感。

2.4　2014—2023年陕西省审定品种综合抗病性分析

在2014—2023年陕西省179份审定品种中共有6份品种可以兼抗3种病害，有23份品种兼抗2种病害，具体结果如表4-5所示，我们发现在23份品种中兼抗两种病害的品种中有9份品种可以兼抗条锈病和白粉病，分别为西农668、西安240、西农511、西农20、小偃58、农大1108、西农9112、唐麦76、西农627；有10份品种可以兼抗条锈病和赤霉病，分别为西农528、西农658、西农188、兴民68、福高328、西纯919、西农681、西农119、杨职171、西农966；有4份品种可以兼抗白粉病和赤霉病，分别为兴民618、新麦153、秦农21、商高2号。179份品种里共有6份品种对3种病害兼抗，分别为长航1号、西农585、唐麦831、孟麦028、普冰151、西农175。总的来说这些兼抗品种对条锈病的抗性水平较高，其次是对白粉病，对赤霉病的抗性水平最差。

表4–5 兼抗品种名称及对3种病害抗性表现

编号	品种名称	条锈病	白粉病	赤霉病
1	西农528	HR	S	MR
2	西农658	HR	MS	MR
3	西农668	HR	R	MS
4	西农188	HR	S	MR
5	西安240	MR	MR	MS
6	兴民618	MS	MR	R
7	西农511	MR	MR	MS
8	西农20	MR	MR	S
9	小偃58	MR	R	S
10	新麦153	MS	HR	R
11	兴民68	MR	MS	MR
12	福高328	MR	MS	R
13	农大1108	MR	HR	S
14	秦农21	MS	MR	R
15	商高2号	MS	MR	MR
16	西农9112	I	MR	HS
17	唐麦76	MR	HR	HS
18	西农627	MR	MR	HS
19	西纯919	MR	HS	MR
20	西农681	MR	HS	R
21	西农119	MR	HS	MR
22	杨职171	HR	HS	R
23	西农966	MR	HS	MR
24	长航1号	HR	MR	R
25	西农585	MR	MR	MR
26	唐麦831	MR	HR	MR
27	孟麦028	MR	MR	MR
28	普冰151	HR	MR	MR
29	西农175	MR	I	R

注：I. 免疫；HR. 高抗；MR. 中抗；R. 抗病性；S. 感病性；MS. 中感；HS. 高感。

3 讨论

小麦是全球种植面积最大、产量最高的粮食作物，种植面积超过2.2亿公顷，年产量达7亿吨以上，对全球粮食安全至关重要。在我国，小麦病害主要有小麦条锈病、小麦白粉病和小麦赤霉病等。1950年全国小麦锈病大发生，据统计全国减产小麦约60亿公斤，在这种背景下，开始推广种植第一批改良品种碧蚂1号、南大2419等，这些品种在当时均对锈病有良好的抗性，种植区域覆盖全国大部分麦区。本文对2014—2023年179份陕西省审定品种进行鉴定，对条锈病具有抗性的品种占53.63%，其中有8份小麦品种免疫条锈病，说明近十年来陕西省抗小麦条锈育种工作成绩显著。但是经课题组多年研究发现，条锈菌发生新小种变异的速度是平均5.5年产生一个新的流行小种，而育成一个小麦新品种则需要10～13年，因此在小麦抗条锈病的育种工作上还需继续努力。

长江中下游麦区一直是赤霉病的常发和重发区域，近年来，随着气候变暖、秸秆还田和降雨带北移等，赤霉病已成为黄淮麦区的常发病害并呈逐年加重的趋势。培育和利用抗病品种是防控该病害的首要选择，但受制于理论认知和技术水平，长期以来关于赤霉病的研究少有突破性进展，至今未能育成大面积推广的抗赤霉病高产品种。本文研究结果显示179份陕西省审定品种抗赤霉病水平较低，

并且只有中抗品种并没有高抗品种。因此，提高抗赤霉育种效率，亟需高效利用已克隆的重要赤霉病抗病基因，并加大对小麦近缘种植物及野生资源的发掘和利用，培育抗性和产量协同提高的品种十分迫切。

小麦白粉病抗性基因多为小种专化抗性，容易随着抗病品种的长期推广和病原菌生理小种的演化逐渐丧失抗病性，特别是在长期广泛应用单一基因的地区。本文中179份审定品种中对白粉病具有抗性的品种仅占15.08%，表明抗白粉病育种的整体水平较差，虽然在黄淮南部品种抗白粉病审定标准为中感以上，但白粉病育种仍未受到应有的重视，抗白粉病的育种工作仍任重道远。

本研究对近十年来陕西省审定品种进行了3种小麦病害的抗病性鉴定，鉴定结果对后续陕西省育种工作具有一定的借鉴作用。

撰稿：王保通　李强　程蓬

第三节　2019—2023年陕西省科企联合体评价小麦区试品种抗病性

培育和种植抗病品种是防治病害最经济、有效和环保的措施。对参加区域试验的小麦品种进行主要病害抗病性鉴定与评价，是品种审定的重要环节，也是新品种审定的重要考核指标，小麦条锈病、赤霉病、白粉病、叶锈病和纹枯病是国家小麦品种区域试验黄淮冬麦区南片水地组小麦新品种审定要求必须鉴定的5种病害，其中小麦条锈病和赤霉病被列入国家一类农作物病害名录。各省（自治区、直辖市）的小麦品种区域试验要求鉴定的病害种类一般参照国家区域试验在当地的要求，制定自己的审定标准，在病害鉴定上，品种抗病性标准比国家审定标准要求更高。例如，小麦赤霉病发生严重的安徽、江苏等省小麦品种审定标准将高感赤霉病品种定为"一票否决"；小麦条锈病发生严重的甘肃、四川和河南等省将高感条锈病品种定为"一票否决"，2021年，陕西省也恢复了将高感条锈病品种列为审定品种"一票否决"，该项措施对控制重大病害的流行危害发挥了重要作用。

随着现代种业的发展，2016年1月起，国家和省级农业行政主管部门为了解决品种试验审定中存在的容量不够等突出问题，积极拓宽品种审定渠道，对需求量较大作物，鼓励支持具备试验能力的企业联合体、科企联合体和科研单位联合体等组织开展品种区试试验，以弥补国家区试试验容量不足的问题。2017年，由陕西杨凌伟隆农业科技有限公司牵头，联合10余家省内优势小麦育种的科教单位和种子育种企业，成立了陕西省科企联合体进行小麦区试联合试验，主要承担联合体单位每年新育成小麦品种的区域试验。本章主要总结该联合体成立以来，历年参加小麦品种区试试验的所有品种的抗病性鉴定与评价结果，旨在掌握陕西省小麦主要育种单位，特别是育种企业新育成品种的抗病性现状，为种子管理部门审定品种以及指导全省小麦抗病育种和品种合理布局提供科学依据。

1　材料与方法

1.1　供试品种

供试品种由每年参加陕西省科企联合体区试品种试验的育种单位提供，5年共114份品种，品种名称、育种单位和鉴定年份见表4-6，其中2018—2019年度21份，2019—2020年度22份，2020—2021年度24份，2021—2022年度23份，2022—2023年度24份。高感条锈病和叶锈病对照品种为铭贤169，高感白粉病对照品种为京双16，抗赤霉病对照品种为苏麦3号，感纹枯病对照品种为小偃22，均由西北农林科技大学植物保护学院小麦病原真菌监测与抗病遗传实验室保存并提供。

表4-6　供试品种名称、来源及鉴定年份

鉴定年份	品种名称	育种单位	鉴定年份	品种名称	育种单位
2018—2019	咸麦370	咸阳市农业科学研究院	2020—2021	咸麦088	咸阳市农业科学研究院
2018—2019	西农920	西北农林科技大学	2020—2021	金麦207	西安大地种苗有限公司
2018—2019	西农612	西北农林科技大学	2020—2021	金麦209	西安大地种苗有限公司
2018—2019	西农1057	西北农林科技大学	2020—2021	金麦208	西安大地种苗有限公司
2018—2019	西农282	西北农林科技大学	2020—2021	秋实899	渭南市秋实农技种业有限公司
2018—2019	西农182	西北农林科技大学	2020—2021	伟隆178	陕西杨凌伟隆农业科技有限公司
2018—2019	秦麦851	西北农林科技大学	2020—2021	伟隆179	陕西杨凌伟隆农业科技有限公司
2018—2019	荣华520	陕西九丰科技有限公司	2020—2021	伟隆396	陕西杨凌伟隆农业科技有限公司
2018—2019	荣华661	陕西荣华农业科技有限公司	2020—2021	兴麦3号	陕西省兴民种业有限公司

（续）

鉴定年份	品种名称	育种单位	鉴定年份	品种名称	育种单位
2018—2019	秦鑫368	陕西荣华农业科技有限公司	2020—2021	兴麦5号	陕西省兴民种业有限公司
2018—2019	兴民213	西安鑫丰农业科技有限公司	2021—2022	秦鑫522	西安鑫丰农业科技有限公司
2018—2019	兴民216	陕西兴民种业有限公司	2021—2022	秦鑫523	西安鑫丰农业科技有限公司
2018—2019	隆麦1704	陕西兴民种业有限公司	2021—2022	西农1852	西北农林科技大学
2018—2019	隆麦801	陕西隆丰种业有限公司	2021—2022	西农968	西北农林科技大学
2018—2019	伟隆181	陕西隆丰种业有限公司	2021—2022	隆麦808	陕西隆丰种业有限公司
2018—2019	伟隆188	陕西杨凌伟隆农业科技有限公司	2021—2022	秦麦101	陕西九丰农业科技有限公司
2018—2019	伟杂88	陕西杨凌伟隆农业科技有限公司	2021—2022	秋实899	渭南市秋实农技种业有限公司
2018—2019	金园5号	陕西杨凌伟隆农业科技有限公司	2021—2022	咸麦187	咸阳市农业科学研究院
2018—2019	秋实588	西安大地种苗有限公司	2021—2022	金麦520	西安大地种苗有限公司
2018—2019	秋实968	渭南市秋实农技种业有限公司	2021—2022	伟隆309	陕西杨凌伟隆农业科技有限公司
2018—2019	西农930	渭南市秋实农技种业有限公司	2021—2022	兴麦6号	陕西兴民种业有限公司
2019—2020	西农282	西北农林科技大学	2021—2022	伟杂5号	陕西杨凌伟隆农业科技有限公司
2019—2020	西农950	西北农林科技大学	2021—2022	西农3922	西北农林科技大学
2019—2020	西农A3	西北农林科技大学	2021—2022	西农5186	西北农林科技大学
2019—2020	西农589	西北农林科技大学	2021—2022	隆麦826	陕西隆丰种业有限公司
2019—2020	西农929	西北农林科技大学	2021—2022	秋实839	渭南市秋实农技种业有限公司
2019—2020	咸麦038	咸阳市农业科学研究院	2021—2022	咸麦327	咸阳市农业科学研究院
2019—2020	咸麦088	咸阳市农业科学研究院	2021—2022	西农976	西北农林科技大学
2019—2020	咸麦0271	咸阳市农业科学研究院	2021—2022	金麦207	西安大地种苗有限公司
2019—2020	秦麦851	陕西九丰科技有限公司	2021—2022	伟隆179	陕西杨凌伟隆农业科技有限公司
2019—2020	秦麦818	陕西九丰科技有限公司	2021—2022	伟隆319	陕西杨凌伟隆农业科技有限公司
2019—2020	荣华520	陕西荣华农业科技有限公司	2021—2022	兴麦5号	陕西兴民种业有限公司
2019—2020	秦鑫288	西安鑫丰农业科技有限公司	2021—2022	兴麦8号	陕西兴民种业有限公司
2019—2020	兴麦2号	陕西兴民种业有限公司	2022—2023	荣华666	陕西荣华农业科技有限公司
2019—2020	隆麦816	陕西隆丰种业有限公司	2022—2023	西农5202	西北农林科技大学
2019—2020	伟隆188	陕西杨凌伟隆农业科技有限公司	2022—2023	大地218	西安大地种苗有限公司
2019—2020	伟隆181	陕西杨凌伟隆农业科技有限公司	2022—2023	西农968	西北农林科技大学
2019—2020	伟杂11	陕西杨凌伟隆农业科技有限公司	2022—2023	西农15	西北农林科技大学
2019—2020	伟隆317	陕西杨凌伟隆农业科技有限公司	2022—2023	九麦101	陕西九丰农业科技有限公司
2019—2020	伟隆396	陕西杨凌伟隆农业科技有限公司	2022—2023	伟隆209	陕西杨凌伟隆农业科技有限公司
2019—2020	金麦208	西安大地种苗有限公司	2022—2023	咸麦187	咸阳市农业科学研究院
2019—2020	金园5号	西安大地种苗有限公司	2022—2023	伟杂9号	陕西杨凌伟隆农业科技有限公司
2019—2020	秋实818	渭南市秋实农技种业有限公司	2022—2023	荣华758	陕西荣华农业科技有限公司
2020—2021	秦鑫389	西安鑫丰农业科技有限公司	2022—2023	兴麦6号	陕西兴民种业有限公司
2020—2021	秦鑫288	西安鑫丰农业科技有限公司	2022—2023	隆麦838	陕西隆丰种业有限公司
2020—2021	西农1852	西北农林科技大学	2022—2023	兴麦9号	陕西兴民种业有限公司
2020—2021	西农1266	西北农林科技大学	2022—2023	西农5186	西北农林科技大学
2020—2021	西农602	西北农林科技大学	2022—2023	秦鑫525	西安鑫丰农业科技有限公司
2020—2021	西农929	西北农林科技大学	2022—2023	伟隆309	陕西杨凌伟隆农业科技有限公司
2020—2021	西农A3	西北农林科技大学	2022—2023	西农16	西北农林科技大学
2020—2021	西农950	西北农林科技大学	2022—2023	西农976	西北农林科技大学
2020—2021	隆麦808	陕西隆丰种业有限公司	2022—2023	秋实607	渭南市秋实农技种业有限公司
2020—2021	秦麦628	陕西九丰农业科技有限公司	2022—2023	伟隆936	陕西杨凌伟隆农业科技有限公司
2020—2021	秦麦818	陕西九丰农业科技有限公司	2022—2023	伟隆319	陕西杨凌伟隆农业科技有限公司
2020—2021	咸麦360	咸阳市农业科学研究院	2022—2023	咸麦127	咸阳市农业科学研究院
2020—2021	咸麦040	咸阳市农业科学研究院	2022—2023	咸麦129	咸阳市农业科学研究院
2020—2021	咸麦038	咸阳市农业科学研究院	2022—2023	九麦627	陕西九丰农业科技有限公司

1.2 供试病原菌及繁殖

小麦条锈菌（*Puccinia striifomis* f.sp. *tritici*）：由优势生理小种CYR32、CYR33和CYR34组成的混合新鲜夏孢子。各小种的夏孢子均在高感品种铭贤169上扩繁，4℃冰箱干燥保存备用。

小麦赤霉菌（*Fusarium graminearum* Schw.）：使用实验室保存的强致病力菌株，扩繁成接种悬浮液，悬浮液中分生孢子浓度调至$1 \times 10^5 \sim 5 \times 10^5$个/毫升，4℃冰箱保存备用。

小麦白粉菌（*Blumeria graminis* f.sp. *tirtici*）：从陕西省不同小麦种植区大田采集小麦白粉病标样分离，混合后所得的混合菌种在高感病品种京双16上繁殖备用。

小麦叶锈菌（*Puccinia recondita* f.sp. *tritici*）：采自大田并保存的小麦叶锈菌混合菌种，经温室扩繁后保存备用。

小麦纹枯菌（*Rhizoctonia cereadis* Vander Hoeven）：将实验室保存的强致病菌株在PDA培养基上活化繁殖，再在高压灭菌的小麦粒上繁殖成菌麦粒，阴干后待用。

所有供试病原菌均由西北农林科技大学植物保护学院小麦病原真菌监测与抗病遗传实验室保存并扩繁，病菌分离及扩繁方法详见行业标准《NY/T 1443.1—2007小麦抗病虫性评价技术规范》（第一部分：小麦抗条锈病评价技术规范）、《NY/T 1443.2—2007小麦抗病虫性评价技术规范》（第二部分：小麦抗叶锈病评价技术规范）、《NY/T 1443.4—2007小麦抗病虫性评价技术规范》（第四部分：小麦抗赤霉病评价技术规范）、《NY/T 1443.5—2007小麦抗病虫性评价技术规范》（第五部分：小麦抗纹枯病评价技术规范）和陕西省地方标准《DB61/T 1013—2016小麦白粉病防控技术规程》。

1.3 鉴定方法

1.3.1 鉴定圃种植与管理

所有病害的抗性鉴定圃设在西北农林科技大学曹新庄试验农场（陕西省杨凌示范区国家农作物新品种审定特性鉴定实验站）小麦品种抗性鉴定圃内。供试的五种病害各设置一个鉴定圃，不同病害鉴定圃之间用保护行隔离，保护行宽度3米，条锈病和赤霉病鉴定病圃种植在不同网室中，防止条锈菌传至其他病圃，且有利于在穗期对赤霉病病圃进行喷雾保湿。每个鉴定圃种植一套供试品种，每品种播种一行，行长2米，行距0.25米，每个鉴定圃周围种植相应的感病品种对照。鉴定圃播种时间为当地最适播种期，田间施肥灌溉等管理同大田。

1.3.2 病害接种、记载与评价方法

病害接种时间、接种方法和抗性评价方法按照行业标准《NY/T 1443.1—2007小麦抗病虫性评价技术规范》（第一部分：小麦抗条锈病评价技术规范）、《NY/T 1443.2—2007小麦抗病虫性评价技术规范》（第二部分：小麦抗叶锈病评价技术规范）、《NY/T 1443.4—2007小麦抗病虫性评价技术规范》（第四部分：小麦抗赤霉病评价技术规范）、《NY/T 1443.5—2007小麦抗病虫性评价技术规范》（第五部分：小麦抗纹枯病评价技术规范）和陕西省地方标准《DB61/T 1013—2016小麦白粉病防控技术规程》执行。

2 结果与分析

2.1 抗条锈病鉴定结果

在供试的114份小麦品种中，免疫-近免疫的品种有4份，占供试品种的3.51%，分别为西农182、西农1852、秋实968和九麦101；高抗品种13份，占11.40%，分别为西农920、西农612、西农1057、西农282、西农968、西农15、荣华520、荣华661、秦鑫368、隆麦801、伟隆118、金园5号、兴麦5号；中抗品种44份，占38.60%；中感品种32份，占28.07%；高感品种21份，占18.42%。表现抗病的品种占到了供试品种总数的53.51%，超过了一半。在17份免疫-高抗品种中，西北农林科技大学培育的品种占8份，占47.06%。而西北农林科技大学供试的品种占供试品种的24.56%，这表明西北农林科技大学选育的品种的总体抗锈性明显好于育种企业。从总体抗锈性来看，供试品种的抗

锈性水平较高（图4-4）。

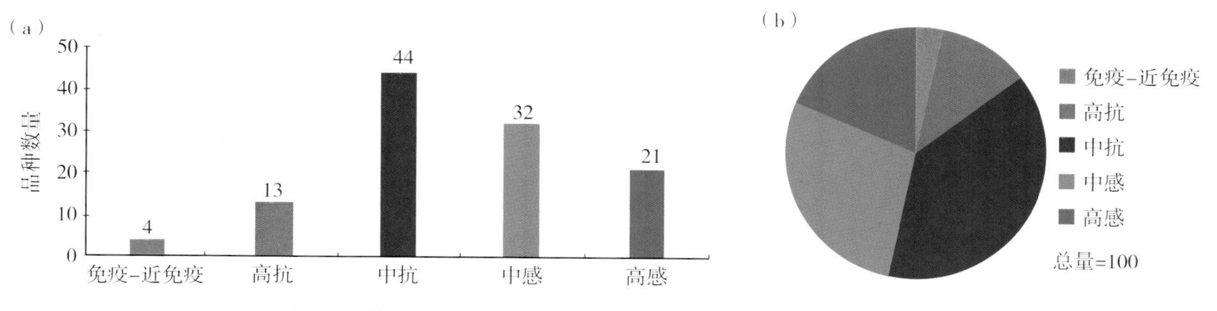

图4-4 供试品种不同抗条锈类型品种数（a）及所占比例（b）

2.2 抗赤霉病鉴定结果

在供试的114份小麦品种中，没有对赤霉病表现免疫-高抗的品种，表现抗病的品种有3份，分别为咸麦088、秦麦851和荣华520，占供试品种的2.63%；中抗的品种19份，占供试品种的16.67%，分别为西农282、西农A3、西农589、西农929、西农976、西农968、咸麦038、咸麦0271、秦鑫288、兴麦2号、隆麦816、伟隆181、伟隆317、伟隆309、伟杂11、金园5号、秋实818、金麦520、金麦207；中感品种54份，占47.37%；高感品种38份，占33.33%。中感和高感品种之和占到了供试品种的80.70%，表明供试品种抗赤霉病整体水平较差，但也出现了一部分中抗以上的品种（图4-5）。

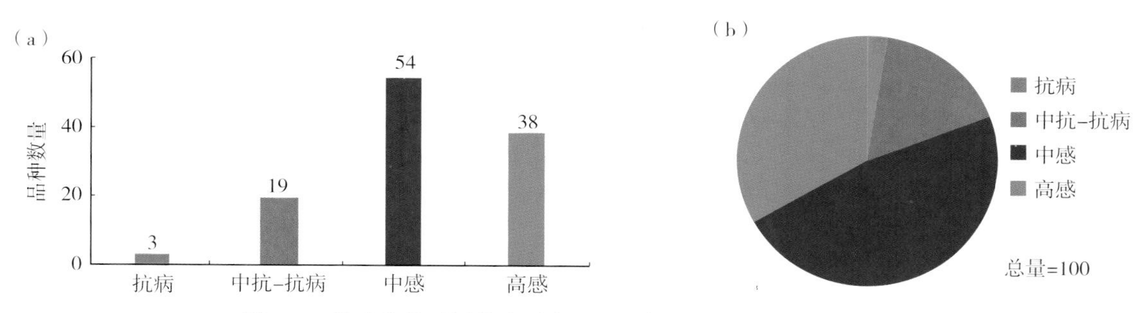

图4-5 供试品种不同抗赤霉类型品种数（a）及所占比例（b）

2.3 抗白粉病鉴定结果

在供试品种中，对白粉菌表现免疫-高抗品种有9份，占供试品种的7.89%，分别为西农968、西农976、咸麦187、咸麦327、金麦208、隆麦801、秦鑫532、秋实839和伟杂88；中抗品种17份，占14.91%，分别为金麦207、金麦209、金麦520、隆麦808、隆麦826、秦麦101、秦鑫522、秋实899、伟隆179、伟隆319、伟杂5号、西农3922、西农5186、咸麦038、咸麦129、兴麦5号和兴麦6号；中感品种15份，占13.16%；高感品种73份，占64.04%。感病品种占供试品种的77.19%，而且超过半数品种为高感类型，表明供试品种抗白粉病整体水平较差（图4-6）。

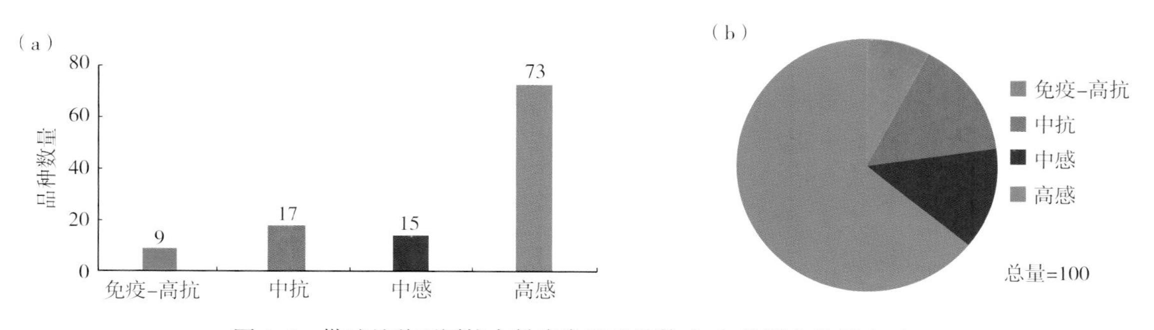

图4-6 供试品种不同抗白粉病类型品种数（a）及所占比例（b）

2.4 抗叶锈病鉴定结果

在供试品种中，免疫-高抗的品种7份，占供试品种的6.14%，分别为西农15、西农968、隆麦808、秦鑫523、伟隆317、伟隆319和兴麦3号；中抗品种21份，占18.42%，分别为西农282、西农5202、金园5号、九麦101、隆麦1704、隆麦838、秦麦818、秦麦851、秦鑫522、秋实899、秋实968、荣华520、荣华661、伟隆178、伟隆181、伟隆188、伟杂9号、咸麦0271、咸麦038、兴麦5号和兴麦8号；中感品种67份，占供试品种的58.77%；高感品种19份，占供试品种的16.67%，表现感病的品种占供试品种的75.44%。表明供试品种抗叶锈病整体水平较差（图4-7）。

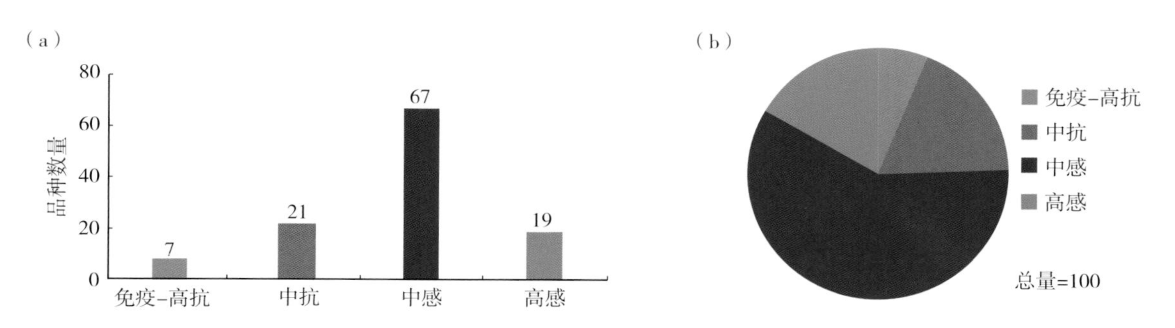

图4-7　供试品种不同抗白粉病类型品种数（a）及所占比例（b）

2.5 供试品种抗纹枯病鉴定结果

在供试品种中，未发现免疫和高抗品种，表现中抗-抗病的品种有30份，占供试品种的26.32%，分别为西农15、西农5202、西农929、西农930、金麦208、金麦209、金园5号、九麦101、隆麦826、秦鑫525、秋实588、秋实607、秋实839、秋实899、荣华520、荣华758、伟隆179、伟隆181、伟隆188、伟隆309、伟隆319、伟隆396、伟隆936、伟杂11、伟杂88、伟杂9号、咸麦0271、咸麦038、兴麦5号和兴麦6号；表现中感-高感的品种84份，占供试品种的73.68%（图4-8）。

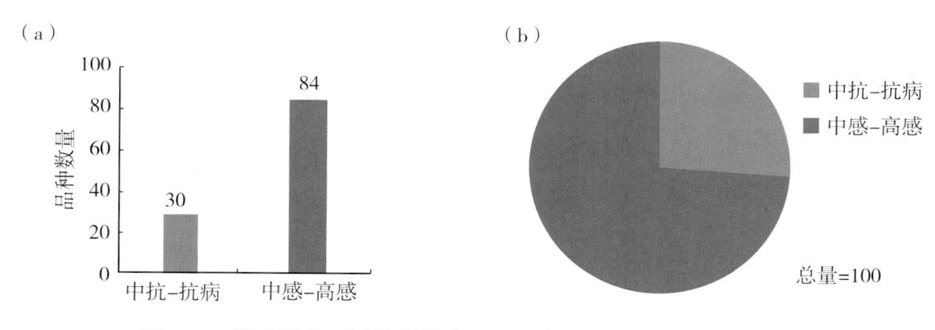

图4-8　供试品种不同抗纹枯类型品种数（a）及所占比例（b）

2.6 供试品种综合抗病性分析

在供试品种中，未发现对5个病害全部抗病的品种；对条锈病、赤霉病和白粉病均表现抗病的品种有2份，其中西农968对条锈病和白粉病表现高抗，对赤霉病表现中抗，属综合抗性最好的品种，金麦207对3种病害均表现中抗水平。对条锈病和白粉病均抗病的有20份，对条锈病和赤霉病均抗病的有5份；对赤霉病和白粉病均抗病的有3份。从整体来看，供试品种对条锈病的抗性水平较高，其次是对纹枯病、叶锈病和白粉病，对赤霉病的抗性水平最差（表4-7）。

3 讨论

本研究通过对114份品种的人工接种鉴定发现，供试品种对小麦条锈病抗性是5种病害中最好

表4-7 兼抗品种名称及对不同病害抗性

编号	品种名称	条锈病	白粉病	赤霉病	叶锈病	纹枯病
1	西农968	HR	HR	MR	HR	S
2	金麦207	MR	MR	MR	MS	MS
3	隆麦801	HR	HR	MS	—	S
4	伟杂88	MR	HR	MS	—	R
5	金麦209	MR	MR	MS	MS	R
6	兴麦5号	HR	MR	MS	MR	MR
7	秦鑫522	MR	MR	MS	MR	HS
8	隆麦808	MR	MR	MS	HR	S
9	秦麦101	MR	MR	MS	MS	S
10	秋实899	MR	MR	MS	MR	MR
11	西农3922	MR	MR	MS	MS	MS
12	西农5186	MR	MR	MS	MS	MS
13	隆麦826	MR	MR	HS	MS	MR
14	秋实839	MR	HR	HS	MS	MR
15	咸麦327	MR	HR	MS	MS	S
16	西农976	MR	HR	MR	MS	S
17	伟隆179	MR	MR	MS	MS	MR
18	伟隆319	MR	MR	MS	HR	MR
19	咸麦187	MR	HR	HS	MS	MS
20	金麦208	MR	I	MS	MS	MR
21	西农929	MR	HS	MR	MS	MR
22	伟隆309	I	MS	MR	MS	MR
23	金麦207	MR	MR	MR	MS	MS
24	西农976	MR	HR	MR	MS	S
25	金麦520	R	MR	MR	MS	MS

注：I.免疫；HR.高抗；MR.中抗；R.抗病；MS.中感；HS.高感；S.感病。

的，免疫–中抗超过50%，其中还有4份品种（西农182、西农1852、秋实968、九麦101）达到了免疫–近免疫，说明近年来陕西省抗条锈育种成绩显著。对赤霉病的抗病性鉴定结果发现，感病品种占比超80%，说明供试品种抗赤霉病水平较差，迄今为止，只有7个赤霉病抗病位点被正式确认为小麦抗赤霉病基因，即*Fhb1*～*Fhb7*，其中仅有*Fhb1*和*Fhb7*基因被克隆，后续对抗小麦赤霉病的育种还需要利用好已知的抗病基因并挖掘新抗病基因。对白粉病的抗病性鉴定结果发现，高感品种占到了64.04%，表明抗白粉病整体水平较差，但鉴定出9份品种具有免疫–高抗的水平；小麦白粉病菌生理小种变异迅速，许多抗病品种失去抵抗力，因此与小麦白粉病的“军备竞赛”任重道远。对叶锈病的抗病性鉴定结果发现，感病品种占比超70%，表明当前陕西省抗叶锈病育种形势仍比较严峻，抗病品种培育仍需要加强。对纹枯病的抗病性鉴定结果发现，感病品种依然占比超70%。目前对小麦纹枯病的抗病基因挖掘较少，但是纹枯病菌也是小麦田间必须关注的病害，严重时也会引起大量减产。小麦病害众多，兼抗多种病害很难实现，从鉴定结果看，虽然鉴定出一些对单一病害抗性好的品种，但是兼抗多种病害的品种仍然稀少。挖掘新的抗病基因和抗病种质资源、选育多基因聚合抗病品种、拓宽主栽小麦品种遗传基础依然是当前抗病育种工作中的重中之重。

本研究首次对2018—2022年114份陕西省科企联合体小麦区试品种进行了5种小麦病害的抗病性鉴定，鉴定结果可以直观展示陕西科企联合体新育成小麦品种对不同病害的抗性水平，为陕西省小麦品种审定以及抗病品种合理布局提供依据，为小麦主要病害的绿色防治奠定基础。

撰稿：王保通　李强　程蓬

第四节　青海省春小麦主要品种与后备种子资源抗条锈性评价与鉴定

青海省是我国条锈菌西北越夏区的重要组成部分，也是我国小麦条锈病重要越夏基地。现为我国9—10月小麦条锈菌越夏面积、菌源量均最大的菌源基地，其菌源数量直接影响青海省及我国其他麦区条锈病流行。鉴于此，本研究对青海省208份种质资源进行了苗期和成株期抗病性鉴定。同时利用小麦功能基因液相芯片进行抗条锈基因检测，明确供试材料的抗条锈性及抗病基因分布，为综合利用抗条锈基因种质资源，开发培育新的抗病品种以及品种合理布局提供科学依据。

1　材料与方法

1.1　供试小麦

收集青海省审定的小麦品种、参加省级区域试验和生产试验的后备品种，以及主要育种家提供的高代品系共计208份，用铭贤169作为感病对照。

1.2　小麦苗期抗条锈性评价

小麦苗期抗条锈性评价在青海省农林科学院低温室进行。将供试材料播于大小为5×10孔的长方形穴盘中，每穴种1个品种（系），每个品种（系）种5～10粒种子，每个品种（系）设2次重复。待第一片叶完全展开时，将条锈病小种CYR31、CYR32、CYR33、CYR34的夏孢子分别与滑石粉按体积比1∶20混合，用抖粉法进行接种，接种后置于10 ℃保湿间黑暗保湿24小时，之后放在人工培养室，温度控制在昼15～18℃，夜11～14℃，每天光照12～14小时。待感病对照铭贤169充分发病后，按照0～9级反应型标准调查，0～6级反应型为抗病，7～9级反应型为感病。

1.3　小麦成株期抗条锈性评价

于2023年4月初在青海省大通回族土族自治县东峡镇王庄村（北纬37°2′，东经101°19′，海拔2 656.5米）设置人工接种病圃，对供试小麦材料按照编号顺序进行播种，每份材料播种2行，每行25～30粒，行长100厘米，行距25厘米。在试验田四周种植感病品种铭贤169作为诱发行，于6月下旬在大通回族土族自治县人工病圃采用滑石粉抖粉法接种条锈菌混合小种（CYR31、CYR32、CYR33和CYR34）于诱发行。8月下旬当对照品种铭贤169发病严重度达到80%时，对供试材料发病情况进行调查。参照行业标准《NY/T 2953—2016小麦区域试验品种抗条锈病鉴定技术规程》记录反应型、严重度和普遍率。调查结果以终反应型（IT）和严重度（S）（病菌扩展面积/叶片总面积）为标准，针对不同熟期的供试材料或发病情况可以适时调查2～3次，将最高的反应型与严重度作为最终的记录结果。

1.4　抗病基因检测

4叶期左右采适量的健康叶片用于DNA提取，采用十六烷基三甲基溴化铵（CTAB）法进行小麦基因组DNA提取，采用NanoDrop微量分光光度计检测DNA浓度，并采用1%琼脂糖凝胶电泳检测DNA质量。DNA文库构建主要包括以下四个方面：DNA片段化、末端修复、DNA接头连接和DNA文库扩增。DNA探针杂交主要包括以下六个步骤：DNA文库混合、文库杂交、目标捕获、文库扩增、产物纯化和产物质量检测，检测合格后将构建的DNA文库用华大MGISEQ2000测序仪进行测序。

2 试验结果

2.1 208份青海省小麦种质资源苗期抗条锈性评价

小麦抗条锈性苗期鉴定结果表明，供试的208份小麦材料中，青春38、青麦5号和青麦7号等126份（60.6%）材料对CYR31表现抗病，青春38、青麦5号和青麦7号等168份（80.8%）材料对CYR32表现抗病，青春38、青麦5号、青麦7号和青麦10等156份（75.0%）材料对CYR33表现抗病，青麦5号、青麦7号、高原602等143份（68.8%）材料对CYR34表现抗病；其中有110份（52.9%）材料对CYR31和CYR32均表现抗性；108份（51.9%）材料对CYR31和CYR33均表现抗性；97份（46.6%）材料对CYR31和CYR34均表现抗性；133份（63.9%）材料对CYR32和CYR33均表现抗性；122份（58.7%）材料对CYR32和CYR34均表现抗性；108份（51.9%）材料对CYR33和CYR34均表现抗性；101份（48.6%）材料对CYR31、CYR32和CYR33均表现抗性；87份（41.8%）材料对CYR31、CYR32和CYR34均表现抗性；83份（39.9%）材料对CYR31、CYR33和CYR34均表现抗性；97份（46.6%）材料对CYR32、CYR33和CYR34均表现抗性；青麦5号、青麦7号、高原776等80份（38.5%）材料对CYR31、CYR32、CYR33和CYR34均表抗性（表4-8）。

2.2 208份青海省小麦种质资源成株期抗条锈性评价

小麦品种成株期抗条锈性鉴定结果显示，青春38、青麦5号、青麦7号和高原776等125份材料表现成株抗条锈性，占供试材料的60.1%；其中73份材料表现为全生育期抗性，占供试材料的35.1%。

2.3 208份青海省小麦种质资源抗病基因分子检测

对208份青海省小麦种质资源进行抗条锈基因检测结果表明，高原213、高原225、GYL633、Hxsm20-2等31份材料可能携带*Yr26*基因，占供试材料的14.9%；青麦5号、青麦7号、高原314、高原448等147份材料可能携带*QYrsn.nwafu-1BL*，占供试材料的70.7%；青春38、青麦5号、青麦7号等204份材料可能携带*Yr29*基因，占供试材料的98.1%；高原602、宁春4号、绵麦902等108份材料可能携带*QYrxn-1B*L基因，占供试材料的51.9%；青麦7号、Norwell、Major等36份材料可能携带*QYrsn-2AS*基因，占供试材料的17.3%；青春38、青麦5号、青麦7号等194份材料可能携带*QYrqin-2AL*基因，占供试材料的93.2%；青加1号、铁普麦、烟福188等20份品种可能携带*QYrhm-2BC*基因，占供试材料的9.6%；青麦10、高原448、高原776等86份材料可能携带有*QYrqin-2BL*基因，占供试材料的41.3%；YQN202134可能携带*YrSP*基因，占供试材料的0.5%；宁春4号、绵麦902、蜀麦1675等65份材料可能携带*Yr5*基因，占供试材料的31.3%；青春38、青麦5号、青麦7号等169份材料可能携带*QYr-3BS*基因，占供试材料的81.3%；青春38、青麦5号、青麦7号等56份材料可能携带*Yr80*基因，占供试材料的26.9%；互助红、青加1号、互麦13等43份材料可能携带有*Yr30*基因，占供试材料的20.7%；青麦10、Norwell、蜀麦580等16份材料可能携带*Yr82*基因，占供试材料的7.7%；高原175、高原V028、阿勃等26份材料可能携带*QYrsn-3DL*基因，占供试材料的12.5%；川幅14、柴春018、高原175等18份材料可能携带*QYr-4BL*基因，占供试材料的8.7%；高原196、互助红、蜀麦114等77份材料可能携带*QYrsn-6BS*基因，占供试材料的37.0%；蜀麦1675、高原196、高原813等124份材料可能携带*QYrqin-6BS*基因，占供试材料的59.6%；青麦5号、青麦7号、青麦10等115份材料可能携带*Yr78*基因，占供试材料的55.3%；高原506、新哲9号、高原584等59份材料可能携带*Yr75*基因，占供试材料的28.4%；青加1号、墨引2号、高原V028等70份材料可能携带*YrZH58*基因，占供试材料的33.7%。

在检测到的21个*Yr*基因中，*Yr26*、*Yr82*、*YrSP*和*QYr.nwafu-4BL*与小麦的全生育期抗性（All stage resistance，ASR）相关。在ASR的评价中，在73份全生育期抗条锈病的材料中，发现有24份材料具有上述4个基因位点（至少有1个位点）与全生育期抗性整体相关，另外49份材料虽然没有4个

表4-8 208份青海省小麦品种（系）苗期和成株期抗条锈性鉴定结果及抗病基因检测

编号	名称	苗期抗病性鉴定				成株期抗病性鉴定			基因检测
		CYR31	CYR32	CYR33	CYR34	IT	S	P	
1	青春37	9	7	6	7	8	60	100	*QYrqin.nwafu-2AL+QYr.nwafu-3BS+Yr80+QYr.nwafu-4BL+QYrsn.nwafu-6BS+Yr75*
2	青春38	6	0	0	7	3	5	10	*Yr29+QYrqin.nwafu-2AL+QYr.nwafu-3BS+Yr80+QYrsn.nwafu-6BS*
3	青春39	2	4	6	5	2	t	t	*Yr29+QYrqin.nwafu-2AL+QYrqin.nwafu-2BL+QYr.nwafu-3BS+Yr30+Yr78*
4	青春40	2	1	2	2	3	10	100	*Yr29+QYrqin.nwafu-2AL+QYr.nwafu-3BS+Yr80+QYrsn.nwafu-6BS*
5	青春144	5	7	7	9	9	30	100	*Yr29+QYrsn.nwafu-2AS+QYrqin.nwafu-2AL+QYr.nwafu-3BS+QYrqin.nwafu-6BS*
6	青春254	2	1	2	6	6	80	100	*QYrsn.nwafu-1BL+Yr29+QYrxn.nwafu-1BL+QYrqin.nwafu-2AL+QYrqin.nwafu-2BL+QYr.nwafu-3BS+QYrqin.nwafu-6BS*
7	青春415	3	6	2	2	4	10	50	*Yr29+QYrqin.nwafu-2AL+QYrqin.nwafu-2BL+Yr5+QYr.nwafu-3BS+QYrsn.nwafu-6BS+QYrqin.nwafu-6BS+Yr75*
8	青春524	9	2	1	9	8	10	20	*QYrsn.nwafu-1BL+Yr29+QYrxn.nwafu-1BL+QYrqin.nwafu-2AL+QYr.nwafu-3BS+QYrsn.nwafu-6BS+QYrqin.nwafu-6BS*
9	青春533	8	3	7	5	9	80	100	*Yr29+QYrxn.nwafu-1BL+QYrqin.nwafu-2AL+QYr.nwafu-3BS+QYrqin.nwafu-6BS*
10	青春570	7	2	7	0	9	30	100	*QYrsn.nwafu-1BL+Yr29+QYrsn.nwafu-2AS+QYrqin.nwafu-2AL+QYr.nwafu-3BS+QYrsn.nwafu-3DL+QYrsn.nwafu-6BS+QYrqin.nwafu-6BS+Yr75*
11	青春587	9	8	3	5	9	20	100	*QYrsn.nwafu-1BL+Yr29+QYrqin.nwafu-2AL+QYr.nwafu-3BS+Yr80+QYrsn.nwafu-6BS+QYrqin.nwafu-6BS*
12	青春952	2	1	9	0	8	20	60	*Yr29+QYrxn.nwafu-1BL+QYrsn.nwafu-2AS+QYrqin.nwafu-2AL+QYr.nwafu-3BS+QYrqin.nwafu-6BS*
13	青麦1号	3	2	2	6	4	60	100	*QYrsn.nwafu-1BL+Yr29+QYrqin.nwafu-2AL+QYr.nwafu-3BS+Yr80+Yr78+YrZH58*
14	青麦2号	6	9	9	4	4	5	100	*Yr29+QYrxn.nwafu-1BL+QYrqin.nwafu-2AL+QYrqin.nwafu-2BL+QYr.nwafu-3BS+Yr30+QYrqin.nwafu-6BS+Yr78*
15	青麦5号	3	3	6	6	1	t	t	*QYrsn.nwafu-1BL+Yr29+QYrqin.nwafu-2AL+QYr.nwafu-3BS+Yr80+Yr78+YrZH58*
16	青麦6号	7	9	5	8	9	100	100	*QYrsn.nwafu-1BL+Yr29+QYrxn.nwafu-1BL+QYrqin.nwafu-2AL+QYrqin.nwafu-2BL+Yr5+QYr.nwafu-3BS+QYrsn.nwafu-6BS*
17	青麦7号	2	1	2	2	6	20	100	*QYrsn.nwafu-1BL+Yr29+QYrsn.nwafu-2AS+QYrqin.nwafu-2AL+QYr.nwafu-3BS+Yr80+Yr82+QYrsn.nwafu-6BS+QYrqin.nwafu-6BS+Yr78+YrZH58*
18	青麦8号	8	0	7	2	7	60	80	*QYrsn.nwafu-1BL+Yr29+QYrxn.nwafu-1BL+QYrqin.nwafu-2AL+QYrhm.nwafu-2BC+QYrqin.nwafu-2BL+Yr5+QYr.nwafu-3BS+Yr30+QYrqin.nwafu-6BS+Yr78*
19	青麦10	2	0	2	7	7	20	40	*Yr29+QYrqin.nwafu-2AL+QYrqin.nwafu-2BL+QYr.nwafu-3BS+Yr80+QYrsn.nwafu-6BS+QYrqin.nwafu-6BS+Yr78*
20	高原115	0	0	7	0	9	90	100	*Yr29+QYrqin.nwafu-2AL+Yr5+QYr.nwafu-3BS+Yr78*
21	高原158	0	2	0	2	3	5	90	*QYrsn.nwafu-1BL+Yr29+QYrsn.nwafu-2AS+QYrqin.nwafu-2BL+QYr.nwafu-3BS+Yr78*
22	高原175	6	0	1	1	7	20	100	*QYrsn.nwafu-1BL+Yr29+QYrxn.nwafu-1BL+QYrqin.nwafu-2AL+QYr.nwafu-3BS+QYrsn.nwafu-3DL+QYrsn.nwafu-6BS*
23	高原196	8	2	4	2	9	40	100	*QYrsn.nwafu-1BL+Yr29+QYrqin.nwafu-2AL+QYrqin.nwafu-2BL+QYr.nwafu-3BS+QYrsn.nwafu-6BS+QYrqin.nwafu-6BS+Yr78*
24	高原205	0	0	0	1	5	30	80	*QYrsn.nwafu-1BL+Yr29+QYrxn.nwafu-1BL+QYrqin.nwafu-2AL+QYrqin.nwafu-2BL+Yr5+QYr.nwafu-3BS+QYrsn.nwafu-6BS+QYrqin.nwafu-6BS+Yr78*

（续）

编号	名称	苗期抗病性鉴定				成株期抗病性鉴定			基因检测
		CYR31	CYR32	CYR33	CYR34	IT	S	P	
25	高原213	2	2	0	6	4	5	10	*Yr26+Yr29+QYrxn.nwafu-1BL+QYrqin.nwafu-2AL+Yr5+QYr.nwafu-3BS+Yr82+QYrsn.nwafu-6BS+QYrqin.nwafu-6BS*
26	高原225	8	3	0	9	6	30	90	*Yr26+QYrsn.nwafu-1BL+Yr29+QYrxn.nwafu-1BL+QYrqin.nwafu-2BL+QYr.nwafu-3BS+QYrqin.nwafu-6BS*
27	高原293	6	3	3	2	0	0	0	*QYrsn.nwafu-1BL+Yr29+QYrqin.nwafu-2AL+QYrqin.nwafu-2BL+Yr5+QYr.nwafu-3BS+Yr30+Yr80+Yr78+Yr75+YrZH58*
28	高原314	9	2	0	8	9	10	100	*QYrsn.nwafu-1BL+Yr29+QYrxn.nwafu-1BL+QYrqin.nwafu-2AL+QYr.nwafu-3BS*
29	高原338	8	2	0	1	9	70	100	*QYrsn.nwafu-1BL+Yr29+QYrxn.nwafu-1BL+QYrqin.nwafu-2AL+QYr.nwafu-3BS+Yr75*
30	高原356	0	3	7	9	9	40	20	*QYrsn.nwafu-1BL+Yr29+QYrqin.nwafu-2BL+QYr.nwafu-3BS+QYrsn.nwafu-6BS+QYrqin.nwafu-6BS+Yr75*
31	高原363	6	2	3	3	6	10	70	*QYrsn.nwafu-1BL+Yr29+QYrxn.nwafu-1BL+QYrsn.nwafu-2AS+Yr5+QYr.nwafu-3BS+QYrsn.nwafu-6BS+Yr78*
32	高原368	0	0	3	2	6	5	100	*QYrsn.nwafu-1BL+Yr29+QYrxn.nwafu-1BL+QYrsn.nwafu-2AS+Yr5+QYr.nwafu-3BS+QYrsn.nwafu-6BS+Yr78+Yr75*
33	高原448	8	8	8	7	9	30	100	*QYrsn.nwafu-1BL+Yr29+QYrqin.nwafu-2AL+QYrqin.nwafu-2BL+QYr.nwafu-3BS+QYrsn.nwafu-6BS+QYrqin.nwafu-6BS+Yr78*
34	高原465	7	8	9	2	7	10	10	*QYrsn.nwafu-1BL+Yr29+QYrxn.nwafu-1BL+QYrqin.nwafu-2AL+Yr5+QYr.nwafu-3BS*
35	高原466	7	5	2	2	8	20	30	*QYrsn.nwafu-1BL+Yr29+QYrxn.nwafu-1BL+QYrqin.nwafu-2AL+Yr5+QYr.nwafu-3BS*
36	高原506	4	1	7	2	8	20	100	*QYrsn.nwafu-1BL+Yr29+QYrxn.nwafu-1BL+QYrqin.nwafu-2AL+QYrqin.nwafu-2BL+QYr.nwafu-3BS+Yr75*
37	高原584	7	8	2	2	9	90	100	*QYrsn.nwafu-1BL+Yr29+QYrxn.nwafu-1BL+QYrqin.nwafu-2AL+QYr.nwafu-3BS+Yr80+QYrsn.nwafu-3DL+QYrsn.nwafu-6BS+QYrqin.nwafu-6BS+Yr78+Yr75*
38	高原602	7	1	2	6	9	90	100	*QYrqin.nwafu-2AL+QYr.nwafu-3BS+Yr80+QYrqin.nwafu-6BS*
39	高原776	2	1	5	1	3	t	70	*QYrsn.nwafu-1BL+Yr29+QYrqin.nwafu-2AL+QYr.nwafu-3BS+Yr80+Yr78+YrZH58*
40	高原813	9	2	7	0	9	20	100	*Yr29+QYrqin.nwafu-2AL+QYrqin.nwafu-2BL+QYr.nwafu-3BS+QYrqin.nwafu-6BS+YrZH58*
41	高原814	0	9	4	7	9	10	100	*Yr29+QYrqin.nwafu-2AL+QYrqin.nwafu-2BL+QYr.nwafu-3BS+QYrqin.nwafu-6BS+YrZH58*
42	高原913	9	9	7	8	9	70	100	*QYrsn.nwafu-1BL+Yr29+QYrxn.nwafu-1BL+QYrsn.nwafu-2AS+QYr.nwafu-3BS+QYrsn.nwafu-3DL+QYrsn.nwafu-6BS+Yr78+YrZH58*
43	高原932	9	9	9	9	8	5	10	*QYrsn.nwafu-1BL+Yr29+QYrxn.nwafu-1BL+QYrqin.nwafu-2AL+QYr.nwafu-3BS+QYrsn.nwafu-3DL*
44	高原V028	0	7	8	1	8	5	40	*QYrsn.nwafu-1BL+Yr29+QYrqin.nwafu-2AL+QYr.nwafu-3BS+Yr30+QYrsn.nwafu-3DL+QYrqin.nwafu-6BS+Yr78+YrZH58*
45	互助红	7	1	2	9	6	10	100	*QYrsn.nwafu-1BL+Yr29+QYrxn.nwafu-1BL+QYrqin.nwafu-2AL+QYrqin.nwafu-2BL+Yr5+QYr.nwafu-3BS+Yr30+QYrsn.nwafu-6BS*
46	柴春018	7	8	1	2	9	30	100	*QYrsn.nwafu-1BL+Yr29+QYrqin.nwafu-2AL+QYrqin.nwafu-2BL+Yr5+QYr.nwafu-3BS+QYr.nwafu-4BL*
47	柴春044	8	8	2	2	9	60	100	*Yr29+QYrsn.nwafu-2AS+QYrqin.nwafu-2AL+Yr5+QYr.nwafu-3BS+Yr30+Yr80+QYrsn.nwafu-6BS+Yr78*
48	柴春236	7	0	9	9	8	40	100	*QYrsn.nwafu-1BL+Yr29+QYrxn.nwafu-1BL+QYrsn.nwafu-2AS+QYrqin.nwafu-2AL+QYr.nwafu-3BS*
49	柴春901	5	2	2	6	6	50	100	*Yr29+QYrxn.nwafu-1BL+QYrsn.nwafu-2AS+QYrqin.nwafu-2AL+Yr5+QYr.nwafu-3BS+QYrsn.nwafu-3DL+QYr.nwafu-4BL*

（续）

编号	名称	苗期抗病性鉴定				成株期抗病性鉴定			基因检测
		CYR31	CYR32	CYR33	CYR34	IT	S	P	
50	阿勃	8	7	0	8	9	40	100	*Yr29+QYrxn.nwafu-1BL+QYrsn.nwafu-2AS+QYrqin.nwafu-2AL+QYr.nwafu-3BS+QYrsn.nwafu-3DL+QYrqin.nwafu-6BS*
51	红农1号	1	3	7	1	2	t	t	*Yr29+QYrxn.nwafu-1BL+QYrsn.nwafu-2AS+QYrqin.nwafu-2AL+QYrqin.nwafu-2BL+QYr.nwafu-3BS+QYrsn.nwafu-3DL+QYrsn.nwafu-6BS*
52	互麦13	2	8	5	3	6	10	100	*QYrsn.nwafu-1BL+Yr29+QYrxn.nwafu-1BL+QYrqin.nwafu-2AL+Yr5+QYr.nwafu-3BS+Yr30+QYrsn.nwafu-6BS*
53	互麦15	9	4	0	6	8	10	30	*QYrsn.nwafu-1BL+Yr29+QYrqin.nwafu-2AL+QYrhm.nwafu-2BC+Yr5+QYr.nwafu-3BS+Yr80+QYrsn.nwafu-6BS+QYrqin.nwafu-6BS*
54	青加1号	6	0	0	1	2	t	t	*Yr29+QYrqin.nwafu-2AL+QYrhm.nwafu-2BC+QYr.nwafu-3BS+Yr30+Yr80+Yr78+Yr75+YrZH58*
55	青加2号	0	2	0	2	5	20	100	*Yr29+QYrqin.nwafu-2AL+QYr.nwafu-3BS+Yr30+Yr80+QYrsn.nwafu-6BS+QYrqin.nwafu-6BS+Yr78+YrZH58*
56	青紫1号	2	2	1	3	5	60	100	*QYrsn.nwafu-1BL+Yr29+QYrxn.nwafu-1BL+QYrqin.nwafu-2AL+QYr.nwafu-3BS+Yr80+QYrqin.nwafu-6BS+Yr78*
57	通麦1号	8	0	8	6	7	10	80	*QYrsn.nwafu-1BL+Yr29+QYrxn.nwafu-1BL+QYrsn.nwafu-2AS+QYrqin.nwafu-2AL+QYrqin.nwafu-2BL+QYr.nwafu-3BS+Yr30+QYrsn.nwafu-6BS+QYrqin.nwafu-6BS*
58	通麦2号	6	3	2	0	7	5	80	*QYrsn.nwafu-1BL+Yr29+QYrxn.nwafu-1BL+QYrqin.nwafu-2AL+QYr.nwafu-3BS+Yr30*
59	墨引1号	0	2	2	0	4	10	100	*QYrsn.nwafu-1BL+Yr29+QYrqin.nwafu-2AL+QYr.nwafu-3BS+Yr30+QYrsn.nwafu-3DL+QYrqin.nwafu-6BS+Yr78+YrZH58*
60	墨引2号	3	0	3	0	3	5	90	*QYrsn.nwafu-1BL+Yr29+QYrqin.nwafu-2AL+QYr.nwafu-3BS+Yr30+Yr80+QYr.nwafu-4BL+QYrqin.nwafu-6BS+YrZH58*
61	乐麦5号	9	1	3	8	8	20	60	*QYrsn.nwafu-1BL+Yr29+QYrxn.nwafu-1BL+QYrqin.nwafu-2AL+QYrqin.nwafu-2BL+Yr5+QYr.nwafu-3BS+Yr75*
62	乐麦6号	7	8	2	7	9	80	100	*QYrsn.nwafu-1BL+Yr29+QYrxn.nwafu-1BL+QYrqin.nwafu-2AL+Yr5+QYr.nwafu-3BS*
63	新哲9号	7	0	8	0	8	5	20	*QYrsn.nwafu-1BL+Yr29+QYrxn.nwafu-1BL+QYrqin.nwafu-2AL+QYr.nwafu-3BS+QYrsn.nwafu-6BS+QYrqin.nwafu-6BS+Yr75*
64	民和588	7	0	3	8	9	60	100	*QYrsn.nwafu-1BL+Yr29+QYrxn.nwafu-1BL+QYrsn.nwafu-2AS+QYrqin.nwafu-2AL+Yr5+QYr.nwafu-3BS+Yr80+YrZH58*
65	民和665	2	2	1	7	6	80	100	*QYrsn.nwafu-1BL+Yr29+QYrqin.nwafu-2AL+QYr.nwafu-3BS+Yr80+QYrqin.nwafu-6BS+YrZH58*
66	民和853	2	0	0	0	6	70	100	*QYrsn.nwafu-1BL+Yr29+QYrqin.nwafu-2AL+QYr.nwafu-3BS+Yr80+QYrsn.nwafu-6BS+QYrqin.nwafu-6BS+YrZH58*
67	Norwell	3	2	6	5	1	t	t	*QYrsn.nwafu-1BL+Yr29+QYrsn.nwafu-2AS+QYrqin.nwafu-2AL+QYr.nwafu-3BS+Yr82+Yr78+YrZH58*
68	Major	9	9	0	2	3	5	100	*QYrsn.nwafu-1BL+Yr29+QYrsn.nwafu-2AS+QYrqin.nwafu-2AL+Yr5+QYr.nwafu-3BS+Yr80*
69	蜀麦580	8	0	0	2	3	5	80	*Yr26+QYrsn.nwafu-1BL+Yr29+QYrqin.nwafu-2AL+QYrqin.nwafu-2BL+QYr.nwafu-3BS+Yr82+Yr78*
70	蜀麦830	9	1	0	2	2	60	100	*QYrsn.nwafu-1BL+Yr29+QYrxn.nwafu-1BL+QYrqin.nwafu-2BL+QYrqin.nwafu-6BS+Yr75*
71	蜀麦1668	0	0	4	2	3	t	t	*Yr26+QYrsn.nwafu-1BL+Yr29+QYrxn.nwafu-1BL+QYrqin.nwafu-2AL+QYrqin.nwafu-2BL+Yr78+YrZH58*
72	蜀麦1675	6	7	0	9	7	10	t	*Yr26+QYrsn.nwafu-1BL+Yr29+QYrxn.nwafu-1BL+QYrqin.nwafu-2AL+Yr5+QYrqin.nwafu-6BS+Yr78*
73	蜀麦114	6	6	0	2	6	5	30	*Yr26+QYrsn.nwafu-1BL+Yr29+QYrqin.nwafu-2AL+QYrqin.nwafu-2BL+QYrsn.nwafu-6BS+Yr78*
74	绵麦902	4	5	0	4	2	t	t	*Yr29+QYrxn.nwafu-1BL+QYrqin.nwafu-2AL+Yr5+QYr.nwafu-3BS+QYrqin.nwafu-6BS+Yr78*
75	川幅14	3	1	2	0	6	20	100	*Yr26+QYrsn.nwafu-1BL+Yr29+QYrxn.nwafu-1BL+Yr5+QYr.nwafu-4BL+QYrqin.nwafu-6BS+Yr75+YrZH58*

（续）

编号	名称	苗期抗病性鉴定				成株期抗病性鉴定			基因检测
		CYR31	CYR32	CYR33	CYR34	IT	S	P	
76	川麦93	4	2	1	2	6	10	100	*Yr26+QYrsn.nwafu-1BL+Yr29+QYrqin.nwafu-2AL+QYrqin.nwafu-2BL+Yr5+QYrqin.nwafu-6BS*
77	兰天（选系）	9	6	8	4	7	10	30	*Yr29+QYrsn.nwafu-2AS+QYrqin.nwafu-2AL+QYr.nwafu-3BS+QYrsn.nwafu-3DL+Yr78+Yr75*
78	兰天3号	2	1	4	9	7	40	100	*Yr29+QYrqin.nwafu-2AL+QYrqin.nwafu-2BL+Yr75*
79	兰天15	5	2	7	3	6	60	10	*QYrsn.nwafu-1BL+Yr29+QYrqin.nwafu-2AL+QYr.nwafu-3BS+Yr80+QYrsn.nwafu-6BS+QYrqin.nwafu-6BS*
80	兰天214	7	6	7	6	6	40	50	*Yr29+QYrxn.nwafu-1BL+QYrqin.nwafu-2AL+QYrhm.nwafu-2BC+QYr.nwafu-3BS+Yr30*
81	恒大8号	5	2	9	9	8	60	80	*QYrsn.nwafu-1BL+Yr29+QYrxn.nwafu-1BL+QYrqin.nwafu-2BL+Yr5+QYrsn.nwafu-3DL+Yr78+Yr75*
82	恒大9号	6	9	8	6	3	10	70	*Yr29+QYrxn.nwafu-1BL+QYrqin.nwafu-2AL+QYrqin.nwafu-2BL+Yr5+QYrsn.nwafu-3DL+Yr78+Yr75*
83	恒大11	6	3	1	6	6	10	60	*QYrsn.nwafu-1BL+Yr29+QYrxn.nwafu-1BL+QYrqin.nwafu-2AL+QYrqin.nwafu-2BL+Yr5+QYrsn.nwafu-3DL+Yr78+Yr75*
84	宁春4号	8	3	2	9	8	10	80	*QYrsn.nwafu-1BL+Yr29+QYrxn.nwafu-1BL+QYrqin.nwafu-2AL+Yr5+QYr.nwafu-3BS+Yr78*
85	宁春26	2	7	4	8	9	70	100	*QYrsn.nwafu-1BL+Yr29+QYrxn.nwafu-1BL+QYrqin.nwafu-2AL+Yr5+Yr80+QYrqin.nwafu-6BS+Yr78*
86	宁春51	4	2	1	7	7	5	70	*QYrsn.nwafu-1BL+Yr29+QYrxn.nwafu-1BL+QYrqin.nwafu-2AL+Yr5+QYr.nwafu-3BS+Yr78*
87	宁春61	7	7	7	9	9	40	100	*QYrsn.nwafu-1BL+Yr29+QYrxn.nwafu-1BL+QYrsn.nwafu-2AS+QYrqin.nwafu-2AL+Yr5+QYr.nwafu-3BS+QYrqin.nwafu-6BS+Yr78*
88	宁春811	5	3	8	6	7	5	10	*Yr29+QYrqin.nwafu-2AL+Yr5+QYrqin.nwafu-6BS*
89	陇春26	2	0	6	7	9	100	60	*QYrsn.nwafu-1BL+Yr29+QYrxn.nwafu-1BL+QYrqin.nwafu-2AL+Yr5+Yr80+QYrqin.nwafu-6BS+Yr78*
90	洋麦子	8	0	8	2	6	t	30	*Yr29+QYrxn.nwafu-1BL+QYrsn.nwafu-2AS+QYr.nwafu-3BS+Yr80+QYrsn.nwafu-6BS+QYrqin.nwafu-6BS*
91	铁普麦	9	2	1	8	9	5	80	*Yr29+QYrxn.nwafu-1BL+QYrsn.nwafu-2AS+QYrqin.nwafu-2AL+QYrhm.nwafu-2BC+QYrqin.nwafu-2BL+QYr.nwafu-3BS+QYrsn.nwafu-3DL+QYrqin.nwafu-6BS*
92	墨波1号	7	3	6	5	6	20	100	*QYrsn.nwafu-1BL+Yr29+QYrqin.nwafu-2AL+QYr.nwafu-3BS+Yr80+QYrqin.nwafu-6BS+Yr78+Yr75+YrZH58*
93	源卓3号	0	2	1	1	6	5	100	*QYrsn.nwafu-1BL+Yr29+QYrqin.nwafu-2AL+QYrsn.nwafu-3DL+QYrqin.nwafu-6BS*
94	香农3号	8	4	2	2	8	50	100	*QYrsn.nwafu-1BL+Yr29+QYrxn.nwafu-1BL+QYrqin.nwafu-2AL+QYrqin.nwafu-2BL+Yr5+QYr.nwafu-3BS+QYrqin.nwafu-6BS+Yr75*
95	曹选5号	8	9	1	0	8	5	10	*QYrsn.nwafu-1BL+Yr29+QYrsn.nwafu-2AS+QYrqin.nwafu-2AL+Yr5+QYr.nwafu-3BS+Yr30+QYrsn.nwafu-3DL+QYrsn.nwafu-6BS+Yr75*
96	杨麦16	4	1	0	2	3	5	100	*QYrsn.nwafu-1BL+Yr29+QYrxn.nwafu-1BL+QYrqin.nwafu-2AL+QYrqin.nwafu-2BL+Yr82*
97	林农20	3	5	6	0	4	10	100	*Yr29+QYrxn.nwafu-1BL+QYrqin.nwafu-2AL+Yr5+QYr.nwafu-3BS+QYrsn.nwafu-6BS+QYrqin.nwafu-6BS+Yr75*
98	新麦繁4	9	4	7	5	8	20	100	*Yr26+Yr29+QYrxn.nwafu-1BL+QYrqin.nwafu-2AL+QYr.nwafu-3BS+Yr30+Yr80+QYrsn.nwafu-3DL+QYrqin.nwafu-6BS+Yr78*
99	普冰133	9	7	8	0	9	80	100	*Yr29+QYrxn.nwafu-1BL+QYrqin.nwafu-2AL+QYrqin.nwafu-2BL+Yr5+QYr.nwafu-3BS+QYrqin.nwafu-6BS+Yr78+Yr75*
100	烟福188	9	0	3	3	9	90	100	*QYrsn.nwafu-1BL+Yr29+QYrxn.nwafu-1BL+QYrqin.nwafu-2AL+QYrhm.nwafu-2BC+QYr.nwafu-3BS+QYrsn.nwafu-6BS*

（续）

编号	名称	苗期抗病性鉴定				成株期抗病性鉴定			基因检测
		CYR31	CYR32	CYR33	CYR34	IT	S	P	
101	瀚海304	9	2	8	4	9	90	100	QYrsn.nwafu-1BL+Yr29+QYrsn.nwafu-2AS+QYrqin.nwafu-2AL+Yr5+QYr.nwafu-3BS+Yr30+Yr80+QYrsn.nwafu-6BS+QYrqin.nwafu-6BS
102	京农437	4	0	3	2	3	10	40	QYrsn.nwafu-1BL+Yr29+QYrxn.nwafu-1BL+QYrqin.nwafu-2AL+QYrhm.nwafu-2BC+QYr.nwafu-3BS+Yr30+QYrqin.nwafu-6BS+Yr78
103	吉农469	7	4	7	4	9	70	100	QYrsn.nwafu-1BL+Yr29+QYrqin.nwafu-2AL+QYr.nwafu-3BS+Yr80+Yr78+YrZH58
104	青农469	8	5	9	2	9	20	100	QYrsn.nwafu-1BL+Yr29+QYrxn.nwafu-1BL+QYrqin.nwafu-2AL+QYr.nwafu-3BS+QYrsn.nwafu-6BS+QYrqin.nwafu-6BS+Yr75
105	山旱901	6	8	7	6	8	10	10	QYrsn.nwafu-1BL+Yr29+QYrqin.nwafu-2AL+QYr.nwafu-3BS+Yr80+QYrsn.nwafu-6BS+QYrqin.nwafu-6BS+YrZH58
106	兰考906	1	8	7	0	8	20	100	Yr29+QYrxn.nwafu-1BL+QYrsn.nwafu-2AS+QYrqin.nwafu-2BL+Yr5+QYr.nwafu-3BS+QYrqin.nwafu-6BS+Yr78
107	航选721	1	2	0	1	3	5	t	Yr29+QYrsn.nwafu-2AS+QYrqin.nwafu-2AL+QYr.nwafu-3BS+QYrsn.nwafu-3DL+Yr78+Yr75
108	YQN202101	0	0	0	1	2	5	40	QYrsn.nwafu-1BL+Yr29+QYrxn.nwafu-1BL+QYrqin.nwafu-2AL+QYrqin.nwafu-2BL+Yr5+QYr.nwafu-3BS+QYr.nwafu-4BL+QYrqin.nwafu-6BS+Yr78+Yr75+YrZH58
109	YQN202102	0	1	0	0	1	t	t	QYrsn.nwafu-1BL+Yr29+QYrqin.nwafu-2BL+QYrqin.nwafu-6BS+Yr75
110	YQN202103	0	0	1	0	3	t	5	QYrsn.nwafu-1BL+Yr29+QYrqin.nwafu-2BL+QYrqin.nwafu-6BS+Yr75
111	YQN202104	6	3	3	9	6	5	10	Yr26+QYrsn.nwafu-1BL+Yr29+QYrqin.nwafu-2AL+QYrqin.nwafu-2BL+Yr82+QYrqin.nwafu-6BS+Yr78+Yr75
112	YQN202105	9	4	9	8	6	10	30	Yr26+QYrsn.nwafu-1BL+Yr29+QYrqin.nwafu-2AL+QYrqin.nwafu-2BL+Yr82+QYrqin.nwafu-6BS+Yr78+Yr75
113	YQN202106	9	0	7	6	9	10	80	Yr26+QYrsn.nwafu-1BL+Yr29+QYrqin.nwafu-2AL+QYrqin.nwafu-2BL+QYrqin.nwafu-6BS+Yr78+Yr75
114	YQN202107	9	6	8	6	7	5	10	Yr26+QYrsn.nwafu-1BL+Yr29+QYrqin.nwafu-2AL+QYrqin.nwafu-2BL+Yr82+QYrqin.nwafu-6BS+Yr75+YrZH58
115	YQN202108	9	2	7	4	6	5	40	QYrsn.nwafu-1BL+Yr29+QYrqin.nwafu-2AL+QYr.nwafu-3BS+Yr80+QYrsn.nwafu-6BS+QYrqin.nwafu-6BS+Yr75+YrZH58
116	YQN202109	7	0	9	6	4	5	t	Yr26+QYrsn.nwafu-1BL+Yr29+QYrqin.nwafu-2AL+QYrqin.nwafu-2BL+Yr82+QYrqin.nwafu-6BS+Yr78+Yr75
117	YQN202110	9	1	9	5	6	5	90	QYrqin.nwafu-2BL+QYr.nwafu-3BS+Yr30+Yr80+QYrqin.nwafu-6BS
118	YQN202111	6	3	5	6	1	t	t	Yr26+QYrsn.nwafu-1BL+Yr29+QYrqin.nwafu-2AL+Yr5+QYrqin.nwafu-6BS+Yr75+YrZH58
119	YQN202112	8	2	5	5	6	5	90	Yr26+Yr29+QYrxn.nwafu-1BL+QYrqin.nwafu-2AL+Yr5+QYrqin.nwafu-6BS+Yr78+YrZH58
120	YQN202113	5	1	2	5	1	t	t	Yr26+QYrsn.nwafu-1BL+Yr29+QYrqin.nwafu-2AL+Yr5+Yr82+QYrqin.nwafu-6BS+Yr78
121	YQN202114	8	0	2	4	6	10	80	Yr26+QYrsn.nwafu-1BL+Yr29+QYrqin.nwafu-2AL+Yr5+QYrqin.nwafu-6BS+Yr78
122	YQN202115	8	0	9	8	7	10	80	Yr26+QYrsn.nwafu-1BL+Yr29+QYrqin.nwafu-2AL+QYrqin.nwafu-2BL+Yr5+Yr82+QYrqin.nwafu-6BS+Yr78
123	YQN202116	9	7	7	8	5	5	80	Yr26+Yr29+QYrxn.nwafu-1BL+QYrsn.nwafu-2AS+QYrqin.nwafu-2AL+Yr5+QYr.nwafu-3BS+Yr82+QYrsn.nwafu-6BS+QYrqin.nwafu-6BS+Yr78
124	YQN202117	8	7	8	6	1	t	t	Yr26+QYrsn.nwafu-1BL+Yr29+QYrqin.nwafu-2AL+QYrqin.nwafu-2BL+QYrqin.nwafu-6BS+Yr78+Yr75
125	YQN202118	6	2	3	8	1	t	t	Yr26+QYrsn.nwafu-1BL+Yr29+QYrqin.nwafu-2AL+Yr5+Yr82+QYrqin.nwafu-6BS+Yr78+Yr75+YrZH58

（续）

编号	名称	苗期抗病性鉴定				成株期抗病性鉴定			基因检测
		CYR31	CYR32	CYR33	CYR34	IT	S	P	
126	YQN202119	9	0	2	8	6	5	70	*Yr29+QYrxn.nwafu-1BL+QYrsn.nwafu-2AS+QYrqin.nwafu-2AL+QYrqin.nwafu-2BL+Yr5+QYr.nwafu-3BS+QYrsn.nwafu-6BS+QYrqin.nwafu-6BS+Yr78*
127	YQN202120	9	0	8	9	7	5	70	*Yr29+QYrxn.nwafu-1BL+QYrsn.nwafu-2AS+QYrqin.nwafu-2AL+QYrqin.nwafu-2BL+Yr5+QYr.nwafu-3BS+QYrsn.nwafu-6BS+QYrqin.nwafu-6BS+Yr78*
128	YQN202121	9	6	2	9	7	5	t	*Yr29+QYrxn.nwafu-1BL+QYrqin.nwafu-2AL+Yr5+QYrsn.nwafu-6BS+Yr78+Yr75*
129	YQN202122	4	1	1	8	1	t	t	*Yr26+QYrqin.nwafu-2AL+Yr82+QYrqin.nwafu-6BS+Yr78*
130	YQN202123	6	0	0	9	6	5	40	*QYrsn.nwafu-1BL+Yr29+QYrxn.nwafu-1BL+QYrqin.nwafu-2AL+QYrhm.nwafu-2BC+QYrqin.nwafu-2BL+QYr.nwafu-3BS+QYr.nwafu-4BL+QYrqin.nwafu-6BS+Yr78+YrZH58*
131	YQN202124	9	9	0	9	7	5	60	*QYrsn.nwafu-1BL+Yr29+QYrxn.nwafu-1BL+QYrqin.nwafu-2AL+QYrhm.nwafu-2BC+QYrqin.nwafu-2BL+QYr.nwafu-3BS+QYr.nwafu-4BL+QYrqin.nwafu-6BS+Yr78+YrZH58*
132	YQN202125	9	3	2	9	7	5	90	*QYrsn.nwafu-1BL+Yr29+QYrxn.nwafu-1BL+QYrqin.nwafu-2AL+QYrhm.nwafu-2BC+QYrqin.nwafu-2BL+QYr.nwafu-3BS+QYr.nwafu-4BL+QYrqin.nwafu-6BS+Yr78+Yr75+YrZH58*
133	YQN202126	5	0	5	9	7	5	10	*QYrsn.nwafu-1BL+Yr29+QYrxn.nwafu-1BL+QYrqin.nwafu-2AL+QYrhm.nwafu-2BC+QYrqin.nwafu-2BL+QYr.nwafu-3BS+QYr.nwafu-4BL+QYrqin.nwafu-6BS+Yr78+YrZH58*
134	YQN202127	5	0	0	9	3	5	70	*Yr29+QYrqin.nwafu-2AL+QYrhm.nwafu-2BC+QYrqin.nwafu-2BL+QYr.nwafu-3BS+Yr30+Yr80+QYrsn.nwafu-6BS+QYrqin.nwafu-6BS+Yr75+YrZH58*
135	YQN202128	4	0	0	9	6	10	60	*Yr29+QYrqin.nwafu-2AL+QYrhm.nwafu-2BC+QYr.nwafu-3BS+Yr80+QYrsn.nwafu-3DL+QYrsn.nwafu-6BS+QYrqin.nwafu-6BS+YrZH58*
136	YQN202129	9	0	2	9	6	5	40	*Yr29+QYrqin.nwafu-2AL+QYrhm.nwafu-2BC+QYr.nwafu-3BS+Yr80+QYrsn.nwafu-3DL+QYrsn.nwafu-6BS+YrZH58*
137	YQN202130	8	2	7	8	6	5	70	*Yr29+QYrqin.nwafu-2AL+QYrqin.nwafu-2BL+QYr.nwafu-3BS+Yr80+QYrsn.nwafu-3DL+QYrsn.nwafu-6BS+Yr78+YrZH58*
138	YQN202131	0	3	0	9	9	10	60	*Yr29+QYrqin.nwafu-2AL+QYr.nwafu-3BS+QYrsn.nwafu-3DL+QYrsn.nwafu-6BS+QYrqin.nwafu-6BS+Yr75*
139	YQN202132	0	0	1	0	1	t	t	*Yr26+QYrsn.nwafu-1BL+Yr29+QYrqin.nwafu-2AL+Yr5+QYr.nwafu-3BS+Yr82+QYrsn.nwafu-6BS+QYrqin.nwafu-6BS+Yr75*
140	YQN202133	7	0	2	8	1	t	t	*QYrsn.nwafu-1BL+Yr29+QYrxn.nwafu-1BL+QYrqin.nwafu-2AL+Yr5+QYr.nwafu-3BS+Yr80+QYrsn.nwafu-6BS+Yr78+YrZH58*
141	YQN202134	0	1	0	0	3	5	70	*QYrsn.nwafu-1BL+Yr29+QYrxn.nwafu-1BL+QYrqin.nwafu-2AL+YrSP+Yr80+QYrsn.nwafu-6BS+Yr78+Yr75+YrZH58*
142	YQN202135	6	4	3	7	7	5	10	*QYrsn.nwafu-1BL+Yr29+QYrxn.nwafu-1BL+QYrqin.nwafu-2AL+QYrhm.nwafu-2BC+QYrqin.nwafu-2BL+QYr.nwafu-3BS+QYr.nwafu-4BL+QYrqin.nwafu-6BS+Yr78+YrZH58*
143	YQN202136	7	7	2	8	3	t	30	*QYrsn.nwafu-1BL+Yr29+QYrxn.nwafu-1BL+QYrqin.nwafu-2AL+QYrhm.nwafu-2BC+QYrqin.nwafu-2BL+QYr.nwafu-3BS+QYr.nwafu-4BL+QYrqin.nwafu-6BS+Yr78+YrZH58*
144	YQN202137	0	0	2	2	1	t	50	*Yr29+QYrqin.nwafu-2AL+Yr5+QYr.nwafu-3BS+QYrsn.nwafu-6BS+Yr78+Yr75+YrZH58*

（续）

编号	名称	苗期抗病性鉴定				成株期抗病性鉴定			基因检测
		CYR31	CYR32	CYR33	CYR34	IT	S	P	
145	YQN202138	0	1	0	4	1	t	5	*Yr29+QYrqin.nwafu-2AL+Yr5+QYr.nwafu-3BS+QYrsn.nwafu-6BS+Yr78+Yr75+YrZH58*
146	YQN202139	1	8	8	7	1	t	t	*Yr29+QYrqin.nwafu-2AL+Yr5+QYr.nwafu-3BS+QYr.nwafu-4BL+QYrsn.nwafu-6BS+Yr78+Yr75+YrZH58*
147	YQN202140	6	0	2	9	6	5	40	*QYrsn.nwafu-1BL+Yr29+QYrxn.nwafu-1BL+QYrqin.nwafu-2AL+QYrhm.nwafu-2BC+QYrqin.nwafu-2BL+QYr.nwafu-3BS+QYr.nwafu-4BL+QYrqin.nwafu-6BS+Yr78+YrZH58*
148	YQN202141	7	0	0	9	3	t	t	*Yr29+QYrxn.nwafu-1BL+QYrqin.nwafu-2AL+Yr5+QYr.nwafu-3BS+Yr80+QYrsn.nwafu-6BS+Yr78*
149	YQN202142	5	0	3	4	1	t	t	*QYrsn.nwafu-1BL+Yr29+QYrqin.nwafu-2AL+QYrhm.nwafu-2BC+QYr.nwafu-3BS+Yr30+Yr80+QYrsn.nwafu-3DL+QYrqin.nwafu-6BS+YrZH58*
150	YQN202143	5	1	6	6	1	t	t	*Yr29+QYrqin.nwafu-2AL+QYr.nwafu-3BS+Yr80+QYr.nwafu-4BL+QYrsn.nwafu-6BS+Yr78+YrZH58*
151	YQN202144	3	0	2	8	6	t	t	*Yr29+QYrqin.nwafu-2AL+Yr5+QYr.nwafu-3BS+QYrsn.nwafu-6BS+Yr78+Yr75+YrZH58*
152	YQN202145	6	9	1	9	0	0	0	*QYrsn.nwafu-1BL+Yr29+QYrqin.nwafu-2AL+QYr.nwafu-3BS+Yr80+QYrsn.nwafu-6BS+QYrqin.nwafu-6BS+YrZH58*
153	YQN202146	2	7	9	5	9	100	100	*Yr29+QYrqin.nwafu-2AL+QYr.nwafu-3BS+Yr80+QYrsn.nwafu-6BS+Yr78+Yr75*
154	YQN202147	3	3	2	7	6	5	70	*QYrsn.nwafu-1BL+Yr29+QYrxn.nwafu-1BL+QYrsn.nwafu-2AS+QYrqin.nwafu-2AL+QYrqin.nwafu-2BL+QYr.nwafu-3BS+Yr80+QYrsn.nwafu-3DL+QYrsn.nwafu-6BS+Yr78+Yr75+YrZH58*
155	YQN202148	5	0	3	9	7	10	80	*QYrsn.nwafu-1BL+Yr29+QYrxn.nwafu-1BL+QYrqin.nwafu-2AL+QYrhm.nwafu-2BC+QYrqin.nwafu-2BL+QYr.nwafu-3BS+QYr.nwafu-4BL+QYrqin.nwafu-6BS+Yr78+Yr75+YrZH58*
156	YQN202149	7	8	5	9	6	10	t	*Yr29+QYrxn.nwafu-1BL+QYrqin.nwafu-2AL+Yr5+QYr.nwafu-3BS+QYr.nwafu-4BL+Yr78+Yr75+YrZH58*
157	YQN202150	8	0	9	9	6	10	90	*QYrsn.nwafu-1BL+Yr29+QYrxn.nwafu-1BL+QYrqin.nwafu-2AL+QYrhm.nwafu-2BC+QYrqin.nwafu-2BL+QYr.nwafu-3BS+QYr.nwafu-4BL+QYrqin.nwafu-6BS+Yr78+Yr75+YrZH58*
158	TM1165	3	8	2	5	3	20	90	*QYrsn.nwafu-1BL+Yr29+QYrxn.nwafu-1BL+QYrqin.nwafu-2AL+Yr5+QYr.nwafu-3BS+Yr80+QYrsn.nwafu-6BS+YrZH58*
159	TM1428	2	3	0	0	4	10	80	*QYrsn.nwafu-1BL+Yr29+QYrqin.nwafu-2AL+QYr.nwafu-3BS+Yr80+QYrsn.nwafu-6BS+YrZH58*
160	TM1542	0	0	1	1	6	20	90	*QYrsn.nwafu-1BL+Yr29+QYrqin.nwafu-2AL+QYrqin.nwafu-2BL+QYrqin.nwafu-6BS+Yr78+Yr75+YrZH58*
161	TM04128	3	0	2	0	3	5	90	*QYrsn.nwafu-1BL+Yr29+QYrxn.nwafu-1BL+QYrqin.nwafu-2AL+QYr.nwafu-3BS+Yr80+QYrsn.nwafu-6BS+QYrqin.nwafu-6BS+YrZH58*
162	TM13066	2	2	1	0	2	10	90	*QYrsn.nwafu-1BL+Yr29+QYrxn.nwafu-1BL+QYrqin.nwafu-2AL+QYr.nwafu-3BS+QYrsn.nwafu-6BS+QYrqin.nwafu-6BS+Yr78+YrZH58*
163	TM13463	3	2	1	1	2	20	90	*QYrsn.nwafu-1BL+Yr29+QYrqin.nwafu-2AL+QYr.nwafu-3BS+QYrsn.nwafu-6BS+QYrqin.nwafu-6BS+YrZH58*
164	TM13352	0	0	0	0	0	0	0	*QYrsn.nwafu-1BL+Yr29+QYrxn.nwafu-1BL+QYrqin.nwafu-2AL+QYrqin.nwafu-2BL+QYr.nwafu-3BS+Yr30+QYrqin.nwafu-6BS+Yr78*
165	TM14272	6	2	4	5	4	30	90	*QYrsn.nwafu-1BL+Yr29+QYrxn.nwafu-1BL+QYrqin.nwafu-2AL+Yr78+Yr75*

（续）

编号	名称	苗期抗病性鉴定				成株期抗病性鉴定			基因检测
		CYR31	CYR32	CYR33	CYR34	IT	S	P	
166	TM0419282	6	3	1	2	5	60	90	*QYrsn.nwafu-1BL + Yr29 + QYrqin.nwafu-2AL + QYrqin.nwafu-2BL + QYr.nwafu-3BS + Yr80 + QYrsn.nwafu-6BS + YrZH58*
167	198-3	5	5	3	5	6	5	40	*Yr26 + QYrsn.nwafu-1BL + Yr29 + QYrxn.nwafu-1BL + QYrqin.nwafu-2AL + QYrqin.nwafu-2BL + Yr5 + Yr78*
168	294-1	3	3	6	0	3	t	40	*QYrsn.nwafu-1BL + Yr29 + QYrxn.nwafu-1BL + QYrqin.nwafu-2AL + QYr.nwafu-3BS + QYrsn.nwafu-6BS + Yr78 + YrZH58*
169	2021210-2	7	4	2	7	3	5	90	*Yr26 + QYrsn.nwafu-1BL + Yr29 + QYrsn.nwafu-2AS + QYrqin.nwafu-2AL + QYrqin.nwafu-2BL + QYr.nwafu-3BS + Yr30 + Yr78*
170	2021217-1	4	0	4	2	6	5	90	*Yr26 + QYrsn.nwafu-1BL + Yr29 + QYrxn.nwafu-1BL + QYrsn.nwafu-2AS + QYrqin.nwafu-2AL + Yr78*
171	2022199-1	7	2	3	2	7	5	90	*Yr26 + QYrsn.nwafu-1BL + Yr29 + QYrxn.nwafu-1BL + QYrsn.nwafu-2AS + QYrqin.nwafu-2AL + QYrqin.nwafu-2BL + Yr78*
172	2022234-1	2	0	0	0	1	t	10	*Yr29 + QYrxn.nwafu-1BL + QYrqin.nwafu-2AL + QYr.nwafu-3BS + QYrsn.nwafu-6BS + QYrqin.nwafu-6BS*
173	2022244	0	0	2	3	1	t	70	*QYrsn.nwafu-1BL + Yr29 + QYrqin.nwafu-2AL + QYrqin.nwafu-2BL + QYr.nwafu-3BS + Yr30 + QYrsn.nwafu-6BS + QYrqin.nwafu-6BS + Yr78*
174	2022252-1	2	7	8	0	9	10	90	*QYrsn.nwafu-1BL + Yr29 + QYrqin.nwafu-2AL + Yr5 + QYr.nwafu-3BS + Yr30 + QYrqin.nwafu-6BS + Yr75*
175	2022257-1	3	7	2	0	8	10	9	*QYrsn.nwafu-1BL + Yr29 + QYrqin.nwafu-2AL + QYrqin.nwafu-2BL + QYr.nwafu-3BS + Yr30 + Yr75*
176	2022258	7	2	2	1	1	t	80	*QYrsn.nwafu-1BL + Yr29 + QYrqin.nwafu-2AL + QYrqin.nwafu-2BL + QYr.nwafu-3BS + Yr30*
177	2022261	3	1	2	2	9	10	90	*QYrsn.nwafu-1BL + Yr29 + QYrqin.nwafu-2AL + QYrqin.nwafu-2BL + QYr.nwafu-3BS + Yr78*
178	2022269-1	2	2	2	1	1	t	60	*Yr29 + QYrqin.nwafu-2AL + QYr.nwafu-3BS + Yr30 + Yr78*
179	2022429	2	0	1	0	8	10	100	*QYrsn.nwafu-1BL + Yr29 + QYrxn.nwafu-1BL + QYrqin.nwafu-2AL + QYr.nwafu-3BS + QYrqin.nwafu-6BS + Yr78*
180	2022430-1	1	0	7	0	9	10	90	*QYrsn.nwafu-1BL + Yr29 + QYrxn.nwafu-1BL + QYrqin.nwafu-2AL + QYr.nwafu-3BS + QYrqin.nwafu-6BS + Yr78*
181	2020186	1	2	0	0	7	5	80	*QYrsn.nwafu-1BL + Yr29 + QYrxn.nwafu-1BL + QYrqin.nwafu-2AL + QYr.nwafu-3BS + Yr30 + QYrqin.nwafu-6BS + Yr78*
182	2020159	9	7	5	6	7	80	100	*QYrsn.nwafu-1BL + Yr29 + QYrxn.nwafu-1BL + QYrsn.nwafu-2AS + QYrqin.nwafu-2AL + Yr5 + QYr.nwafu-3BS + Yr30 + Yr82 + QYrsn.nwafu-3DL + QYrsn.nwafu-6BS + QYrqin.nwafu-6BS + Yr78 + Yr75*
183	2018121	6	2	1	2	6	5	40	*QYrsn.nwafu-1BL + Yr29 + QYrxn.nwafu-1BL + QYrqin.nwafu-2AL + Yr5 + QYr.nwafu-3BS + Yr30 + QYrqin.nwafu-6BS + Yr78 + YrZH58*
184	HC1226	2	0	3	7	6	5	10	*QYrsn.nwafu-1BL + Yr29 + QYrqin.nwafu-2AL + QYr.nwafu-3BS + Yr78*
185	21-07	0	0	3	0	2	t	t	*QYrsn.nwafu-1BL + Yr29 + QYrxn.nwafu-1BL + QYrqin.nwafu-2AL + QYrqin.nwafu-2BL + QYr.nwafu-3BS + Yr30 + QYrqin.nwafu-6BS + Yr78*
186	13-33	1	2	0	1	2	t	t	*QYrsn.nwafu-1BL + Yr29 + QYrxn.nwafu-1BL + QYrsn.nwafu-2AS + QYrqin.nwafu-2AL + QYr.nwafu-3BS + Yr30 + QYrsn.nwafu-6BS + QYrqin.nwafu-6BS + YrZH58*
187	14-29-3	0	0	0	0	3	t	t	*QYrsn.nwafu-1BL + Yr29 + QYrxn.nwafu-1BL + QYrqin.nwafu-2AL + QYrqin.nwafu-2BL + QYr.nwafu-3BS + Yr30 + QYrqin.nwafu-6BS + Yr78 + YrZH58*
188	14-28	1	4	2	2	5	5	10	*QYrsn.nwafu-1BL + Yr29 + QYrqin.nwafu-2AL + QYr.nwafu-3BS + Yr80 + QYrsn.nwafu-6BS + YrZH58*

（续）

编号	名称	苗期抗病性鉴定				成株期抗病性鉴定			基因检测
		CYR31	CYR32	CYR33	CYR34	IT	S	P	
189	15-4-3	0	0	0	0	2	t	t	*QYrsn.nwafu-1BL+Yr29+QYrxn.nwafu-1BL+QYrqin.nwafu-2AL+QYrqin.nwafu-2BL+QYr.nwafu-3BS+Yr30+QYrqin.nwafu-6BS+Yr78*
190	15-5-3	2	0	1	0	2	t	t	*QYrsn.nwafu-1BL+Yr29+QYrxn.nwafu-1BL+QYrqin.nwafu-2AL+QYrqin.nwafu-2BL+QYr.nwafu-3BS+Yr30+QYrqin.nwafu-6BS+Yr78*
191	19300-1	0	2	4	3	7	10	60	*QYrsn.nwafu-1BL+Yr29+QYrqin.nwafu-2AL+Yr5+QYr.nwafu-3BS+Yr30+Yr78*
192	19299-5	4	1	4	1	7	60	80	*QYrsn.nwafu-1BL+Yr29+QYrqin.nwafu-2AL+QYr.nwafu-3BS+Yr80+Yr78*
193	YZ237	7	0	0	1	2	t	t	*QYrsn.nwafu-1BL+Yr29+QYrqin.nwafu-2AL+QYr.nwafu-3BS+Yr80+QYrsn.nwafu-6BS+QYrqin.nwafu-6BS*
194	YZ289	0	2	1	5	4	t	t	*Yr29+QYrqin.nwafu-2AL+QYrqin.nwafu-2BL+QYr.nwafu-3BS+QYrqin.nwafu-6BS+Yr78+YrZH58*
195	YZ361	0	2	2	0	5	5	40	*Yr29+QYrqin.nwafu-2AL+QYrqin.nwafu-2BL+QYr.nwafu-3BS+QYrqin.nwafu-6BS+YrZH58*
196	Hysm-19-22	9	0	4	0	7	40	20	*Yr29+QYrsn.nwafu-2AS+QYrqin.nwafu-2AL+QYrqin.nwafu-2BL+QYrqin.nwafu-6BS+Yr78*
197	YN1	6	6	5	9	3	10	90	*QYrsn.nwafu-1BL+Yr29+QYrqin.nwafu-2AL+QYr.nwafu-3BS+Yr78*
198	Hxhm21-12	9	2	7	9	6	10	90	*Yr29+QYrqin.nwafu-2AL+QYrqin.nwafu-2BL+QYr.nwafu-3BS+Yr30+QYrqin.nwafu-6BS*
199	04-12-8	1	3	2	0	2	10	90	*QYrsn.nwafu-1BL+Yr29+QYrxn.nwafu-1BL+QYrqin.nwafu-2AL+QYr.nwafu-3BS+Yr80+QYrsn.nwafu-6BS+QYrqin.nwafu-6BS+YrZH58*
200	GYL633	7	7	3	9	9	100	100	*Yr26+Yr29+QYrxn.nwafu-1BL+QYrqin.nwafu-2BL+Yr30+QYrqin.nwafu-6BS*
201	13-45-6	0	2	0	3	0	0	0	*QYrsn.nwafu-1BL+Yr29+QYrxn.nwafu-1BL+QYrqin.nwafu-2AL+QYrqin.nwafu-2BL+QYr.nwafu-3BS+Yr30+QYrqin.nwafu-6BS+Yr78+YrZH58*
202	13-46-3	1	0	2	4	3	20	90	*QYrsn.nwafu-1BL+Yr29+QYrqin.nwafu-2AL+QYr.nwafu-3BS+QYrsn.nwafu-6BS+QYrqin.nwafu-6BS+YrZH58*
203	1446	6	0	1	0	2	5	90	*QYrsn.nwafu-1BL+Yr29+QYrxn.nwafu-1BL+QYrqin.nwafu-2AL+QYrqin.nwafu-2BL+QYr.nwafu-3BS+Yr30+QYrsn.nwafu-6BS+QYrqin.nwafu-6BS*
204	2020210	9	9	3	3	3	10	90	*Yr26+QYrsn.nwafu-1BL+Yr29+QYrxn.nwafu-1BL+QYrsn.nwafu-2AS+QYrqin.nwafu-2AL+QYrqin.nwafu-2BL+Yr78*
205	14-57-2	0	2	0	0	6	10	70	*QYrsn.nwafu-1BL+Yr29+QYrxn.nwafu-1BL+QYrqin.nwafu-2AL+QYrqin.nwafu-2BL+QYr.nwafu-3BS+Yr30+Yr80+QYrsn.nwafu-6BS+QYrqin.nwafu-6BS+YrZH58*
206	YGW-46	9	5	9	8	2	5	90	*QYrsn.nwafu-1BL+Yr29+QYrqin.nwafu-2AL+QYr.nwafu-3BS+Yr30+QYrqin.nwafu-6BS+Yr78+Yr75*
207	13-35-2	0	2	2	3	0	0	0	*QYrsn.nwafu-1BL+Yr29+QYrxn.nwafu-1BL+QYrqin.nwafu-2AL+QYrqin.nwafu-2BL+QYr.nwafu-3BS+Yr30+QYrqin.nwafu-6BS+Yr78*
208	Hxsm20-2	9	4	2	2	6	10	90	*Yr26+QYrsn.nwafu-1BL+Yr29+QYrxn.nwafu-1BL+QYrqin.nwafu-2AL+QYrqin.nwafu-2BL+Yr5+QYr.nwafu-3BS+QYrqin.nwafu-6BS*

注：IT. 反应型；S. 病害严重度（%）；P. 病叶普遍率（%）；t. 已发病，严重度或普遍率低于1%。

条锈病抗性位点，但仍表现出全生育期抗性。推测青海种质资源中除了芯片中与全生育期抗性相关的4个基因外，还含有其他未检测到或未知的相关基因。此外，与成株抗性相关的基因位点有6个，分别是*Yr29*、*Yr30*、*Yr75*、*Yr78*、*Yr80*、*QYrqin.nwafu-2BL*，芯片检测结合表型结果表明，青春38、青麦5号、青麦7号和高原776等125份表现出成株期抗条锈性的材料均具有上述6个基因位点中的2个以上；期中有53份表现出成株期抗条锈性的材料（25.5%）具有上述6个基因位点中的3个以上。*Yr29*基因不仅是成株期抗性基因，还具有控制慢锈的特性。抗性基因检测结合表型鉴定结果表明，青春38、青春39等123份成株期抗性材料均具有*Yr29*基因。

2020159号材料最多含有14个抗病基因，其次是YQN202147号材料含有13个抗病基因；204份（98.1%）材料均含有*Yr29*基因，其次有193份（92.8%）材料含有*QYrqin-2AL*基因，另外有168份（80.8%）材料含有*QYr-3BS*基因。但是2020159号材料的全生育期条锈病抗病性并不理想，推测可能是抗病基因多为杂合型（2020159号材料含有14个抗病基因，其中有9个为杂合型）。本研究结果表明，部分*Yr*基因单独对条锈病具有较好的抗性，聚合多个*Yr*基因对条锈病也表现出较好的抗性。

3 研究结论

本研究对青海省208份小麦种质资源开展了抗条锈性系统研究，80份（38.5%）材料对CYR31、CYR32、CYR33和CYR34均表现抗病；结合成株期抗病鉴定结果，125份（60.1%）材料表现成株抗条锈性；73份（35.1%）材料表现为全生育期抗性。分子检测结果表明，31份（14.9%）、147份（70.7%）、204份（98.1%）、108份（51.9%）、36份（17.3%）、194份（93.3%）、20份（9.6%）、86份（41.3%）、1份（0.5%）、65份（31.3%）、169份（81.3%）、56份（26.9%）、43份（20.7%）、16份（7.7%）、26份（12.5%）、18份（8.7%）、77份（37.0%）、124份（59.6%）、115份（55.3%）、59份（28.4%）、70份（33.7%）材料分别携带*Yr26*、*QYrsn.nwafu-1BL*、*Yr29*、*QYrxn-1BL*、*QYrsn-2AS*、*QYrqin-2AL*、*QYrhm-2BC*、*QYrqin-2BL*、*YrSP*、*Yr5*、*QYr-3BS*、*Yr80*、*Yr30*、*Yr82*、*QYrsn-3DL*、*QYr-4BL*、*QYrsn-6BS*、*QYrqin-6BS*、*Yr78*、*Yr75*和*YrZH58*基因。研究结果明确了青海省当前小麦资源对条锈菌主要流行小种的抗病性，及其在青海省东部越夏区的抗病表现，为青海省小麦抗病育种及抗病基因的合理布局提供了理论依据。

撰稿：姚强　郭阳　郭青云　张丹丹

参考文献

白小军，王宪国，陈东升，2014．宁夏小麦品种慢锈基因*Lr34/Yr18*的分子检测．麦类作物学报，34（11）：1480-1484．

曹世勤，王晓明，贾秋珍，等，2017．2003—2013年小麦品种（系）抗条锈性鉴定及评价．植物遗传资源学报，18（2）：253-260．

陈万权，康振生，马占鸿，等，2013．中国小麦条锈病综合治理理论与实践．中国农业科学，46（20）：4254-4262．

姜华，孟建军，施万喜，等，2016．冬小麦新品种陇育5号选育报告．甘肃农业科技（7）：11-13．

刘尧，陈晓云，马雲，等，2021．甘肃陇南感病小檗在小麦条锈病发生中起提供（初始）菌源作用的直接证据．植物病理学报，51（3）：366-380．

马占鸿，2018．中国小麦条锈病研究与防控．植物保护学报，45（1）：1-6．

孙建鲁，王吐虹，冯晶，等，2017．100个小麦品种资源抗条锈性鉴定及重要抗条锈病基因的SSR检测．植物保护，43（2）：64-72．

王晓晶，马占鸿，姜玉英，等，2018．基于2002—2012年气象数据的中国小麦条锈病菌越夏区划．植物保护学报，45（1）：124-137．

张薇，祁翠兰，亢玲，等，2016．宁夏春小麦品种条锈病抗性分析．宁夏农林科技，57（8）：24-26．

第五章

防治药剂研究

第一节 小麦条锈病防治药剂登记及应用情况概述

小麦是我国主要的粮食作物，是两大口粮作物之一。小麦面粉及其加工的食品是广大人民生活的必需品，因此，小麦生产直接关系到全国粮食产量安全和质量安全。在我国，发生范围最广，历史上和现在影响最大的病害为小麦锈病。据新中国成立以来的历史资料记载，锈病中最严重的条锈病曾大流行8次，最重的造成了全国60亿公斤的产量损失。

在我国劳动人民与锈病长期斗争的过程，不断发现和创新防治方法，积累了丰富的防治经验，为保障粮食安全发挥了重要作用。随着农药化学工业的发展，锈病防治从农业防治逐步走向药剂防治。我国三唑酮等农药的成功生产，以及后续的三唑类农药的研制和生产为小麦锈病的有效防治提供了强有力的支撑，使锈病成了一种“可防可治”的病害。但是，由于多年来对三唑类农药的过度依赖，研究发现条锈菌对三唑类药剂产生了抗药性，引起了广大农业科研单位与生产管理部门的高度重视。为此，项目试验人员结合国家重点研发项目，对我国锈病防治用药的生产和应用情况进行了调查研究，并开展了当前小麦主要农药品种对锈病的田间防效试验，以期筛选出锈病防治的后备药剂，为锈病的可持续治理提供技术支撑。

1 我国小麦锈病防治农药登记及生产情况

从中国农药信息网查询我国农药登记情况，除种子处理药剂外，登记在小麦锈病上的农药共258个（单剂189个，混剂69个）、48种。其中，单一有效成分（单剂）的有19种，两种成分（复配）的有29种。单剂中，以三唑类为主的共11种，占单剂登记农药的57.9%；甲氧基丙烯酸酯类3种、酰胺类2种、取代苯类1种，共占到31.6%；生物农药2种，占10.5%。复配剂中，29种均由三唑类和其他进行复配；其中，与甲氧基丙烯酸酯类复配的8种，占复配剂登记农药的27.6%，与酰胺类复配的3种，占10.3%，与无机药农复配的2种，占6.9%；其他与取代苯类复配的1种（百菌清）、与生物农药复配的1种、与氰基丙烯酸酯类复配的1种、与喹啉类复配的1种，合并共占13.8%（详见表5-1）。

从登记在小麦锈病防治上的农药有效成分在国内用量情况看，总量仍以三唑类最大，甲氧基丙烯酸酯类次之。从药剂构成上看，单剂和复配剂中，三唑类用量最大，但三唑酮、三唑醇等用量很少，主要以戊唑醇、丙环唑、氟环唑和丙硫菌唑等为主；其中，丙硫菌唑主要与近两年赤霉病防治用药量较大有关，用于锈病防治的量占比较小。百菌清和多菌灵无论是单剂还是复配成分，在锈病防治上用量均较每年使用总量低得多。

根据小麦锈病登记和实际用量情况综合分析，目前防治用药呈现逐步多元化趋势，并具备以下特点。

（1）针对小麦锈病，防治产品丰富，数量和质量均呈多元化。从产品数量上看，有近260个登记产品，从种类上看，有48种不同的单剂和复配剂的防治药剂，从农药有效成分上看，共有34种不同成分，而且不仅有三唑类，还有甲氧基丙烯酸酯类、酰胺类、喹啉类、苯甲酸类、取代苯基类和生物农药等。

（2）从产能产量上看，企业生产能力为目前用量的一到多倍。即便出现历史上最大发生面积的情况，库存和产能均可保障有药可用，而且药的品种多样，不会出现单一用药或无药可用的局面。

（3）从目前生产上的防治组织方式看，科学用药、合理用药的水平不断提高，用药的时机、用药的精准性和用药量的掌握上，均较以往有了明显进步，锈病抗药性的问题也随之有大幅减缓趋势。

表5-1 48种小麦锈病防治登记农药基本情况

序号	有效成分	剂型	含量	复配组分总含量	类别
1	吡唑醚菌酯	悬浮剂	25%、30%		单剂
2	醚菌酯	悬浮剂	30%		
3	嘧菌酯	超低容量液剂/悬浮剂	8%、25%		
4	百菌清	悬浮剂/可湿性粉剂	40%、75%		
5	丙硫菌唑	可分散油悬浮剂	30%		
6	三唑醇	干拌剂	25%		
7	叶菌唑	水分散粒剂	50%		
8	丙环唑	乳油	250克/升、25%		
9	粉唑醇	悬浮剂/可湿性粉剂	25%、50%、80%、250克/升		
10	氟环唑	悬浮剂/水分散粒剂	12.5%、25%、30%、40%、70%、125克/升		
11	环丙唑醇	悬浮剂	40%		
12	己唑醇	悬浮剂	5%、10%、25%、30%		
13	三唑酮	可湿性粉剂	15%、25%、44%		
14	戊唑醇	悬浮剂/水乳剂、可湿性粉剂/水分散粒剂	12.5%、25%、70%、80%、250克/升、430克/升		
15	烯唑醇	可湿性粉剂	12.5%		
16	枯草芽孢杆菌	可湿性粉剂	1 000亿芽孢/克		
17	嘧啶核苷类抗菌素	水剂	2%、4%		
18	萎锈灵	可湿性粉剂	12%		
19	噻呋酰胺	悬浮剂	240克/升		
20	苯醚甲环唑	水乳剂/微乳剂/乳油	25%、15%	丙环唑，25%、30%	复配成分
21	吡唑萘菌胺	悬浮剂	12%	戊唑醇，40%	
22	丙硫唑	悬浮剂	5%	戊唑醇，15%	
23	代森锰锌	可湿性粉剂	30%	三唑酮，40%	
24	啶氧菌酯	悬浮剂	200克/升、7%、10%	环丙唑醇，280克/升；丙环唑，19%、30%	
25	多菌灵	悬浮剂	10%、40%	氟环唑，20%、10%	
26	福美双	可湿性粉剂/悬浮种衣剂/悬浮剂	8%、21%、26.5%	三唑酮，15%；三唑醇，24%；戊唑醇，8.5	
27	环氟菌胺	悬浮剂	1.5%	戊唑醇，11%	
28	甲基硫菌灵	悬浮剂	32%	氟环唑，35%	
29	喹啉铜	悬浮剂	12%	戊唑醇，36%	
30	硫黄	悬浮剂	45%、10%	三唑酮，50%、20%	
31	氰烯菌酯	悬浮剂	360克/升	戊唑醇，480克/升	
32	四霉素	微乳剂	0.15%	己唑醇，5%	
33	肟菌酯	悬浮剂/水分散粒剂	10%、375克/升、25%	戊唑醇，30%；环丙唑醇，535克/升；戊唑醇，75%	
34	烯肟菌胺	悬浮剂	10%	戊唑醇，20%	

2 小麦条锈病防治药剂效果试验

项目试验人员分别在湖北、河南、四川、陕西等地开展了田间药效试验和种子处理试验。各试验区用于田间试验的药剂共30种，占锈病登记用药的62.5%，其中包括三唑类、甲氧基丙烯酸酯类、酰胺类和生物农药等。室内试验22种，种子处理组合23种，对锈病防治的主要登记用药和部分新药进行全面的效果试验，同时还对西北农林科技大学的两个新型生物农药进行了多点试验。田间试验严

格按照药效试验要求，设置空白对照，并进行3次及以上重复，由专业人员进行田间调查，并按有关标准计算防效。

从各地田间试验结果看，小麦锈病防治药剂均有防治效果，不同类别的杀菌剂在速效性和持效性方面表现有差异。（详见表5-2）。

表5-2　各地防锈药剂田间筛选试验结果（2022—2024年）

地点	供试农药名称	药剂用量	含量	剂型	防效（%）
湖北荆州	氯氟醚菌唑	25克/亩	400克/升	悬浮剂	73.32
	苯醚唑酰胺	60克/亩	10%	乳油	87.12
	氟唑菌酰羟胺	60克/亩	200克/升	悬浮剂	68.24
	氟环唑	60克/亩	125克/升	悬浮剂	91.12
	解淀粉芽孢杆菌EA19	200克/亩	100亿CFU*/克	可湿性粉剂	55.30
湖北襄阳	烯唑醇	40克/亩	12.5%	可湿性粉剂	88.70
	丙硫菌唑	30毫升/亩	30%	可分散油悬浮剂	85.30
	丙唑·戊唑醇	40毫升/亩	15%	悬浮剂	85.66
	Y19315	10毫升/亩	10%	乳油	81.72
	苯醚唑酰胺	10毫升/亩	10%	乳油	85.48
	氟环唑	48毫升/亩	12.5%	悬浮剂	88.89
	三唑酮	80毫升/亩	15%	可湿性粉剂	78.13
四川绵阳	吡唑醚菌酯	35毫升/亩	25%	悬浮剂	88.79
	苯醚唑酰胺	37.5毫升/亩	20%	悬浮剂	93.24
	苯醚唑酰胺＋氟唑菌酰羟胺	37.5毫升/亩＋65毫升/亩	20%	悬浮剂	97.40
	丙硫菌唑	40毫升/亩	30%	可分散油悬浮剂	99.93
	丙硫菌唑＋氟唑菌酰羟胺	40毫升/亩＋65毫升/亩	20%	悬浮剂	99.98
	戊唑醇	20毫升/亩	430克/升	悬浮剂	99.04
	戊唑醇＋氟唑菌酰羟胺	20毫升/亩＋65毫升/亩	20%	悬浮剂	99.17
	叶菌唑	50克/亩	8%	悬浮剂	96.02
	叶菌唑＋氟唑菌酰羟胺	50克/亩＋65毫升/亩	8%	悬浮剂	97.69
河南南阳施药14天	丙环·嘧菌酯	15克	18.7%	水分散粒剂	88.66
	SY061	50毫升/亩			89.64
	SY125	180毫升/亩			88.66
	枯草芽孢杆菌	20克/亩	1 000亿/克	可湿性粉剂	76.77
	吡唑醚菌酯	40毫升/亩	25%	悬浮剂	84.73
	丙硫菌唑·戊唑醇	40毫升/亩	40%	悬浮剂	94.40
	丙唑·戊唑醇	60毫升/亩	15%	悬浮剂	87.68
	氰烯菌酯	150毫升/亩	25%	悬浮剂	93.82
	嘧啶核苷类抗菌素	400倍液	4%	水剂	89.53
	戊唑醇	25毫升/亩	430克/升	悬浮剂	81.57
河南南阳施药7天	丙环·嘧菌酯	15克	18.7%	水分散粒剂	93.72
	SY061	50毫升/亩			92.90
	SY125	180毫升/亩			93.06
	枯草芽孢杆菌	20克/亩	1 000亿/克	可湿性粉剂	91.11
	吡唑醚菌酯	40毫升/亩	25%	悬浮剂	92.97
	丙硫菌唑·戊唑醇	40毫升/亩	40%	悬浮剂	94.57
	丙唑·戊唑醇	60毫升/亩	15%	悬浮剂	93.08
	氰烯菌酯	150毫升/亩	25%	悬浮剂	94.68
	嘧啶核苷类抗菌素	400倍液	4%	水剂	92.71
	戊唑醇	25毫升/亩	430克/升	悬浮剂	90.09

* CFU为菌落形成单位，指单位体积中的活菌个数。全书同。——编者注

（续）

地点	供试农药名称	药剂用量	含量	剂型	防效（%）
陕西扶风	三唑酮	60克/亩	15%	粉剂	77.11
	吡唑醚菌酯	0.8克/亩	25%	悬浮剂	72.70
	醚菌酯	75克/亩	50%	水分散粒剂	72.10
	嘧菌酯	3.2克/亩	25%	悬浮剂	71.49
	SY125	40毫升/亩			74.78
	SY061	40毫升/亩			80.98

从表中防治效果可知，吡唑醚菌酯等线粒体呼吸抑制剂类农药的防效总体高于三唑类农药防效，且作用方式不同于三唑类，所以可作为锈病防治的后备或替代药剂。三唑类农药总体防效可满足生产要求，但不同成分的药剂间防效差异较大，几个老品种如三唑酮等防效相对较低，而氟环唑、丙硫菌唑等则防效较好。生物农药在各地有不错的表现，总体防效均在60%以上，特别是西北农林科技大学研制的两个生物农药SY061和SY125，在陕西、河南的防效均接近高效三唑类农药和新型农药，枯草芽孢杆菌、嘧啶核苷类抗菌素也有较好的表现，但总的防效相对较低。

表5-3　种子处理药剂防锈病试验结果

地点	供试农药名称	药剂用量（每100公斤种子用量）	第一组分含量（%）	第二组分剂型	第二组分含量（%）	第二组分剂型	防效（%）
四川绵阳	吡唑醚菌酯	300克	25%	悬浮剂			99.62 ± 0.30
	吡唑醚菌酯 + 吡蚜酮	—	25%	悬浮剂	25%	悬浮剂	94.15 ± 1.31
	吡唑醚菌酯 + 吡虫啉	—	25%	悬浮剂	60%	悬浮种衣剂	97.72 ± 0.46
	吡唑醚菌酯 + 多效唑 + 吡虫啉	—	25%	悬浮剂	25%	悬浮剂	95.48 ± 2.28
	苯醚唑酰胺	70毫升	20%	悬浮剂			99.47 ± 0.16
	苯醚唑酰胺 + 吡虫啉	—	20%	悬浮剂	60%	悬浮种衣剂	99.17 ± 0.31
	苯醚唑酰胺 + 多效唑 + 吡虫啉	—	20%	悬浮剂	25%	悬浮剂	98.31 ± 0.34
	叶菌唑	43毫升	8%	悬浮剂			86.42 ± 12.8
	叶菌唑 + 吡虫啉	—	60%	悬浮种衣剂	25%	悬浮剂	98.19 ± 0.62
	叶菌唑 + 多效唑 + 吡虫啉	—	8%	悬浮剂	25%	悬浮剂	90.56 ± 4.86
	丙硫菌唑	11.5毫升	30%	悬浮剂			97.79 ± 0.52
	丙硫菌唑 + 吡虫啉	—	30%	悬浮剂	60%	悬浮种衣剂	98.12 ± 0.83
	丙硫菌唑 + 多效唑 + 吡虫啉	—	30%	悬浮剂	25%	悬浮剂	87.05 ± 3.12
	三氟吡啶胺	120毫升	20%	种子处理剂			-3.01 ± 34.05
	三氟吡啶胺 + 吡虫啉	—	20%	种子处理剂	60%	悬浮种衣剂	33.30 ± 21.34
	三氟吡啶胺 + 多效唑 + 吡虫啉	—	20%	种子处理剂	25%	悬浮剂	56.48 ± 12.6
	戊唑醇	8毫升	43%	悬浮剂			99.99 ± 0.00
	戊唑醇 + 丙硫唑	80克	10%	悬浮剂	5%	悬浮剂	99.87 ± 0.06
	戊唑醇 + 吡虫啉	500毫升	1.1%	悬浮剂	30.9%	悬浮剂	99.13 ± 0.17
	噻虫嗪 + 咯菌腈 + 苯醚甲环唑	400毫升	22.6%	悬浮种衣剂	2.2%	悬浮剂	98.15 ± 1.16
	噻虫嗪 + 咯菌腈 + 苯醚甲环唑	400克	32%	悬浮种衣剂	3%	悬浮剂	98.15 ± 1.16
	噻虫嗪 + 烯肟菌胺 + 苯醚甲环唑	600克	42.6%	悬浮种衣剂	0.6%	悬浮剂	99.43 ± 0.10
	噻虫嗪 + 咯菌腈 + 氟唑环菌胺	300毫升	22.8%	悬浮种衣剂	2.2%	悬浮剂	90.82 ± 7.20

从湖北荆州田间试验结果看，10%苯醚唑酰胺乳油60毫升/亩的田间防治效果为87.12%，与对照药剂125克/升氟环唑悬浮剂60克/亩防效相当，且产量之间差异不显著，该药剂可作为防治条锈病的三唑类药剂的替代品。湖北襄阳田间大区展示防治效果表明，在小麦条锈病初发期喷施，7天后再喷施1次，第二次药后10天调查，除三唑酮外，其余药剂对条锈病均具有80%以上的防治效果，其中来自巴斯夫公司的12.5%氟环唑防效最好，可达88.89%效果，其次为贵州道元的15%丙硫唑·戊

唑醇和华中师范大学的10%苯醚唑酰胺，防效分别为85.66%和85.48%，几种药剂的防效均显著高于15%三唑酮可湿性粉剂的防效。这几种药剂均可作为防治小麦条锈病的后备和替代药剂。

从小麦种子处理药剂看（表5-3），除了三氟吡啶胺及组合拌种效果较差，其他药剂及组合拌种防效均在85%以上，吡唑醚菌酯、苯咪唑酰胺、戊唑醇等单剂拌种，防效可达99%以上，苯咪唑酰胺＋吡虫啉的防效也在99%以上。由此可知，播种前选择戊唑醇、吡唑醚菌酯、苯醚唑酰胺、叶菌唑、丙硫菌唑等锈病的特效药对麦种进行拌种，可有效降低幼苗期锈病的发生危害。

从河南示范区试验情况看，在推荐剂量下，甲氧基丙烯酸酯类杀菌剂如：25%吡唑醚菌酯悬浮剂施药后7天、14天的防治效果分别为92.97%、84.73%；25%氰烯菌酯悬浮剂施药后7天、14天的防治效果分别为94.68%、93.82%，对小麦条锈病有较好防治效果，同时对小麦赤霉病防效分别为86.81%和84.03%，相较于其他防控药剂有更大的兼顾性，可防控小麦中后期条锈病、赤霉病等主要病害，可作为三唑类替代药剂或进行轮换使用。

三唑类药剂中表现较好的是40%丙硫菌唑·戊唑醇悬浮剂，对小麦条锈病抗病性达94.40%（14天）；18.7%丙环·嘧菌酯施药后7天、14天的防治效果分别为93.72%、88.66%；430克/升戊唑醇悬浮剂在两个梯度下，施药后7天、14天的防治效果分别为90.09%、81.57%。

生物药剂中，15%丙唑·戊唑醇这一复配剂对小麦条锈病防效较好，在7天和14天分别达到了93.08%和87.68%，但其持效期较短；其次是SY061和SY125，SY061持效期较长，后期防控能力强；21天试验结果表明，嘧啶核苷类抗菌素对小麦条锈病也有较高的防控效果。

3 小麦锈病防治的用药对策建议

小麦锈病作为我国小麦的第一大病害，一直受到国家的高度重视。每年国家都有专项资金用于病虫害防治。各地方政府也配套各种政策和资金，用于小麦重大病虫的防控工作。广大农民和专业化合作组织，防治意识较强，基本的防治技术也较熟悉。所以，近年来的小麦病虫防治工作取得了显著成效。特别是锈病的防控取得了有史以来最好的效果，连续多年小麦锈病发生面积不断下降，危害损失降低。在化学防治方面，三唑类农药的经济、高效，起到了重要作用。随着替代农药的陆续出现，小麦锈病作为低抗药性风险病害，只要坚持原则，且保持一定的施药策略，抗药性或因抗药性引起的难以防治的问题一般不会出现。

锈病防治用药原则：加强大区流行规律研究；提高预测预报水平；减少盲目用药；抓准防治用药时期；采取"种子处理压低基数、早期防治阻截流行、应急防治控制危害"的策略，实现全生育期科学用药。

本研究通过对丙硫菌唑、氰烯菌酯、氯氟醚菌唑、苯醚唑酰胺酯等20余种药剂开展防治小麦锈病的田间试验和种子处理试验，结果表明在已登记的三唑类药剂中，丙硫菌唑及其复配剂对小麦条锈病有较好的防治效果，且持效期较长，对小麦中后期病害广谱性较强，可替代三唑酮等药剂，达到农药使用减量化的目的；非三唑类药剂中，吡唑醚菌酯等线粒体呼吸抑制剂的药效总体高于三唑类农药防效，且作用方式不同于三唑类，所以可作为锈病防治的后备或替代药剂；氰烯菌酯、叶菌唑等药剂不仅对小麦条锈病有较好防治效果，同时对小麦赤霉病也能做到有效防控，相较于其他防控药剂有更大的兼顾性，可同时防控小麦中后期条锈病、赤霉病等主要病害。

撰稿：赵中华　李跃　杨立军　彭云良　杨芳

第二节　小麦条锈病防治新药剂试验研究

化学防治是防控条锈病的有效手段，见效快、成本低、效果好。目前生产上常用的杀菌剂主要是三唑类，如三唑酮。但长期单一使用导致部分地区条锈菌出现耐药性，防效降低，用药量也在逐年增加。过量施用化学农药会导致严重的食品安全和生态安全隐患，亟需可替代三唑类农药的新型高效低毒环境友好型杀菌剂，为实现病害绿色减药综合防控提供强有力的技术支撑。

植物免疫诱抗剂通过调节植物本身的免疫、代谢系统促使植物获得或提高对病原菌的抗性，从而减少化学农药与化肥的使用量，降低农产品残留，具有显著防病、抗逆、促生长、增产和品质改良作用，且对人畜无害，不污染环境。植物免疫诱抗剂因对人畜毒性低、环境相容性高、作用谱广、不会使病原菌产生抗药性等优点而获得关注，在农业生产中应用越来越广泛，现已成为植物病害防治研究的热点和趋势。应用植物免疫诱抗剂防治小麦条锈病是一种潜在的良好防治策略。目前已知能够激活植物产生免疫反应的诱抗剂有蛋白类、寡糖类、脂类、小分子代谢物类、水杨酸及其类似物等类型，其中寡糖类在一些作物，如水稻、玉米、柑橘、辣椒等被应用，效果显著，但关于其在小麦抗病效果方面的研究较少。

本研究挑选13种化学杀菌剂对条锈病的防治效果进行试验，包括5种新型非三唑类药剂，3种新型三唑类药剂，2种新农药制剂，以及嘧菌酯、醚菌酯和三唑酮3个对照药剂。通过室内盆栽试验进行治疗性和保护性试验，筛选对条锈病防治效果好的新型化学农药。对其中5种药剂进行田间防效试验，与室内试验结果一致，对条锈病具有较高的防效。同时，对氨基寡糖素防控小麦条锈病的效果进行了室内和大田试验，明确了施用条件和防治效果。防治小麦条锈病新型化学药剂和诱抗剂的鉴定，将有助于克服条锈病防控中长期单一使用三唑酮导致抗药性产生进而过量使用的问题，为条锈病绿色防控提供技术参考和依据。

1　材料与方法

1.1　小麦品种和试验药剂

供试小麦品种：水源11，高感小麦条锈病，用于室内盆栽试验；青麦10，中国科学院西北高原生物研究所培育，2019年通过青海省农作物品种审定委员会审定，用于青海田间试验；小偃22，西北农林科技大学选育，2003年9月通过国家品种审定委员会审定，用于免疫诱抗剂田间试验。

供试菌株：CYR31和CYR34，由青海大学保存和提供。

供试药剂：见表5-4和表5-5。

表5-4　室内盆栽试验杀菌剂

类别	药剂名称	药剂来源
甾醇脱甲基抑制剂类（DMIs）	98%三唑酮原药	上海皓元生物医药科技有限公司
	98%氯氟醚菌唑原药	郑州阿尔法化工有限公司
	96%苯醚甲环唑原药	先正达股份有限公司
	95%氟硅唑原药	湖北速普尔化工有限公司
琥珀酸脱氢酶抑制剂类（SDHIs）	98%氟唑菌酰胺原药	郑州阿尔法化工有限公司
	99.2%氟唑菌酰羟胺原药	贵州大学
	98%苯并烯氟菌唑原药	先正达股份有限公司
	95%噻呋酰胺原药	青岛海纳生物科技有限公司
甲氧基丙烯酸酯类（QoIs）	98%嘧菌酯原药	上海皓元生物医药科技有限公司
	98%醚菌酯原药	

（续）

类别	药剂名称	药剂来源
农药制剂	25%氰烯菌酯悬浮剂 SY125悬浮剂 SY061悬浮剂	江苏省农药研究所股份有限公司

表5-5　田间试验杀菌剂

药剂名称	药剂来源
15%三唑酮可湿性粉剂	四川国光农化股份有限公司
400克/升氟氯醚菌唑悬浮剂	巴斯夫欧洲公司
10%苯醚甲环唑水分散粒剂	先正达南通作物保护有限公司
400克/升氟硅唑乳油	山东野田生物科技有限公司
42.4%唑醚·氟酰胺悬浮剂	巴斯夫欧洲公司
45%苯并烯氟菌唑·嘧菌酯水分散粒剂	先正达股份有限公司
240克/升噻呋酰胺悬浮剂	盐城利民农化有限公司
250克/升嘧菌酯悬浮剂	先正达南通作物保护有限公司
50%醚菌酯水分散粒剂	东莞市瑞德丰生物科技有限公司
25%氰烯菌酯悬浮剂	江苏省农药研究所股份有限公司
SY125悬浮剂	江苏省农药研究所股份有限公司
SY061悬浮剂	江苏省农药研究所股份有限公司

注：供试免疫诱抗剂是氨基寡糖素，来自海南正业中农高科股份有限公司。

1.2　室内盆栽防治效果

用9种新药剂及4个对照药剂分别进行治疗作用（先接种后施药）试验和保护作用（先施药后接种）试验。治疗试验处理如下：取二叶一心期水源11麦苗，用HD-130喷笔均匀喷雾接种小麦条锈菌悬浮液，接种浓度2×10^5个夏孢子/毫升。接种后置于14℃黑暗条件培养1天后，再喷施各个处理药剂，每个处理药剂设置5～7个浓度梯度，4次重复，以不施药处理为空白对照。将施药后的小麦苗转移至温度为16℃/12℃（白天/黑夜）、光照度8 000～10 000勒克斯、光周期16小时、相对湿度60%～80%的培养条件下培养，当对照处理发病率达到80%时按照《GB/T 17980.21—2000农药田间药效试验准则》调查病情，计算EC_{50}。保护性试验于接种前24小时进行喷药处理，其余操作和调查均同治疗作用试验。

研究氨基寡糖素不同施用方式对小麦生长影响。选用1/500倍、1/1 000倍氨基寡糖素分别添加到1升霍格兰氏液（Hogland）中，培养小麦种子，20天后观察生长情况，记录株高、根长、根干重、根鲜重等。小麦在16℃和70%～80%湿度培养至二叶一心，分别用1/200倍、1/500倍、1/1 000倍浓度的氨基寡糖素均匀喷施，待叶片药剂完全干透后放入培养箱继续培养，14天后记录二叶叶片长度。

室内喷施氨基寡糖素对小麦条锈病防效测定。二叶一心期小麦用1/200倍、1/500倍、1/1 000倍浓度的氨基寡糖素喷施，分别于1天、3天、7天、10天后接种条锈菌CYR31，黑暗保湿24小时后，于16℃/12℃（白天/黑夜），光照16小时/天的培养箱培养，接菌14天后观察表型并拍照。

1.3　田间小区防治效果

2024年4月1日于青海省播种小麦青麦10。共设置9个处理：180毫升/亩SY125悬浮剂、50毫升/亩SY061悬浮剂、150毫升/亩25%氰烯菌酯悬浮剂、10毫升/亩400克/升氟硅唑乳油、20毫升/亩400克/升氟氯醚菌唑悬浮剂、15克/亩250克/升嘧菌酯悬浮剂、20毫升/亩42.4%唑醚·氟酰胺悬浮剂、80克/亩15%三唑酮可湿性粉剂和喷施清水对照。小区面积30米^2，小区随机区组排列。在小麦拔节期（5月17日）采用抖粉的方式进行小麦条锈菌CYR34接种，接种后盖膜保湿过夜。6月8日，在小麦孕穗期采用每公顷1 000升的用水量进行电动喷雾器喷雾，施药后7天和14天，按照标准调查各处理（含对照区）病情，计算病情指数和防治效果。防治效果（%）=[（对照区病情指数－药剂处理区病情指数）/对照区病情指数]×100。

氨基寡糖素处理：设立5个处理，1个对照，每个处理重复3次，每个区面积为666米^2，处理随机排列，施药器械为手动喷雾器，具体处理如表5-6。

表5-6 氨基寡糖素田间试验处理

	处理一	处理二	处理三	处理四	处理五	空白对照
播种期	拌种	拌种	拌种	常规管理	常规管理	常规管理
返青期	1/1 000倍喷施	常规管理	常规管理	1/500倍喷施	常规管理	常规管理
抽穗扬花期	1/1 000倍喷施	一喷三防药剂（少）	常规管理	1/500倍喷施	一喷三防药剂（多）	常规管理
面积	3亩	3亩	3亩	3亩	3亩	4亩

1.4 杀菌剂对条锈菌侵染、生长及发育影响

为研究新药剂对条锈菌侵染、生长、发育的影响，对施药后接菌叶片中条锈菌的生长发育情况进行统计。分别于喷药后24小时、48小时（接菌后48小时、72小时）采集小麦叶片，将样品剪成2厘米左右长的叶段，无水乙醇/冰醋酸处理脱色，饱和水合氯醛透明，透明叶片在KOH溶液中沸水煮7～10分钟，Tris-HCL溶液浸泡冲洗30分钟。之后用20微克/毫升WGA-Alexa 488荧光染液避光染色20小时，蒸馏水冲洗3次，每次10分钟。处理叶片在50%甘油溶液保存，在微分干涉显微镜（Olympus BX-53）下观察，统计侵染点菌丝长度及侵染面积，每个样品统计30个侵染点。用GraphPad Prism 6软件对所得数据进行分析和作图。

1.5 数据统计

用SPSS标准统计软件计算出毒力回归方程$y=a+bx$，有效抑制中浓度（EC_{50}）、相关系数（R）以及95%置信区间，利用SPSS软件单因素分析LSD法进行显著性差异分析。

2 结果与分析

2.1 盆栽防治效果的比较

2.1.1 各新型杀菌剂防治效果

治疗性试验结果表明（表5-7），氯氟醚菌唑、氟唑菌酰胺、嘧菌酯等杀菌剂对小麦条锈菌的治疗性效果比传统药剂三唑酮表现更优，EC_{50}值在0.007～0.110毫克/升之间；苯并烯氟菌唑、噻呋酰胺等4种药剂对小麦条锈菌的治疗性效果比三唑酮差，EC_{50}值范围为0.264～3.046毫克/升，其中醚菌酯最差，EC_{50}值为3.046毫克/升；3种农药制剂对小麦条锈病的治疗性作用，SY125悬浮剂＞SY061悬浮剂＞25%氰烯菌酯悬浮剂。保护性试验结果表明，苯并烯氟菌唑等杀菌剂的保护性作用均比三唑酮好，其EC_{50}值在0.037～1.990毫克/升之间，三唑酮保护性效果最差，EC_{50}值为9.264毫克/升；3种农药制剂SY125悬浮剂、SY061悬浮剂和25%氰烯菌酯悬浮剂对小麦条锈病具有较好的保护性效果。

表5-7 不同化学药剂对小麦条锈病的室内盆栽效果

杀菌剂	治疗作用		保护作用	
	毒力方程	EC_{50}（毫克/升）	毒力方程	EC_{50}（毫克/升）
98%氯氟醚菌唑原药	$y=0.96x+1.79$	0.007	$y=1.26x+0.96$	0.172
98%氟唑菌酰胺原药	$y=0.85x+2.03$	0.017	$y=0.69x+0.40$	0.261
98%嘧菌酯原药	$y=1.96x+2.13$	0.079	$y=1.53x+1.21$	0.162

（续）

杀菌剂	治疗作用		保护作用	
	毒力方程	EC_{50}（毫克/升）	毒力方程	EC_{50}（毫克/升）
95%氟硅唑原药	$y=1.51x+1.58$	0.110	$y=0.69x+0.37$	0.290
98%三唑酮原药	$y=1.05x+0.78$	0.154	$y=0.89x+0.85$	9.264
98%苯并烯氟菌唑原药	$y=1.29x+0.72$	0.264	$y=1.30x+1.86$	0.037
95%噻呋酰胺原药	$y=0.70x+0.07$	0.810		
96%苯醚甲环唑原药	$y=1.81x+0.01$	0.945	$y=1.97x+0.59$	1.990
98%醚菌酯原药	$y=1.51x+0.74$	3.046	$y=2.66x+0.93$	1.980
SY125（毫升/升）	/	/	$y=1.33x+3.02$	0.006
SY061（毫升/升）	$y=1.79x+3.95$	0.005	$y=1.92x+4.19$	0.007
25%氰烯菌酯（毫升/升）	$y=2.04x+2.30$	0.087	$y=2.72x+3.10$	0.075

2.1.2　免疫诱抗剂氨基寡糖素不同施用方式对小麦生长的影响

用不同浓度的氨基寡糖素对小麦进行浸种培养，观察小麦生长情况，并测量株高和根长。结果表明，水培条件下氨基寡糖素会对小麦生长造成显著影响，主要表现株高降低、根变短，随着浓度提升而明显，1/1 000倍影响最大（图5–1）。用不同浓度氨基寡糖素喷施小麦，统计二叶长度，发现1/1 000倍可以明显促进小麦二叶长度，1/500倍也起促进作用，但比1/1 000倍作用低，而1/200倍时小麦二叶显著变短（图5–2）。结果表明，水培条件下氨基寡糖素会抑制小麦生长，氨基寡糖素喷施培养小麦对小麦生长无较大影响。因此，后续试验中选择1/1 000倍和1/500倍氨基寡糖素作为主要处理浓度，叶面喷施作为主要处理方式。

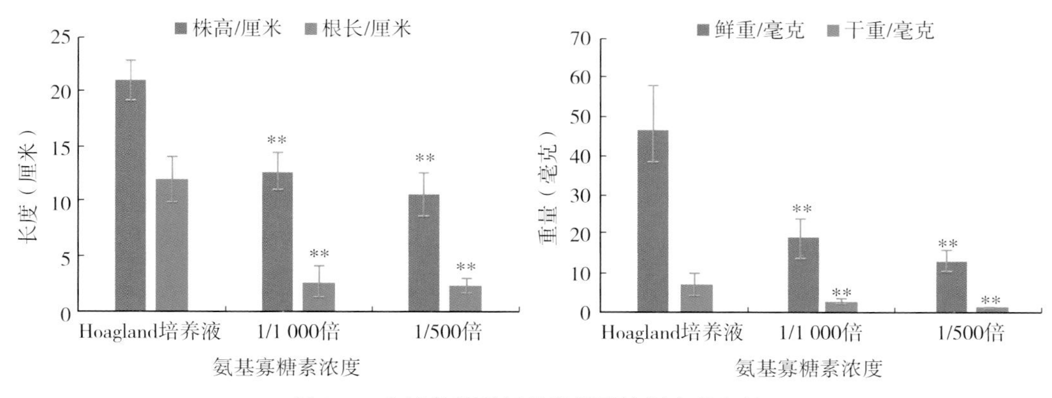

图5–1　水培条件下氨基寡糖素抑制小麦生长

2.1.3　喷施免疫诱抗剂氨基寡糖素对小麦条锈病防效

于不同时期喷施不同浓度氨基寡糖素后，接种条锈菌CYR31观察发病情况。结果表明，氨基寡糖素处理1天后接菌，1/200倍与1/500倍喷施处理的小麦叶片表现免疫，1/1 000倍喷施处理叶片则出现少量夏孢子，但相较于对照，产孢量明显减少；1/200倍氨基寡糖素处理后3天接菌，叶片出现少量褪绿斑但无夏孢子，处理后7天接菌叶片出现较多夏孢子；处理后10天接菌，各个浓度氨基寡糖素处理

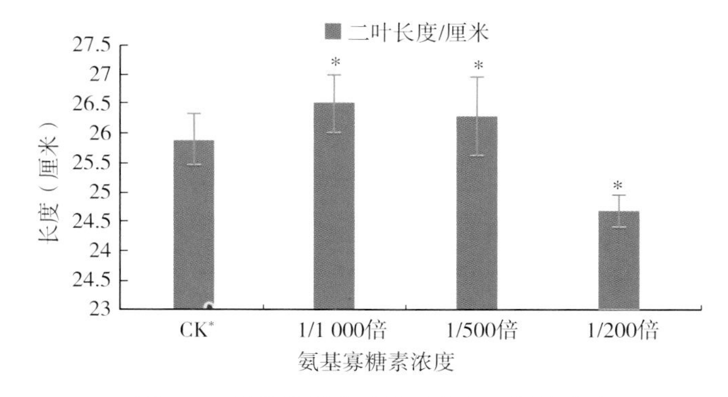

图5–2　氨基寡糖素喷施对小麦生长的影响

注："*"表示差异显著情况。

* CK代表空白对照。全书同。——编者注

叶片的发病情况与对照无明显差别（图5-3）。以上结果表明，氨基寡糖素作为一种新型植物免疫诱抗剂，可以诱导小麦对条锈菌产生抗性，且这种抗性情况随氨基寡糖素喷施浓度的提升而增强，但氨基寡糖素具有一定持效期，约为7天。

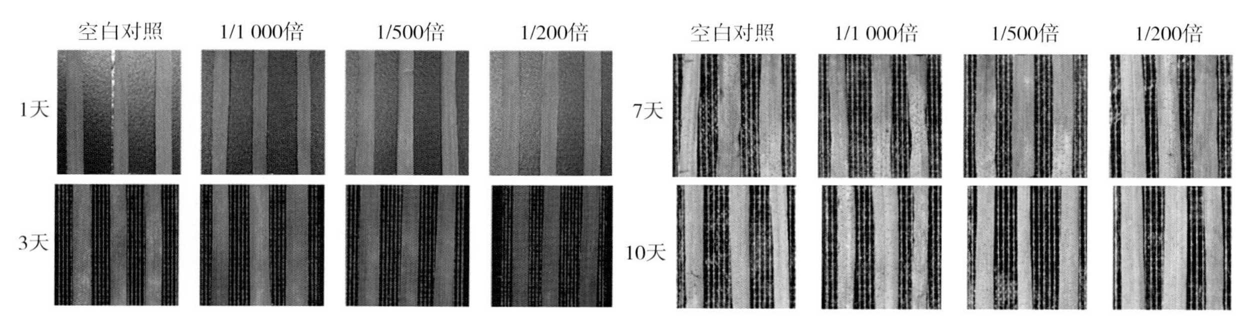

图5-3　室内氨基寡糖素喷施提高小麦对条锈菌抗性

2.2　田间小区试验药效

2.2.1　5种新药剂田间防治效果

选择盆栽效果相对较好的药剂，进行田间小区试验。结果显示（表5-8），新农药制剂（代号SY125和SY061）防效均显著高于对照药剂15%三唑酮粉剂和50%醚菌酯，防效分别为98.11%和98.53%，25%氰烯菌酯悬浮剂、400克/升氟硅唑乳油、400克/升L氟氯醚菌唑悬浮剂和2.4%唑醚·氟酰胺悬浮剂防效低于15%三唑酮粉剂，防效分别为85.75%、77.80%、80.15%和84.98%。

表5-8　不同药剂对小麦条锈病的田间防治效果

药剂处理	施药浓度/亩	病情指数（%）	防治效果（%）
SY125悬浮剂	180毫升	2.11	98.11
SY061悬浮剂	50毫升	1.39	98.53
25%氰烯菌酯悬浮剂	150毫升	13.44	85.75
400克/升氟硅唑乳油	10毫升	20.94	77.80
400克/升氟氯醚菌唑悬浮剂	20毫升	18.72	80.15
50%醚菌酯水分散粒剂	15克	16.39	82.63
42.4%唑醚·氟酰胺悬浮剂	20毫升	14.17	84.98
15%三唑酮粉剂	80克	8.11	91.40
空白对照		94.33	0

2.2.2　田间喷施氨基寡糖素对小麦条锈病防效与产量影响

氨基寡糖素田间试验效果（表5-9）显示，无论是拌种还是拌种加喷施处理，其防治效果与对照有显著差异，拌种加喷施效果优于拌种，且随用药浓度提升而增强。目前拌种加1/500倍氨基寡糖素处理防治效果最好，防效达到28.98%，说明氨基寡糖素对条锈病有一定防效。

表5-9　氨基寡糖素对小麦条锈病的防效统计

处理	病情指数	防治效果（%）
拌种区	49.33 ± 2.10*	20.90 ± 5.61
拌种 + 1/1 000倍氨基寡糖素喷施	48.44 ± 1.52*	22.33 ± 1.19
拌种 + 1/500倍氨基寡糖素喷施	44.30 ± 2.25*	28.98 ± 5.12
对照区	62.37 ± 2.25	—

注："*"表示差异显著情况。

分别于小麦返青期、拔节期、抽穗扬花期在叶面喷施1/1 000倍氨基寡糖素，调查小麦株高、穗

长、穗粒数、亩穗数、千粒重等性状。结果表明氨基寡糖素处理的小麦植株株高为77.05厘米，亩穗数平均35.0万穗，穗粒数40.4个，均显著高于对照植株（图5-4）。

2.3 SY061和25%氰烯菌酯对条锈菌侵染及植株生长发育影响

选择室内和田间试验防效较好的SY061悬浮剂和25%氰烯菌酯悬浮剂2种杀菌剂，对其作用机理进行初探，分析其对小麦条锈菌菌丝发育的影响。选择0.04毫升/升SY061悬浮剂和0.09毫升/升25%氰烯菌酯悬浮剂处理接菌24小时后的小麦苗，采样后经小麦胚芽凝集素染色观察并统计菌丝长度和菌丝面积。统计结果显示施药叶片中小麦条锈菌菌丝长度与侵染面积均显著低于对照叶片（图5-5），表明二者均能有效抑制小麦条锈菌菌丝扩展。

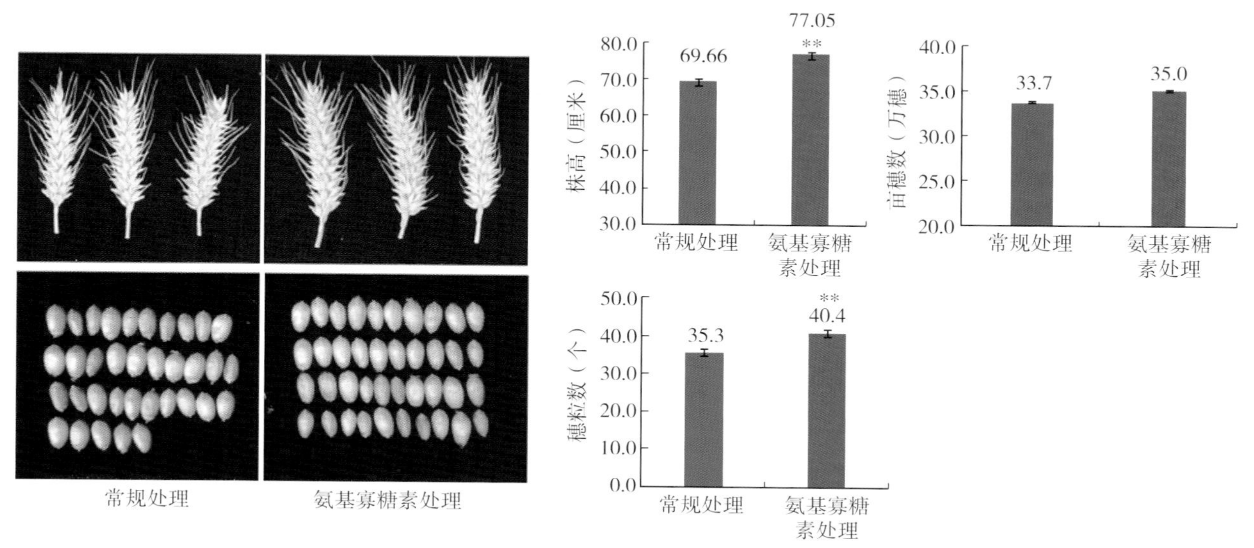

图5-4 田间喷施氨基寡糖素提高小麦产量

注："*"表示差异显著情况。

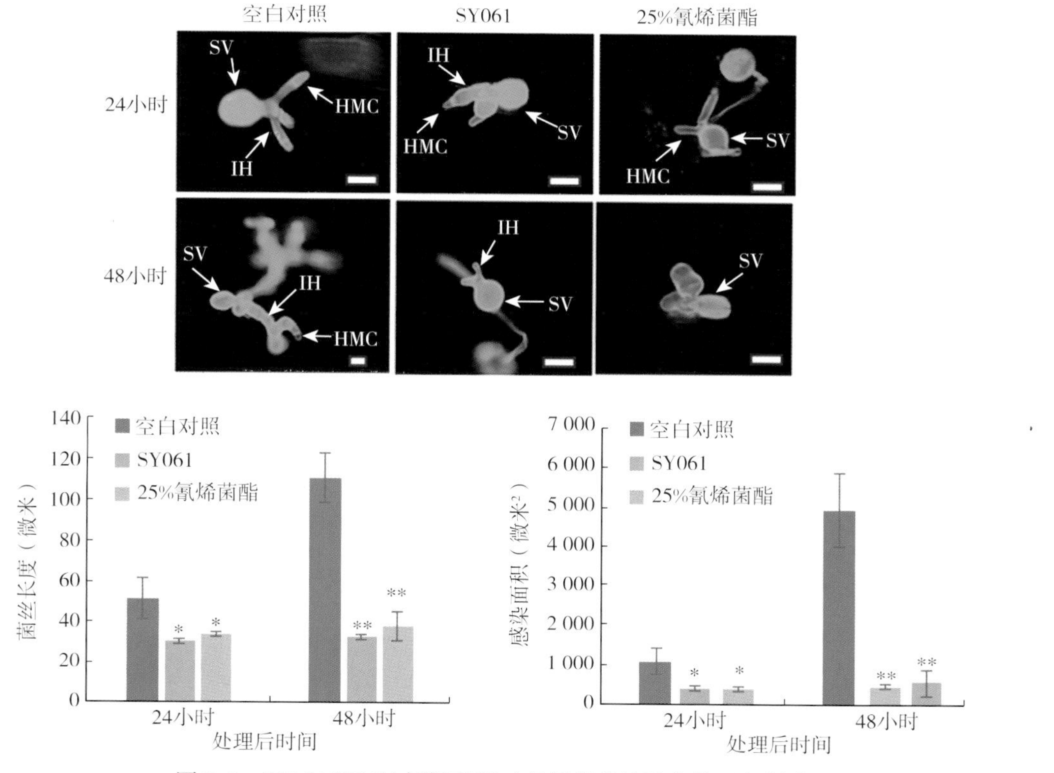

图5-5 SY061和25%氰烯菌酯对条锈菌菌丝及菌落面积影响

注：IH.侵染菌丝；HMC.吸器母细胞；SV.气孔下囊；"*"表示差异显著情况。

3 讨论

条锈病是小麦上的重大真菌病害，发生面积大，流行速度快，严重危害小麦的生产安全。一直以来，科学家致力于小麦抗病品种培育，但条锈菌快速变异导致品种抗性丧失，抗性品种的培育速度远落后于病原菌新小种产生速度，远不能满足市场需求。化学防治一直是防治小麦条锈病的重要措施，不仅可在短期快速抑制条锈菌生长和扩散，还能从预防、治疗和铲除各方面达到较好效果。值得注意的是，生产中对小麦条锈病的化学药剂防控主要依赖三唑类杀菌剂，长期单一使用易造成小麦条锈菌产生耐药性，导致一些常用杀菌剂“失效”，防控效率降低，农药使用量增加。不仅对环境不友好，也对人类健康产生了一定的威胁，亟需筛选出新型高效低毒环境友好的杀菌剂和免疫诱抗剂，为实现病害绿色减药综合防控提供强有力的技术支撑。本研究筛选到江苏省农药研究所股份有限公司提供的2个新型农药制剂SY061和SY125，其盆栽治疗和保护效果均显著高于三唑酮，25%氰烯菌酯和甾醇脱甲基抑制剂类药物氟硅唑、氟氯醚菌唑效果良好，与三唑酮相当。

SY061、SY125和25%氰烯菌酯由江苏省农药研究所股份有限公司开发，可用于防治小麦赤霉病，SY061还可防治小麦白粉病。研究中，SY061、SY125对小麦条锈病防治效果优异，25%氰烯菌酯防治效果较好。作用机理研究发现，氰烯菌酯和SY061能够显著抑制条锈菌菌丝生长和扩展，从而限制病害发生。康振生等（1993）研究发现三唑酮导致小麦条锈菌菌丝细胞壁增厚（尤其菌丝顶端加厚非常明显）从而影响质膜生物功能，阻止菌丝延伸，同时增加被侵细胞胼胝质的形成概率影响寄主植物代谢，从而间接影响条锈菌的发育。与三唑酮不同的是，烯唑醇会导致菌丝整个细胞壁加厚而不止菌丝顶端，由此推断这可能是烯唑醇防效比三唑酮更好的原因之一。3种药剂抑制菌丝生长发育的机制仍需进一步利用电子显微技术、免疫细胞化学技术等方法等深入研究。

盆栽试验表明氯氟醚菌唑和氟唑菌酰胺两种化学药剂活性较好，优于防治条锈病主流药剂三唑酮和嘧菌酯，说明二者具有重要应用潜力，后续将继续进行田间药效试验。氟唑菌酰胺是由巴斯夫公司开发的琥珀酸脱氢酶抑制剂（SDHI）类杀菌剂，抑制真菌孢子萌发、芽管和菌丝体生长而起作用。甾醇脱甲基抑制剂（DMIs）类药物氟氯醚菌唑是由巴斯夫公司开发的新型异丙醇三唑类杀菌剂，与吡唑醚菌酯联合使用能有效防治水稻纹枯病和穗腐病，2020年登记用于我国小麦白粉病防治。研究为综合防控小麦上3种重要真菌病害提供了优异后备防治药剂。

氨基寡糖素，又称农业专用壳寡糖，是一种D-氨基葡萄糖以β-1，4糖苷键连接的低聚糖，通过诱导植物产生免疫反应，进而使植物产生抗病物质抑制病原菌入侵、生长、发育、繁殖等达到抗病作用，且有助于植物体的营养生长和生殖生长。因而，长时间多次诱导也不会出现植物的独特抗药性。本研究明确了氨基寡糖素适用于叶面喷施，可以增强小麦对条锈菌的抗性，有效期约为7天，这为合理喷施氨基寡糖素提供了理论依据。田间试验采用拌种和叶片喷施相结合，明确氨基寡糖素确实对小麦真菌病害的防控有一定效果，但防控效果与化学药剂相比仍存在一定差距。此外，氨基寡糖素喷施还能够增加小麦株高，增加亩穗数，提高小麦产量。因此，其开发应用对于促进我国小麦生产可持续发展、增收增产以及防治病害威胁有重要意义，但不建议单独使用氨基寡糖素防治条锈病，特别是病害急发重发期。

撰稿：汤春蕾　郭雅琪　靖舒媛　梁晨琛　康振生　王晓杰

第三节　小麦条锈病防治新药剂筛选试验报告

小麦条锈病必须采取以种植抗病品种为主导，辅以栽培管理和药剂防治措施的分区综合防治策略，通过科学规划布局，才能有效地遏制其危害，保障小麦生产的顺利进行。药剂防治是小麦条锈病综合治理的主要措施之一，在小麦条锈病暴发成灾的年份和地区，使用杀菌剂开展统防统治是控制条锈病的重要手段，即使是在抗条锈基因合理布局的地区，杀菌剂也是小麦条锈病防治措施的必要补充。自20世纪70年代以来，麦田的种植环境发生了巨大的变化，气候也发生了一定的变化，麦类的病害发生愈趋严重，随着种植面积的扩大，发病面积也越来越大，三唑类杀菌剂广泛推广使用对麦类病害的控制起到了巨大的作用，但是生产上长期使用单一农药，造成农药使用量增大、使用次数增多、防效下降、病菌产生抗药性、生态环境受破坏等一系列问题。

自20世纪80年代以来，三唑酮杀菌剂作为一种关键的化学防治药剂，在我国得到了大规模的应用。然而，长期单一使用三唑酮杀菌剂的结果是，小麦条锈菌对该杀菌剂产生了抗药性，导致常规三唑酮用量难以控制抗性菌株。这给我国小麦条锈病的防治带来了严峻挑战。为确保化学防治效果，应对防治方案及抗性品种布局进行适时调整，以在抗药性菌株广泛传播前实现有效控制。研究并推广新型杀菌剂，以替代或混合使用，降低单一杀菌剂的用量。同时，加强病情监测，根据病情发展情况，适时施药；为确保化学防治效果，应采取综合措施，包括适时调整防治方案、调整抗性品种布局、将生物防治与化学防治相结合以及加强科研攻关等。通过这些措施，有望实现小麦条锈病的有效控制，保障我国小麦生产的安全与稳定。

针对小麦条锈病在药剂防治方面长期过分依赖三唑类化学药剂，存在病原菌产生抗药性可能带来后续无药可用的潜在威胁的现状，本试验通过对15种药剂防治小麦条锈病的田间试验、室内苗期治疗试验和保护作用试验，以期筛选出新型药剂作为三唑类药剂的替代药剂防治小麦条锈病。

1　试验材料与方法

1.1　供试材料

本试验共涉及12个非三唑类杀菌剂，丙环唑、三唑酮、戊唑醇为对照药剂（表5-10）。田间试验品种为高原448，苗期生物测定品种为铭贤169。小麦条锈菌生理小种选用CYR34。

表5-10　供试药剂信息

药剂	剂型	含量	生产厂家
丙环唑	乳油	250克/升	先正达（苏州）作物保护有限公司
嘧啶核苷类抗菌素	水剂	4%	陕西麦可罗生物科技有限公司
丙硫菌唑	悬浮剂	30%	安徽久易农业股份有限公司
吡唑醚菌酯	悬浮剂	30%	河南勇冠乔迪农业科技有限公司
啶氧菌酯	乳油	22.5%	美国杜邦公司
三唑酮	水分散粒剂	15%	四川国光农化股份有限公司
枯草芽孢杆菌	—	500亿/克	山东慧可丰生物
大黄素甲醚	水剂	0.5%	内蒙古清源保生物科技有限公司
丙硫唑	悬浮剂	20%	贵州道元生物技术有限公司
肟菌酯	水分散粒剂	50%	河北兴柏农业科技有限公司
戊唑醇	悬浮剂	430克/升	江苏省盐城利民农化有限公司
氨基寡糖素	水剂	5%	上海沪联生物药业（夏邑）股份有限公司
嘧菌酯	悬浮剂	25%	先正达（南通）作物保护有限公司
氟苯醚酰胺	原药	95%	西北农林科技大学提供
噻呋酰胺	悬浮剂	24%	上海沪联生物药业（夏邑）股份有限公司

1.2 田间药剂筛选

2023年4月上旬使用机械条播的方式以20公斤/亩播种；每个试验小区33米^2；2023年5月31日、2023年6月4日采用人工滑石粉接种小麦条锈菌，发病初期（7月10日）进行喷药。设2个施药浓度梯度，重复3次；使用丰致3WBD-20L型号的背负式电动喷雾器施药。

参考农药田间药效试验准则，于喷药后7天、14天开展田间调查，每小区随机选有代表性的五点或对角线五点取样调查。0级：无病；1级：病斑面积占整片叶面积的5%以下；3级：病斑面积占整片叶面积的6%～25%；5级：病斑面积占整片叶面积的26%～50%；7级：病斑面积占整片叶面积的51%～75%；9级：病斑面积占整片叶面积的76%以上。

药效按式（1）、式（2）计算：

$$病情指数=\frac{\sum(各级病叶数\times相对级数值)}{调查总数\times9}\times100\% \tag{1}$$

$$防治效果=\left(1-\frac{CK_0\times PT_1}{CK_1\times PT_0}\right)\times100\% \tag{2}$$

式中：CK_0——空白对照区施药前病情指数；

CK_1——空白对照区施药后病情指数；

PT_0——药剂处理区施药前病情指数；

PT_1——药剂处理区施药后病情指数。

若施药前未调查病情基数，防治效果按式（3）计算：

$$防治效果=\frac{CK_1-PT_1}{CK_1}\times100\% \tag{3}$$

使用SPSS 24.0软件对药剂防效进行显著性分析。

1.3 苗期生物测定

盆栽法种植，将供试材料铭贤169播于方形培养盆，每盆播种10～15粒种子。参考现行的《NY/T 1156.15—2008农药室内生物测定试验准则 杀菌剂 第15部分：防治麦类叶锈病试验盆栽法》设置6个浓度梯度。使用CYR34的孢子悬浮液进行接种，保护性试验在药剂处理后24小时接种，治疗性试验在药剂处理前24小时接种。每个处理1盆，设4次重复，清水作为对照。浓度过大的处理以发病情况做倍减。每个处理1盆，设4次重复，清水作为对照，调查每盆所有叶片的发病情况，计算病情指数以及防治效果。调查分级方法与计算方法与田间药剂筛选一致。

2 试验结果

2.1 田间药剂筛选

通过显著性分析，所有药剂7天和14天的防效不存在显著性差异（表5-11）。试验结果表明，三唑类药剂15%三唑酮粉剂在2个梯度下施药后14天的防治效果分别为60.57%、65.91%；430g/L戊唑醇悬浮剂在2个梯度下施药后14天的防治效果分别为67.71%、69.59%；250克/升丙环唑悬浮剂在2个梯度下施药后14天的防治效果分别为70.97%、74.71%。

在本试验中，4%吡唑醚菌酯悬浮剂在2个梯度下，14天防效为79.22%、84.82%，用药量少，防治效果极佳，且持效期长。22.5%啶氧菌酯悬浮剂的防效在推荐剂量的高剂量下超过了90%，防治效果极佳。98%氟苯醚酰胺原药的用药量为131微克/毫升，远小于15%三唑酮粉剂、250克/升丙环唑悬浮剂、430克/升戊唑醇悬浮剂较低浓度梯度下的有效成分含量265微克/毫升、225微克/毫升、258微克/毫升，但其田间防效却显著性高于这3类三唑类药剂，且98%氟苯醚酰胺原药在3克/亩处理条件下14天的防治效果为88.31%；在4克/亩处理条件下14天的防治效果为91.77%，防治效果极佳。

98%氟苯醚酰胺原药、22.5%啶氧菌酯悬浮剂和4%吡唑醚菌酯悬浮剂在7天和14天的防效显著高于传统三唑类药剂15%三唑酮粉剂以及较新的三唑类药剂250克/升丙环唑悬浮剂、430克/升戊唑醇悬浮剂。结果表明这3种药剂可以作为三唑类药剂的替代药剂。

表5-11 田间药剂防效

药剂	处理	病情指数		防治效果		显著性分析
		7天	14天	7天	14天	
98%氟苯醚酰胺原药	3克/亩	5.48	5.91	88.36%	88.31%	a
	4克/亩	3.80	4.16	91.93%	91.77%	a
22.5%啶氧菌酯悬浮剂	38毫升/亩	6.28	6.72	86.66%	86.70%	a
	45毫升/亩	4.29	4.67	90.89%	90.76%	a
4%吡唑醚菌酯悬浮剂	11毫升/亩	8.89	10.50	81.11%	79.22%	abc
	15毫升/亩	7.65	7.67	83.75%	84.82%	abc
24%噻呋酰胺悬浮剂	20毫升/亩	11.25	12.78	76.10%	74.71%	bcd
	25毫升/亩	9.43	10.27	79.97%	79.68%	bcd
30%丙硫菌唑悬浮剂	35毫升/亩	12.45	13.32	73.55%	73.64%	cde
	40毫升/亩	10.18	10.94	78.37%	78.35%	cde
20%丙硫唑悬浮剂	45毫升/亩	12.42	12.27	73.61%	75.72%	cde
	50毫升/亩	10.62	11.41	77.44%	77.42%	cde
250克/升丙环唑悬浮剂	27毫升/亩	13.98	14.67	70.30%	70.97%	defg
	36毫升/亩	12.12	12.78	74.25%	74.71%	defg
50%肟菌酯水分散粒剂	8克/亩	14.44	14.72	69.32%	70.87%	defg
	10克/亩	12.28	12.65	73.91%	74.97%	defg
枯草芽孢杆菌粉剂	300克/亩	14.12	14.40	70.00%	71.51%	defg
	400克/亩	12.66	12.99	73.10%	74.30%	defg
430g/L戊唑醇悬浮剂	18毫升/亩	15.16	16.32	67.79%	67.71%	efghij
	20毫升/亩	14.72	15.37	68.73%	69.59%	efghij
15%三唑酮粉剂	53克/亩	18.48	19.93	60.74%	60.57%	ghij
	67克/亩	16.14	17.23	65.71%	65.91%	ghij
25%嘧菌酯悬浮剂	50毫升/亩	19.27	21.11	59.06%	58.23%	ij
	60毫升/亩	18.11	19.7	61.53%	61.02%	ij
0.1%大黄素甲醚水剂	80毫升/亩	19.68	20.35	58.19%	59.73%	ij
	100毫升/亩	18.33	18.71	61.06%	62.98%	ij
5%氨基寡糖素水剂	10毫升/亩	21.81	23.39	53.66%	53.72%	jk
	12.5毫升/亩	18.98	19.86	59.68%	60.70%	jk
4%嘧啶核苷类抗菌素水剂	25毫升/亩	26.09	28.72	44.57%	43.17%	k
	34毫升/亩	21.64	22.08	54.03%	56.31%	k
对照		47.07	50.54	\	\	\

2.2 室内苗期生物测定

室内苗期药剂治疗效果排序为（表5-12），98%氟苯醚酰胺原药（EC_{50}：0.83微克/毫升）＞22.5%啶氧菌酯悬浮剂（EC_{50}：9.05微克/毫升）＞4%吡唑醚菌酯悬浮剂（EC_{50}：14.12微克/毫升）＞30%丙硫菌唑悬浮剂（EC_{50}：17.12微克/毫升）＞24%噻呋酰胺悬浮剂（EC_{50}：19.58微克/毫升）＞30%丙硫唑悬浮剂（EC_{50}：22.85微克/毫升）＞0.1%大黄素甲醚水剂（EC_{50}：23.33微克/毫升）＞5%氨基寡糖素水剂（EC_{50}：26.43微克/毫升）＞250克/升丙环唑悬浮剂（EC_{50}：33.10微克/毫升）＞50%肟菌酯水分散粒剂（EC_{50}：36.29微克/毫升）＞4%嘧啶核苷类抗菌素水剂（EC_{50}：55.75微克/毫升）＞430克/升戊唑醇悬浮剂（EC_{50}：77.83微克/毫升）＞15%三唑酮粉剂（EC_{50}：79.10微克/毫升）＞枯草芽孢杆菌粉剂（EC_{50}：142.75微克/毫升）>25%嘧菌酯悬浮剂（EC_{50}：308.46微克/毫升）。

室内苗期药剂治疗作用试验结果表明，线粒体呼吸抑制剂——啶氧菌脂和吡唑醚菌酯、新型琥珀酸脱氢酶抑制剂（SDHI）——氟苯醚酰胺的药效高于市面上的三唑类药剂，可以作为三唑类药剂的替代药剂。

表5-12　不同杀菌剂对小麦锈菌的室内治疗效果测定

杀菌剂	有效成分用量/（微克/毫升）	防治效果/%	斜率±标准误	EC_{50}/（微克/毫升）	EC_{95}/（微克/毫升）	95%置信限/（微克/毫升）	χ^2	*df*	*P*
250克/升丙环唑悬浮剂	50	61.79	2.049±0.402	33.10	905.58	15.36～47.84	1.123	4	0.891
	83	65.68							
	100	72.24							
	125	77.24							
	200	82.88							
	300	88.82							
22.5%啶氧菌酯悬浮剂	20	70.89	2.262±0.437	9.05	160.8	3.52～14.18	4.347	4	0.361
	30	76.59							
	40	78.77							
	70	83.37							
	80	91.54							
	120	95.35							
4%嘧啶核苷类抗菌素水剂	50	49.50	3.117±0.414	55.75	490.68	42.90～66.47	2.435	4	0.656
	80	61.50							
	100	65.34							
	133	73.27							
	200	88.24							
	300	91.35							
98%氟苯醚酰原药	1	56.99	2.520±0.407	0.83	12.239	0.53～1.08	2.111	4	0.715
	1.5	67.00							
	2	70.89							
	2.5	72.14							
	4	86.01							
	6	91.50							
20%丙硫唑悬浮剂	30	63.95	4.510±0.666	22.85	122.66	14.75～28.57	5.965	4	0.202
	45	74.96							
	60	80.66							
	70	86.56							
	80	94.31							
	90	96.02							
4%吡唑醚菌酯悬浮剂	20	68.93	3.967±0.589	14.12	77.96	9.57～17.75	3.224	4	0.521
	30	74.48							
	40	83.46							
	50	89.32							
	80	95.98							
	90	97.81							
15%三唑酮粉剂	87.5	46.15	1.912±0.375	79.1	2 744.42	43.12～107.23	3.649	4	0.456
	150	66.67							
	175	68.57							
	200	71.80							
	350	76.92							
	525	79.49							
5%氨基寡糖素水剂	40	67.86	3.409±0.533	26.43	193.15	16.6～34.43	4.531	4	0.339
	60	77.99							
	80	80.71							
	100	83.30							
	160	95.11							
	240	98.33							

（续）

杀菌剂	有效成分用量/（微克/毫升）	防治效果/%	斜率±标准误	EC_{50}/（微克/毫升）	EC_{95}/（微克/毫升）	95%置信限/（微克/毫升）	χ^2	*df*	*P*
24%噻呋酰胺悬浮剂	40	67.14	2.172 ± 0.454	19.58	444.14	7.07～30.70	3.397	4	0.494
	72	71.73							
	80	79.63							
	88	85.31							
	160	87.10							
	240	91.51							
枯草芽孢杆菌粉剂	300	63.14	1.552 ± 0.374	142.75	11 276.25	33.53～247.73	0.519	4	0.972
	500	68.89							
	600	73.24							
	1 000	76.56							
	1 200	81.32							
	1 800	85.72							
0.1%大黄素甲醚水剂	10	15.55	4.490 ± 0.410	23.33	105.59	21.18～25.73	6.629	4	0.157
	15	31.34							
	20	39.42							
	25	50.60							
	40	82.73							
	80	87.91							
50%肟菌酯水分散粒剂	15	34.71	1.659 ± 0.302	36.29	2 162.47	28.24～46.09	1.182	4	0.881
	25	39.57							
	30	47.77							
	40	54.38							
	60	60.62							
	120	68.48							
30%丙硫菌唑悬浮剂	18	50.40	2.423 ± 0.402	17.12	265.58	11.13～21.90	1.197	4	0.879
	32	63.72							
	36	68.78							
	40	75.12							
	72	81.73							
	108	86.33							
430克/升戊唑醇悬浮剂	130	66.85	2.623 ± 0.467	77.83	1 032.04	40.52～108.92	1.139	4	0.888
	200	73.75							
	260	77.38							
	300	81.18							
	520	89.93							
	780	94.72							
25%嘧菌酯悬浮剂	250	40.01	3.277 ± 0.422	308.46	2 441.43	247.36～359.99	4.631	4	0.327
	417	57.04							
	500	72.83							
	583	75.30							
	1 000	80.14							
	1 500	90.27							

注：χ^2为卡方统计量；*df*为自由度；*P*为显著性概率。

室内苗期药剂保护效果排序为（表5-13），98%氟苯醚酰胺原药（EC_{50}：0.97微克/毫升）>22.5%啶氧菌酯悬浮剂（EC_{50}：9.33微克/毫升）>4%吡唑醚菌酯悬浮剂（EC_{50}：24.62微克/毫升）>250克/升丙环唑悬浮剂（EC_{50}：30.98微克/毫升）>30%丙硫菌唑悬浮剂（EC_{50}：33.07微克/毫升）>20%丙硫唑悬浮剂（EC_{50}：36.55微克/毫升）>0.1%大黄素甲醚水剂（EC_{50}：40.17微克/毫升）>5%氨基寡糖素水剂（EC_{50}：47.54微克/毫升）>24%噻呋酰胺悬浮剂（EC_{50}：52.86微克/毫升）>430克/升戊唑醇悬浮剂（EC_{50}：60.38微克/毫升）>50%肟菌酯水分散粒剂（EC_{50}：71.44微克/毫升）>15%三唑酮粉剂（EC_{50}：82.99微克/毫升）>4%嘧啶核苷类抗菌素水剂（EC_{50}：112.95微克/毫升）>25%嘧菌

酯悬浮剂（EC_{50}：134.09微克/毫升）> 枯草芽孢杆菌粉剂（EC_{50}：218.32微克/毫升）。

室内苗期药剂保护作用试验结果表明线粒体呼吸抑制剂——啶氧菌脂、吡唑醚菌酯和新型琥珀酸脱氢酶抑制剂（SDHI）——氟苯醚酰胺的药效高于常用的三唑类药剂，可以作为三唑类药剂的替代药剂。

表5-13　不同杀菌剂对小麦锈菌的室内保护作用测定

杀菌剂	有效成分用量/（微克/毫升）	防治效果/%	斜率±标准误	EC_{50}/（微克/毫升）	EC_{95}/（微克/毫升）	95%置信限/（微克/毫升）	χ^2	*df*	*P*
250克/升丙环唑悬浮剂	50	67.89	2.853±0.487	30.98	333.61	17.03～42.59	3.536	4	0.472
	83	75.52							
	100	80.48							
	125	81.24							
	200	90.38							
	300	97.37							
22.5%啶氧菌酯悬浮剂	20	67.43	2.340±0.442	9.33	169.12	3.84～14.36	0.203	4	0.995
	30	77.52							
	40	82.38							
	70	87.98							
	80	89.52							
	120	93.18							
4%嘧啶核苷类抗菌素水剂	50	25.87	3.176±0.371	112.95	954.38	99.05～128.14	1.224	4	0.874
	80	36.29							
	100	47.30							
	133	55.55							
	200	65.52							
	300	81.86							
98%氟苯醚酰原药	1	53.65	3.054±0.425	0.97	8.972	0.72～1.17	4.039	4	0.401
	1.5	65.91							
	2	69.29							
	2.5	72.71							
	4	86.27							
	6	95.32							
20%丙硫唑悬浮剂	30	48.25	3.045±0.537	36.55	338.61	11.08～48.77	8.529	4	0.074
	45	54.69							
	60	60.46							
	70	63.87							
	80	74.33							
	90	85.35							
4%吡唑醚菌酯悬浮剂	20	48.45	3.340±0.431	24.62	187.43	9.86～34.00	11.976	4	0.018
	30	57.03							
	40	60.20							
	50	68.44							
	80	82.07							
	90	95.46							
15%三唑酮粉剂	87.5	48.79	2.000±0.376	82.99	2 461.8	48.28～110.20	0.945	4	0.918
	150	62.10							
	175	68.23							
	200	70.52							
	350	77.18							
	525	81.75							
5%氨基寡糖素水剂	40	43.43	2.721±0.385	47.54	574.46	36.14～57.07	0.726	4	0.945
	60	59.45							
	80	64.96							
	100	68.81							
	160	82.21							
	240	86.34							

（续）

杀菌剂	有效成分用量/（微克/毫升）	防治效果/%	斜率 ± 标准误	EC_{50}/（微克/毫升）	EC_{95}/（微克/毫升）	95%置信限/（微克/毫升）	χ^2	*df*	*P*
24%噻呋酰胺悬浮剂	40	47.08	2.604 ± 0.386	52.86	714.18	40.42～63.20	4.017	4	0.404
	72	54.95							
	80	58.71							
	88	63.98							
	160	74.82							
	240	89.30							
枯草芽孢杆菌粉剂	300	58.83	1.901 ± 0.371	218.32	7 726.8	103.20～314.51	1.827	4	0.767
	500	64.83							
	600	69.09							
	1 000	73.87							
	1 200	82.80							
	1 800	86.56							
0.1%大黄素甲醚水剂	10	27.40	1.473 ± 0.292	40.17	4 009.38	30.73～61.61	0.719	4	0.949
	15	33.90							
	20	40.33							
	25	44.06							
	40	51.89							
	80	58.57							
50%肟菌酯水分散粒剂	15	3.38	2.997 ± 0.344	71.44	686.09	49.32～168.64	13.325	4	0.010
	25	19.94							
	30	29.98							
	40	38.90							
	60	47.77							
	120	58.96							
30%丙硫菌唑悬浮剂	18	37.79	2.688 ± 0.371	33.07	411.8	27.65～38.28	3.459	4	0.484
	32	43.42							
	36	49.27							
	40	55.68							
	72	75.12							
	108	79.93							
430克/升戊唑醇悬浮剂	130	67.18	2.044 ± 0.435	60.38	1 664.24	20.52～96.45	0.293	4	0.990
	200	73.45							
	260	77.46							
	300	81.83							
	520	86.54							
	780	91.14							
25%嘧菌酯悬浮剂	250	68.25	2.471 ± 0.471	134.09	2 084.03	59.99～197.63	1.159	4	0.885
	417	74.73							
	500	80.15							
	583	82.98							
	1 000	88.39							
	1 500	94.74							

注：χ^2为卡方统计量；*df*为自由度；*P*为显著性概率。

3　试验结论

本研究对15种药剂开展防治小麦条锈病的田间试验、室内苗期治疗试验和保护作用试验，结果表明线粒体呼吸抑制剂——啶氧菌脂、吡唑醚菌酯和新型琥珀酸脱氢酶抑制剂（SDHI）——氟苯醚酰胺的药效高于常用于防治小麦条锈病的三唑类药剂，可以作为三唑类药剂的替代药剂防治小麦条锈病（图5-6）。

图5-6　田间试验新药剂筛选

撰稿：姚强　郭阳　郭青云

第四节 防治小麦条锈病的化学药剂和生物药剂筛选

小麦条锈菌-小麦抗病基因互作符合经典的“基因对基因”关系，品种抗性的利用在条锈病防控中具有重要作用。然而，小麦条锈菌在自然界中存在有性生殖、无性繁殖代数相互叠加等，造成其毒性小种多、变异快等，含有单一抗病基因品种常常由于条锈菌毒性变异而失去抗性，在生产上丧失使用价值。采取化学药剂应急防治仍是生产上防治该病害的主要手段。

以三唑酮和戊唑醇为代表的三唑类药剂一直是防治条锈病的首选药剂。截至2022年12月20日，在登记的32个有效成分中，三唑类有12个，占37.5%。由于三唑类药剂单一长久的施用，生产上出现了抗药性，田间防治效果下降，因而生产上亟需筛选出与三唑类不同作用机制的高效低毒杀菌剂，为条锈病的应急防控提供备选新型化学药剂。此外，近年随着绿色植保理念的倡导与发展，绿色防控也越来越引起人们的关注，微生物农药、免疫诱抗剂以及RNAi农药等这些新兴绿色防控产品也成为研究的热点。因此，筛选新颖的绿色防控产品也可为小麦条锈病的绿色防控提供技术方案。

本研究选择新颖琥珀酸脱氢酶抑制剂苯醚唑酰胺（试验代号：Y17991）、氟唑菌酰羟胺和异丙醇三唑类杀菌剂氯氟醚菌唑共3种高效化学药剂，比较它们对条锈病在盆栽和大田的防治效果，同时挑选免疫诱抗剂智能聪（ZNC）、植物源杀菌剂大黄素甲醚和本项目自主研发的微生物杀菌剂EA19 3种绿色防控产品，评价它们对小麦条锈病的盆栽防治效果。以上这些研究为小麦条锈病高效化学防治以及绿色防治提供药剂选择，也为今后指导大田防治小麦条锈病药剂使用作参考。

1 材料与方法

1.1 小麦品种和试验药剂

供试小麦品种：天民198，高感小麦条锈病，河南天民种业有限公司选育，2015年通过湖北省品种审定，由河南天民种业有限公司提供。

供试菌株：JZ-22，2022年采自湖北省荆州市公安县埠河镇，经单孢纯化获得，由本团队保存和提供。

供试药剂：①宛氏拟青霉提取物（智能聪，ZNC），由山东蓬勃生物科技有限公司提供，产品浓度为5毫克/毫升；②0.5%大黄素甲醚水剂，由内蒙古清源保生物科技有限公司生产；③微生物杀菌剂贝莱斯芽孢杆菌EA19可湿性粉剂，专利菌株由本团队提供，委托中农绿康（北京）生物技术有限公司生产，产品浓度为100亿CFU/克；④400克/升氯氟醚菌唑悬浮剂，巴斯夫植物保护（江苏）有限公司生产；⑤10%苯醚唑酰胺乳油，山东中农联合生物科技股份有限公司生产；⑥200克/升氟唑菌酰羟胺悬浮剂，先正达南通作物保护有限公司生产；⑦对照药剂为125克/升氟环唑悬浮剂，巴斯夫植物保护（江苏）有限公司生产。

1.2 室内盆栽防治效果

参照韩青梅（2003）的方法，略有改动，设置先接种后施药（治疗作用）和先施药后接种（保护作用）2种方式。治疗作用处理方式如下：取整齐一致的一叶一心期麦苗，采用电子氟化液喷雾接种。88毫克条锈菌孢子溶于30毫升电子氟化液FC40中，振荡混匀后用人工小喷壶均匀喷施到30钵小麦苗上。接种后置于10℃黑暗条件培养1天后，再喷施各个处理药剂。每处理的施药量为10毫升，3次重复，以不施药处理为空白对照，以氟环唑处理为阳性对照。将施药后的麦苗转置于温度16℃、光周期16小时：8小时（白天：黑夜）的保湿培养箱中培养，待空白对照第一叶充分发病后（约需

14天），调查所有处理小麦第一叶的严重度，按照《GB/T 17980.21—2000农药田间药效试验准则》进行病叶分级，计算病情指数和防效。保护作用处理方式如下：接种前1天分别施各药剂处理，施药后统一进行接种，其余操作和调查均同治疗作用测定。

1.3 田间小区防治效果

2022年11月5日播种小麦，机械条播，播种量为225公斤/公顷，按生产常规措施进行施肥、开沟和除草管理，不使用其他杀菌剂。共设6个处理：100亿CFU/克贝莱斯芽孢杆菌EA19可湿性粉剂、400克/升氯氟醚菌唑悬浮剂、10%苯醚唑酰胺乳油、200克/升氟唑菌酰羟胺悬浮剂、125克/升氟环唑悬浮剂按照常规剂量处理和喷施清水空白对照。每处理设3次重复，小区面积20米^2，小区随机区组排列。在小麦返青拔节期（2月16日）傍晚时分采用人工喷施条锈菌孢子悬浮液的方式进行接种，接种后盖膜保湿过夜。在小麦孕穗期（3月30日）按每亩30升用水量进行电动喷雾器喷雾，7天后再喷施1次（4月7日），共喷药2次。第二次药后7天，按照《GB/T 17980.21—2000农药田间药效试验准则》调查各处理（含对照区）病情，计算病情指数和防治效果。在小麦成熟后（2023年5月25日），各小区全部实收，人工脱粒、测产。

防治效果（%）=［（对照区病情指数－药剂处理区病情指数）/对照区病情指数］×100

1.4 数据统计

采用统计软件SAS（SAS Institute Inc.，Cary，NC）进行方差分析（ANOVA），采用邓肯氏新复极差法（SSR）比较各处理防效间的差异显著性。

2 结果与分析

2.1 盆栽防治效果的比较

盆栽试验结果表明（表5-14），3种化学药剂的防治效果均显著高于3种生物药剂的效果，其中10%苯醚唑酰胺的保护和治疗效果显著高于其他两种化学药剂，防效分别为90.85%和86.49%，与对照药剂12.5%的氟环唑的防效相当。3种生物药剂中贝莱斯芽孢杆菌EA19的保护和治疗作用分别为63.77%和61.14%，显著高于另外两种生物药剂。

表5-14 不同生物药剂和化学药剂对小麦条锈病的室内盆栽效果

编号	处理	亩用量（克）	保护作用		治疗作用	
			病情指数	防治效果（%）	病情指数	防治效果（%）
1	智能聪（ZNC）	1	72.51	（13.37±0.24）e	62.44	（8.71±0.24）d
2	0.5%大黄素甲醚水剂	150	63.35	（17.87±1.03）e	59.20	（12.73±0.96）d
3	100亿CFU/克贝莱斯芽孢杆菌EA19可湿性粉剂	200	26.29	（63.77±2.58）d	28.01	（61.14±2.06）c
4	400克/升氯氟醚菌唑悬浮剂	25	10.1	（86.00±3.21）b	18.09	（74.90±1.98）b
5	10%苯醚唑酰胺乳油	60	6.64	（90.85±3.52）a	9.74	（86.49±1.43）a
6	200克/升氟唑菌酰羟胺悬浮剂	60	23.24	（75.08±1.24）c	30.13	（69.19±1.17）c
7	125克/升氟环唑悬浮剂	60	4.16	（94.27±3.37）a	7.28	（89.90±1.26）a
8	不施药对照	—	72.59	—	72.07	—

注：同列数据后不同小写字母表示经SSR法检验差异显著（$p<0.05$）。

2.2 田间小区试验药效

选择盆栽效果相对较好的药剂，进行田间小区试验验证。结果显示（表5-15），10%苯醚唑酰胺乳油防效显著高于其他两种化学药剂，防效为87.12%，且与对照药剂125克/升氟环唑悬浮剂防

效无显著差异。400克/升氯氟醚菌唑悬浮剂和200克/升氟唑菌酰羟胺悬浮剂防效分别为73.32%和68.24%。测产结果显示，10%苯醚唑酰胺乳油处理的小区产量为3 878.9克，与对照药剂125克/升氟环唑悬浮剂产量相当，显著高于其他药剂处理产量。

表5-15 不同药剂对小麦条锈病的田间防治效果

药剂处理	亩用量（克）	病情指数	防治效果（%）	小区产量（克）
400克/升氯氟醚菌唑悬浮剂	25	5.42	（73.32 ± 1.06）b	（2 361.77 ± 123.88）b
10%苯醚唑酰胺乳油	60	2.55	（87.12 ± 2.45）a	（3 878.90 ± 113.23）a
200克/升氟唑菌酰羟胺悬浮剂	60	5.26	（68.24 ± 1.21）c	（1 956.63 ± 190.58）c
125克/升氟环唑悬浮剂	60	0.56	（91.12 ± 3.24）a	（3 983.83 ± 179.03）a
100亿CFU/克贝莱斯芽孢杆菌EA19可湿性粉剂	200	12.67	（55.30 ± 1.17）d	（1 536.13 ± 158.19）d
清水对照（CK）	—	29.84	—	（1 367.73 ± 162.80）e

注：同列数据后不同小写字母表示经SSR法检验差异显著（$p<0.05$）。

3 讨论

在现代化的农业生产中，化学药剂在病害防治中起到举足轻重的作用。本研究筛选到华中师范大学自主创制的琥珀酸脱氢酶抑制剂苯醚唑酰胺，其治疗作用和保护作用均显著高于同类杀菌剂氟唑菌酰羟胺和异丙醇三唑类杀菌剂氯氟醚菌唑。此外，智能聪、大黄素甲醚和贝莱斯芽孢杆菌EA19 3种绿色生物药剂对条锈菌的盆栽防治效果较差，不建议在生产中单独使用防治条锈病。

贝莱斯芽孢杆菌EA19（原名为解淀粉芽孢杆菌EA19）是本团队开发的生物杀菌剂，对小麦白粉病、赤霉病具有较好的室内活性和田间效果，并且EA19与苯并咪唑类杀菌剂多菌灵联合毒力表现出增效作用，田间对赤霉病的防治效果达到78.4%。鉴于EA19对小麦上3种重要病害都具有相对较好的效果，目前其芽孢量仅为100亿CFU/克，后期可通过发酵条件优化进一步增加芽孢数量，来提高田间防治效果。大黄素甲醚在国内作为植物源杀菌剂登记，用于防治各类作物的白粉病和病毒病，具有较好的效果，向礼波等（2021）研究表明大黄素甲醚单独施用对小麦赤霉病效果差，本研究的结果表明它对条锈病防治效果也较差。大黄素甲醚对白粉病和病毒病有效，对赤霉病和条锈病无效，可能是病害靶标不同而造成。智能聪是山东农业大学开发的植物免疫诱抗剂，具有促生、诱抗和改善作物品质等多种效果，其主要通过诱导使得植物获得诱导抗性，达到抵抗病原菌的效果。本研究结果显示在单独使用智能聪时诱导抗性效果甚微，可能与其诱导时间较短有关。

琥珀酸脱氢酶抑制剂（Succinate Dehydrogenase inhibitors，SDHIs）已逐步成为继Qo位点呼吸抑制剂类（QoIs）和麦角甾醇生物合成抑制剂类（EBIs）杀菌剂之后的世界第三大类杀菌剂。苯醚唑酰胺是华中师范大学杨光富教授团队自主创制的琥珀酸脱氢酶抑制剂，目前由山东中农联合生物科技股份有限公司开展农药登记和产业化开发。本研究盆栽试验和田间小区试验结果表明，苯醚唑酰胺在这3种高效化学药剂中活性最高、效果最好，其防效与生产上防治条锈病的主流药剂氟环唑相当，说明苯醚唑酰胺具有重要的应用潜力，也有望成为条锈病的化学防治备选药剂。此外，本研究发现同样是琥珀酸脱氢酶抑制剂，苯醚唑酰胺的活性高于氟唑菌酰羟胺，这表明苯醚唑酰胺可能与氟唑菌酰羟胺的作用位点不完全一样。氯氟醚菌唑是由巴斯夫公司开发的新型异丙醇三唑类杀菌剂，2020年6月在我国小麦白粉病上获得登记，这是该药剂首款用于大田作物的产品。杀菌剂与生物农药的混合使用，是减少化学使用量的重要途径，后续可以进行EA19活体菌与氯氟醚菌唑相容性研究，为小麦上3种主要病害防治实现“一剂多靶”提供依据。

撰稿：阙亚伟　王志清　向礼波　曾凡松　刘万才　杨立军

第五节　链霉菌对小麦条锈病的防治效果及作用机理研究

小麦条锈病的防治必须因地制宜、因时制宜，根据不同地区或田块的发病情况采取强有效措施，进行综合防控。小麦条锈病的主要防治措施包括：种植抗病品种、化学防治、农业防治和生物防治等。生物防治是一种绿色环保的植物病害防治方法，逐渐受到人们的关注和重视。目前，国内外已展开关于小麦条锈病生物防治的研究。枯草芽孢杆菌（*Bacillus subtilis* E1R-j）被报道对小麦条锈病有较好的防治效果，可以抑制小麦条锈菌夏孢子萌发，在田间可显著降低条锈病发病率，防效约为51%。巨大芽孢杆菌（*B. megaterium* 6A）和木聚糖拟杆菌（*Paneibacillus xylanexedens* 7A）的发酵液对小麦条锈病的温室防治效果分别为65.16%和61.11%。此外，一些生防真菌则可以通过重寄生拮抗小麦条锈菌，如枝状枝孢（*Cladosporium cladosporioids*）、交替链格孢（*Alternaria alternate*）和棒状简枝霉（*Simplicillium obclavatum*），它们可以减弱小麦条锈菌夏孢子活力，降低夏孢子在小麦叶片上的覆盖面积。尽管针对小麦条锈病生物防治的研究越来越多，但目前仅涉及少量微生物种属，因此筛选更多可以高效防治小麦条锈病的拮抗菌株对绿色防控具有重要意义。

在自然界中，链霉菌为土壤微生物群落中的重要组成部分，因其具独特的生物学特性和代谢能力，在生物防治领域展现出显著的潜力和优势。到目前为止，已有多个研究表明链霉菌对包括小麦在内的多种植物的病原菌有良好的抑制作用。据报道，*Streptomyces pratensis* S10能显著抑制禾谷镰刀菌的生长，有效控制小麦赤霉病，并降低脱氧雪腐镰刀菌烯醇（DON毒素）含量。两种生物试剂*S. neyagawaensis*和*S. viridosporus*可以降低小麦叶锈病的严重程度。在温室盆栽试验中，经*S. hygroscopicus* MH71和*S. lydicus* MH243两株链霉菌种子包衣处理过的植株，其小麦冠腐病发病严重程度比对照植株低24%。链霉菌作为生防菌之所以拥有一定的优势，一方面是其具有很强的根际定殖能力，它们的菌丝体和孢子形成能力可以帮助它们牢固地附着在植物根际土壤颗粒上，以和植物形成紧密联系；另一方面是链霉菌具有产生可以抑制病原菌生长的次生代谢产物的能力，如武夷霉素、中生菌素等。因此，链霉菌成为生防研究领域的重要微生物类群。

本研究从健康植株根际分离到两株对小麦条锈菌夏孢子具有强拮抗活性和致死活性的链霉菌，将其命名为XF和XH，进一步通过盆栽和田间试验验证其对小麦条锈病的防治效果，并对其防病机理进行探究，为小麦条锈病生防菌剂的研究奠定基础。

1　材料与方法

1.1　供试材料

供试病原菌：小麦条锈菌CYR31（Chinese Yellow Rust 31），由西北农林科技大学蔬菜病害及生物防治实验室提供。

供试小麦和土壤样品：高感小麦条锈病品种水源11，由西北农林科技大学蔬菜病害及生物防治实验室提供。土壤样品采集自西北农林科技大学南校区小麦地。

供试药剂：20%三唑酮乳油（浓度为0.5克/升），江苏剑牌农化股份有限公司。

1.2　小麦条锈病生防菌株的分离和筛选

采用土壤稀释法，将土壤样品晾干后研磨并过74微米筛子，称取1克溶于99毫升无菌水（Sterile distilled water，SDW），28℃、200转/分钟振荡30分钟后静置。取上清液梯度稀释为10^{-4}倍、10^{-5}倍，分别吸取100微升涂布于PDA、LB和GM平板上，28℃倒置培养3天，根据菌落形态差异挑取不同的

单菌落，在相应平板上纯化两代后备用。

将分离得到的菌株在相应液体培养基中28℃，160转/分钟摇培7天获得发酵液（Fermentation broth，FB），10 000×g*离心10分钟后上清液用0.22微米细菌过滤器过滤即得发酵滤液（Fermentation liquid without cells，FL）。取20毫升FL于培养皿内，以SDW为对照，将0.6毫克的小麦条锈菌夏孢子均匀抖落在FL表面，9℃避光培养12小时后显微镜观察夏孢子萌发状态并计算萌发抑制率，每株菌重复3皿，试验重复3次。萌发抑制率=（对照萌发率－处理萌发率）/对照萌发率×100%，选择对小麦条锈菌夏孢子萌发具有抑制作用的生防菌株进行后续试验。

1.3　生防菌株的鉴定

将筛选出的生防菌株接种于高氏一号培养基上，28℃培养7天，并通过扫描电子显微镜观察生防菌的菌丝形态。提取菌株的DNA，依据描述的扩增程序，使用正向引物（5′-ATGCCATTCGTGCGGAGGTTG-3′）和反向引物（5′-CGTCTCTGCTGTCATCACTTCGTAT-3′）扩增其16S rDNA序列。将扩增的16S rDNA片段送至北京擎科生物科技有限公司进行测序，并在EzTaxon-e在线网站（http://www.ezbiocloud.net/）进行比较分析，用MEGA 7.0软件使用邻接法构建系统发育树。

1.4　生防菌株发酵滤液对小麦条锈菌夏孢子的致死率测定

分别以SDW和三唑酮（Triadimefon，Tr）为阴性和阳性对照，检测生防菌发酵滤液对小麦条锈菌夏孢子的致死率，夏孢子处理同1.2，分别在处理后1小时、2小时、4小时、8小时和12小时5个时间点取样。将各时间点的样品用0.2%台盼蓝染色3分钟，后于光学显微镜下观察夏孢子生存状态并计算致死率。橙黄色为存活状态，深蓝色为已死亡，浅蓝色为已萌发。致死率=（阴性对照存活率－处理存活率）/阴性对照存活率×100%，试验重复3次。

1.5　生防菌株发酵液中的活性成分探究

将生防菌发酵滤液（FL）依次用等体积的石油醚（Petroleum ether，PE）、二氯甲烷（Dichloromethane，DCM）、乙酸乙酯（Ethyl acetate，EA）和正丁醇（N-butanol，NB）4种极性依次增大的有机溶剂萃取，4种萃取剂萃取完成后，将FL于42℃旋蒸收集并记为剩余相浓缩物（Residual phase concentrate，R）。5种浓缩物均用甲醇配制成浓度为50毫克/毫升的母液备用。以50毫克/升的工作浓度检测5种浓缩物对小麦条锈菌夏孢子的萌发抑制作用，首先检测0.1%甲醇对夏孢子萌发是否有影响，后用SDW稀释5种浓缩物至50毫克/升，以SDW为对照探究各个相萃取物对夏孢子的萌发抑制率，方法同1.2。

1.6　生防菌发酵液乙酸乙酯相活性物质的抑菌效果评估

生防菌发酵液经乙酸乙酯萃取后，活性物质被分为乙酸乙酯相活性物质（Ethyl acetate phase active substance，EAP）和非乙酸乙酯相活性物质（Non-ethyl acetate phase active substance，NEAP）。EAP用甲醇溶解为50毫克/毫升的母液备用。将EAP母液用SDW梯度稀释为25毫克/升、50毫克/升、100毫克/升、250毫克/升和500毫克/升，以SDW对照，检测1%甲醇是否影响夏孢子萌发并分别统计不同浓度EAP对夏孢子的萌发抑制率。

1.7　活性物质稳定性测试

生防菌EAP浓度为100毫克/升时对夏孢子萌发抑制率接近100%，因此选择该浓度进行后续稳定性测试系列试验，每个试验重复3次。

（1）温度稳定性测试。将生防菌EAP置于水浴锅中40℃、60℃、80℃、100℃处理30分钟，高压灭菌锅121℃处理30分钟，以0.1%的甲醇为对照，10℃黑暗孵育小麦条锈菌夏孢子12小时并计算不同温度处理后的EAP对夏孢子的萌发抑制率。

---

* 1g为560转，全书同。——编者注

（2）酸碱性稳定性测试。用1摩尔/升的NaOH溶液和HCl溶液将生防菌EAP的pH调节为2.0、4.0、6.0、8.0、10.0、12.0，30分钟后再调节至原始pH，保证夏孢子不受pH变动的影响，以0.1%的甲醇为对照，10℃黑暗孵育小麦条锈菌夏孢子12小时并计算不同pH处理后的EAP对夏孢子的萌发抑制率。

（3）光照稳定性测试。日光灯照射生防菌EAP，设置12小时、24小时、48小时、72小时和120小时5个时间点，以0.1%的甲醇为对照，10℃黑暗孵育小麦条锈菌夏孢子12小时并计算不同光照时长处理后的EAP对夏孢子的萌发抑制率。

（4）紫外线稳定性测试。对生防菌EAP进行紫外照射处理，分别照射30分钟、1小时、2小时、4小时和8小时，以0.1%的甲醇为对照，10℃黑暗孵育小麦条锈菌夏孢子12小时并计算不同紫外照射时长处理后的EAP对夏孢子的萌发抑制率。

（5）蛋白酶K稳定性测试。用25微升蛋白酶K溶液（10毫克/毫升，于58℃预处理2小时）和5毫升生防菌EAP在37℃孵育1小时以去除EAP中的蛋白，后以含有50微克/毫升蛋白酶K的0.1%甲醇为对照，10℃黑暗孵育小麦条锈菌夏孢子12小时并计算蛋白酶K处理后的EAP对夏孢子的萌发抑制率。

（6）储存时间稳定性测试。将生防菌EAP母液储存于4℃冰箱，分别于1个月、2个月、4个月、8个月和12个月后稀释至100毫克/升，10℃黑暗孵育小麦条锈菌夏孢子12小时检测其对夏孢子的萌发抑制活性。

1.8　生防菌株对小麦条锈菌侵染量的影响

将生防菌的发酵液10 000×g离心10分钟，用SDW重新悬浮底部放线菌细胞并调整为10^7孢子/毫升的浓度，即为放线菌细胞悬浮液（Streptomyces cell suspension，SC）。小麦播种于直径8厘米，高12厘米的圆形花盆中，每个花盆10粒种子，在光周期16小时/8小时，昼夜温度16℃/20℃的温室培养。14天后用喷雾器对小麦苗喷施各处理（SDW、Tr、FL和SC），喷施24小时后接种悬浮于电子氟化液的小麦条锈菌夏孢子（3×10^4孢子/毫升），每叶片接种20微升，9℃避光保湿培养24小时再移回温室，每个处理重复3个花盆，试验重复3次。在接种小麦条锈菌48小时后取样，取样时清除接种在叶片表面的夏孢子，提取叶片总RNA并反转录为cDNA，采用qRT-PCR法测定叶片中小麦条锈菌的cDNA含量，以小麦*TaEF*作为内参基因，利用$2^{-\Delta\Delta CT}$法计算处理植株中小麦条锈菌*EF1*基因的相对表达量。

1.9　生防菌对小麦条锈菌在小麦内生长发育影响探究

为了观察生防菌对侵染过程中小麦条锈菌的侵染结构和菌丝生长情况产生的影响，用SDW和Tr作为对照，分别接种XF的菌体悬浮液（AC）和发酵滤液（FL），小麦条锈菌接种方式和小麦培养条件同1.8，利用可以特异性结合真菌细胞壁几丁质的小麦胚芽凝集素（Wheat germ agglutinin，WGA）对小麦叶片进行染色。在荧光显微镜的蓝光通道下观察条锈菌的吸器母细胞、气孔下囊和菌丝发育情况，计算吸器形成率，并用CellSens Entry软件统计感染区域面积、菌丝长度等，每个处理观察50个侵染点，整个试验重复3次。

1.10　生防菌对小麦叶片活性氧迸发影响探究

使用3,3′-二氨基联苯胺（3,3′-Diaminobenzidine tetrahydrochloride，DAB）染色液对小麦叶片样本进行染色以检测叶片H_2O_2的积累量，使用荧光显微镜明场观察条锈菌侵染情况，每个处理观察60个侵染点，将已经形成气孔下囊的侵染点判定为侵染成功，记录侵染数并计算各处理下小麦条锈菌的侵染率。使用CellSens Entry软件统计活性氧面积，整个试验重复3次。

1.11　生防菌对小麦抗病相关基因表达量影响探究

选择两叶一心期小麦进行生防菌对小麦抗病相关基因表达量影响的探究，小麦培养条件同1.8，用SDW作对照处理，在小麦第一片真叶上喷施XF的AC和FL，在接种后的12小时、18小时、24小时、36小时、42小时、48小时、72小时和120小时分别收集小麦第二片真叶，每个处理的每个时

间点收集9片叶子，所有样品收集后立即放入液氮中。提取叶片总RNA并进行反转录，以小麦延伸因子1α（*TaEF*）为内参基因，采用qRT-PCR分析小麦叶片中编码苯丙氨酸氨解酶（Phenylalanine ammonia-lyase，PAL）和病程相关蛋白（Pathogenesis-related protein，PR）的基因的转录水平，PR包括抗真菌蛋白（antifungal protein，PR1）、β-1,3-内切葡聚糖酶（β-1,3-endoglucanases，PR2）、几丁质酶（chitinases，PR3）、内切蛋白酶（endochitinase，PR4）和过氧化物酶（peroxidase，PR9），其中*TaPR1*、*TaPR2*和*TaPAL*为水杨酸（Salicylic acid，SA）信号通路关键基因，*TaPR3*、*TaPR4*和*TaPR9*为茉莉酸（Jasmonic acid，JA）/乙烯（Ethylene，ET）信号通路关键基因，使用$2^{-\Delta\Delta CT}$法评估各基因的相对表达量，试验重复3次。

1.12 生防菌的叶片定殖检测

为了检测生防菌是否能定殖于小麦叶片，以SDW为对照，分别在14天龄小麦上喷施XF和XH的AC，以光照16小时、16℃的环境保湿培养。5天后取样，分别收集各处理的小麦叶片并用流水冲洗掉表面菌体，剪成5毫米×5毫米大小的叶片后放入4%戊二醛常温固定2小时再4℃过夜，用pH 6.8的磷酸盐缓冲液（PBS）浸洗4次，再依次用30%、50%、70%、80%、90%和100%的乙醇浸泡20分钟脱水，临界点干燥后喷金镀膜，通过扫描电子显微镜观察生防菌在小麦叶片上的生长情况。试验重复3次。

1.13 生防菌株对小麦条锈病的盆栽防效

参照1.8进行小麦培养及生防菌处理，在接种小麦条锈菌14天后，根据《NY/T 1443—2007小麦抗病虫性评价技术规范》记录小麦条锈病病害等级，按照条锈菌覆盖小麦叶片百分比将发病叶片分为1%、5%、10%、20%、40%、60%、80%和100% 8个等级，计算各处理病情指数和防治效果，病情指数＝∑（各级病株数×该病级值）/（调查总株数×最高级值）×100；防治效果＝（对照病情指数－处理病情指数）/对照病情指数×100，每个处理重复3个花盆，试验重复3次。

1.14 生防菌株对小麦条锈病的田间防效

在陕西省杨凌示范区西北农林科技大学曹新庄进行田间试验。田间试验采用随机区设计，设置四组处理：SDW、Tr、XF发酵液和XH发酵液，每个处理3个重复。每个田块面积为5米^2，田块间间隔20厘米，小麦种植行与行之间20厘米。于2021年10月23日播种小麦，采用该地区的传统做法进行农耕管理。根据病害流行预测预报，在小麦条锈病发病前，于2022年4月21日和26日2次喷施各处理，每田块喷施处理溶液600毫升。次日，利用撒粉法在试验田接种小麦条锈菌，将小麦条锈菌夏孢子粉与滑石粉以1∶20的比例混合均匀装入干燥试管中，试管口用双层纱布封口，敲击试管即可将夏孢子粉均匀抖落在小麦叶片上，接种前后用喷雾器在麦苗上喷上水雾保湿。待田间小麦发病后（5月11日）采用五点取样法调查各处理小麦条锈病的发病率和严重度，每样点调查50片叶片。

1.15 数据统计

采用统计软件SAS（SAS Institute Inc.，Cary，NC）进行方差分析（ANOVA），采用邓肯氏新复极差法（SSR）比较各处理之间的差异显著性。

2 结果与分析

2.1 生防菌株分离筛选结果

本试验最终筛选到生防链霉菌XF和XH能显著抑制小麦条锈菌夏孢子的萌发，抑制率分别高达99.69%和94.36%，与Tr处理效果相当。其发酵滤液经过稀释后仍可不同程度降低夏孢子萌发率，且呈现出抑制作用随稀释倍数的增大而减小的现象，即使发酵液稀释1 000倍，生防菌XF和XH仍然能降低夏孢子萌发率，XH的抑制率相对较高，为26.47%（图5-7）。

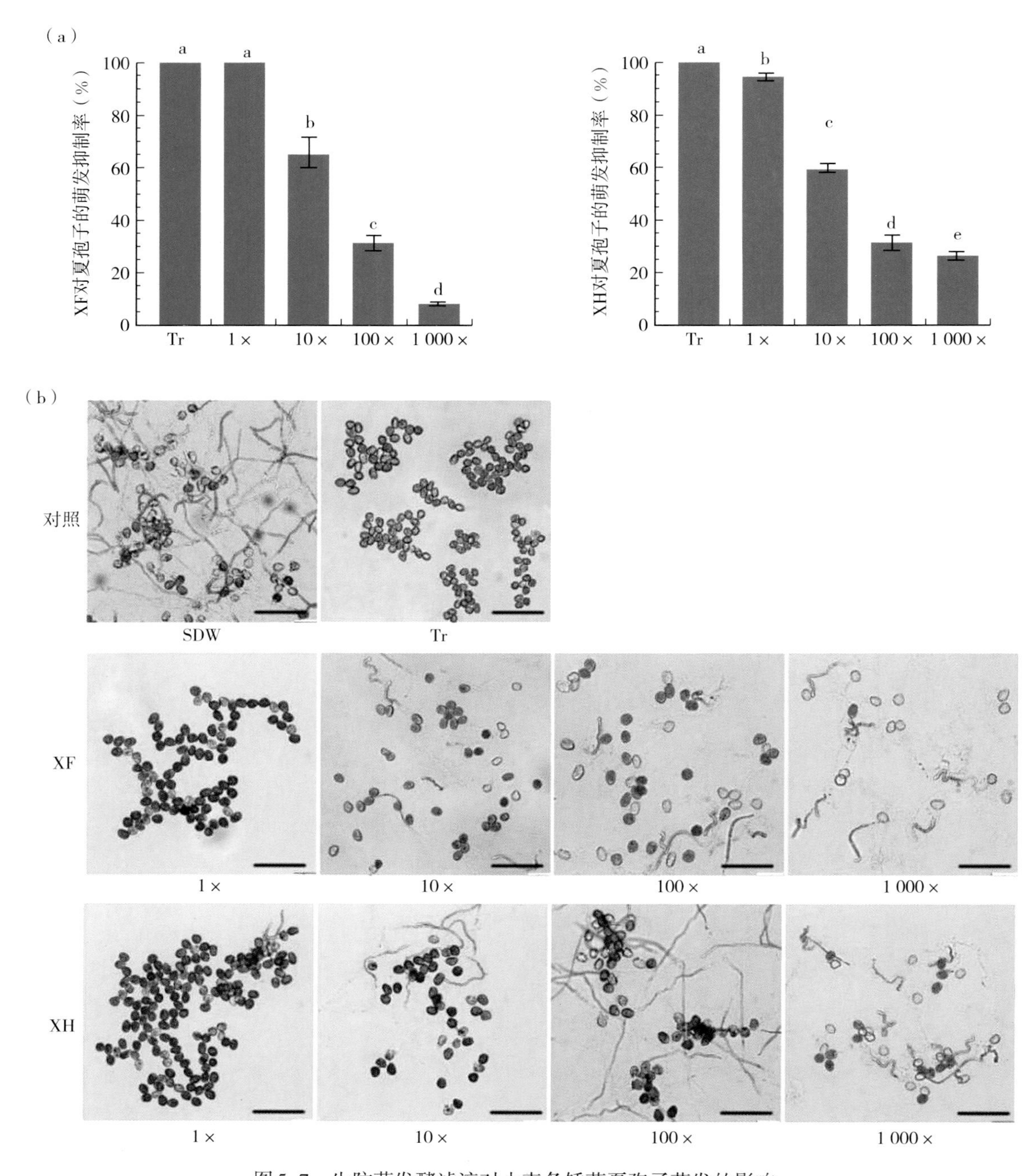

图5-7 生防菌发酵滤液对小麦条锈菌夏孢子萌发的影响

(a)生防菌发酵滤液对小麦条锈菌夏孢子的萌发抑制率 (b)光学显微镜下各处理夏孢子的状态

注：Bar=100微米；SDW. 无菌水；Tr. 0.5克/升的三唑酮；1×. 发酵滤液原液；10×. 发酵滤液10倍稀释液；100×. 发酵滤液100倍稀释液；1 000×. 发酵滤液1 000倍稀释液。图中数据为平均值 ± 标准差，不同字母表示经邓肯氏新复极差法检验差异显著（$p<0.05$）。

2.2 生防菌株的鉴定

将菌株XF的发酵液涂布于GS培养基上28℃培养，1～2天内出现白色不透明菌落，菌落边缘整齐，表面光滑湿润。3～4天菌落开始变色，由中心开始变粉直至仅菌落边缘为白色，表面较培养基相对突起，侧面观察呈圆弧状，较硬。5～7天菌落表面变得干燥，形成褶皱，菌体硬且产生白色绒状菌丝，菌体周围白色不明显（图5-8a）。在扫描电子显微镜下，XF的孢子由孢子链以全壁体生式断裂形成，孢子呈圆柱状但表面有凹陷，大小不一，为（0.9～3.0）微米×（0.4～0.7）微米（图5-8b）。对XF的16S rDNA序列进行双向测序后拼接，结果显示XF的16S rDNA序列长

（a）

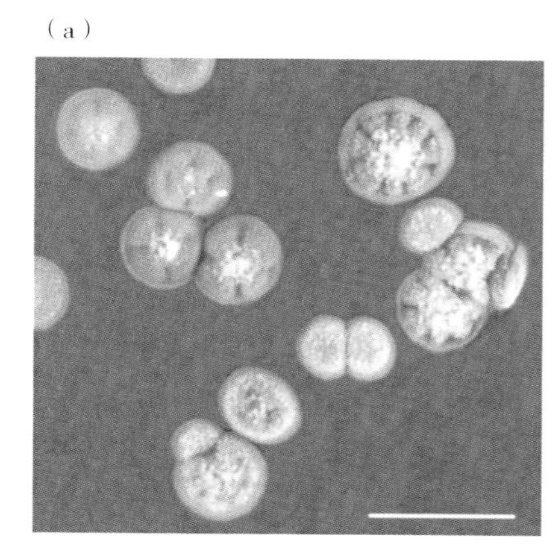

（b）

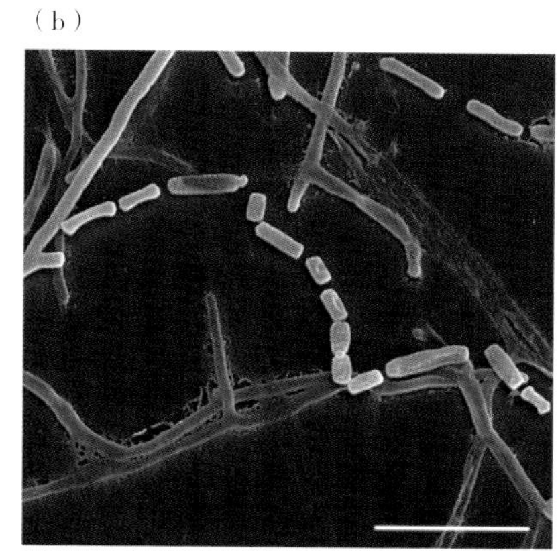

（c）

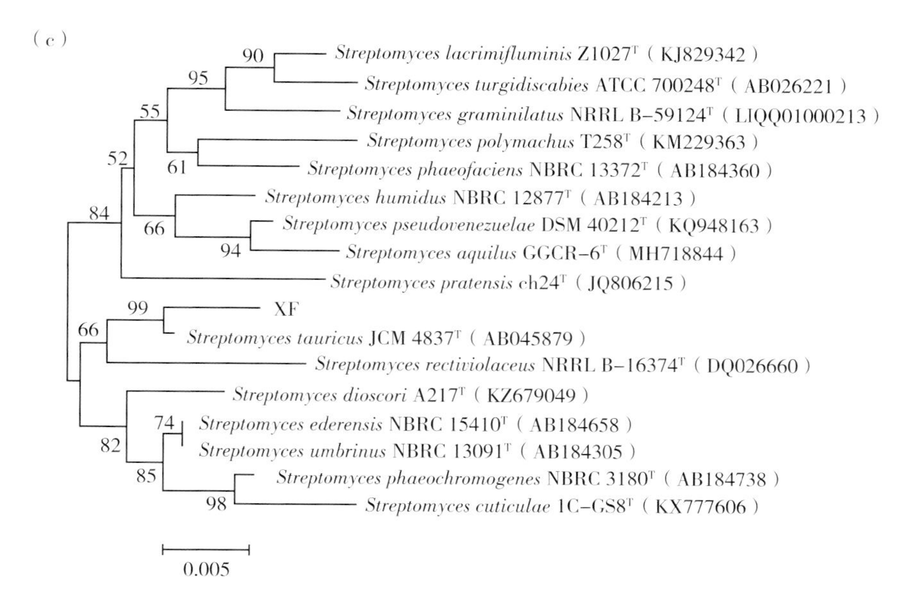

图5-8 生防菌XF的鉴定

（a）XF在GS平板上的菌落形态（Bar＝1厘米）（b）扫描电镜下XF的菌丝形态（Bar＝5微米）

（c）基于16S rDNA序列建立的菌株XF的系统发育树

度为1 431bp。在EzTaxon-e服务器中进行序列比对的结果显示，XF与公牛链霉菌（*Streptomyces tauricus* JCM 4837）（AB045879）的匹配度为99.65%，进化树分析结果显示，XF与*S. tauricus*高度同源（图5-8c）。

将菌株XH的发酵液涂布于GS培养基上28℃培养1～2天，发现该菌菌落表面湿润，无褶皱，呈白色，形状规则，为圆形。培养3～4天，菌落开始变色，呈现出接近黑色的墨绿色，表面变得干燥且产生褶皱，菌落边缘有白色，菌体硬。培养5～7天，菌落表面产生黄白色绒状菌丝，边缘白色明显（图5-9a）。在扫描电子显微镜下，XH的孢子链整体呈串珠状，孢子链断裂形成数个孢子，孢子表面不平整，为圆柱状，大小为（0.5～1.5）微米 ×（0.6～1.1）微米（图5-9b）。系统发育树结果显示，XH与直丝紫链霉菌（*S. rectiviolaceus* NRRL B-16374）（DQ026660）高度同源（图5-9c）。

2.3 生防菌发酵滤液对小麦条锈菌夏孢子的致死率检测

在生防菌发酵滤液（FL）处理小麦条锈菌夏孢子的1小时，2小时，4小时，8小时和12小时分别观察夏孢子状态，结果发现菌株XF和XH的FL都对小麦条锈菌夏孢子具有致死作用，且致死率随处理时长的增加而逐渐提高（图5-10），XF的FL的致死率在8小时后趋于稳定，最高为65.03%，XH的FL在处理1小时时的致死率即达到65.91%，8小时后稳定且表现出极强的致死作用，致死率为

(a)

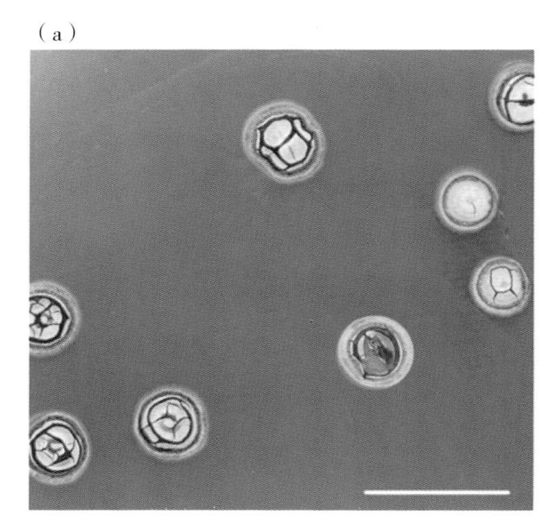

(b)

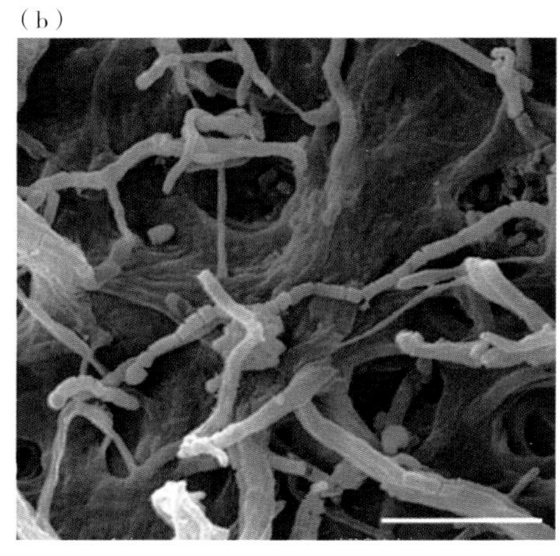

(c)

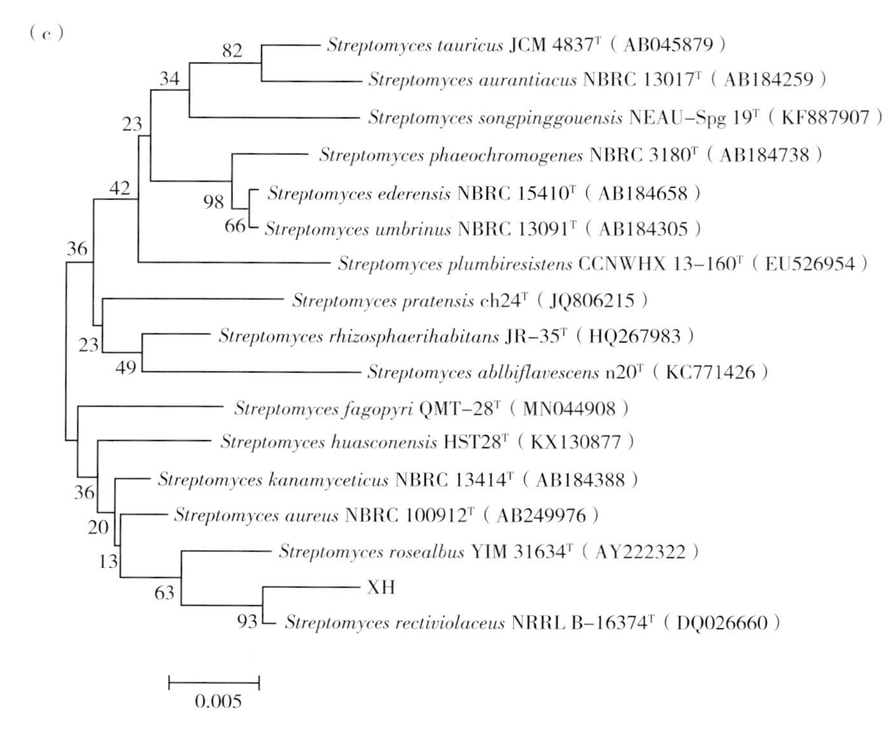

图5-9 生防菌XH的鉴定

(a) XH在GS平板上的菌落形态（Bar=1厘米）(b) 扫描电镜下XH的菌丝形态（Bar=5微米）
(c) 基于16S rDNA序列建立的菌株XH的系统发育树

91.53%，与Tr处理无显著差异，这表明XF和XH的FL可以通过导致部分小麦条锈菌夏孢子死亡从而降低其萌发率。

2.4 活性物质极性分布

为了探究生防菌发酵液（FB）中活性物质的极性分布，本研究比较不同萃取物对小麦条锈菌夏孢子的萌发抑制率，试验结果显示，XF的乙酸乙酯相萃取物（EA）和石油醚相萃取物（PE）都对小麦条锈菌夏孢子表现出极强的萌发抑制性，其中EA对小麦条锈菌夏孢子的萌发抑制率最高，达到99.31%。XH的5种萃取物中只有剩余相浓缩物对小麦条锈菌夏孢子的萌发抑制率低于60%，其中EA的萌发抑制率最高，为94.11%，这表明XF和XH分泌的主要活性物质都在乙酸乙酯中溶解度最大（图5-11）。

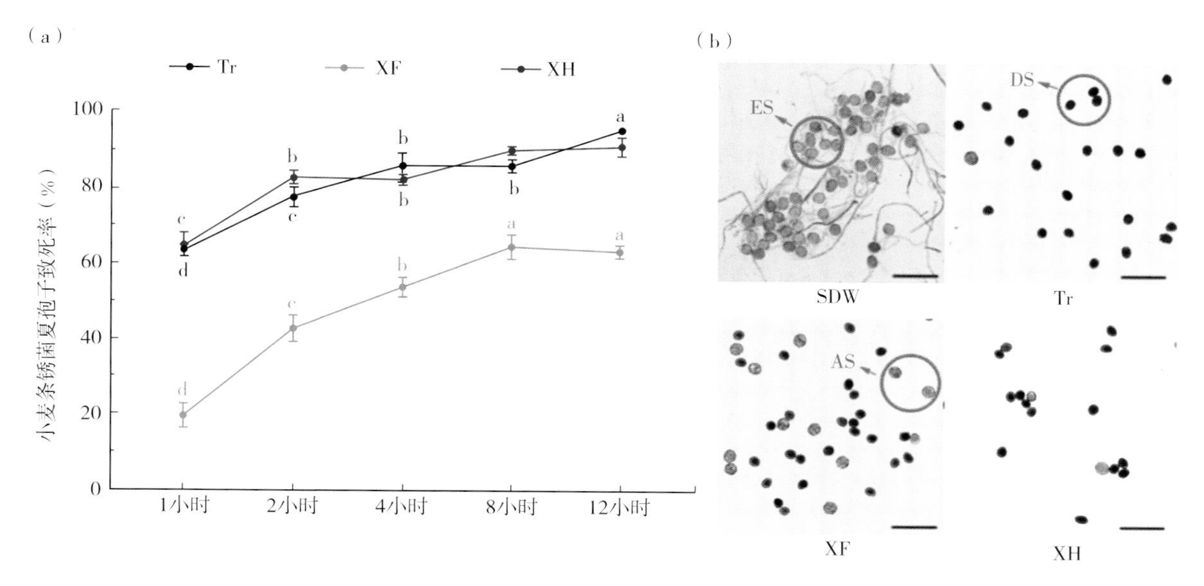

图5-10　两株生防菌发酵滤液对夏孢子的致死作用

（a）不同处理时长对小麦条锈菌夏孢子的致死率　（b）光学显微镜下不同处理12小时的夏孢子

注：Bar=100微米；ES. 萌发状态；DS. 死亡状态；AS. 存活状态。图中数据为平均值 ± 标准差，不同字母表示差异显著（$p<0.05$）。

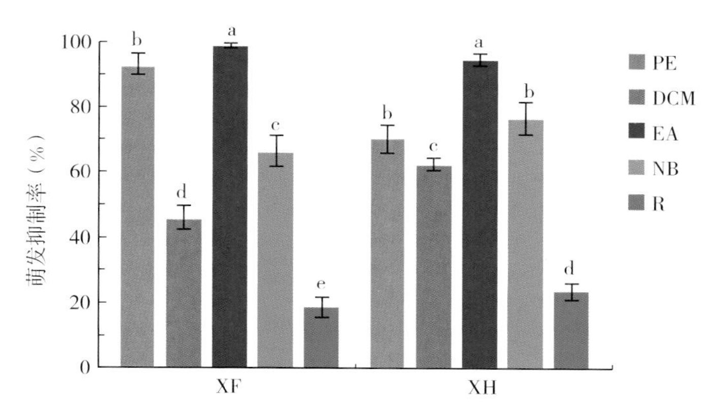

图5-11　生防菌株活性物质的极性分布

注：PE. 石油醚相萃取物；DCM. 二氯甲烷相萃取物；EA. 乙酸乙酯相萃取物；NB. 正丁醇相萃取物；R. 剩余相浓缩物。图中数据为平均值 ± 标准差，不同字母表示差异显著（$p<0.05$）。

2.5　活性物质对小麦条锈菌夏孢子萌发影响的浓度效应

试验结果显示，XF和XH的乙酸乙酯相粗提物（EAP）对小麦条锈菌夏孢子的萌发抑制率均随着EAP浓度的增大而升高，当浓度为25毫克/升时，XF的EAP对小麦条锈菌夏孢子的萌发抑制率为18.29%，当其浓度为100毫克/升时，抑制率达到峰值，且与250毫克/升和500毫克/升的抑制率无显著差异。XH的EAP抑制率则是从44.06%提高到100%，XH的EAP则是在250毫克/升时才达到峰值，XF的EAP和XH的EAP的EC_{50}分别为33.86毫克/升和26.77毫克/升（图5-12）。

2.6　活性物质的稳定性

为了探究生防菌发酵液（FB）的稳定性，本研究检测了不同处理下生防菌XF和XH的EAP的抑菌活性，试验结果显示，XF的EAP在经过蛋白酶K处理前后对小麦条锈菌夏孢子的萌发抑制率无差

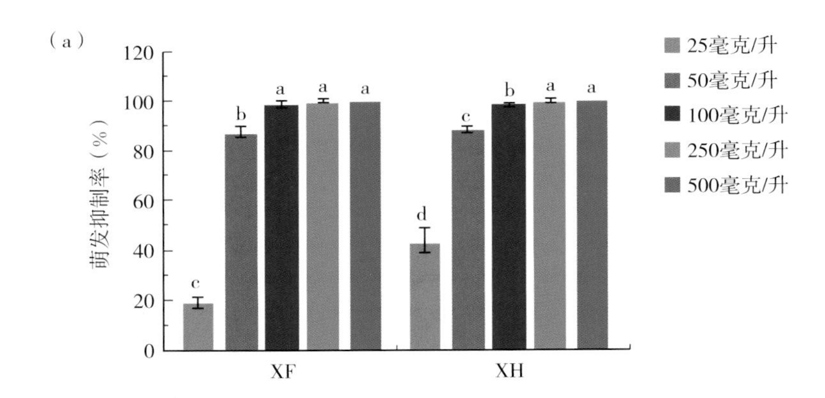

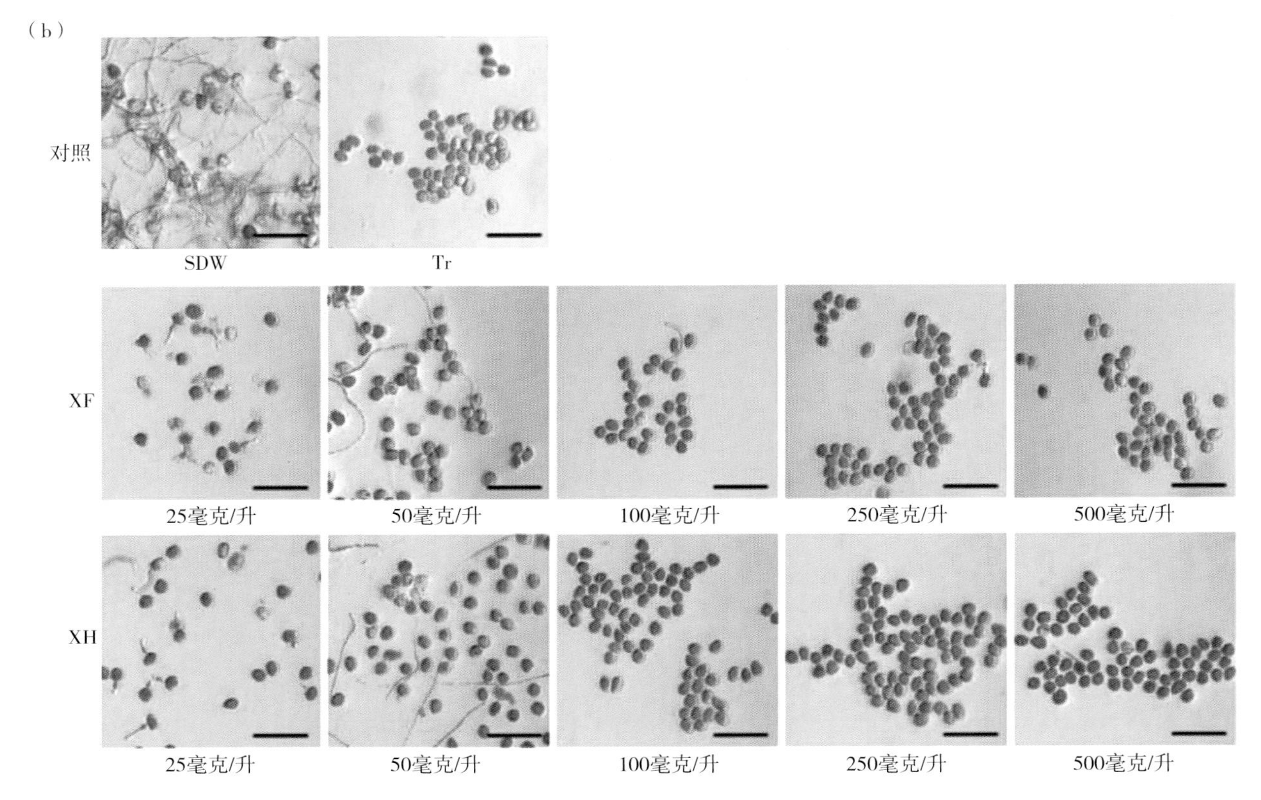

图5-12　EAP对小麦条锈菌夏孢子萌发抑制作用的浓度效应

（a）生防菌不同浓度EAP对小麦条锈菌的萌发抑制率　（b）光学显微镜下各处理小麦条锈菌夏孢子的状态

注：Bar＝100微米；图中数据为平均值 ± 标准差，不同字母表示差异显著（$p<0.05$）。

异，而XH的EAP的抑制率有所下降，但仅下降了6.54个百分点，这表明XF和XH的EAP的主要物质均非蛋白质。XF对超高温较敏感，在经过121℃处理后抑制率跌至70%以下，但在100℃以内温度处理、光照、紫外照射、极端pH环境处理和长期储存的情况下抑制率均保持在70%以上。XH则是在极端pH环境（pH＝12）下无法完全发挥抑制作用，抑制率仅为49.69%，但在不同温度、光照、紫外照射和储存时长处理后，EAP的抑菌率始终保持在70%以上，这表明XF和XH的EAP稳定性强且可长期储存（图5-13）。

2.7　生防菌对小麦条锈菌侵染量的影响

通过qRT-PCR检测了不同处理组的小麦叶片中小麦条锈菌的生物量，结果显示XF和XH均能降低小麦条锈菌的侵染量。如图5-14a所示，经Tr处理过的小麦叶片中的小麦条锈菌夏孢子侵染量

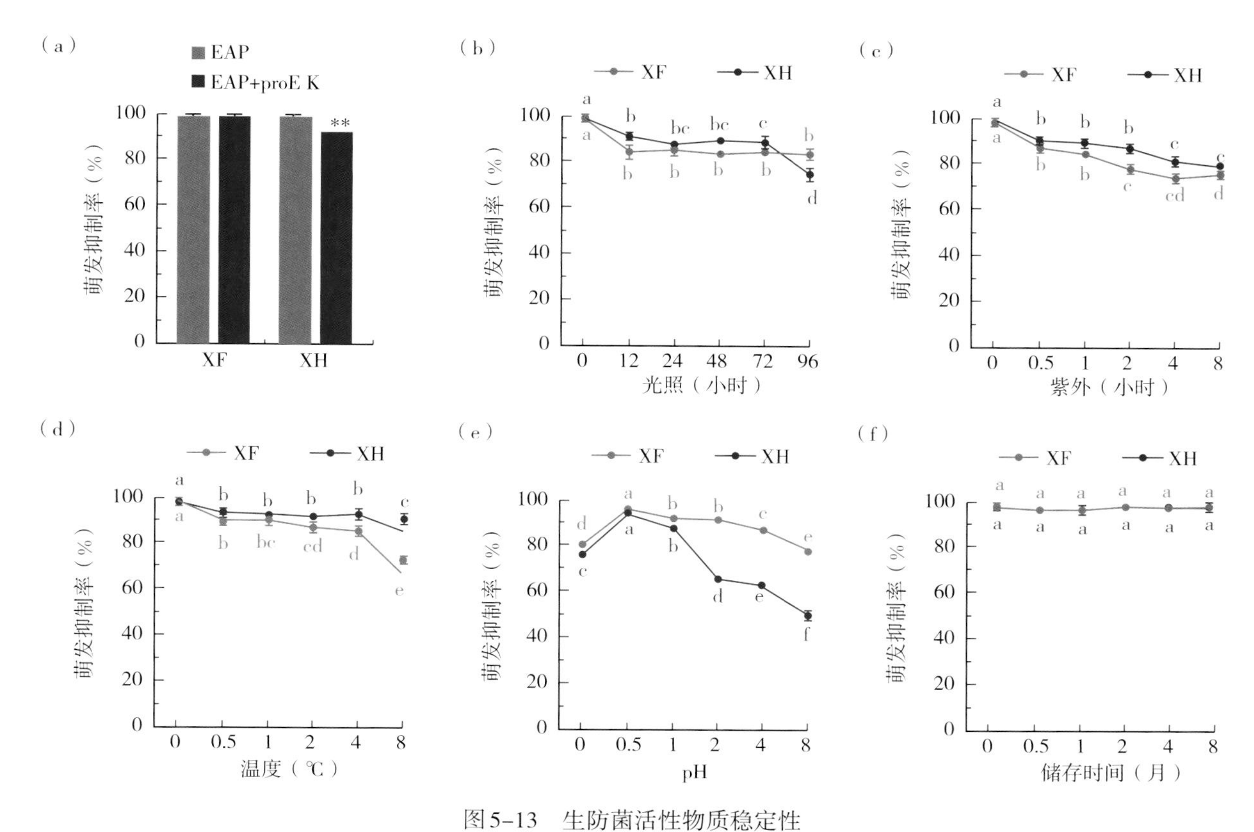

图5-13　生防菌活性物质稳定性

注：图中数据为平均值 ± 标准差，“**”表示采用*t*-test双尾检验与SDW处理差异显著（$p<0.01$），不同字母表示经邓肯氏新复极差法检验差异显著（$p<0.05$）。

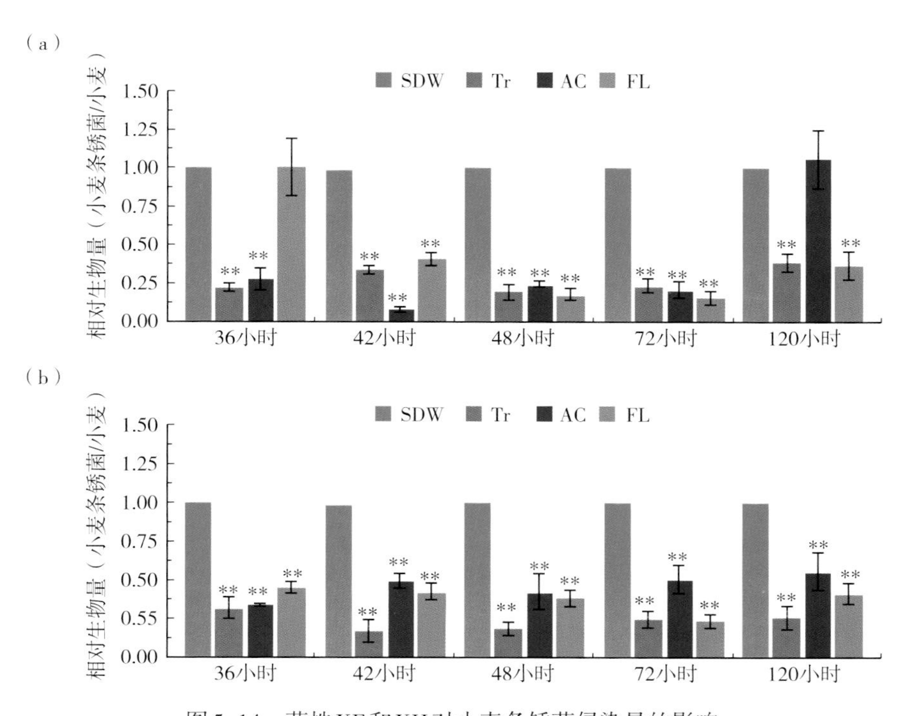

图5-14　菌株XF和XH对小麦条锈菌侵染量的影响

（a）和（b）分别表示XF和XH各处理组中相关基因的表达量

注：图中数据为平均值 ± 标准差，采用*t*-test双尾检验，“*”表示与SDW处理差异显著（$*p<0.05$；$**p<0.01$）。

在各个时间点均显著低于SDW处理，XF的AC在36小时至72小时时间段内对夏孢子侵染的抑制作用与Tr相近，甚至在42小时时效果显著优于Tr，但在第120小时时其条锈菌侵染量与SDW无显著差异，这表明XF的AC可显著降低小麦条锈菌的侵染量，但该作用具有时间限制。XF的FL处理在第36小时时未能有效降低条锈菌侵染量，但从42小时开始至120小时，表现出持续抑制小麦条锈菌侵染的作用，其中72小时时抑制效果最强，此时小麦条锈菌侵染量仅为对照处理的0.16倍，但120小时时侵染量呈现出上升的趋势，这表明滤液可显著抑制条锈菌的侵染，但其作用时间较菌体稍晚一些，且后续抑制作用减弱。XH发酵产物对小麦条锈菌的侵染抑制作用相较XF发酵产物更加稳定，在检测的5个时间点内，XH的AC和FL都显著降低了小麦条锈菌的侵染量（图5-14b），AC处理叶片的小麦条锈菌生物量最低为SDW处理的0.349倍，出现在36小时时，而FL则在72小时时对小麦条锈菌侵染的抑制效果最强，生物量仅为SDW处理的0.243倍，与Tr无显著差异。

2.8 生防菌对小麦条锈菌在小麦叶片内生长发育的影响

通过麦胚凝集素（WGA）染色观察小麦条锈菌在小麦叶片内的生长发育情况，如图5-15所示，无论是XF的AC还是FL均能在36小时和72小时两个时间点显著降低小麦条锈菌的菌丝长度、吸器形成率和侵染面积。其中，生防菌接种36小时后，AC处理组的菌丝长度和侵染面积极显著低于SDW（$p<0.01$），生防菌接种72小时后，AC和FL处理的菌丝长度和吸器形成率均极显著低于SDW，且与Tr处理效果相当，这表明XF的AC和FL均能限制小麦条锈菌在小麦叶片中的生长发育。

2.9 生防菌对小麦叶片活性氧迸发的影响

通过计算活性氧（ROS）面积我们发现，伴随着小麦条锈菌的侵染，各处理中的ROS逐渐积累，在36小时和72小时，XF的AC和FL均促进了小麦叶片中ROS的迸发（图5-16a），其中在36小时时AC和FL处理后的ROS面积极显著高于SDW（$p<0.01$）（图5-16b）。通过统计侵染点发现，与SDW相比，XF处理组能在36小时和72小时降低小麦条锈菌的侵染率，其中AC处理组的侵染率均极显著低于SDW，分别为1.83%和2.29%，而FL处理则在36小时时对小麦条锈菌的侵染表现出极强的抑制效果，侵染率仅为3.90%（图5-16c）。

2.10 生防菌对小麦抗病相关基因表达量的影响

对*TaPAL*、*TaPR1*、*TaPR2*、*TaPR3*、*TaPR4*和*TaPR9*这6个基因转录水平的检测试验结果显示（图5-17），除接种后18小时外，6个基因在不同的时间点都有不同程度的上调。水杨酸（SA）相关基因*TaPR1*、*TaPR2*和*TaPAL*在FL处理组120小时时表现出最高的相对表达量，与SDW相比，其倍数变化分别为134.18、38.04和3.24。然而，在AC处理的植物中，*TaPR1*和*TaPR2*的相对表达量峰值出现在12小时，分别为SDW的7.30和7.97倍。这些结果表明，*TaPR1*和*TaPR2*基因的表达主要在接种的早期阶段被AC激活，而FL主要在晚期阶段诱导其表达。此外，与茉莉酸/乙烯（JA/ET）相关的基因*TaPR3*、*TaPR4*和*TaPR9*也在各种处理下有不同程度的上调。*TaPR3*的整体表达动态与*TaPR4*的表达动态相似，在12小时、42小时、48小时和120小时，FL处理组的这两个基因的表达水平都高于AC处理组，且它们的相对表达量在120小时时都达到最大值，FL处理组中*TaPR4*的表达量在此时约为AC处理组的10倍。对于*TaPR9*，除18小时和36小时外，该基因在所有时间点与SDW相比都显著上调，AC和FL处理组的基因表达峰值均出现在48小时，分别为SDW的44.36倍和375.55倍。这些结果表明XF的AC和FL可能以通过同时激活SA和JA/ET信号途径来增强小麦的抗病性。

2.11 生防菌在小麦叶片上的定殖

提前用生防菌AC处理过的小麦在培养5天后取样，通过扫描电子显微镜观察叶片上生防菌的生长状况，结果发现XF和XH处理过的小麦叶片表面上均能观察到大量匍匐生长的菌丝（图5-18），这表明XF和XH可以定殖于小麦叶片。

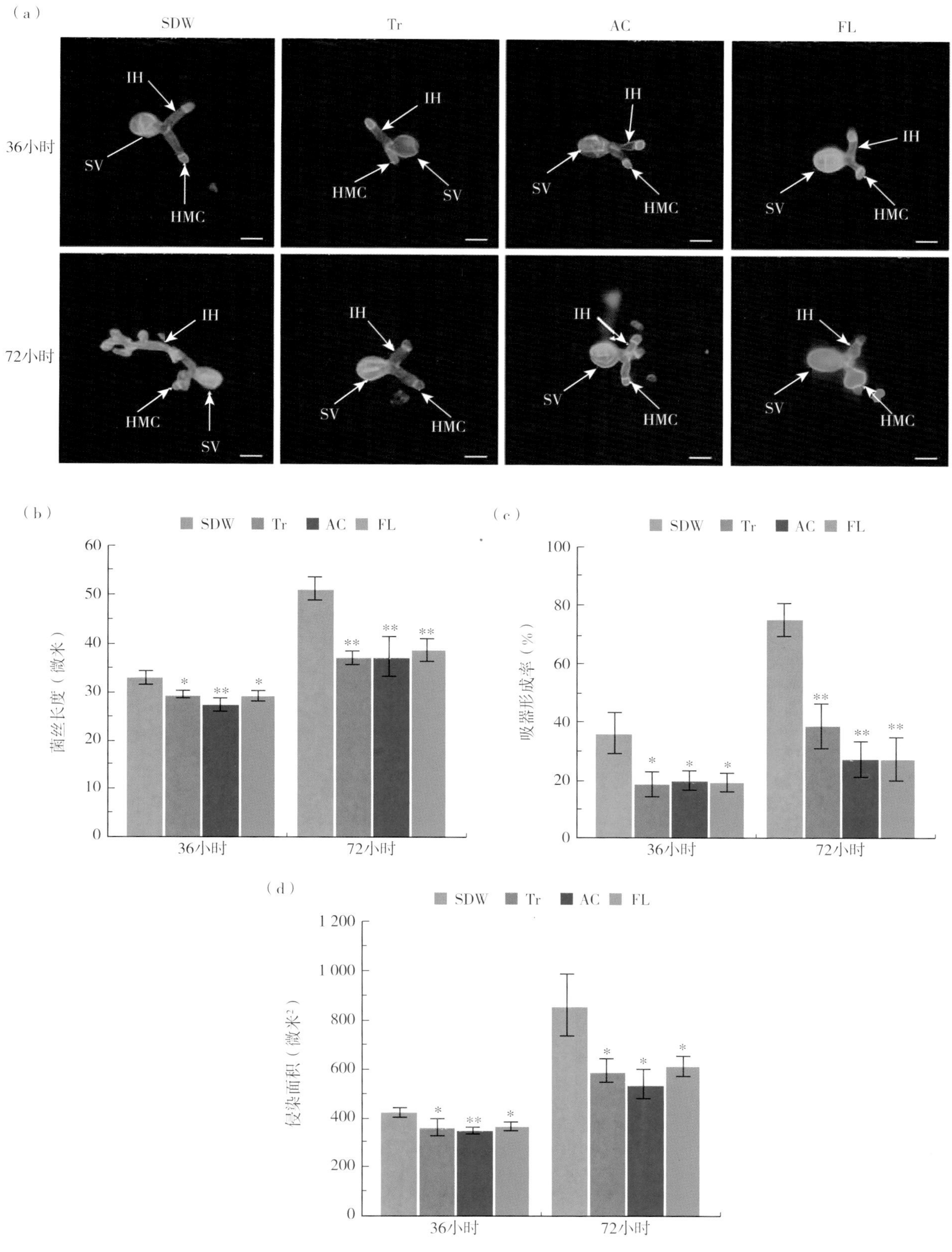

图5-15 菌株XF对小麦叶片内小麦条锈菌生长发育的影响

（a）电子显微镜下不同处理的条锈菌发育情况 （b）不同处理下条锈菌的菌丝长度

（c）不同处理下条锈菌的吸器形成率 （d）不同处理下条锈菌的侵染面积

注：SV. 气孔下囊；IH. 侵染菌丝；HMC. 吸器母细胞；图中数据为平均值 ± 标准差，采用t-test双尾检验，“*”表示与SDW处理差异显著（$*p<0.05$；$**p<0.01$）；Bar＝20微米。

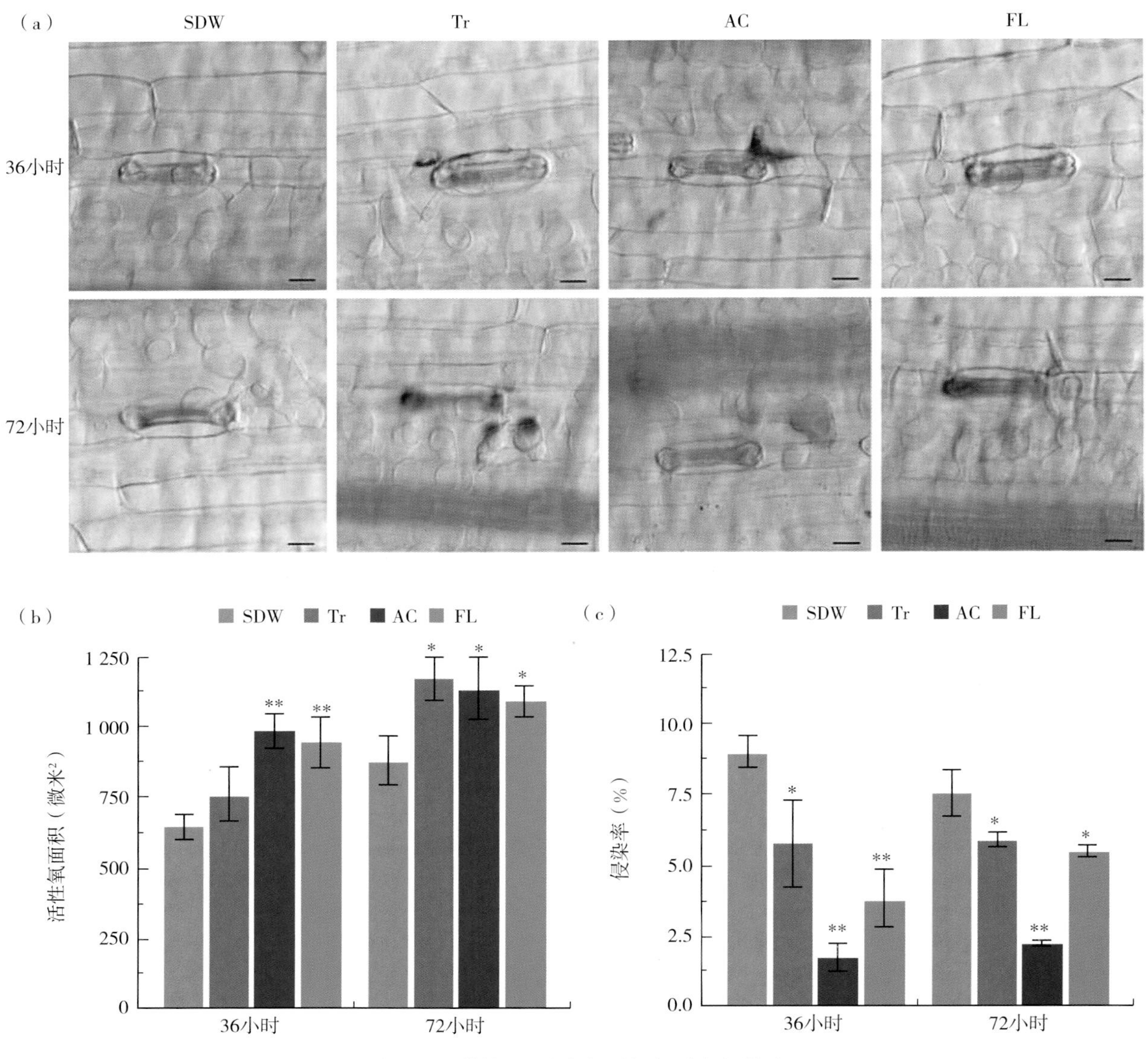

图5-16　菌株XF对小麦活性氧迸发的影响

（a）光学显微镜下不同处理的活性氧迸发情况　（b）不同处理下小麦的活性氧面积　（c）不同处理下条锈菌的侵染率

注：图中数据为平均值 ± 标准差，采用t-test双尾检验，“*”表示与SDW处理差异显著（$*p<0.05$；$**p<0.01$）；Bar＝20微米。

2.12　生防菌对小麦条锈病的盆栽防效

在盆栽防效测定试验中，两株生防菌XF和XH都表现出良好的防病效率。如图5-19a所示，SDW处理组的小麦叶片上布满夏孢子堆，而XF处理组的叶片上仅零星可见小麦条锈菌夏孢子堆且出现明显褪绿斑，这表明XF可能可以引起小麦对小麦条锈菌的免疫反应，XF的AC和FL均显著降低了病情指数，防病效率分别为65.48%和68.25%（图5-19b、5-19c）。XH发酵产物同样减少了小麦条锈菌夏孢子覆盖面积，其中FL对小麦条锈菌的拮抗作用优于AC，它们的防效分别为67.22%和54.26%（图5-19e、图5-19f）。

2.13　生防菌对小麦条锈病的田间防效

田间试验结果表明，菌株XF和XH的FL可以显著降低小麦条锈病的病情指数，生防效率分别为53.83%和44.22%（表5-16），虽然低于药剂处理，但与SDW处理相比，无论是发病率方面还是严重度方面，它们都表现出对小麦条锈病优良的抑制作用。

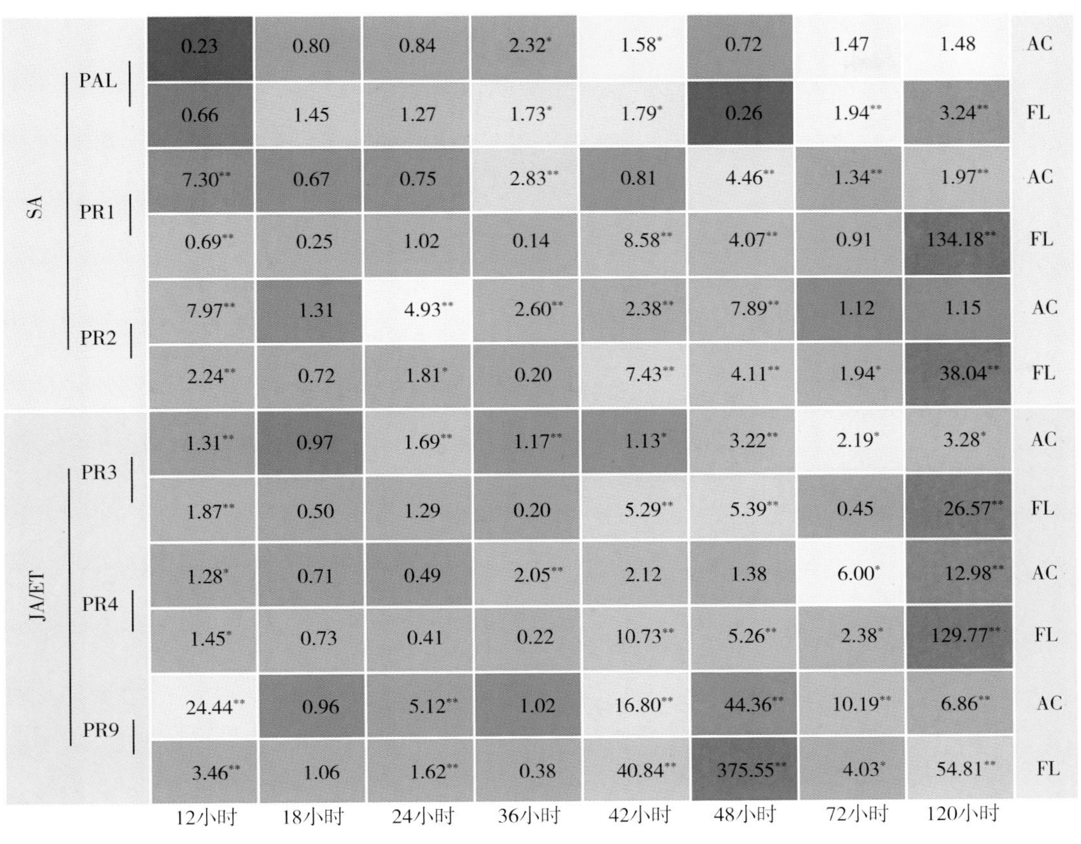

图5-17　菌株XF对小麦叶片水杨酸和茉莉酸/乙烯途径相关基因表达量的影响

注：热图中的横坐标表示不同的时间点，每个正方形表示各处理组中每个基因的相对转录水平。使用比例法对热图进行行归一化。基因表达越高，颜色越热（越红）。“*”表示各处理组与无菌水（SDW）处理差异显著（$*p<0.05$；$**p<0.01$），图中仅标记了显著上调的表达。

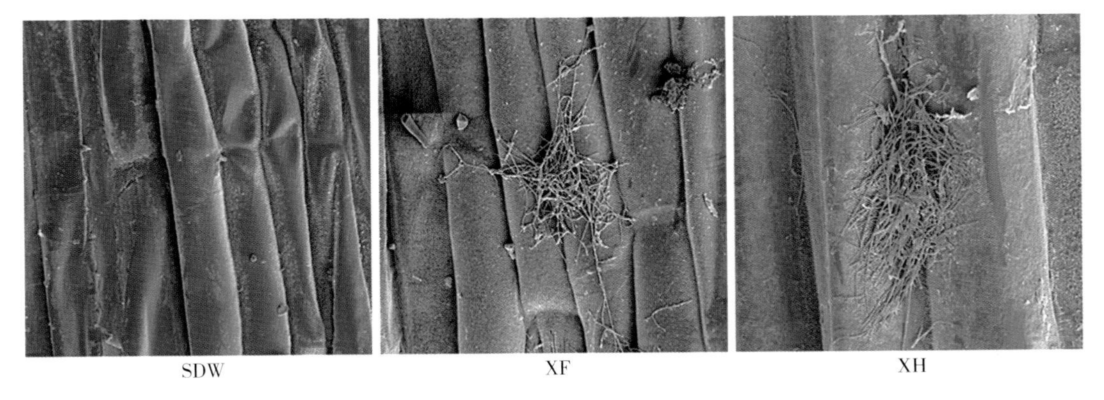

图5-18　两株生防菌在小麦叶片上的定殖情况

表5-16　两株生防菌对小麦条锈病的田间防效

处理	发病率（%）	严重度	病情指数	防治效率（%）
SDW	16.40 ± 2.29a	3.13 ± 0.03a	5.70 ± 0.75a	—
Tr	7.87 ± 1.32b	2.46 ± 0.15b	2.10 ± 0.26c	63.07 ± 1.22a
XF	8.80 ± 0.65b	2.70 ± 0.09b	2.62 ± 0.25bc	53.83 ± 1.48b
XH	12.00 ± 2.61ab	2.46 ± 0.22b	3.21 ± 0.69b	44.22 ± 4.55c

注：数据为平均值 ± 标准差，同列数据后的不同字母表示差异显著（$P<0.05$）。

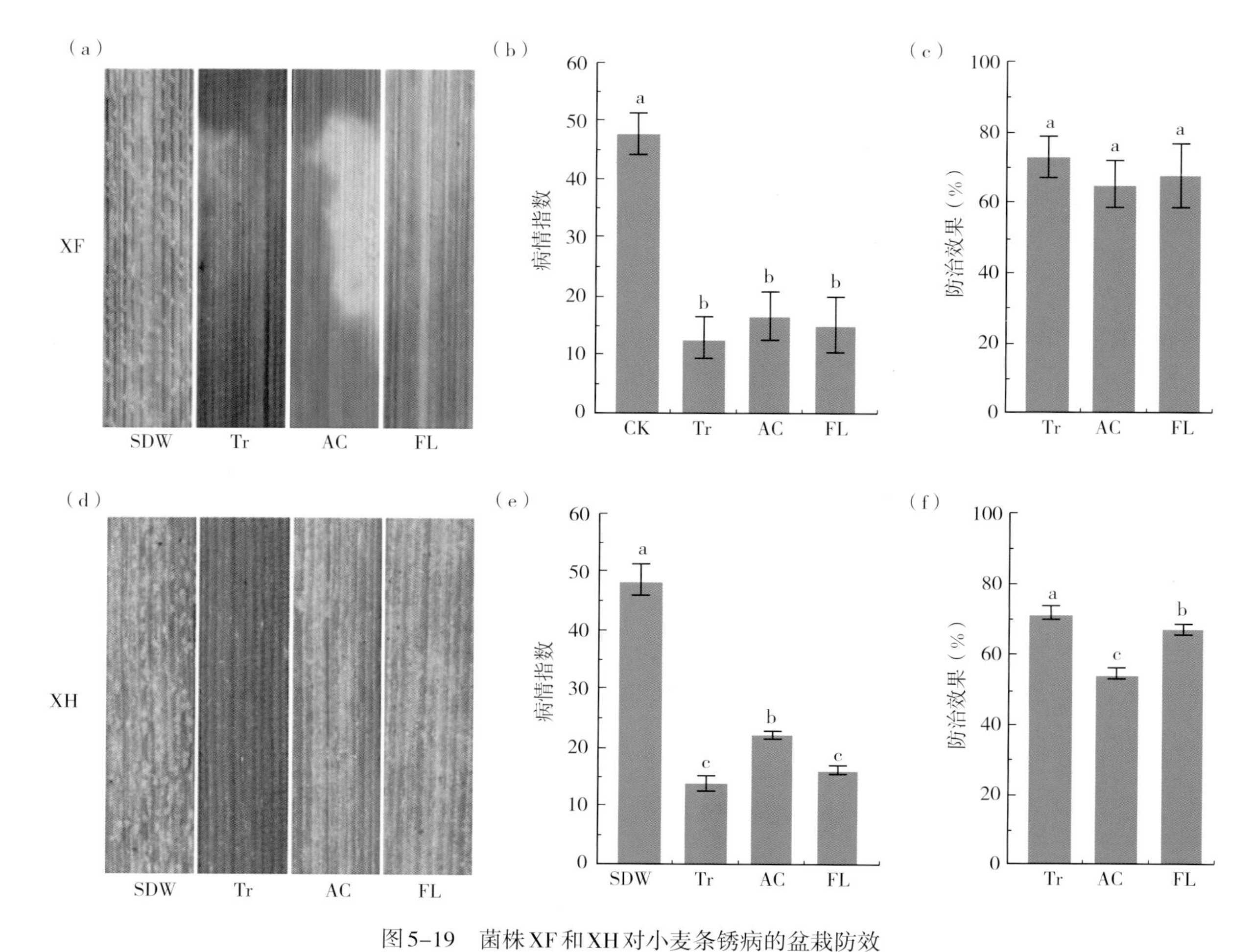

图5-19　菌株XF和XH对小麦条锈病的盆栽防效

（a）、（d）不同处理下小麦叶片的条锈菌覆盖率　（b）、（e）不同处理下小麦条锈病的病情指数

（c）、（f）不同制剂对小麦条锈病的防治效果

注：图中数据为平均值 ± 标准差，不同字母表示差异显著（$p<0.05$）。

3　讨论

小麦条锈菌的生命周期中共产生5种类型的孢子，其中条锈菌的夏孢子是小麦条锈病最具破坏性的病原体，几乎所有的生化和分子研究都集中在夏孢子及其感染结构上。目前，已经有多位学者通过筛选有益微生物来寻找可以抑制夏孢子的菌剂，因此本试验以抑制夏孢子萌发为标准，评估候选生防菌对小麦条锈菌的拮抗活性。菌株XF和XH是从健康小麦植株根际土壤中分离出的两株链霉菌，其发酵滤液对小麦条锈菌夏孢子萌发抑制率高达99.69%和94.34%。在温室盆栽中，XF和XH对小麦条锈病展现出良好的防治效果，其防效均高于54.26%，XF的FL则表现出最强的防治效果，防效为68.25%；但在田间条件下，XF和XH对小麦条锈病的防效仅为53.83%和44.22%，这可能是生防菌未能及时适应田间环境，无法完全发挥拮抗作用。为了避免这一问题，后续可以通过发酵优化探索生防菌最佳生长条件，使其产生更多活性物质和菌体；或通过菌种复配使功能互补且不存在互斥的生防菌构建成生防菌群，保证其生防活性能在不同环境条件下保持稳定。

为了明确生防菌拮抗小麦条锈病的作用机制，本研究分别从生防菌对小麦条锈菌夏孢子的影响以及生防菌对小麦植株的影响两方面进行探究。夏孢子的死亡被当作生防菌杀灭真菌活性的标志，结合两株生防菌对夏孢子的致死率及对小麦条锈菌侵染量的影响，本研究证明了XF和XH的发酵滤液（FL）可以通过杀死部分夏孢子来降低小麦条锈菌的侵染量，菌体悬浮液（AC）也可以降低小麦叶片中小麦条锈菌的生物量，但AC与小麦条锈菌的互作机制有待进一步探究。对于已经侵染进入小麦叶

片内的小麦条锈菌，XF同样可以发挥拮抗作用，延缓其发育并降低吸器形成率。

链霉菌属是著名的抗真菌化合物生产者，许多研究表明，链霉菌属分泌的代谢物的乙酸乙酯相物质（EAP）具有广泛的抗真菌活性，例如，灰肉链霉菌（*Streptomyces griseocarneus*）的EAP可以抑制尖孢镰刀菌（*Fusarium oxysporum*）、胶孢炭疽菌（*Colletotrichum gloeosporioides*）和唐菖蒲伯克霍尔德菌（*Burkholderia gladioli*）的生长，苜蓿链霉菌XN-04的抗真菌活性物质也集中在乙酸乙酯相物质中。在本研究中，两株生防菌XF和XH的EAP也对小麦条锈菌表现出最强的抑制作用，高浓度EAP可以100%抑制夏孢子的萌发，低浓度的EAP虽然对夏孢子萌发的抑制率较低，但它确实影响了夏孢子芽管的发育，明显减短了其芽管长度或使其产生分枝。与本研究结果相似的是，*S. griseocarneus*可以通过分泌根瘤素抑制多种番茄病原真菌的孢子萌发和菌丝生长，链霉菌CEN26会产生2,5-双（羟甲基）呋喃一乙酸酯，这种化合物可以抑制甘蓝链格孢（*A. brassicicola*）分生孢子的萌发并使附着胞畸形。因此，本研究推测XF和XH有可能合成针对小麦条锈菌的胞外抗真菌化合物，这些发现为抗菌化合物提取和分离的后续研究奠定了理论基础。

链霉菌对植物防御的诱导包括诱导性系统抗性和系统获得性抗性，以及许多不同的植物激素信号通路之间的交叉作用，其被认为可以诱导植物中防御机制相关基因的表达。本研究评估了SA途径相关基因和JA/ET途经相关基因的相对表达量。其中，*PR1*和*PR2*在植物对病原体的防御中发挥积极作用，*PAL*被报道影响小麦对条锈病的抗性。*PR1*通常被看作是激活SAR的标志，它能增强植物对各种病原体的抗性。在本研究中，XF的FL显著诱导了小麦*PR1*基因的表达，表明SA信号通路被激活，一些研究中也报道了类似的现象，例如，链霉菌JCK-6131和AgN23的发酵液分别诱导了番茄和拟南芥中*PR1*基因的表达。此外，在本试验中，菌株XF显著提高了小麦*PR3*、*PR4*和*PR9*这3种基因的相对表达量。*PR3*基因编码甲壳素酶，这种酶可以水解存在于甲壳素聚合物中的β-1，4糖苷键，为植物提供防御真菌病原体的功能。*PR4*是一种内切蛋白酶，*TaPR4*的高表达抑制了体外试验中的孢子萌发和吸器形成。*PR9*是一种特殊类型的过氧化物酶，通过催化细胞壁的木质化使病原体难以穿越屏障，并通过产生活性氧来增强对病原体的抵抗力。它们都是JA/ET途径下游广泛表达的基因，因此，本研究推测XF也可以触发JA/ET信号通路。Van Wees等发现，与独立激活每个途径相比，同时激活SA和JA/ET途径会增强植物保护能力，如用链霉菌AcH 505处理橡木根部可以保护植物免受白粉病的侵害，经检测发现其同时激活了SA和JA/ET信号通路。

综上所述，本研究筛选到生防链霉菌*S. tauricus* XF和*S. rectiviolaceus* XH，这两株生防菌能有效防治小麦条锈病，其次生代谢产物在小麦对条锈菌的抗性中起积极作用，其生防机制与直接抑制植物病原菌和诱导植物广谱抗病等多种因素有关，表明其在小麦条锈病生物防治方面具有潜在的应用价值，本研究为后续生防菌剂的开发奠定了基础。

撰稿：贾瑞敏　肖珂雨　王阳

第六节　生防菌与化学药剂协同防治小麦条锈病的应用技术研究

随着生物技术的发展，生物防治作为一种环境友好型的替代策略，日益受到重视。生防菌以其独特的生物活性和生态兼容性，展现出在植物病害管理中的潜力。然而，生防菌的防治效果往往受到环境条件和病原菌胁迫的影响，这限制了其在实际应用中的稳定性和普适性。

鉴于此，探索生防菌与化学药剂的协同作用，成为一种创新的病害管理策略。这种策略旨在结合生防菌的生物活性和化学药剂的快速效果，以期达到更高效、更环保的病害控制效果。通过优化两者的使用比例和施用时机，不仅可以减少化学药剂的使用量，降低对环境的负担，还可以提高生防菌的稳定性和防治效果，实现对植物病害的可持续管理。目前国内外对菌药复配防治植物病害的研究多有报道，毕秋艳等（2018）用枯草芽孢杆菌*Bacillus subtilis* HMB-20428与嘧菌酯复配防治葡萄灰霉病，其田间防效达到98.92%。*B. subtilis* RB14-C通过产生伊枯草菌素和表面活性素从而具有广谱抑菌效果，其与氟酰胺复配防治番茄枯萎病的盆栽防效为69%。谢立等（2020）用*B. subtilis* Czk1与根康复配防治橡胶树根病，其防效达76.66%。在防治番茄早疫病过程中，用蜡样芽孢杆菌处理种子，可以诱导番茄植株系统抗性，减少杀菌剂使用，喷洒的频率可以从20次减少到10次。这些研究都展现出菌药复配的协同作用。

目前关于菌药复配防治小麦条锈病的研究还未见报道，因此筛选出防治小麦条锈病的菌药复配组合具有重要意义。本研究旨在探究生防菌与化学药剂协同防治小麦条锈病的应用策略，以期为农业生产提供更为科学、合理的病害管理方案，促进农业生态系统的健康发展。

1　材料与方法

1.1　供试材料

供试生防菌：枯草芽孢杆菌*B. subtilis* SIM-1粉剂；甲基营养型芽孢杆菌*B. methylotrophicus* Lw-6粉剂，由西北农林科技大学蔬菜病害及生物防治试验室提供。

供试小麦品种：水源11，由西北农林科技大学小麦病原真菌监测及抗病遗传试验室提供。

供试药剂：20%三唑酮乳油（Triadimefon，Tr），江苏剑牌农化股份有限公司；40%已唑醇悬浮剂（Hexaconazole，He），安徽省四达农药化工有限公司；25%粉唑醇悬浮剂（Flutriafol，Fl），盐城利民农化有限公司；25%丙环唑乳油（Propiconazole，Pr），山东东泰农化有限公司；30%烯唑醇悬浮剂（Diniconazole，Di），江苏剑牌农化股份有限公司。

1.2　生防菌发酵液的制备

取1克生防菌粉剂与99毫升无菌水混合，28℃，180转/分钟摇培1小时后，4℃、12 000转/分钟离心20分钟，取1毫升上清液，稀释至10^{-5}倍，将稀释后的菌液均匀涂布于LB固体平板上培养24小时后挑取单菌落，接种于LB液体培养基中，28℃、180转/分钟摇培24小时后作为种子液，按照1%接种量将种子液接种至新鲜的LB液体培养基中，28℃、180转/分钟摇培24小时后作为生防细菌的发酵液（Fermentation liquid with bacterial cells，FB）。

1.3　生防菌剂的筛选

分别取10毫升稀释0、10、100、1 000倍的生防菌发酵液（FB）、发酵滤液（Fermentation liquid without bacterial cells，FL）、菌体悬浮液（Bacterial cell suspension，BCS）置于无菌小皿内，称取0.6毫克小麦条锈菌夏孢子均匀喷在20毫升发酵液上，并以无菌水（Sterile distilled water，SDW）处理作

为空白对照。在黑暗环境下，9℃共培养12小时后，用光学显微镜观察小麦条锈菌夏孢子的萌发情况，并根据下式计算萌发抑制率，每个处理3皿，试验重复3次。

$$萌发抑制率 =（对照萌发率 - 处理萌发率）/对照萌发率 \times 100\%$$

1.4 生防菌与杀菌剂的相容性测定

将生防细菌种子液分别接到含0、25、50、100、150、200毫克/升5种不同浓度的各化学药剂的LB液体培养基中，在28℃、180转/分钟的恒温摇床上培养24小时后，检测菌体的OD_{600}，并将菌体悬浮液于LB固体平板上梯度稀释10^{-4}、10^{-5}、10^{-6}，置于28℃黑暗培养24小时后，统计各平板的单菌落数量，并根据下列公式计算相容性，每个处理设置3个重复，试验重复3次。

$$相容性（\%）=（CK活菌数 - 处理组活菌数）/ CK活菌数 \times 100$$

1.5 菌药复配对小麦条锈菌夏孢子萌发的影响

为了筛选出对小麦条锈病防治效果最佳的菌药复配方式，在最佳相容浓度范围内设计不同浓度梯度药剂与生防菌复配。SIM-1与三唑酮药剂（Tr）复配（表5-17）、Lw-6与烯唑醇药剂（Di）复配（表5-18）分别设置11组处理，取各处理20毫升置于无菌小皿内，称取0.6毫克小麦条锈菌夏孢子均匀喷于其上，具体观察以及计算方法同1.3。

表5-17 SIM-1与Tr复配不同处理方法

序号	处理	浓度（毫克/升）
1	CK（SDW）	—
2	Tr	64
3	SIM-1	10×
4	SIM-1 ∶ Tr（1 ∶ 1）	0.5
5	SIM-1 ∶ Tr（1 ∶ 1）	1
6	SIM-1 ∶ Tr（1 ∶ 1）	2
7	SIM-1 ∶ Tr（1 ∶ 1）	4
8	SIM-1 ∶ Tr（1 ∶ 1）	8
9	SIM-1 ∶ Tr（1 ∶ 1）	16
10	SIM-1 ∶ Tr（1 ∶ 1）	32
11	SIM-1 ∶ Tr（1 ∶ 1）	64

注：处理1为清水对照；处理2为20%三唑酮杀菌剂单独处理；处理3为生防菌SIM-1单独处理；处理4～11为不同浓度梯度三唑酮与菌株SIM-1体积比为1 ∶ 1的复配处理。

表5-18 Lw-6与Di复配不同处理方法

序号	处理	浓度（毫克/升）
1	CK（SDW）	—
2	Di	128
3	Lw-6	20 ×
4	Lw-6 ∶ Di（1 ∶ 1）	1
5	Lw-6 ∶ Di（1 ∶ 1）	2
6	Lw-6 ∶ Di（1 ∶ 1）	4
7	Lw-6 ∶ Di（1 ∶ 1）	8
8	Lw-6 ∶ Di（1 ∶ 1）	16
9	Lw-6 ∶ Di（1 ∶ 1）	32
10	Lw-6 ∶ Di（1 ∶ 1）	64
11	Lw-6 ∶ Di（1 ∶ 1）	128

注：处理1为清水对照；处理2为30%烯唑醇杀菌剂单独处理；处理3为生防菌Lw-6单独处理；处理4～11为不同浓度梯度烯唑醇与菌株Lw-6体积比为1 ∶ 1的复配处理。

1.6 盆栽防效试验

为了筛选出对小麦条锈病防治效果最佳的菌药复配方式，SIM-1与Tr复配、Lw-6与Di复配分别设置11组处理（同1.5），其中生防菌与药剂复配体积比为1∶1；以SDW作为空白对照。将小麦播种于7厘米×7厘米×8厘米的方形小盆中，每个小盆9～10粒种子，在13℃ 16小时光照/20℃ 8小时黑暗环境下培养8天。喷施30毫升处理液24小时后，称取0.1克小麦条锈菌夏孢子溶于500微升电子氟化液制成小麦条锈菌悬浮液，每片叶子接种10微升悬浮液，14天后调查麦条锈病严重度，按照小麦条锈菌覆盖小麦叶片百分比（1%、5%、10%、20%、40%、60%、80%、100%）将发病叶片分为8个等级，并根据下列公式计算病情指数（DI）和防治效果（CE）。每个处理重复3个花盆，试验重复3次。

病情指数（DI）=∑（各级病株数×该病级值）/（调查总株数×最高级值）×100；

防治效果（CE）=（对照病情指数－处理病情指数）/对照病情指数×100%

1.7 生防菌对小麦的促生效果测定

选取颗粒饱满、大小一致的小麦种子进行表面消毒处理。用SDW冲洗种子60秒，在1%次氯酸钠中浸泡30秒后，SDW漂洗3次，晾干备用。将生防菌的发酵液原液（1.0×10^8CFU/毫升）分别稀释10^2倍（100×）、10^3倍（1 000×）和10^4倍（10 000×）后进行浸种处理，以SDW处理为对照。小麦种子浸泡4小时后，将种子腹沟朝下均匀放置于铺有湿润滤纸的培养皿（直径为8.5厘米）中，每皿放置20粒种子，各处理重复3个培养皿。将处理过的种子于25℃黑暗条件下保湿培养，露白后移栽至7厘米×7厘米×8厘米花盆中，每盆8颗种子，移栽48小时后均匀浇灌30毫升对应浓度的发酵液，于第14天和30天后测量小麦幼苗株高、根长、鲜重、干重，每个处理重复20个小盆，试验重复3次。

1.8 田间试验

田间试验于2022—2023年在陕西省杨凌示范区西北农林科技大学曹新庄试验农场进行。试验采用随机区设计，每个生防菌共设置七组处理：SDW、生防菌发酵液（FB）、发酵液与药剂复配、Lw-6粉剂（Biocontrol powder，BP）、Lw-6粉剂与Di复配（Lw-6 BP×Di）、Di、综合防治（Integrated control，IC），综合防治是指20%三唑酮乳油1 000毫克/升、4.5%的高效氯氰菊酯750毫克/升，再加98%磷酸二氢钾3 000毫克/升，分别于小麦扬花前期和孕穗期进行喷施。每个小区面积为5米^2，小区内行间距20厘米，各小区间隔30厘米，每个处理完全随机，各处理重复3个小区。2022年10月20日播种小麦，按常规进行农耕管理。根据病害流行预测预报，在小麦条锈病发病前，2023年4月18日和23日分别对各小区喷施处理溶液550毫升。次日，利用撒粉法在试验田接种小麦条锈菌，将小麦条锈菌夏孢子粉与滑石粉以1∶25的比例混合均匀装入干燥试管中，试管口用双层纱布封口，敲击试管即可将夏孢子粉均匀抖落在小麦叶片上，接种前后用喷雾器在麦苗上喷上水雾保湿。

为了明确菌药复配对小麦条锈病的田间防治效果，在末次处理后7天和14天，采用五点取样法分别从各小区采集50片叶片，调查小麦条锈病的发病率和严重度。在小麦成熟期，每个小区随机采集50株小麦计算穗粒数。收获脱粒，自然晒干后称重，并随机取1 000粒测千粒重；按照小区（5米^2）计算单产，并折合计算公顷产量。根据下列公式计算挽回产量、植保贡献率和最大损失率。

挽回产量＝不同防控水平产量－完全不防治（SDW）产量；

植保贡献率＝（综合防治产量－不同防控水平产量）/综合防治产量×100%；

最大损失率＝［综合防治产量－完全不防治（SDW）产量］/综合防治产量×100%

1.9 数据统计

使用Excel 2021统计试验数据，IBM SPSS Statistics 20.0软件进行数据差异显著性分析，使用GraphPad Prism 8做图。

2 结果与分析

2.1 生防菌对小麦条锈菌夏孢子萌发的影响

枯草芽孢杆菌*B. subtilis* SIM-1和甲基营养型芽孢杆菌*B. methylotrophicus* Lw-6的发酵液（FB）、发酵滤液（FL）、菌体悬浮液（BCS）的不同稀释倍数均能抑制小麦条锈菌夏孢子萌发，且抑制效果随稀释倍数增加而降低。与无菌水（SDW）相比，SIM-1的FB、FL和BCS 3种配方原液、10倍稀释液、100倍稀释液、1 000倍稀释液处理中小麦条锈菌夏孢子的萌发率显著降低（图5-20a～c）。小麦条锈菌夏孢子在FB原液不萌发；FB、FL两种配方10倍稀释液、100倍稀释液处理萌发率均低于45.91%，3种配方稀释100倍仍能显著抑制小麦条锈菌夏孢子萌发。

Lw-6的FB、FL和BCS 3种配方原液、10倍稀释液、100倍稀释液、1 000倍稀释液处理下小麦条锈菌夏孢子的萌发率均显著降低（图5-20d～f），FB、FL两种配方原液、10倍稀释液、100倍稀释液处理的小麦条锈菌夏孢子萌发率均低于38.36%，BCS原液、10倍稀释液、100倍稀释液处理的小麦条锈菌夏孢子萌发率均低于72.13%，FB的1 000倍稀释液仍能显著抑制小麦条锈菌夏孢子萌发。上述结果表明，两株菌对小麦条锈菌夏孢子均具有良好的拮抗作用。

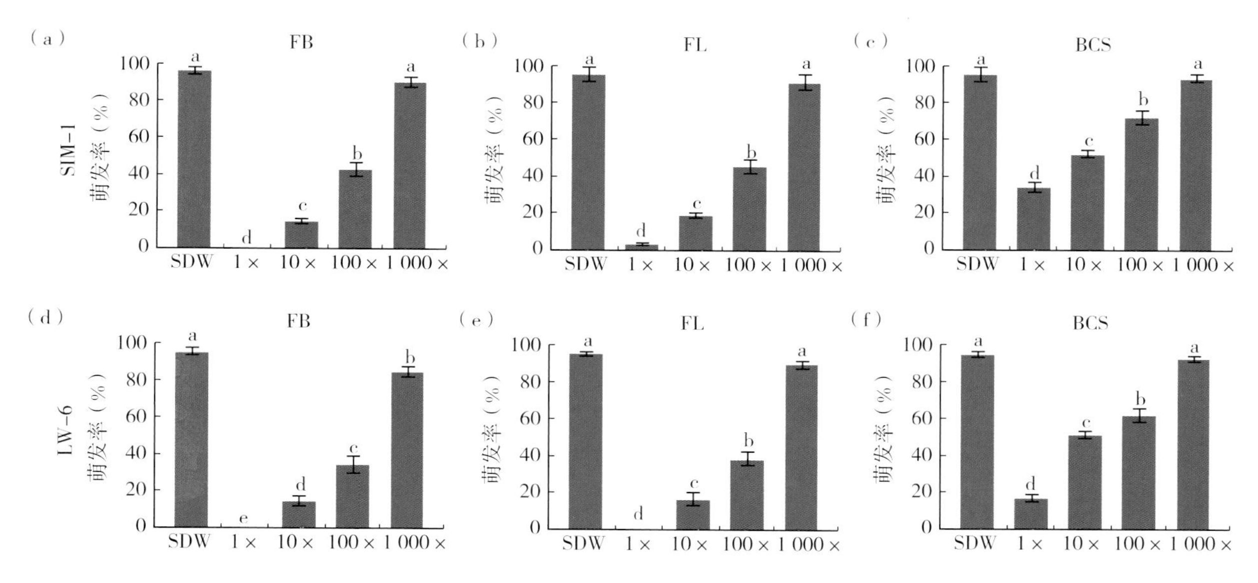

图5-20 生防菌发酵液对小麦条锈菌夏孢子萌发率影响

（a）、（b）和（c）分别代表SIM-1发酵液（FB）、发酵滤液（FL）以及菌体悬浮液（BCS）

（d）、（e）和（f）分别代表Lw-6发酵液（FB）、发酵滤液（FL）以及菌体悬浮液（BCS）

注：图中正负误差代表标准差大小，不同字母表示差异显著（$p<0.05$）。

2.2 SIM-1与杀菌剂相容性测定结果

为了筛选出与生防菌SIM-1最佳的复配药剂类型及复配浓度，本试验检测了5种不同浓度药剂对SIM-1生长的影响。试验结果显示，SIM-1菌体的OD_{600}随着各供试药剂施用浓度升高而降低（图5-21a～e），当Pr药剂浓度达到100毫克/升及以上时，SIM-1完全不生长。SIM-1在Pr中生长后的活菌数显著低于其他处理，其相容性最低，而在Tr中生长后活菌数最多，当Tr浓度为25毫克/升时，生防菌SIM-1与其相容性最佳，达到83.39%（图5-21f），因此后续将使用三唑酮（Tr）与SIM-1进行复配试验。

2.3 Lw-6与杀菌剂相容性测定结果

为了筛选出与生防菌Lw-6最佳的复配药剂类型及复配浓度，本试验检测了5种不同浓度药剂

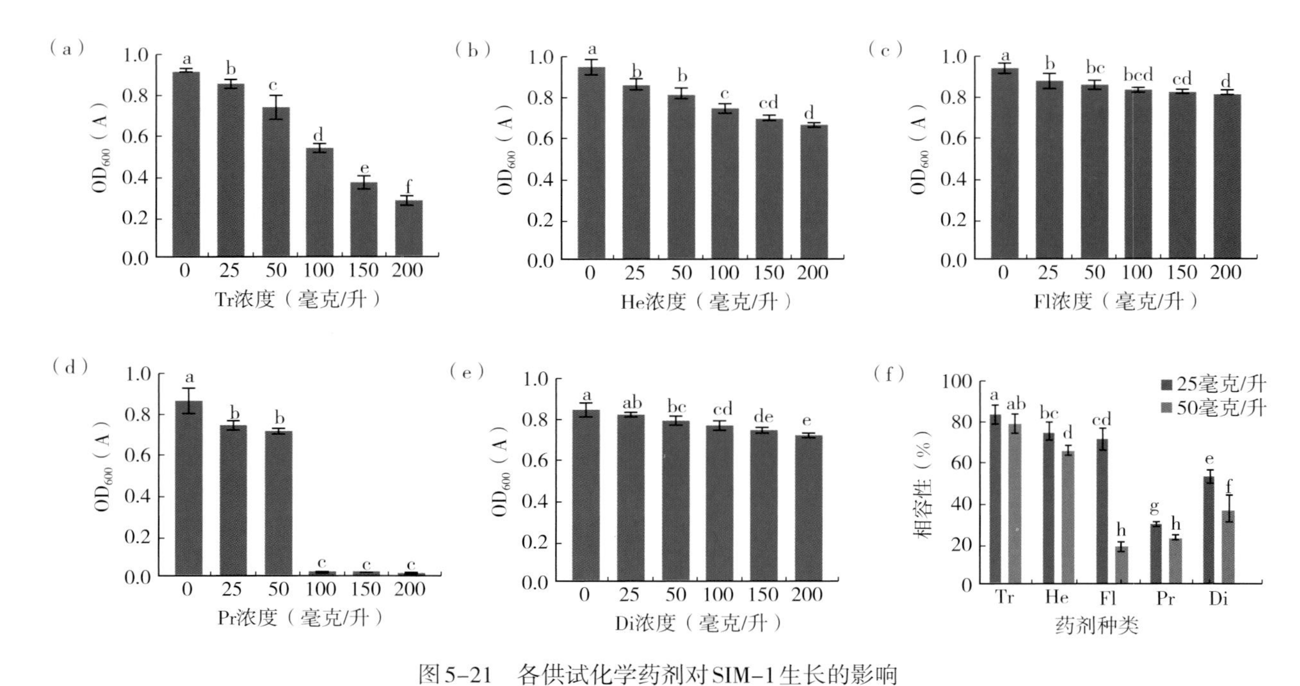

图5-21　各供试化学药剂对SIM-1生长的影响

（a）～（e）SIM-1在不同浓度药剂处理后的OD_{600}　（f）SIM-1与各供试化学药剂的相容性

注：Tr. 三唑酮；He. 己唑醇；Fl. 粉唑醇；Pr. 丙环唑；Di. 烯唑醇；图中正负误差代表标准差大小，不同字母表示差异显著（$p<0.05$）。

对Lw-6生长的影响。试验结果显示，Lw-6菌体的OD_{600}值随着各供试药剂施用浓度升高而降低（图5-22a～e），当Tr和Pr药剂浓度为200毫克/升时，Lw-6完全不生长，而当Di药剂浓度为50毫克/升时，Lw-6的OD_{600}值与空白对照无显著差异。Lw-6在Fl中生长后的活菌数显著低于其他处理，其相容性最低，在Di中生长后活菌数最多，Di浓度为25毫克/升时的活菌数为8.20×10^7CFU/毫升，与生防菌的相容性达到94.11%（图5-22f），后续将使用烯唑醇（Di）与Lw-6进行复配试验。

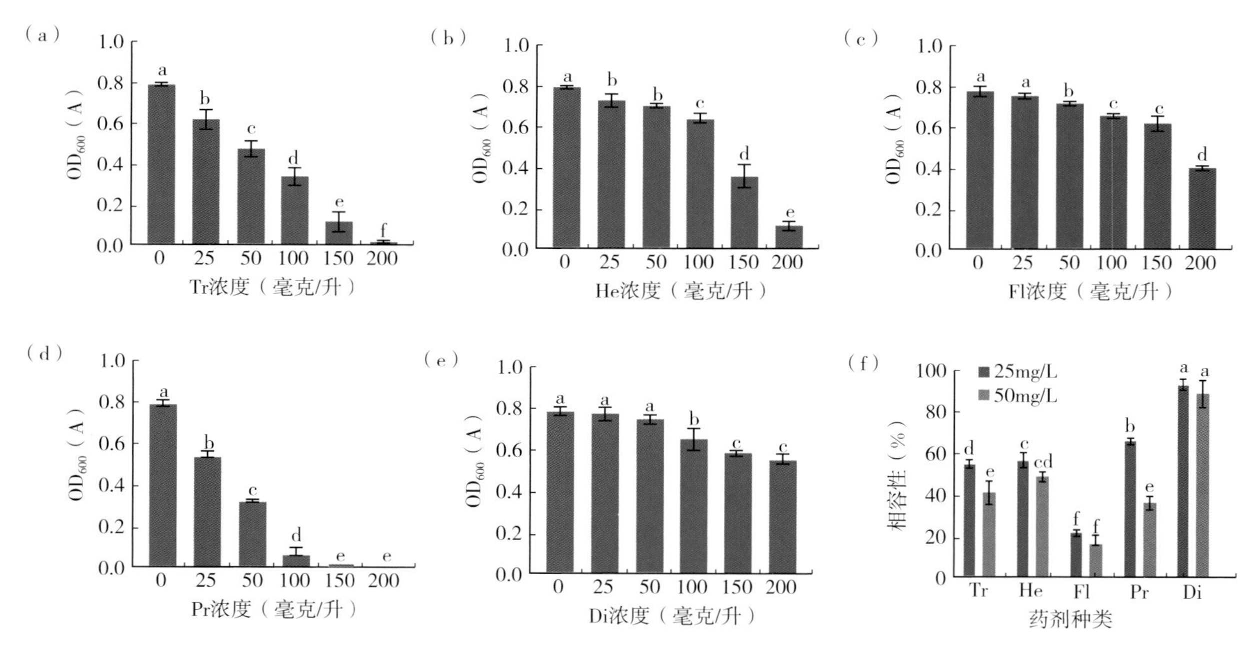

图5-22　各供试化学药剂对Lw-6生长的影响

（a）～（e）Lw-6在不同浓度药剂处理后的OD_{600}　（f）Lw-6与各供试化学药剂的相容性

注：Tr. 三唑酮；He. 己唑醇；Fl. 粉唑醇；Pr. 丙环唑；Di. 烯唑醇；图中正负误差代表标准差大小，不同字母表示差异显著（$p<0.05$）。

2.4 SIM-1与Tr复配对小麦条锈菌夏孢子萌发的影响

本试验以小麦条锈菌夏孢子萌发为指标，通过皿内萌发试验，筛选出SIM-1与Tr最佳浓度。显微镜观察结果显示，SIM-1与不同浓度Tr复配后处理的小麦条锈菌夏孢子萌发异常（图5-23）。统计结果显示，SIM-1与不同浓度Tr复配均可以显著降低小麦条锈菌夏孢子萌发率（表5-19），抑制率和药剂浓度呈正相关，其中32～64毫克/升Tr与SIM-1复配抑制效果最好，并且优于64毫克/升Tr或SIM-1单独使用，在降低了用药量50%的同时达到更好的抑制作用。

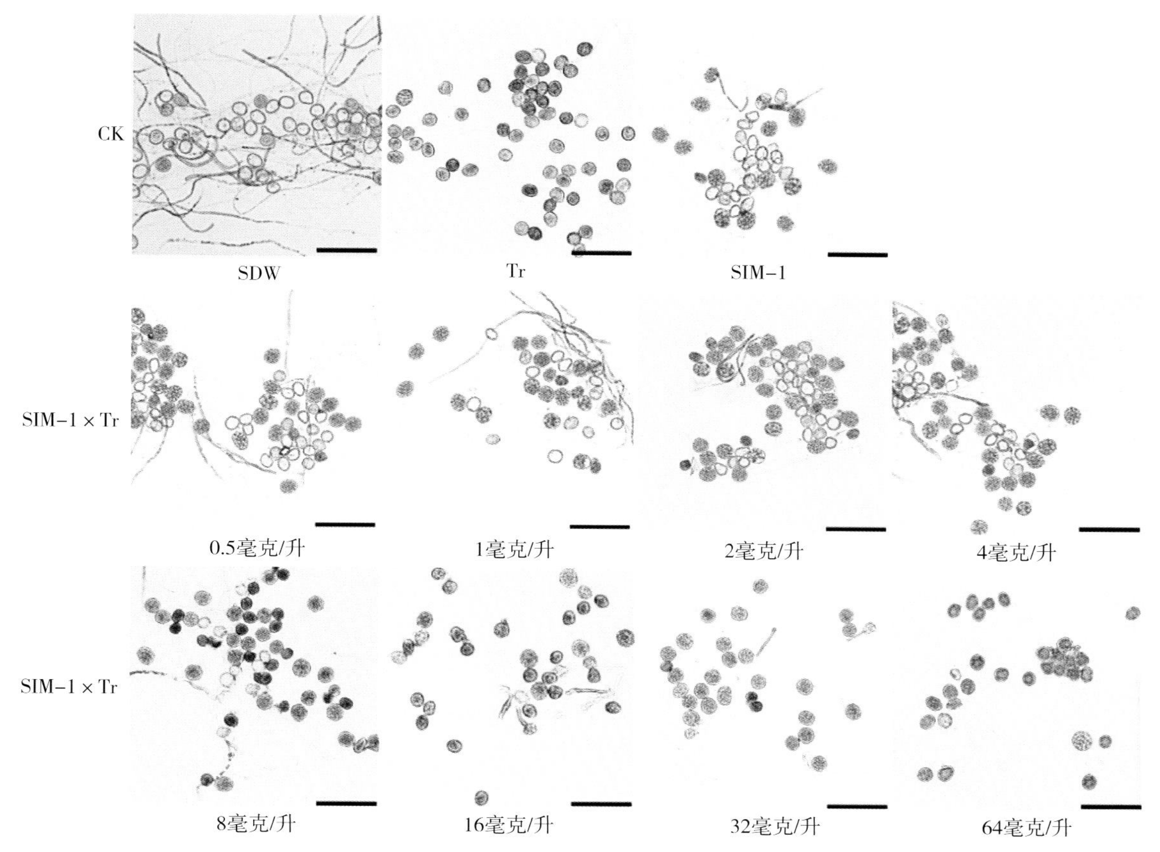

图5-23 SIM-1与Tr复配对小麦条锈菌夏孢子萌发的影响

注：Bar＝100微米；SDW为无菌水；0.5毫克/升～64.0毫克/升为0.5毫克/升～64.0毫克/升Tr与SIM-1 FB 20倍液1 ：1复配；Tr浓度为64毫克/升。

表5-19 SIM-1与Tr复配对小麦条锈菌夏孢子萌发率影响

处理	浓度（毫克/升）	萌发率（%）
SDW	—	97.51 ± 1.49a
Tr	64	29.73 ± 4.92cde
SIM-1	20×	40.45 ± 5.77b
SIM-1×Tr（1 ：1）	0.5	39.98 ± 2.42b
SIM-1×Tr（1 ：1）	1	33.10 ± 3.49cd
SIM-1×Tr（1 ：1）	2	35.22 ± 1.73bc
SIM-1×Tr（1 ：1）	4	33.91 ± 1.36bcd
SIM-1×Tr（1 ：1）	8	29.07 ± 5.76cde
SIM-1×Tr（1 ：1）	16	27.61 ± 4.19de
SIM-1×Tr（1 ：1）	32	24.46 ± 4.13ef
SIM-1×Tr（1 ：1）	64	19.87 ± 1.82f

注：0.5毫克/升～64.0毫克/升：0.5毫克/升～64.0毫克/升Tr与SIM-1 FB 20倍液1 ：1复配；数据为平均值 ± 标准差，同列数据后的不同字母表示差异显著（$p<0.05$）。

2.5 Lw-6与Di复配对小麦条锈菌夏孢子萌发的影响

本试验以小麦条锈菌夏孢子萌发为指标，通过皿内萌发试验，筛选出Lw-6与Di最佳浓度。显微镜观察结果显示，Di、Lw-6单独、Lw-6与不同浓度Di复配后处理的小麦条锈菌夏孢子均萌发异常（图5-24）。

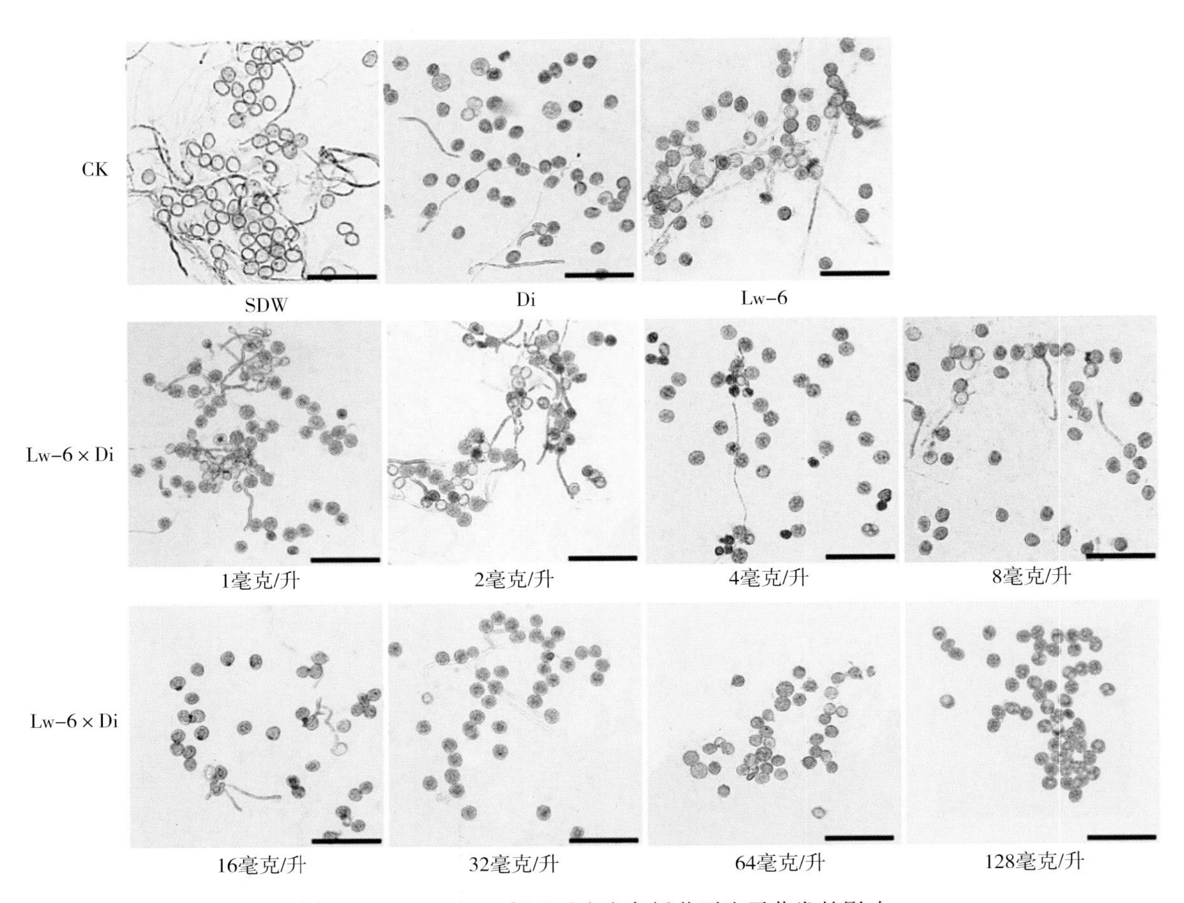

图5-24 Lw-6与Di复配对小麦条锈菌夏孢子萌发的影响

注：Bar＝100微米；SDW为无菌水；1毫克/升～128毫克/升为1毫克/升～128毫克/升Di与Lw-6 FB 20倍液1 ∶ 1复配；Di浓度为128毫克/升。

2.6 SIM-1与Tr复配对小麦条锈病盆栽防效

盆栽试验结果显示，空白对照处理组（SDW）的叶片上布满小麦条锈菌夏孢子堆，与之相比较，Tr药剂、SIM-1及其复配处理组中小麦条锈菌夏孢子堆明显减少，32～64毫克/升Tr与SIM-1复配处理的叶片上仅见零星夏孢子堆（图5-25a）。此外，各处理组中小麦条锈病的病情指数均显著低于清水对照（图5-25b），64毫克/升Tr与SIM-1复配防效最好，为79.78%。64毫克/升Tr与SIM-1复配防效显著高于SIM-1单独防效，与64毫克/升Tr单独使用防效相当（图5-25c），但是复配降低了一半用药量，后续将使用64毫克/升Tr与SIM-1复配进行大田试验。

2.7 Lw-6与Di复配对小麦条锈病盆栽防效

盆栽试验结果显示，与空白对照（SDW）相比，Di药剂、Lw-6及其复配处理组中小麦条锈菌夏孢子堆明显减少，128毫克/升Di与Lw-6复配处理的叶片上几乎看不到夏孢子堆（图5-26a）。此外，各处理组中小麦条锈病的病情指数均显著低于清水对照（图5-26b），复配处理条件下，随着药剂浓度升高防治效果逐渐提高（图5-26c），SIM-1 FB的20倍液单独处理对小麦条锈病盆栽防效是

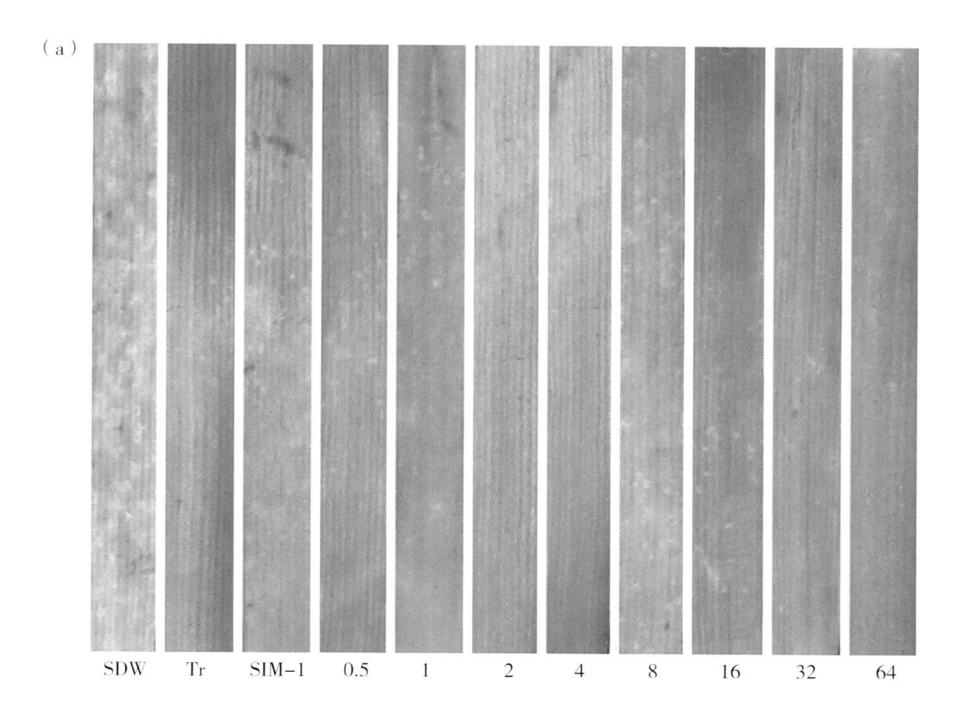

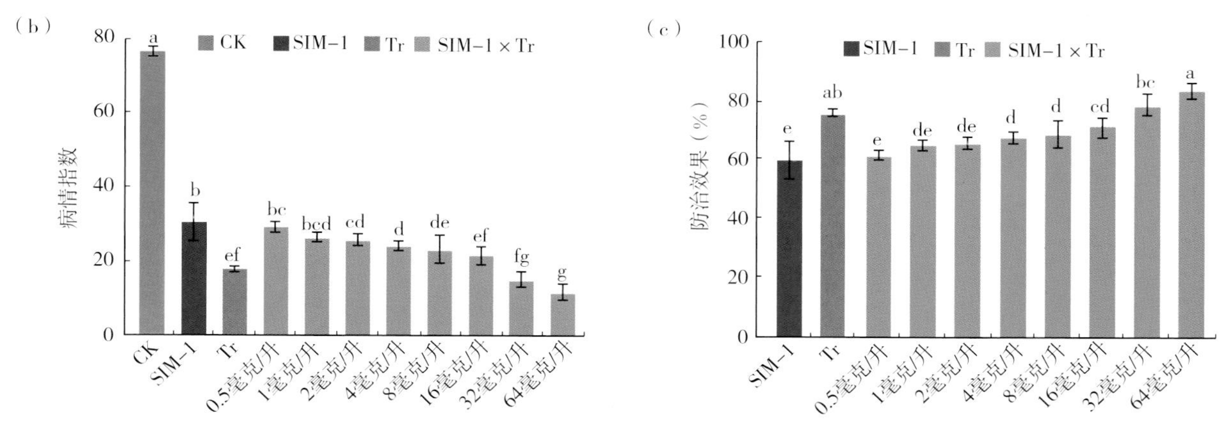

图5-25　SIM-1不同处理的盆栽防效

（a）各处理组小麦条锈病发病情况　（b）不同处理的病情指数　（c）不同处理的防治效果

注：0.5～64指0.5～64毫克/升Tr与SIM-1 20倍液1：1复配；图中正负误差代表标准差大小，不同字母表示差异显著（$p<0.05$）。

64.43%，128毫克/升Di与Lw-6复配防效最高，为91.78%。128毫克/升Di与Lw-6复配防效显著高于128毫克/升Di单独防效，同时比Lw-6单独处理防效高28.35%，在降低杀菌剂用量50%的同时防效增加了16.90%，后续将使用128毫克/升Di与Lw-6复配进行大田试验。

2.8　生防菌对苗期小麦的促生作用

为了测定生防菌对小麦幼苗是否具有促生作用，对小麦幼苗进行生防菌发酵液灌根处理并于播种后14天和30天测量不同生长指标，结果表明，两株生防菌发酵液的不同稀释倍液在播种后14天和30天时均可以不同程度地促进小麦幼苗生长（图5-27）。

在这两个时间中，与SDW相比，SIM-1 100倍、1 000倍液处理组的株高、根长和鲜重均显著提高；在播种后30天时，100倍和1 000倍液处理下的干重也显著提高，其中1 000倍液处理的促生效果最佳（表5-20）。Lw-6 100倍液在两个时间点处理组的株高、根长、干鲜重相较于水处理均显著提高，1 000倍液处理组的株高、根长、鲜重显著提高（表5-21）。

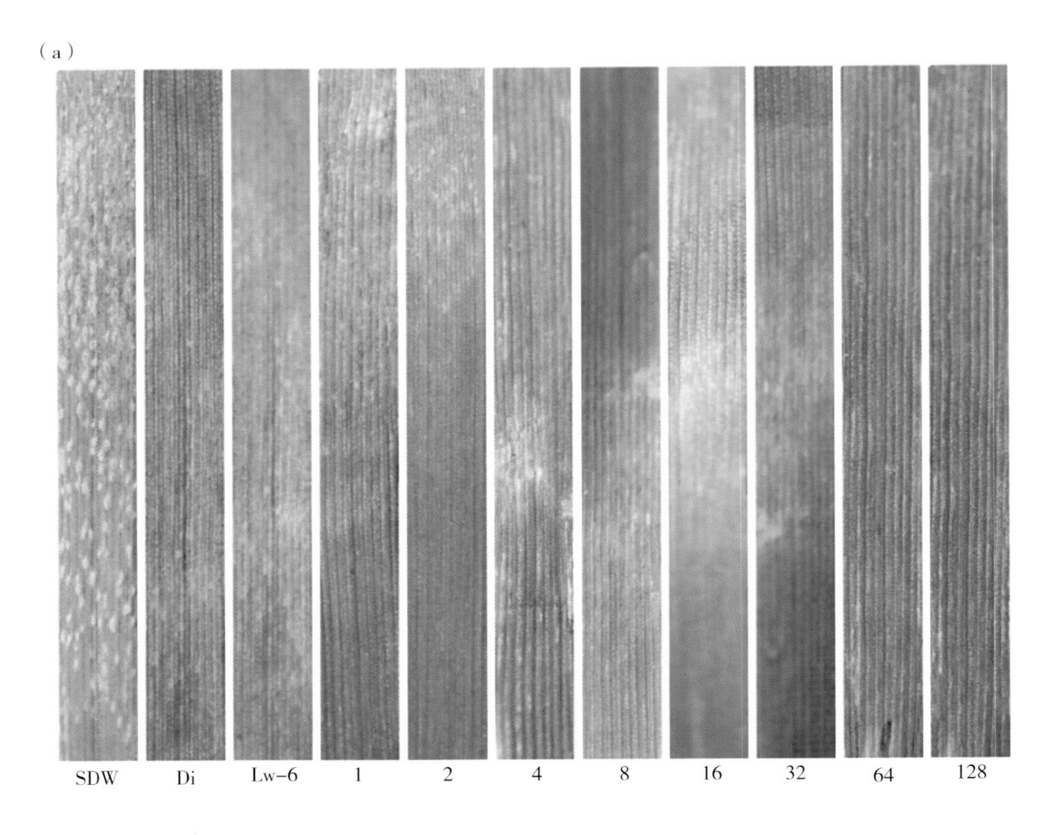

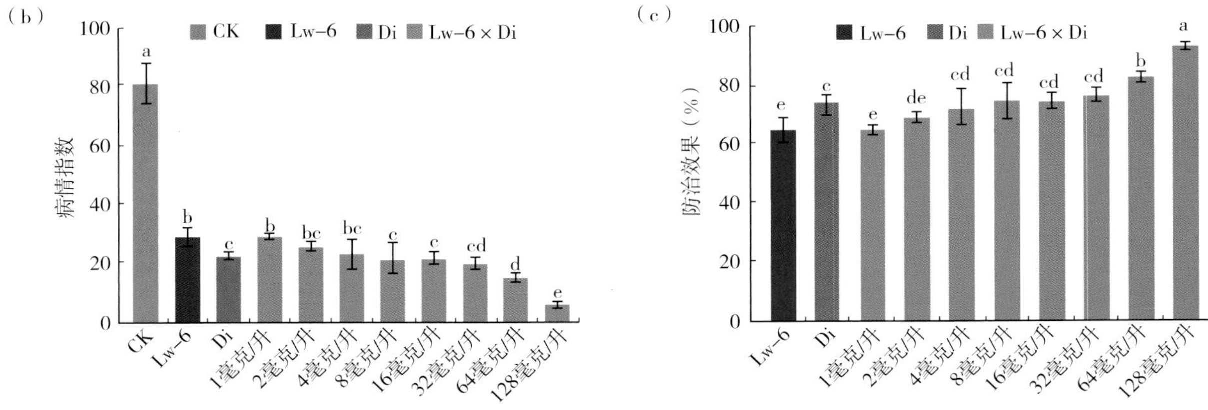

图5-26　Lw-6不同处理的盆栽防效

（a）各处理组小麦条锈病的发病情况　（b）不同处理的病情指数　（c）不同处理的防治效果

注：1～128指1～128毫克/升Di与Lw-6 20倍液1∶1复配；图中正负误差代表标准差大小，不同字母表示差异显著（p<0.05）。

表5-20　SIM-1对小麦幼苗形态指标的影响

处理		株高（厘米）	根长（厘米）	鲜重（克）	干重（克）
14天	SDW	27.65 ± 0.83b	8.33 ± 0.33c	0.35 ± 0.01a	0.03 ± 0.01a
	100 ×	34.62 ± 1.38a	9.78 ± 0.53b	0.40 ± 0.02a	0.03 ± 0.00a
	1 000 ×	35.68 ± 0.51a	11.33 ± 0.48a	0.36 ± 0.03a	0.03 ± 0.00a
	10 000 ×	28.93 ± 0.24b	10.30 ± 0.45ab	0.35 ± 0.01a	0.03 ± 0.00a
30天	SDW	38.05 ± 0.86b	11.55 ± 0.50d	0.71 ± 0.05d	0.06 ± 0.00c
	100 ×	40.26 ± 0.38b	15.34 ± 0.22a	1.04 ± 0.05a	0.07 ± 0.00b
	1 000 ×	45.23 ± 1.64a	14.60 ± 0.29b	0.92 ± 0.02b	0.09 ± 0.00a
	10 000 ×	39.56 ± 0.51b	13.00 ± 0.15c	0.82 ± 0.03c	0.06 ± 0.00c

注：表中数据为平均值 ± 标准误，同列中不同字母表示差异显著（LSD检验，$p \leqslant 0.05$）。

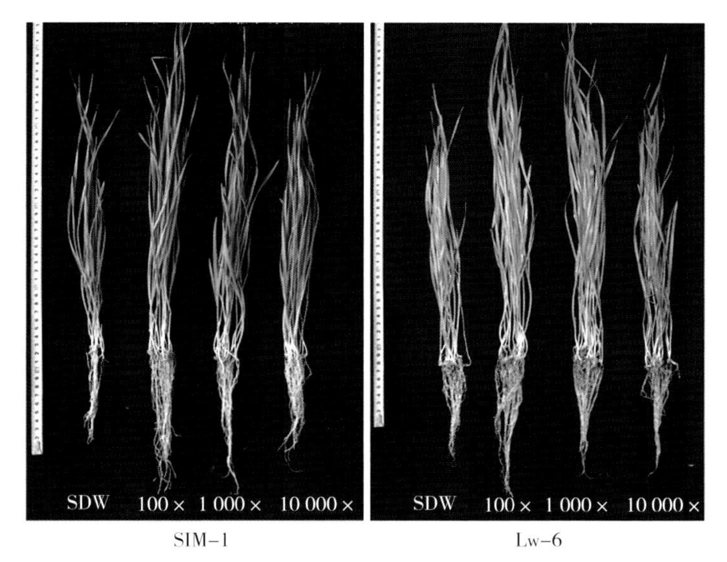

图5-27 生防菌对小麦幼苗生长的影响

表5-21 Lw-6对小麦幼苗形态指标的影响

处理		株高（厘米）	根长（厘米）	鲜重（克）	干重（克）
14天	SDW	25.54 ± 0.37d	8.19 ± 0.68b	0.33 ± 0.02c	0.03 ± 0.01b
	100 ×	29.32 ± 0.40c	11.31 ± 0.50a	0.41 ± 0.02a	0.04 ± 0.01a
	1 000 ×	35.36 ± 0.31a	12.01 ± 0.14a	0.38 ± 0.01ab	0.04 ± 0.00ab
	10 000 ×	27.29 ± 0.32b	11.01 ± 0.24a	0.36 ± 0.02bc	0.03 ± 0.00b
30天	SDW	38.05 ± 0.86d	11.55 ± 0.50d	0.71 ± 0.05d	0.06 ± 0.00c
	100 ×	46.16 ± 0.18b	15.78 ± 0.33b	0.97 ± 0.02b	0.09 ± 0.00b
	1 000 ×	48.10 ± 0.92a	18.06 ± 0.50a	1.08 ± 0.06a	0.12 ± 0.00a
	10 000 ×	39.21 ± 0.87c	13.47 ± 0.35c	0.87 ± 0.04c	0.06 ± 0.00c

注：表中数据为平均值 ± 标准误，同列中不同字母表示差异显著（LSD检验，$p \leqslant 0.05$）。

2.9 SIM-1与Tr复配对小麦条锈病的田间防治效果

为了进一步明确菌药复配在田间的施用效果，SIM-1发酵液（FB）和SIM-1粉剂（BP）与Tr药剂分别进行复配，试验结果显示，对照组（SDW）处理的小麦叶部褪绿枯死严重，其余各个处理均可以减轻该发病症状，其中SIM-1 BP与Tr复配处理下症状最轻，叶部仅见少量枯死斑（图5-28）。SIM-1 FB和BP处理在两个时间段均能显著降低小麦条锈病的病情指数（表5-22），且FB与BP处理的防效相当。其中SIM-1BP单独处理田间防效为43.75%～48.76%，SIM-1BP与Tr复配田间防效为65.86%～74.86%，高于Tr单独防效。

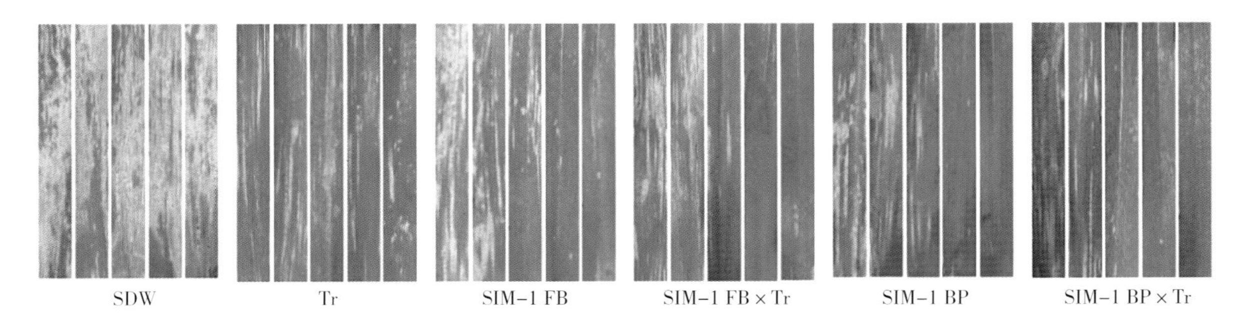

图5-28 SIM-1不同处理后田间叶片发病情况

表5-22　SIM-1不同处理对小麦条锈病田间防效

处理	第二次处理后7天		第二次处理后14天	
	病情指数	防治效果（%）	病情指数	防治效果（%）
SDW	16.3 ± 1.77a	—	55.60 ± 1.63a	—
SIM-1FB	10.03 ± 0.9b	38.33 ± 1.12b	30.43 ± 1.24b	45.15 ± 3.85b
SIM-1FB × Tr	5.80 ± 0.97c	64.62 ± 2.17a	14.33 ± 1.72c	74.12 ± 3.85a
SIM-1BP	9.17 ± 1.15b	43.75 ± 3.82b	28.5 ± 1.95b	48.76 ± 2.88b
SIM-1BP × Tr	5.57 ± 0.69c	65.86 ± 0.63a	13.97 ± 1.57c	74.86 ± 2.78a
Tr	6.13 ± 1.36c	62.28 ± 8.62a	16.87 ± 0.74c	69.66 ± 1.12a

注：FB为发酵液，BP为粉剂，表中数据为平均值 ± 标准误，同列中不同字母表示差异显著（LSD检验，$p \leq 0.05$）。

2.10　Lw-6与Di复配对小麦条锈病的田间防治效果

为了进一步明确Lw-6与Di复配在田间的施用效果，Lw-6发酵液（FB）和Lw-6粉剂（BP）分别与Di药剂进行复配，试验结果显示（图5-29），清水处理组的小麦叶部褪绿枯死严重，其余各个处理均可以减轻发病症状，其中Lw-6BP与Di复配处理下症状最轻，叶部仅见少量枯死斑。无论是FB还是BP处理在两个时间段均能显著降低小麦条锈病的病情指数（表5-23）。其中Lw-6BP单独处理田间防效为60.16%～66.80%，Lw-6BP与Di复配田间防效为79.91%～89.36%，高于Di单独防效（71.52%～72.46%）。

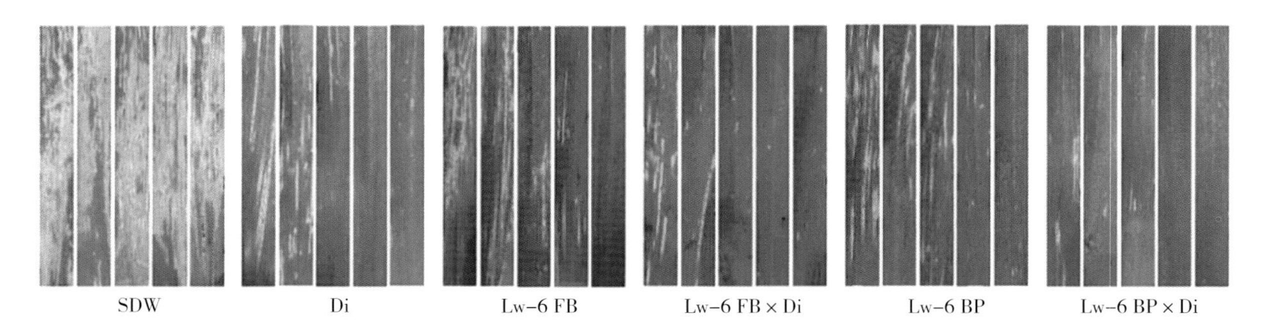

图5-29　Lw-6不同处理后田间叶片发病情况

表5-23　Lw-6不同处理对小麦条锈病田间防效

处理	第二次处理后7天		第二次处理后14天	
	病情指数	防治效果（%）	病情指数	防治效果（%）
SDW	16.3 ± 1.77a	—	55.60 ± 1.63a	—
Lw-6FB	7.87 ± 0.51b	51.48 ± 1.98d	22.01 ± 1.94b	60.33 ± 4.17c
Lw-6FB + Di	3.51 ± 0.40c	78.11 ± 3.97a	7.63 ± 0.72d	86.22 ± 1.70a
Lw-6BP	6.49 ± 0.65b	60.16 ± 0.59c	18.49 ± 1.62bc	66.80 ± 2.18bc
Lw-6BP + Di	3.27 ± 0.37c	79.91 ± 1.73a	5.93 ± 1.11d	89.36 ± 1.77a
Di	4.58 ± 0.12c	71.52 ± 3.51b	15.33 ± 2.96c	72.46 ± 5.13a

注：FL为发酵液，BP为粉剂，表中数据为平均值 ± 标准误，同列中不同字母表示差异显著（LSD检验，$p \leq 0.05$）。

2.11　生防菌对小麦产量的影响

大田产量测定结果可以看出，与对照（SDW）相比，SIM-1各个处理的小麦千粒重、单产均显著提高（表5-24），SIM-1与Tr复配，无论是发酵液FB组还是粉剂BP组，均可以提高小麦单株平均穗粒数，且是菌药复配处理下产量最高的两组处理。对于生防菌Lw-6，与对照（SDW）相比，Lw-6各

个处理的小麦千粒重、单产显著提高（表5–25），Lw–6与Di复配显著提高小麦单株平均穗粒数，菌药复配均高于菌药单独处理的产量。SIM–1和Lw–6与杀菌剂复配在减少用药量的同时提高了产量。

表5–24　SIM–1不同处理对小麦产量的影响

处理	千粒重（克）	穗粒数（个）	小区单产（公斤/5米^2）
SDW	35.01 ± 0.38e	31.67 ± 0.94c	2.36 ± 0.01e
SIM–1FB	37.42 ± 0.34d	33.33 ± 0.47bc	2.59 ± 0.03d
SIM–1FB+Tr	40.45 ± 0.36c	34.00 ± 0.82ab	2.91 ± 0.07c
SIM–1BP	37.69 ± 0.33d	33.33 ± 1.25bc	2.60 ± 0.03d
SIM–1BP+Tr	41.45 ± 0.24b	35.00 ± 0.82ab	3.05 ± 0.08b
Tr	38.60 ± 0.25d	34.33 ± 0.47ab	2.91 ± 0.04c
IC	46.43 ± 0.64a	35.67 ± 0.47a	3.56 ± 0.03a

注：FB为发酵液，BP为粉剂，IC为综合防治。表中数据为平均值 ± 标准误，同列中不同字母表示差异显著（LSD检验，$p \leqslant 0.05$）。

表5–25　Lw–6不同处理对小麦产量的影响

处理	千粒重（克）	穗粒数（个）	小区单产（公斤/5米^2）
SDW	35.01 ± 0.38f	31.67 ± 0.94c	2.36 ± 0.01f
Lw–6FB	37.38 ± 0.16e	33.33 ± 0.47bc	2.67 ± 0.03e
Lw–6FB+Di	42.10 ± 0.15b	34.67 ± 0.47ab	3.14 ± 0.05c
Lw–6BP	38.15 ± 0.16d	33.67 ± 0.82bc	2.64 ± 0.03e
Lw–6BP+Di	42.72 ± 0.55b	35.33 ± 0.47ab	3.25 ± 0.08b
Di	39.51 ± 0.18c	34.00 ± 0.47ab	3.01 ± 0.01d
IC	46.43 ± 0.64a	35.67 ± 0.47a	3.56 ± 0.03a

注：FB为发酵液，BP为粉剂，IC为综合防治。表中数据为平均值 ± 标准误，同列中不同字母表示差异显著（LSD检验，$p \leqslant 0.05$）。

2.12　生防菌对小麦的植保贡献率

在田间试验中设置了完全不防治（SDW）、综合防治、生防菌防治等各个梯度防治措施，通过产量计算不同处理对小麦条锈病防控的植保贡献率，统计结果显示，与CK处理组相比，SIM–1（表5–26）和Lw–6（表5–27）各处理的折合产量均有显著提高。FB与BP两组处理中均是复配折合产量最高。SIM–1与Tr复配的植保贡献率最高为19.22%，仅次于综合防治，Lw–6FB、Lw–6 BP两组处理复配折合产量分别为6 291.70公斤/公顷和6 509.71公斤/公顷。完全不防治条件下条锈病造成的最大损失率达33.60%，各处理则显著降低了其产量损失率，其中Lw–6BP与Di复配的挽回产量损失最高，高于Lw–6或Di单独使用。

表5–26　SIM–1不同处理防控小麦条锈病的植保贡献率

处理	折合产量（公斤/公顷）	挽回产量（公斤/公顷）	植保贡献率（%）	产量损失率（%）
SDW	4 731.05 ± 26.50e	—	—	33.60 ± 0.85a
SIM–1FB	5 186.80 ± 57.39d	455.75 ± 67.79d	6.40 ± 0.99d	27.21 ± 0.22b
SIM–1FB+Tr	5 829.55 ± 131.93c	1 098.50 ± 123.18c	15.40 ± 1.60c	18.17 ± 2.50c
SIM–1BP	5 193.45 ± 63.69d	462.40 ± 89.17d	6.49 ± 1.25d	27.11 ± 1.13b
SIM–1BP+Tr	6 100.75 ± 157.81b	1 369.70 ± 131.40b	19.22 ± 1.84b	14.38 ± 2.39d
Tr	5 825.40 ± 75.88c	1 094.35 ± 77.11c	15.37 ± 1.20c	18.25 ± 0.48c
IC	7 125.65 ± 57.07a	2 394.60 ± 67.02a	33.61 ± 1.19a	—

注：FB为发酵液，BP为粉剂，IC为综合防治。表中数据为平均值 ± 标准误，同列中不同字母表示差异显著（LSD检验，$p \leqslant 0.05$）。

表5-27　Lw-6不同处理防控小麦条锈病的植保贡献率

处理	折合产量（公斤/公顷）	挽回产量（公斤/公顷）	植保贡献率（%）	产量损失率（%）
SDW	4 731.05 ± 26.5f	—	—	33.60 ± 0.85a
Lw-6FB	5 350.10 ± 51.68e	619.05 ± 62.18e	8.69 ± 0.93e	24.91 ± 1.16b
Lw-6FB+Di	6 291.70 ± 99.41c	1 560.65 ± 89.47c	21.89 ± 1.08c	11.70 ± 1.44d
Lw-6BP	5 283.65 ± 62.69e	552.60 ± 36.88e	7.76 ± 0.53e	25.84 ± 1.42b
Lw-6BP+Di	6 509.71 ± 159.27b	1 778.65 ± 170.85b	24.98 ± 2.58b	8.63 ± 2.58d
Di	6 020.43 ± 29.54d	1 289.35 ± 53.83d	18.10 ± 0.83d	15.51 ± 0.68c
IC	7 125.65 ± 57.07a	2 394.60 ± 67.02a	33.61 ± 1.19a	—

注：FB为发酵液，BP为粉剂，IC为综合防治。表中数据为平均值 ± 标准误，同列中不同字母表示差异显著（LSD检验，$p \leq 0.05$）。

3　讨论

目前有关芽孢杆菌与药剂复配防治植物病害的研究较少，研究发现，50克/公顷的氟醚菌酰胺与10^8CFU/毫升的甲基营养型杆菌*B. methylotrophicus* TA-1复配处理的盆栽防效高于单独施用生防菌或药剂的防效，且氟醚菌酰胺能促进TA-1在植物表面形成生物膜，帮助生防菌定殖。此外，氟醚菌酰胺还能促使番茄植株产生促进TA-1存活的物质，稳定了生防菌的防效。解淀粉芽孢杆菌*B. amyloliquefaciens* JCK-12与杀菌剂复配防治小麦赤霉病时也展现出协同作用，JCK-12能通过增加禾谷镰刀菌细胞膜的通透性，从而增加病原菌对杀菌剂的敏感度。本研究中盆栽和大田防效试验结果表明，Lw-6与Di复配防治对小麦条锈病的防效高于菌药单独施用的防效，这与先前的报道结果相似，都展现出菌药复配协同增效的效果。

在田间试验中，两株生防菌以及复配处理均能提高小麦产量，并且菌药复配增产效果高于菌药单独处理，其植保贡献率仅次于综合防治，这与其防效可能有密切关系，通过复配增效机制防控条锈病发病，从而提高小麦产量。已有研究表明，许多根际有益微生物可以产生植物激素从而促进植物生长，例如芽孢杆菌SB-1能够产生吲哚乙酸，显著提高小麦的总干重、根干重和地上部干重；接种芽孢杆菌生物肥料可以显著提高作物的产量和品质。此外，芽孢杆菌还能通过产生挥发性有机化合物促进植物生长，抑制植物病原体，在农业生物肥料和生物防治方面具有巨大潜力，可以改善多种植物的生长和生产情况。

综上所述，本研究筛选到枯草芽孢杆菌*B. subtilis* SIM-1和甲基营养型芽孢杆菌*B. methylotrophicus* Lw-6菌剂均能有效防治小麦条锈病，通过皿内和盆栽试验筛选获得了这两株生防菌与其复配药剂的最佳浓度，64毫克/升Tr与SIM-1、128毫克/升Di与Lw-6复配处理对小麦条锈菌夏孢子萌发抑制效果最好且防效最佳。无论是温室还是大田防效试验，两种生防菌与杀菌剂复配防治效果均大于单独施用菌药的防效，在降低用药量的同时达到更好的防治效果，为小麦条锈病绿色防控提供药剂参考。

撰稿：贾瑞敏　杨利飒　王阳

第七节 国内外小麦条锈病防治药剂登记应用概况

为指导做好小麦条锈病防治新药剂筛选试验工作，笔者在系统梳理国内外小麦条锈病防治药剂登记情况的基础上，介绍了当前中国已登记的小麦锈病防治药剂现状，并对国内在小麦锈病上登记的丙硫菌唑、叶菌唑、环丙唑醇等7个新药剂以及国外已上市而中国尚未登记的氟唑菌酰胺、苯并烯氟菌唑、氯氟联苯吡菌胺等6个新药剂品种进行了介绍，为提高防治新药剂的筛选效率，加快防治新药剂品种储备提供参考。

1 目前中国已登记防治小麦条锈病药剂现状

中国农药信息网显示，截至2024年，我国在有效期内登记防控锈病的农药品种258个（单剂189个，混剂69个），从有效成分看，登记防控锈病的农药品种涉及32个有效成分，可分为7大类（表5-28）。

1.1 三唑类

包含三唑酮、三唑醇、丙硫菌唑、叶菌唑、丙环唑、氟环唑、环丙唑醇、粉唑醇、戊唑醇、己唑醇、烯唑醇、苯醚甲环唑。登记品种有234个，其中单剂146个，混剂88个，涉及31个配方组合。登记数量最多的是戊唑醇，有单剂28个、混剂37个，其次为氟环唑，有单剂34个、混剂10个。三唑类杀菌剂是目前杀菌剂中品种较多、使用量最大的一类，作用机理是抑制真菌麦角甾醇生物合成途径，对高等真菌的防效高，是目前防控锈病使用最为广泛的杀菌剂。近几年在国内新登记防控锈病的三唑类杀菌剂有叶菌唑、丙硫菌唑和环丙唑醇，其中丙硫菌唑主要与戊唑醇复配。

1.2 甲氧基丙烯酸酯类

包含吡唑醚菌酯、嘧菌酯、醚菌酯、肟菌酯、烯肟菌胺、啶氧菌酯。登记品种有73个，其中单剂30个，混剂43个，涉及14个配方组合。登记数量最多的是吡唑醚菌酯，有单剂10个、混剂12个，与其复配的杀菌剂有戊唑醇、氟环唑、己唑醇。该类杀菌剂通过阻断真菌细胞色素bc_1复合物（复合体Ⅲ）中细胞色素b与细胞色素c_1之间的电子传递，抑制线粒体呼吸，也称为真菌电子传递链复合体Ⅲ抑制剂。甲氧基丙烯酸酯类杀菌剂杀菌谱广，具有良好的保护、治疗和抗产孢作用，但具有较高的抗性风险，还容易刺激赤霉菌产生毒素，不宜在小麦穗期使用，并需限制使用次数。目前，该类药剂最新登记防控锈病的品种是啶氧菌酯。

1.3 酰胺类

包含萎锈灵、噻呋酰胺和环氟菌胺。登记品种4个，单剂、混剂各2个，与其复配的有三唑酮和戊唑醇。萎锈灵和噻呋酰胺也称为琥珀酸脱氢酶抑制剂（SDHI类），作用机理不同于其他防控锈病的药剂种类，它能够特异性地抑制菌体的电子传递链复合体Ⅱ（琥珀酸脱氢酶）。目前国内登记用于防治锈病的有效成分和品种少，应用范围小。环氟菌胺·戊唑醇是目前锈病上登记的一个新复配制剂。

1.4 苯并咪唑类

包含多菌灵、甲基硫菌灵、丙硫唑。登记品种5个，均为混剂，涉及3个配方组合。苯并咪唑类杀菌剂作用于真菌β-微管蛋白，抑制细胞的有丝分裂，这类药剂在我国使用已超过50年，由于其作用靶标单一，病菌容易产生抗性。目前，无登记用于防控锈病的单剂，其混剂主要是与氟环唑和戊唑醇混配使用。

1.5 多靶标位点类

包含有机氯类的百菌清，有机硫类的福美双、代森锰锌。登记数量15个，涉及10个单剂、5个复配剂组合。这类杀菌剂作用于锈菌的多个靶标，锈菌不易产生抗药性，但这类药剂仅具保护作用，无治疗效果，多与三唑类药剂混配使用。若单独使用，需在锈病发生前或发生初期，如病情已较重再用则效果不佳。

1.6 生物农药

主要有嘧啶核苷类抗菌素和微生物源活体生物农药枯草芽孢杆菌。登记品种11个，均为单剂。因防治见效慢，目前在实际生产中应用较少。

1.7 其他类

目前仅氰烯菌酯登记1个品种，主要与戊唑醇复配。氰烯菌酯杀菌谱窄，仅对镰刀菌活性高，对锈病等其他真菌病害防效差，只能与戊唑醇复配防治锈病。

表5-28 我国登记防治小麦锈病的农药品种数量、有效成分及配方

农药类型	有效成分	登记数量	单剂数量	混剂数量	配方
三唑类	三唑酮	35	29	6	萎锈・三唑酮（1）、唑酮・福美双（1）、硫黄・三唑酮（3）、锰锌・三唑酮（1）
	三唑醇	2	1	1	唑醇・福美双（1）
	丙硫菌唑	15	1	14	丙硫菌唑・戊唑醇（1）
	叶菌唑	1	1	0	—
	丙环唑	22	14	8	啶氧・丙环唑（3）、苯甲・丙环唑（5）
	氟环唑	46	36	10	唑醚・氟环唑（3）、氟环・嘧菌酯（2）、氟环・多菌灵（2）、甲硫・氟环唑（2）、醚菌・氟环唑（1）
	环丙唑醇	9	5	4	环丙唑醇・肟菌酯（1）、环丙・嘧菌酯（2）、啶氧菌酯・环丙唑醇（1）
	粉唑醇	13	13	0	—
	戊唑醇	65	28	37	环氟菌胺・戊唑醇（1）、丙硫菌唑・戊唑醇（14）、肟菌・戊唑醇（7）、唑醚・戊唑醇（7）、丙唑・戊唑醇（1）、戊唑・福美双（1）、戊唑・百菌清（1）、烯肟・戊唑醇（1）、氰烯・戊唑醇（1）、喹啉・戊唑醇（1）、戊唑・醚菌酯（1）、吡唑萘菌胺・戊唑醇
	己唑醇	17	14	3	己唑・四霉素（1）、唑醚・己唑醇（2）
	烯唑醇	4	4	0	—
	苯醚甲环唑	5	0	5	苯甲・丙环唑（3）
甲氧基丙烯酸酯类	吡唑醚菌酯	22	10	12	唑醚・氟环唑（3）、唑醚・戊唑醇（7）、唑醚・己唑醇（2）
	嘧菌酯	6	2	4	氟环・嘧菌酯（2）、环丙・嘧菌酯（2）
	醚菌酯	32	18	14	唑醚・氟环唑（4）、戊唑・醚菌酯（1）、唑醚・戊唑醇（7）、唑醚・己唑醇（2）
	肟菌酯	8	0	8	肟菌・戊唑醇（7）、环丙唑醇・肟菌酯（1）
	烯肟菌胺	1	0	1	烯肟・戊唑醇（1）
	啶氧菌酯	4	0	4	啶氧・丙环唑（3）、啶氧菌酯・环丙唑醇（1）
酰胺类	萎锈灵	2	1	1	萎锈・三唑酮（1）
	噻呋酰胺	1	1	0	—
	环氟菌胺	1	0	1	环氟菌胺・戊唑醇（1）

（续）

农药类型	有效成分	登记数量	单剂数量	混剂数量	配方
苯并咪唑类	多菌灵	2	0	2	氟环·多菌灵（2）
	甲基硫菌灵	2	0	2	甲硫·氟环唑（2）
	丙硫唑	1	0	1	丙唑·戊唑醇（1）
多靶标位点类	百菌清	11	10	1	戊唑·百菌清（1）
	福美双	3	0	3	戊唑·福美双（1）、唑酮·福美双（1）、唑醇·福美双（1）
	代森锰锌	1	0	1	锰锌·三唑酮（1）
生物农药	嘧啶核苷类抗菌素	10	10	0	—
	枯草芽孢杆菌	1	1	0	—
其他类	氰烯菌酯	1	0	1	氰烯·戊唑醇（1）

注：引自中国植保导刊，并进行增补更新。

2　我国登记的防治小麦锈病新药剂

2.1　丙硫菌唑

丙硫菌唑（Prothioconazole）是拜耳公司研制的新型广谱三唑硫酮类杀菌剂（图5-30）。硫酮结构的引入，赋予了它独特的性能，具有良好的内吸活性，优异的保护、治疗和铲除性能，且杀菌谱广，持效期长，从而使其迅速攀升至三唑类杀菌剂的前列，并成为拜耳公司首席产品。丙硫菌唑几乎对所有麦类病害都有很好的防治效果，如小麦和大麦的锈病、白粉病、纹枯病、枯萎病、叶斑病、菌核病、网斑病、云纹病等均有较好的防治效果，其作用机理主要是抑制真菌中麦角甾醇的合成而抑制病菌生长（爰莹等，2003；张爱萍和李勇，2011）。与传统三唑类杀菌剂相比，丙硫菌唑杀菌范围更广，且增产作用明显，其使用剂量通常为200克/公顷，此剂量下其活性优于或者等于氟环唑、戊唑醇、嘧菌环胺等常规杀菌剂（张爱萍和李勇，2011）。李猛等（2020）研究显示，30%丙硫菌唑悬浮剂750毫升/公顷处理对小麦锈病防效达98.8%；40%丙硫·戊唑醇悬浮剂750毫升/公顷对锈病防效达96.8%。

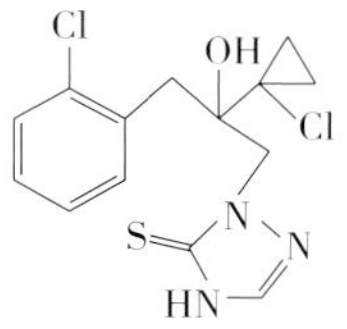

图5-30　丙硫菌唑的化学结构

2.2　叶菌唑

叶菌唑（Metconazole）为日本吴羽公司于20世纪90年代初开发的新型三唑类杀菌剂（图5-31），2019年在我国登记上市，其活性高、杀菌谱广、具有良好的内吸性，对病害具有治疗、铲除和保护作用（刘长令，2006）。李永平等（2020）研究显示，10%叶菌唑悬浮剂有效成分60～90克/亩对小麦条锈病具有92.5%～98.5%防效；其他研究显示，每亩用10%叶菌唑悬浮剂40毫升对小麦条锈病施药后14天防效达85%，速效性和持效性均较好（王新媛，2021）；8%叶菌唑悬浮剂60～80毫升/亩对条锈病防效可达90.5%～96.2%（楚坤，2024）；50%叶菌唑水分散粒剂有效成分60～90克/亩，对条锈病防效为87.4%～88.3%（李洁，2022）。此外，在小麦叶锈病发病初期使用10%叶菌唑悬浮剂防效亦良好，增产作用明显（倪仁忠等，2020）。

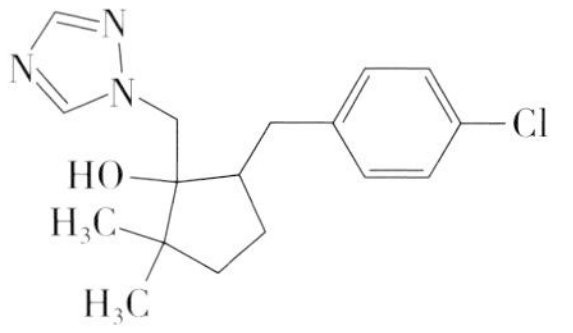

图5-31　叶菌唑的化学结构

2.3　环丙唑醇

环丙唑醇（Cyproconazole）是1985年开发的重要三氮唑类杀菌剂（图5-32），作为麦角甾醇脱甲基化抑制剂，它具有预防和治疗的作用，对禾谷类作物以及咖啡和果树上的白粉菌属病菌和锈菌目病菌有效。我国于2016年首次登记用于防治小麦锈病。徐璟琨（2014）研究显示，40%环丙唑醇悬浮剂有效成分72～108克/公顷，对小麦锈病防效达72.2%～88.5%；王爱玲等（2010）研究表明，40%环丙唑醇悬浮剂有效成分72～90克/公顷，对小麦锈病施药后14天防效达92.6%～96.0%。

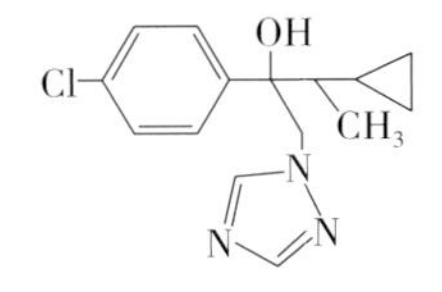

图5-32　环丙唑醇的化学结构

2.4　啶氧菌酯

啶氧菌酯（picoxystrobin）是先正达公司于2001年率先开发的广谱、内吸性高且高效低毒的全新甲氧基丙烯酸酯类杀菌剂（图5-33）。啶氧菌酯属线粒体呼吸抑制剂，主要通过渗透和传导作用迅速被植物吸收，阻断植物病原菌细胞呼吸作用，抑制病菌孢子萌发和菌丝生长，几乎对所有真菌（卵菌纲、藻菌纲、子囊菌纲和半知菌纲）病害如白粉病、锈病、霜霉病等均有良好的活性，并且能有效地防治对其他杀菌剂产生抗性的病原菌（赵玉雪等，2019）。在我国，啶氧菌酯于2017年获得正式登记，主要与丙环唑混配。张冬梅（2020）研究表明，19%啶氧·丙环唑悬浮剂750克/公顷处理对小麦锈病有良好的防治效果，药后7天、14天防效分别为87.19%、95.09%。

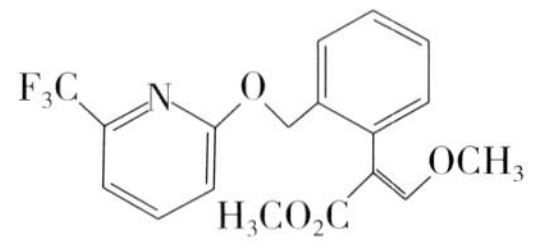

图5-33　啶氧菌酯的化学结构

2.5　环氟菌胺

环氟菌胺（Cyflufenamid）是由日本曹达公司开发的具有新型母体结构的杀菌剂（图5-34），它对麦类作物及各种蔬菜的白粉病具有优良的防效。环氟菌胺主要抑制白粉菌吸器的形成和生长、次生菌丝的生长、附着器和附着孢的形成，具有良好的渗透性和持效性，与吗啉类、三唑类、苯并咪唑类、嘧啶胺类杀菌剂，线粒体呼吸抑制剂等多种杀菌剂无交互抗性（程志明，2007），2019年在我国获得正式登记，目前仅有11%环氟菌胺·戊唑醇悬浮剂一个制剂产品，登记前景较广（牛建群等，2021）。

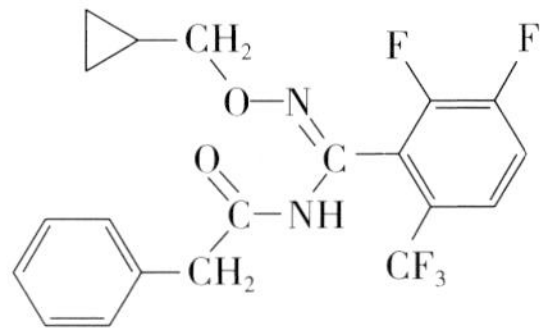

图5-34　环氟菌胺的化学结构

2.6　氟苯醚酰胺

氟苯醚酰胺（Flubeneteram）是我国华中师范大学杨光富课题组自主研发创制的新型SDHI类杀菌剂（图5-35）。SDHI类杀菌剂已逐渐成为仅次于甲氧基丙烯酸酯类（QoIs）和麦角甾醇生物合成抑制剂（EBIs）的第三大类杀菌剂（李良孔等，2011）。SDHI类杀菌剂主要通过抑制病原菌琥珀酸脱氢酶活性，影响呼吸链电子传递，阻止能量生成来达到杀菌效果。张俊甜（2023）研究发现，采用30%氟苯醚酰胺悬浮剂100～300微克/毫升浓度在田间对条锈病具有85.68%～92.01%效果，显著高于15%三唑酮可湿性粉剂100～300微克/毫升效果，在生产中可作为三唑酮的替代药剂。电镜观察显示，施用氟苯醚酰胺后，条锈菌菌丝细胞和吸器内的液泡及脂肪粒显著增加，菌丝细胞壁增厚，吸器严重畸形，吸器外间质沉积有大量染色较深的物质包围，吸器周围分泌大量胼胝质（张俊甜，2023）。

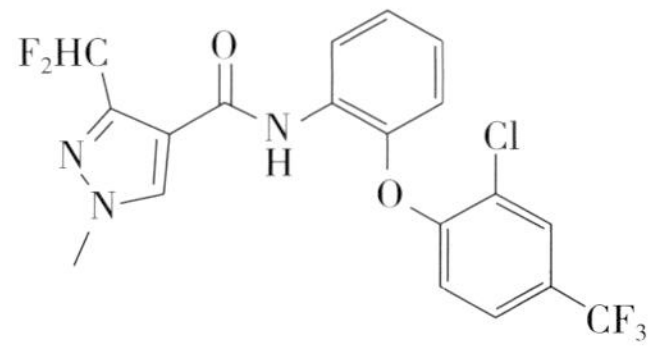

图5-35　氟苯醚酰胺的化学结构

2.7　氟嘧菌酯

氟嘧菌酯（Fluoxastrobin）是拜耳公司2004年上市的一种新型内吸性含氟Strobilurin类杀菌剂（图5-36）。在欧盟，氟嘧菌酯主要登记用于防治小麦、黑麦和大麦等作物的锈病、叶斑病、网斑病、白粉病以及壳针孢菌引起的病害等。氟嘧菌酯药效活性基团属于肟基二噁嗪类，与Strobilurin类杀菌剂的其他药效活性基团，如甲氧基丙烯酸酯类（嘧菌酯、啶氧菌酯、烯肟菌酯、苯醚菌酯、UBF-

307和嘧螨酯）、甲氧基氨基甲酸酯类（唑菌胺酯）、肟基乙酸酯类（醚菌酯和肟菌酯）、肟基乙酰胺类（苯氧菌胺、醚菌胺、肟醚菌胺、烯肟菌胺）、唑烷二酮类（噁唑菌酮）、咪唑啉酮类（咪唑菌酮）处于同一活性水平（华乃震，2020）。氟嘧菌酯具有广谱、快速内吸、高效、低毒、安全、环境相容性好等特性；对植物具有良好的保护、治疗、渗透作用；其作用机理在于抑制真菌线粒体呼吸作用，从而抑制病原菌菌丝生长和孢子萌发（华乃震，2020）。孙利等（2021）对山西奇星农药有限公司开发的40%丙硫菌唑·氟嘧菌酯悬浮剂的小麦锈病防效研究表明，40%丙硫菌唑·氟嘧菌酯悬浮剂120～240克/公顷（有效成分用量）对小麦叶锈病具有87.27%～97.05%的防效，对小麦条锈病具有70.20%～78.55%的防效，具备兼治两种锈病的作用。

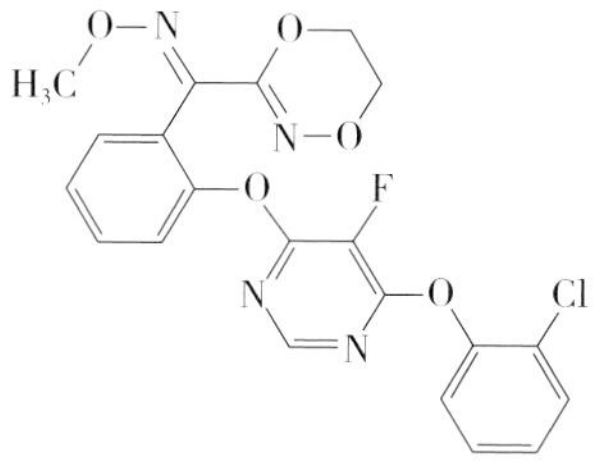

图5-36　氟嘧菌酯的化学结构

3　国外上市而中国尚未登记的防治小麦锈病新药剂

2004年，拜耳公司上市了非常广谱的唑类杀菌剂丙硫菌唑；2012年，巴斯夫公司上市了非常广谱的氟唑菌酰胺；2013年，先正达公司上市了苯并烯氟菌唑；2017年，杜邦公司（现科迪华）上市了Vessarya（啶氧菌酯＋苯并烯氟菌唑），防治谷物锈病等；巴斯夫公司上市的氯氟醚菌唑，防治谷物锈病和壳针孢菌等引起的病害；由住友化学公司发现，巴斯夫和住友共同开发的苯基吡唑类杀菌剂Metyltetraprole，为醌外抑制剂（QoIs），防治谷物上的许多病害（柏亚罗，2023）。

3.1　氟唑菌酰胺

氟唑菌酰胺（通用名：Fluxapyroxad；商品名：Xemium等）是由巴斯夫公司研发的吡唑酰胺结构的SDHI类杀菌剂，是全球谷物、大豆杀菌剂市场的主力产品（图5-37）。其主要通过干扰呼吸电子传递链复合体Ⅱ上的三羧酸循环，抑制线粒体的功能，阻止其产生能量，抑制病原菌生长，最终导致其死亡。与三唑类、甲氧基丙烯酸酯类杀菌剂无交互抗性。氟唑菌酰胺具有内吸性，高效、持效，提供预防、治疗作用，耐雨水冲刷。用于谷物、大豆、玉米等近百种作物及草坪，防治柄锈菌、壳针孢菌、灰葡萄孢菌、白粉菌、尾孢菌等。2026年2月14日，氟唑菌酰胺在中国的化合物专利（CN101115723B）到期。

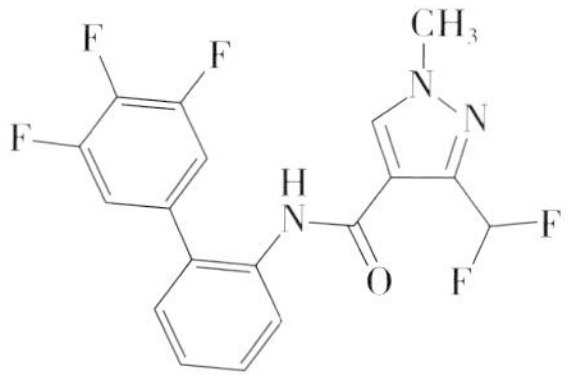

图5-37　氟唑菌酰胺的化学结构

3.2　苯并烯氟菌唑

苯并烯氟菌唑（通用名：benzovindiflupyr；商品名：Solatenol等）是由先正达公司发现的吡唑酰胺结构的SDHI类杀菌剂，现由先正达和科迪华等公司共同开发，先正达公司生产（图5-38）。苯并烯氟菌唑广谱、高效，持效期长，具有内吸传导性和渗透作用。用于大豆、谷物、玉米、棉花以及特种作物和非农领域等，也可防治许多叶面、土壤病害。其对小麦上由壳针孢菌引起的锈病、白粉病、基腐病、全蚀病等均有很好的防效。2023年10月13日，苯并烯氟菌唑在中国的化合物专利（CN100448876C）到期。

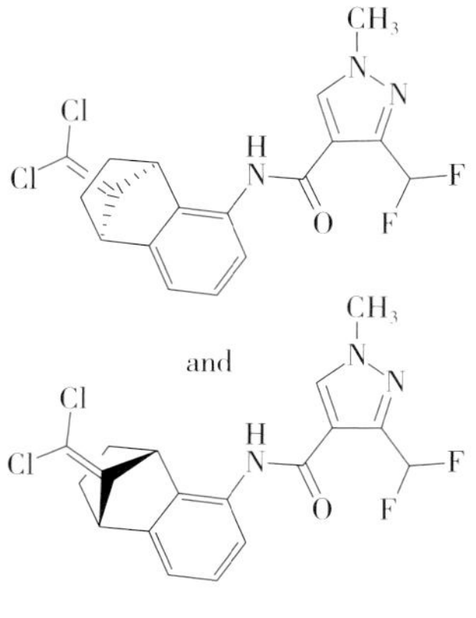

图5-38　苯并烯氟菌唑的化学结构

3.3　氯氟联苯吡菌胺

氯氟联苯吡菌胺（通用名：bixafen；其他名称：联苯吡菌胺；商品名：Aviator Xpro等）是由拜耳公司发现、生产，拜耳和富美实等公司共同开发的吡唑酰胺结构的SDHI类杀菌剂（图5-39）。氯氟联苯吡菌胺广谱，具有内吸性，兼具预防和治疗作用。叶面喷雾，用于谷物、葡萄、玉米等，防治子囊菌、担子菌、半知菌等引起的许多病害。对小麦叶枯病、锈病、黄斑病等以及大麦叶斑病、网斑病、锈病等防效优良，并能防治对甲氧基丙烯酸酯类杀菌剂产生抗性的病害，如壳针孢菌引起的叶斑病等。2023年2月5日，氯氟联苯吡菌胺在中国的化合物专利（CN100503577C）已经到期。

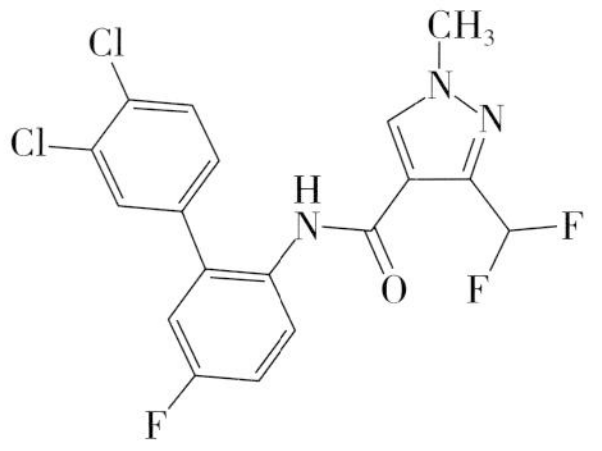

图5-39　氯氟联苯吡菌胺的化学结构

3.4　Isoflucypram

Isoflucypram（商品名：Tiviant、iblon等）是拜耳公司研发的SDHI类杀菌剂，其分子中的酰胺键部分引入了环丙基团，赋予产品优秀的杀菌活性（图5-40）。Isoflucypram广谱、高效，用药量低，持效期长，能有效防治许多病害，如小麦锈病、白粉病、叶枯病，大麦锈病、网斑病、叶斑病等；同时能延长谷物灌浆时间，提升作物产量。2030年5月11日，Isoflucypram在中国的化合物专利（CN102421757B）到期。

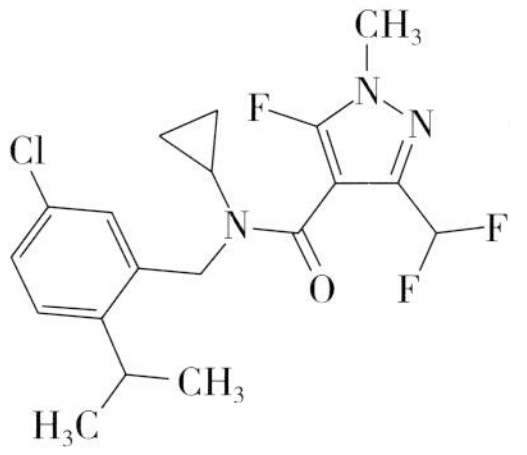

图5-40　Isoflucypram的化学结构

3.5　氯氟醚菌唑

氯氟醚菌唑（通用名：mefentrifluconazole；商品名：Revysol、锐收等；开发代号：BAS 750F）是巴斯夫公司研发的新型异丙醇-三唑类杀菌剂，打破了2002年以来三唑类杀菌剂无新品上市的局面（图5-41）。氯氟醚菌唑是脱甲基化抑制剂，分子中独有的异丙醇结构使其空间结构灵活多变，可与突变前后的靶标位点牢固结合，保证稳定的病害防治和抗性管理水平。氯氟醚菌唑杀菌性广谱、高效，兼具保护、治疗、铲除作用，具有较好的内吸性和向顶传导作用，耐雨水冲刷，持效期长达21天。氯氟醚菌唑广泛用于谷物、水稻、大豆、玉米等作物，防治多种真菌病害，包括小麦叶斑病、锈病、壳针孢菌引起的病害，大麦上由柱隔孢菌引起的病害，水稻纹枯病、稻瘟病、穗腐病等。对作物安全，叶面喷雾、种子处理均可。2032年7月11日，氯氟醚菌唑在中国的化合物专利（CN103649057B）到期。

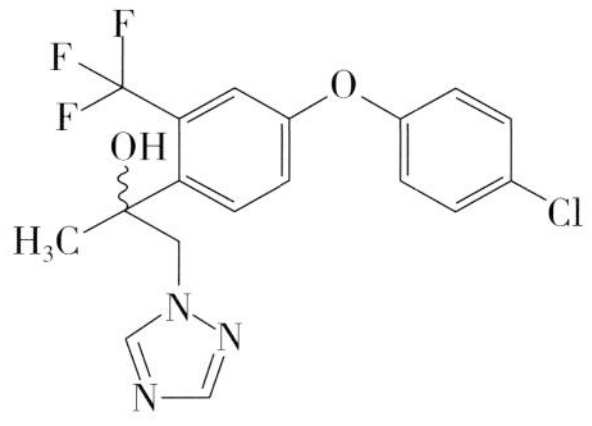

图5-41　氯氟醚菌唑的化学结构

3.6　Fenpicoxamid

Fenpicoxamid（商品名：Inatreq）是明治制果和陶氏益农（现科迪华）等公司共同开发的生物源杀菌剂，是第一个谷物用新型吡啶酰胺类杀菌剂（图5-42）。Fenpicoxamid通过抑制真菌复合体Ⅲ Qi泛醌键合位点上的线粒体呼吸作用而发挥作用。该产品与现有谷物用杀菌剂无交互抗性，是抗性管理的重要工具。Fenpicoxamid对谷物上的所有重要病害具有长期有效的防治作用，如锈病、壳针孢属叶枯病等；也用于防治香蕉黑条叶斑病等。2018年，Fenpicoxamid在欧盟获准登记，现已在包括法国在内的9个欧盟成员国取得登记。

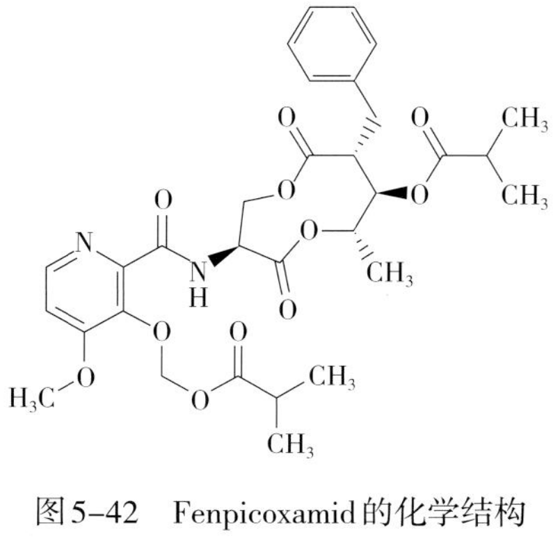

图5-42　Fenpicoxamid的化学结构

撰稿：杨立军　龚双军　阙亚伟　曾凡松　史文琦
向礼波　周华众　许艳云　张求东　刘全科

参考文献

柏亚罗，2022．杀菌剂氯氟醚菌唑的全球登记和上市进展．世界农药，44（3）：1-8．
柏亚罗，2022．琥珀酸脱氢酶抑制剂（SDHI）类杀菌剂研发进展及其重点产品评析．世界农药，44（12）：6-24．
柏亚罗，2023．全球谷物用农药市场及其产品研发．世界农药，45（6）：1-19．
毕秋艳，韩秀英，马志强，等，2018．枯草芽孢杆菌HMB-20428与化学杀菌剂互作对葡萄霜霉病菌抑制作用和替代部分化学药剂减量用药应用．植物保护学报，45（6）：9．
陈万权，康振生，马占鸿，等，2013．中国小麦条锈病综合治理理论与实践．中国农业科学，46（20）：4254-4262．
陈志谊，刘邮洲，刘永锋，等，2005．拮抗细菌菌株之间的互作关系及其对生物防治效果的影响．植物病理学报，35（6）：6．
程圆杰，崔蕊蕊，郭雯婷，等，2018．丙硫菌唑研究开发现状与展望．山东化工，47（6）：58-61．
程志明，2007．杀菌剂环氟菌胺的开发．世界农药，29（6）：1-5．
楚坤，2024．叶菌唑防治小麦赤霉病条锈病田间药效试验．青海农技推广（1）：64-66．
刁亚梅，周明国，王建新，等，2002．48%氰烯菌酯·戊唑醇悬浮剂防治小麦赤霉病的开发．农药，51（5）：375-376，384．
范文玉，马韵升，王维，2005．广谱杀菌剂啶氧菌酯．农药，44（6）：269-270．
高琳，栗小英，张艳俊，等，2014．叶锈菌与小麦互作过程中β-1，3-葡聚糖酶基因的表达分析．河北农业大学学报，37（3）：6．
谷莉莉，徐东祥，王永青，2022．国内登记防治小麦锈病的杀菌剂种类简评．中国植保导刊，42（3）：65-69．
关爱莹，李林，刘长令，2003．新型三唑硫酮类杀菌剂丙硫菌唑．农药（9）：42-43．
韩青梅，康振生，魏国荣，等，2003．杀菌剂Fulicur与Caramba防治小麦条锈病的研究．植物保护（5）：61-63．
何斌，汪祚礼，莫片生，等，2020．海岛素在柑橘上的抗性诱导试验．南方园艺，31（4）：26-29．
何玲，黄烁，穆龙，2020．10%氨基寡糖素·氟吡菌胺防治马铃薯晚疫病药效试验．农村科技（1）：26-28．
何永梅，2011．植物源白粉病特效杀菌剂——大黄素甲醚．农药市场信息（20）：37．
华乃震，2020．Strobilurin类杀菌剂的重量级产品——氟嘧菌酯．世界农药，42（10）：1-12．
康振生，商鸿生，井金学，等，1996．内吸杀菌剂烯唑醇对小麦条锈菌和白粉菌发育影响的研究．植物病理学报（2）：16-21．
康振生，商鸿生，李振岐，等，1993．三唑酮对小麦条锈菌在寄主内发育的影响．西北农林科技大学学报（S2）：14-18，119-121．
康振生，王晓杰，赵杰，等，2015．小麦条锈菌致病性及其变异研究进展．中国农业科学，48（17）：3439-3453．
李洁，2022．50%叶菌唑水分散粒剂防治小麦锈病田间药效试验．青海农林科技（1）：76-79．
李良孔，袁善奎，潘洪玉，2011．琥珀酸脱氢酶抑制剂类（SDHIs）杀菌剂及其抗性研究进展．农药，50（3）：165-169．
李猛，李艳朋，肖琦，等，2020．不同药剂防治小麦赤霉病药效试验．浙江农业科学，61（3）：481-483．
李永平，石磊，闵红，等，2020．叶菌唑对小麦三种重要病害的防治效果．现代农药，19（5）：52-56．
李振岐，曾士迈，2002．中国小麦锈病．北京：中国农业出版社．
刘长令，2006．世界农药大全：杀菌剂卷．北京：化学工业出版社．
刘悦，曾凡松，龚双军，等，2020．解淀粉芽孢杆菌EA19菌株对小麦赤霉病的防治效果．植物保护学报，47（6）：1270-1276．
陆红霞，匡辉，杜公福，等，2014．海岛素不同浓度浸种对水稻的影响．湖北植保（3）：23-25．
马波，2020．植物免疫诱导剂诱导水稻抗立枯病及其作用机制研究．哈尔滨：东北农业大学．
马占鸿，2018．中国小麦条锈病研究与防控．植物保护学报，45（1）：1-6．
毛玉帅，段亚冰，周明国，2022．琥珀酸脱氢酶抑制剂类杀菌剂抗性研究进展．农药学学报，24（5）：937-948．
倪仁忠，闵季春，刘福海，2020．不同杀菌剂防治小麦叶锈病田间药效试验．现代农业科技（8）：98-101．
牛建群，李春光，信洪波，等，2021．小麦锈病防治用药登记现状与生产适用性分析．农业科技通讯（9）：10-12．
强然，张岱，杨喆，等，2024．解淀粉芽孢杆菌L19对马铃薯枯萎病菌的抑制及植株的促生作用．园艺学报，51（4）：875-892．
宋林芳，双建林，李嘉伦，等，2020．2%氨基寡糖素水剂防治番茄病毒病田间药效试验．农业技术与装备（9）：145-146，148．
孙利，何康丽，杨景涵，等，2021．丙硫菌唑·氟嘧菌酯对小麦锈病的田间防效．中国植保导刊，41（11）：80-82．
田茂元，彭昌家，白体坤，等，2016．辣椒应用5%氨基寡糖素AS田间药效试验效果与评价．安徽农学通报，22

（19）：60–66，80．
万安民，赵中华，吴立人，2003．2002年我国小麦条锈病发生回顾．植物保护（2）：5–8．
王爱玲，侯生英，张贵，等，2010．40%环丙唑醇悬浮剂防治小麦条锈病的效果．江苏农业科学（5）：176–177．
王丽珊，王珅，王菲，等，2022．小麦TaPR1基因启动子的克隆及启动活性分析．河北农业大学学报，45（1）：6．
王露露，岳英哲，孔晓颖，等，2020．植物免疫诱抗剂的发现、作用及其在农业中的应用．世界农药，42（10）：24–31．
王文霞，赵小明，杜昱光，等，2015．寡糖生物防治应用及机理研究进展．中国生物防治学报，31（5）：757–769．
王新茹，赵建昌，白伟，等，2008．几种三唑类杀菌剂对小麦条锈病的防治效果．麦类作物学报，28（4）：705–708．
王亚娇，栗秋生，纪莉景，等，2021．一株西瓜枯萎病生防菌的鉴定与田间防效．微生物学通报，48（6）：9．
邬柏春，冯化成，2001．三唑类杀菌剂种菌唑和叶菌唑．世界农药，23（3）：52–53．
向礼波，石磊，徐东，等，2021．3种新型生物产品及复配杀菌剂防治小麦赤霉病的研究．植物保护，47（4）：276–281．
徐璟琨，2014．40%环丙唑醇悬浮剂防治小麦锈病田间药效试验研究．现代农村科技（12）：61–62．
杨光富，2020．化学生物学导向的绿色农药分子设计．中国科学基金，34（4）：495–501．
杨普云，李萍，王战鄂，等，2013．植物免疫诱抗剂氨基寡糖素的应用效果与前景分析．中国植保导刊，33（3）：20–21．
杨荣国，2014．高效杀菌剂环丙唑醇合成路线评述．山东化工，43（7）：53–55．
曾凡松，向礼波，杨立军，等，2012．一株内生细菌EA19的分离鉴定及其对小麦白粉病菌的抑制效果．湖北农业科学，51（23）：5344–5347．
曾令强，罗睿童，陈琼，等，2022．杀菌剂氟苯醚酰胺的创制．农药学学报，24（5）：895–903．
张爱萍，李勇，2011．新型三唑硫酮类杀菌剂丙硫菌唑的研究进展．今日农药（6）：27–28．
张冬梅，付文君，2020．19%啶氧・丙环唑悬浮剂防治小麦锈病药效试验．新疆农业科技（1）：33–34．
张俊甜，2023．氟苯醚酰胺对小麦条锈病的作用特性和防治效果研究．杨凌：西北农林科技大学．
赵峰庚，李享福，董忠强，2013．几种杀菌剂防治小麦条锈病防效初探．汉中科技（2）：38–39．
赵玉雪，孙建昌，朱佳敏，等，2019．啶氧菌酯的研究进展．农业灾害研究，9（4）：24–25，78．
Ali S，Ganai B A，Kamili A N，2018．Pathogenesis–related proteins and peptides as promising tools for engineering plants with multiple stress tolerance．Microbiological Research，212：29–37．
Ayliffe M，Devilla R，Mago R，et al.，2011．Nonhost resistance of rice to rust pathogens．Mol Plant Microbe Interact，24（10）：1143–55．
Betancur L A，Naranjo–Gaybor S J，Vinchira–Villarraga D M，et al.，2017．Marine actinobacteria as a source of compounds for phytopathogen control：An integrative metabolic–profiling / bioactivity and taxonomical approach．Plos One，12（2）：e0170148．
Bruno P M N，Jonathan D G J，Ding P T，2022．Plant immune networks．Trends in Plant Science，27（3）：255–273．
Chen J，Hu L，Chen N，et al.，2021．The biocontrol and plant growth–promoting properties of Streptomyces alfalfae XN–04 revealed by functional and genomic analysis．Frontiers in microbiology，12：745766．
Chen M X，2014．Integration of cultivar resistance and fungicide application for control of wheat stripe rust．Canadian Journal of Plant Pathology，36（3）：311–326．
Chen W，Wellings C，Chen X，et al.，2014．Wheat stripe（yellow）rust caused by *Puccinia striiformis* f.sp. *tritici*．Molecular Plant Pathology，15（5）：433–446．
Gangming Z，Yuan T，Fuping W，et al.，2014．A novel fungal hyperparasite of *Puccinia striiformis* f.sp. *tritici*，the causal agent of wheat stripe rust．Plos One，9（11）：e111484．
Gomis–Cebolla J，Berry C，2023．Bacillus thuringiensis as a biofertilizer in crops and their implications in the control of phytopathogens and insect pests．Pest Management Science，79（9）：2992–3001．
Haris M，Hussain T，Mohamed H I，et al.，2023．Nanotechnology – A new frontier of nano–farming in agricultural and food production and its development．Science of The Total Environment，857（3）：159639．
Hossard L，Philibert A，Bertrand M，et al.，2014．Effects of halving pesticide use on wheat production．Scientific Report，4：4405．
Jakubiec–Krzesniak K，Rajnisz–Mateusiak A，Guspiel A，et al.，2018．Secondary metabolites of actinomycetes and their antibacterial，antifungal and antiviral properties．Polish journal of microbiology，67（3）：259–272．
Jangir M，Pathak R，Sharma S，et al.，2018．Biocontrol mechanisms of *Bacillus* sp.，isolated from tomato rhizosphere，against *Fusarium oxysporum* f.sp. *lycopersici*．Biological Control，123：60–70．
Ji X，Li J，Meng Z，et al.，2019．Synergistic effect of combined application of a new fungicide fluopimomide with a biocontrol

agent Bacillus methylotrophicus TA-1 for management of gray mold in tomato . Plant Disease, 103 (8) .

Kiani T, Mehboob F, Hyder M Z, et al., 2021 . Control of stripe rust of wheat using indigenous endophytic bacteria at seedling and adult plant stage . Scientific Reports, 11 (1): 14473 .

Kihyun K, Yoonji L, Areum H, et al., 2017 . Chemosensitization of Fusarium graminearum to chemical fungicides using cyclic lipopeptides produced by Bacillus amyloliquefaciens strain JCK-12 . Frontiers in Plant Science, 8: 2010 .

Kumar S, Stecher G, Tamura K, 2015 . MEGA7: Molecular evolutionary genetics analysis version 7.0 for bigger datasets. Molecular Biology and Evolution, 33: 1870-1874 .

Kurth F, Mailänder S, Bönn M, et al., 2014 . Streptomyces-induced resistance against oak powdery mildew involves host plant responses in defense, photosynthesis, and secondary metabolism pathways . Molecular Plant-Microbe Interactions, 27 (9): 891-900 .

Li H, Zhao J, Feng H, et al., 2013 . Biological control of wheat stripe rust by an endophytic Bacillus subtilis strain E1R-j in greenhouse and field trials . Crop Protection, 43: 201-206 .

Liu Q, Gu Y L, Wang S H, et al., 2005 . Canopy spectral characterization of wheat stripe rust inlatent period . Journal of Spectroscopy, 1: 1-11 .

Livak K J, Schmittgen T D L, 2001 . Analysis of relative gene expression data using real-time quantitative PCR and the 2-DDCt method . Methods, 25 (4): 402-408 .

Luo L, Zhao C, Wang E, et al., 2022 . Bacillus amyloliquefaciens as an excellent agent for biofertilizer and biocontrol in agriculture: An overview for its mechanisms . Microbiological Research, 259: 127016 .

Olanrewaju O S, Babalola O O, 2019 . Streptomyces: implications and interactions in plant growth promotion . Applied Microbiology and Biotechnology, 103 (3): 1179-1188 .

Prasad V S S K, Davide G, Emilio S, 2018 . Plant growth promoting and biocontrol activity of *Streptomyces* spp . as endophytes . International Journal of Molecular Sciences, 19 (4): 952 .

Sabaratnam S, Traquair J A, 2015 . Mechanism of antagonism by Streptomyces griseocarneus (strain Di944) against fungal pathogens of greenhouse-grown tomato transplants . Canadian Journal of Plant Pathology, 37 (2): 197-211 .

Schwessinger B, 2017 . Fundamental wheat stripe rust research in the 21st century . New Phytologist, 213 (4): 1625-1631 .

Shahid I, Han J, Hanooq S, et al., 2021 . Profiling of metabolites of *Bacillus* spp . and their application in sustainable plant growth promotion and biocontrol . Frontiers in Sustainable Food Systems, 5: 605195 .

Shan Y, Wang D, Zhao F, et al., 2024 . Insights into the biocontrol and plant growth promotion functions of Bacillus altitudinis strain KRS010 against Verticillium dahliae . BMC Biology, 22 (1): 116 .

Silva H S A, Romeiro R S, Filho R C, et al., 2010 . Induction of systemic resistance by Bacillus cereus against tomato foliar diseases under field conditions . Journal of Phytopathology, 152 (6): 371-375 .

Tian Y, Meng Y, Zhao X C, et al., 2019 . Trade-off between triadimefon sensitivity and pathogenicity in a selfed sexual population of *Puccinia striiformis* f.sp. *tritici* . Front Microbiol , 10: 2729 .

Wang N, Fan X, Zhang S, et al., 2020 . Identification of a hyperparasitic Simplicillium obclavatum strain affecting the infection dynamics of *Puccinia striiformis* f.sp. *tritici* on wheat . Frontiers in Microbiology, 11: 1277 .

Xu Q, Tang C, Wang X, et al., 2019 . An effector protein of the wheat stripe rust fungus targets chloroplasts and suppresses chloroplast function . Nature Communications, 10 (1): 5571 .

Zaid D S, Li W, Yang S, et al., 2023 . Identification of bioactive compounds of Bacillus velezensis HNA3 that contribute to its dual effects as plant growth promoter and biocontrol against post-harvested fungi . Microbiology Spectrum, 11 (6): e00519-e00523 .

Zhan G M, Ji F, Zhao J, et al., 2022 . Sensitivity and resistance risk assessment of *Puccinia striiformis* f.sp. *tritici* to triadimefon in China . Plant Disease, 106: 1690-1699 .

Zhang N, Wang Z, Shao J, et al., 2023 . Biocontrol mechanisms of Bacillus: Improving the efficiency of green agriculture . Microbial Biotechnology, 16 (12): 2250-2263 .

Zhao J H, Zhang T, Liu Q Y, et al., 2021 . Trans-kingdom RNAs and their fates in recipient cells: advances, utilization, and perspectives . Plant Communications, 2 (2): 100167 .

第六章
示范展示推广

第一节　河南省邓州市小麦条锈病春季流行区综合防控技术示范基地建设与示范推广报告

河南省邓州市属小麦条锈病春季流行区，也是全国小麦条锈病自南向北流行的过渡地带和重要菌源区，其发病早晚和程度不仅影响当地小麦生产安全，发病后产生的病菌也向黄淮海广大小麦主产区条锈病的流行提供菌源，影响小麦条锈病春季流行区乃至全国的流行程度。根据“十四五”国家重点研发计划项目“小麦条锈病灾变机制与可持续防控技术研究（编号：2021YFD1401000）”课题任务，2022—2024年度，课题组在河南省邓州市建立永久示范区，系统开展小麦条锈病分区防控技术研究与示范，圆满完成了项目示范推广任务。

1　基本情况

邓州市示范区设在河南省邓州市现代农业示范园区内，集中在腰店镇草寺村、黄营村和夏楼村。核心示范区面积10 000亩，空白对照2亩。辐射带动区25万亩，涉及桑庄镇、腰店镇、张楼乡、白牛镇、夏集镇、穰东镇6个乡（镇）69个行政村。项目区实施统一组织、统一管理的模式，在示范过程中统一技术方案、统一机耕、统一播种、统一开展病虫害防治（图6-1）。

图6-1　2023年4月7—8日，在邓州市召开全国小麦条锈病防控现场会、项目中期考核会

2　示范内容

依据课题研究进展，示范区重点集成应用了小麦条锈病春季流行区综合防治技术体系，关键技术要点如下（图6-2至图6-5）。

2.1　农业措施

选用抗（耐）病虫品种泛麦8号、冠麦2号、郑麦136，田间采取配方施肥的用施策略，选用精细整地、精量匀播等技术，形成合理群体结构，培育健壮个体，提高抗逆能力。

图6-2　开展防治关键技术试验

图6-3　开展病害发生情况调查

图6-4　开展大型植保机械统防统治

图6-5　开展植保无人机统防统治

2.2　种子处理

示范区统一用35%苯醚·咯·噻虫种子处理悬浮剂每亩60毫升兑水拌种。

2.3　精准监测

小麦苗期和返青期组织开展田间条锈病发生情况调查，精准监测，坚持“发现一点、控制一片，发现一片、控制全田”的防控策略。

2.4　发病初期防治

早春查见发病后，结合纹枯病等病害防治，每亩用15%丙唑·戊唑醇悬浮剂60克，喷雾1次；兼治赤霉病。

2.5　灌浆初期防治

小麦扬花初期，结合预防小麦赤霉病，每亩用40%丙硫菌唑·戊唑醇悬浮剂40毫升喷雾，兼治条锈病。施药器械：自走式喷杆喷雾机、无人机。

3　示范活动

每年通过开展田间防治技术和防效观摩、举办条锈病防控现场会和田间课堂等形式，推广课题集成的技术体系，扩大技术覆盖面和普及率（图6-6至图6-9）。

图6-6 检查落实示范内容

图6-7 院士及专家到现场指导

图6-8 承办全国小麦条锈病防控现场会

图6-9 组织专家开展测产验收

4 示范成效

2022—2024年度，示范区采取包括种植抗耐病品种、播期种子包衣、加强早期监测，发现一点、控制一片，发现一片、防治全田，科学用药、统防统治等技术在内的小麦条锈病综合防控技术方案，有效控制了小麦条锈病的发生流行。据系统监测调查，条锈病病叶率一般控制在0.5%以下，与对照区相比，平均防控效果达84.7%。依托核心示范区，通过集中培训、现场观摩、技术指导等方式，推广应用小麦条锈病综合防控技术。3年累计核心示范面积2.81万亩，累计辐射面积60.6万亩，绿色防控率覆盖率从68.5%提高到100%。经专家现场测产表明，该技术对小麦赤霉病、纹枯病、白粉病和蚜虫等主要病虫害的综合防治效果达83.6%以上，平均单产较空白对照增加23.2%，较农户自防区增加8.8%，减少化学农药使用量29.4%～32.3%，平均减少30.6%，取得了显著的经济、生态和社会效益（表6-1）。

表6-1 2022—2024年度河南省邓州市小麦条锈病春季流行区综合防控技术示范情况

年份	核心示范面积（万亩）	辐射面积（万亩）	绿色防控覆盖率（%）	化学农药减量（%）	病虫害综合防效（%）	较空白对照增产（%）	较农户自防增产（%）
2022	0.81	10.60	68.5	29.4	83.6	27.5	7.7
2023	1.00	25.00	72.4	30.1	86.7	21.9	7.6
2024	1.00	25.00	100	32.3	83.7	20.2	11.1
合计/平均	2.81	60.60	80.3	30.6	84.7	23.2	8.8

注：数据来源于现场测产验收报告。

5 建设单位

全国农业技术推广服务中心、河南省植物保护植物检疫站、南阳市植物保护植物检疫站、邓州市植物保护植物检疫站。

6 基地负责人

刘万才、彭红、张光先、李跃、吕国强、赵中华。

第二节　陕西省宝鸡市小麦条锈病关键越冬区综合防控技术示范基地建设与示范推广报告

陕西省宝鸡市地处关中西部，西邻甘肃省陇南、陇东等我国小麦条锈病重要的菌源基地和新小种产生的策源地，东邻我国黄淮麦区，是我国小麦条锈病大区流行体系中的关键越冬区，也是我国小麦条锈菌东西部菌源交流的“桥梁地带”，该区域小麦条锈病的发生不仅影响当地小麦生产，同时该地早春发病麦田还向东部黄淮麦区提供大量的初始菌源，引起条锈病大流行，严重威胁我国小麦生产安全。根据“十四五”国家重点研发计划项目“小麦条锈病灾变机制与可持续防控技术研究（编号：2021YFD1401000）”课题任务，2021—2024年度，课题组在陕西省宝鸡市建立了小麦条锈病关键越冬区综合防控技术示范基地。采取边研究、边示范的方式，结合项目最新研究成果，集成我国小麦条锈病关键越冬区综合防控技术体系，在陕西省关中灌区和渭北旱塬小麦种植区示范推广，发挥了重要的辐射和带动效果，有效控制小麦条锈病的发生危害，经济、社会效益显著。

1　基本情况

小麦条锈病关键越冬区综合防控技术示范区包括设在陕西省宝鸡市岐山县凤鸣镇朱家塬村、凤翔区横水镇横水村、扶风县午井镇官坡村的三个示范基地。核心示范区三年累计示范面积1.95万亩。每年辐射带动宝鸡市、咸阳市、渭南市和西安市相同生态区小麦种植面积800万亩。示范基地按照项目要求，制定了以小麦条锈病为主的病虫害绿色高效防控技术，通过统一品种、统一拌种、统一深翻、统一播种（宽幅沟播）、统一播量、统一测土配方施肥、统一病虫害防治、统一冬前化学除草、统一冬灌和春灌等关键技术措施的落实，有效防控小麦条锈病等病虫害，提高小麦产量（图6-10）。

图6-10　项目“里程碑”考核现场验收（2023年6月7日）

2　示范内容

根据小麦条锈病关键越冬区病害发生特点，结合当地小麦主要病虫害发生情况，集成构建了小麦条锈病关键越冬区综合防控技术体系，主要关键技术包括以下几点。

2.1 种植抗病品种

示范区共选用了3个抗性不同的高产优质小麦品种，分别为西农226（优质高产，高抗条锈病），伟隆169（优质强筋，中抗条锈病），金麦1号（高产稳产，中感条锈病）。在辐射带动地区，全面淘汰小偃22等当地使用多年的高感小麦条锈病的主栽品种，鼓励种植大户、农业经营主体和农户种植抗病优质小麦品种。2023年全省高感品种小偃22种植面积已不足10万亩。

2.2 实施药剂拌种

对中抗和中感小麦品种伟隆169和金麦1号，在播种前采用药剂拌种，预防地下害虫和苗期小麦条锈病，压减秋苗期菌源。选择的种衣剂品种和用量为：31.9%戊唑·吡虫啉悬浮种衣剂，用量3～4毫升/公斤种子。该药剂具有广谱性和内吸性，可以有效防治多种小麦苗期病虫害。

2.3 压减早期菌源

加强秋苗期和早春大田条锈病菌源监测并及时进行防治，压减早期菌源量。在小麦出苗后，11月中旬开始，每隔7天对示范区小麦条锈病普查一次，发现病叶或发病中心，及时标记。秋苗如果发现发病中心，及时进行“打点保面”；早春如果发现条锈病发病中心也要进行及时“打点保面”，发病点多时，及时进行全田防治。

2.4 全面统防统治

小麦抽穗期，在小麦条锈病田间病叶率达到0.5%～1.0%时，结合“一喷三防”开展全田防治，同时兼治其他病虫害。杀菌剂使用肟菌·戊唑醇；杀虫剂使用氯氟·吡虫啉；叶面喷肥使用磷酸二氢钾等（图6-11至图6-13）。

图6-11 统一拌种、统一施肥、统一播种

图6-12 康振生院士及团队成员与示范基地技术人员在田间进行病害调查

图6-13　苗期预防和成株期“一喷三防”现场

3　示范活动

项目实施期间，每年通过开展田间防治技术推广和防效评估，举办防控现场会和基层技术人员专题培训会，在全省范围内推广项目集成的最新研究技术和小麦病虫害综合防控技术体系，充分发挥示范基地的辐射带动作用（图6-14至图6-16）。

图6-14　示范基地病虫害综合防控效果评估现场

图6-15　项目首席专家王晓杰教授及团队成员在示范基地调研病害发生及基地实施情况

图6-16　2023年岐山县朱家塬村防控示范基地验收测产现场

4　示范成效

2022—2024年度，示范区采取种植抗耐病品种、药剂拌种、早期病情监测和后期全田防治等小麦条锈病及主要病虫害综合防控技术，有效控制了小麦条锈病的发生流行。据防效评估组专家现场调查，示范区小麦主要病虫害防控处置率和绿色防控覆盖率均为100%；病虫防治次数较农户减少1～2次，小麦主要病虫害防效达98.5%，危害损失率为0.4%（表6-2）。该技术在陕西省同类生态区同步推广，有效控制了全省小麦条锈病的危害。3年累计核心示范面积1.95万亩，辐射面积每年800万亩。2023年示范区实测产量达到812.93公斤/亩，突破了全省小麦最高产量纪录。该基地作为全国农业技术推广服务中心典型示范基地被推荐参加了"2023年全国肥料信息交流暨产品交易会"全国典型科技创新示范基地展览，受到有关领导的高度肯定，并于2023年被国家农业技术集成创新中心评定为13个首批全国示范基地之一（图6-17、图6-18）。

表6-2　2022—2024年度陕西省宝鸡市小麦条锈病关键越冬区综合防控技术示范效果

年份	核心示范面积（万亩）	辐射面积（万亩）	绿色防控覆盖率（%）	化学农药减量（%）	病虫害综合防效（%）	危害损失率（%）
2022	0.65	800.00	100.00	33.3	98.8	1.2
2023	0.65	800.00	100.00	30.5	98.5	0.4
2024	0.65	500.00	100.00	32.3	98.1	1.1
合计/平均	1.95	2 100.00	100.00	30.6	98.6	0.9

图6-17　示范基地病虫害防控效果鸟瞰图

（左图下方为示范基地，上方为农民自防田，右图为示范基地全貌图）

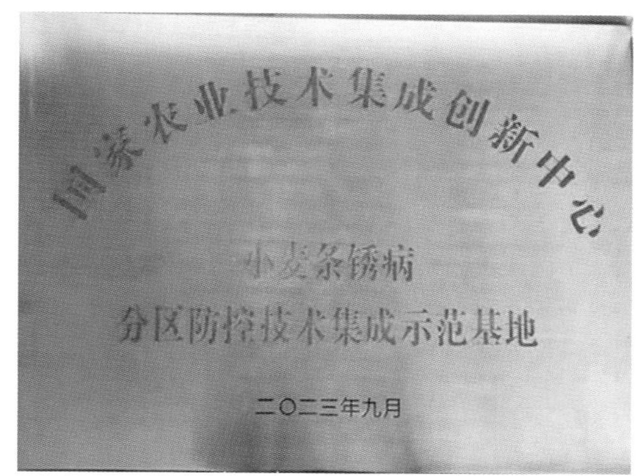

图6–18　宝鸡示范基地被评为国家农业技术集成创新示范基地

（左上图：示范基地作为重点示范基地在2023年全国肥料信息交流暨产品交易会上展览，受到时任全国农业技术推广服务中心徐树仁副书记的肯定；右上图：基地荣获国家农业技术集成创新中心13个首批全国示范基地之一；左下图：徐树仁副书记亲自为示范基地授牌；右下图：授牌仪式现场）

5　建设单位

西北农林科技大学、陕西省植物保护工作总站、宝鸡市农业技术推广服务中心、岐山县农业技术推广服务中心、扶风县农业技术推广服务中心、凤翔区农业技术推广服务中心。

6　基地负责人

王保通、冯小军、张海兵、白应文。

第三节　甘肃省小麦条锈病菌源区综合防控技术示范基地建设与示范推广报告

甘肃省陇南和陇东的冬小麦种植区属小麦条锈菌越夏区，是全国小麦条锈病流行的核心菌源区，该区域小麦条锈病可实现周年发生循环，并为我国小麦条锈病的发生及流行源源不断地提供菌源，是我国小麦条锈病流行体系的重要一环。其发病早晚和程度轻重，影响冬季繁殖区乃至翌年全国小麦条锈病的流行程度。根据“十四五”国家重点研发计划项目“小麦条锈病灾变机制与可持续防控技术研究（编号：2021YFD1401000）”课题任务，2021—2024年度，课题组在甘肃省天水市及平凉市分别建立了示范区，系统开展小麦条锈病菌源区综合防控技术研究与示范。

1　基本情况

陇南示范区设在甘肃省天水市甘谷县八里湾乡（图6-19）。核心示范区面积2 500亩，辐射带动区7万亩，涉及天水市秦州区、麦积区和甘谷县3个县区。课题组结合小麦品种抗病性鉴定及病原菌群体监测结果，实施以抗病品种推广种植为主的防控技术体系，在做好病害监测预警的前提下，实施精准防控。

图6-19　2023年5月项目各子课题单位到陇南示范基地检查指导工作

陇东示范区设在甘肃省平凉市崆峒区（图6-20）。核心示范区面积2 500亩，辐射带动区8万亩，涉及平凉市及庆阳市2个地区。

图6-20　2023年5月陇东示范基地建设单位代表现场合影

2　示范内容

依据课题研究进展，示范区重点集成应用了小麦条锈病菌源区综合防治技术体系，关键技术要点如下。

2.1　农业措施

适期晚播，较当地常规播种推迟7天左右；在陇南示范区示范推广兰天31、中梁32、天选52、兰大211等系列全生育期抗病品种，搭配种植兰天19、天选52、天选72及中梁44等抗锈基因背景多样化的品种；在陇东示范区示范推广陇鉴110、陇鉴111、陇鉴117、西平1号、陇育5号和普冰322等抗病抗旱丰产品种；陇南示范区继续推广“退麦改种”措施，种植经济价值更高的玉米、马铃薯和蔬菜等作物，进一步降低条锈病菌源区小麦种植面积。

2.2　有性生殖阻滞

陇南示范区内对麦田周边小檗生长比较密集的区域，采取“遮、喷、除”防控技术措施（遮盖小麦秸秆堆垛、对染病小檗喷施防锈药剂、及时除去小檗周围的禾本科杂草），有效阻断小麦条锈菌的有性繁殖。

2.3　种子处理

示范区种子统一用三唑酮兑水拌种。

2.4　精准监测

每年9月中下旬组织开展田间小麦条锈菌越夏情况调查，11月中下旬组织开展冬小麦秋苗期田间发病情况调查，及时推进自生麦苗铲除及越夏菌源的精准监测，及时反馈小麦条锈病核心菌源区秋苗期发病情况，准确预测来年病害流行程度；拔节期至灌浆阶段对小麦条锈病田间发病情况进行实时监测，并开展防控。

2.5 统防统治

当病情指数达到防治指标时，采用三唑类（戊唑醇、氟环唑、丙硫唑）药剂进行统一喷雾防治。扬花至灌浆初期实施小麦“一喷三防”，主要控制条锈病流行，兼顾白粉病和穗蚜等（图6–21至图6–24）。

图6–21 栽培品种抗锈性鉴定及变异监测

图6–22 示范区药剂拌种

图6–23 开展秋苗期病情调查监测

图6–24 “一喷三防”统防统治飞防现场

3 示范活动

每年通过开展田间防治技术推广和防效观摩，举办防控现场会和田间课堂等形式，推广课题集成的技术体系，扩大技术覆盖面和普及率（图6–25至图6–29）。

图6–25 抗病品种现场观摩

图6–26 示范区小麦秋播拌种培训示范

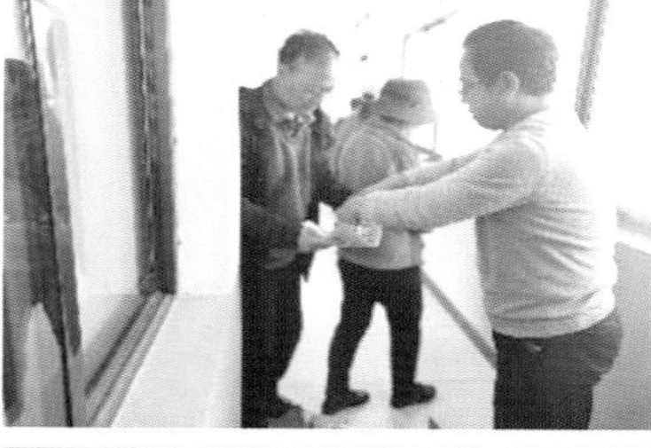

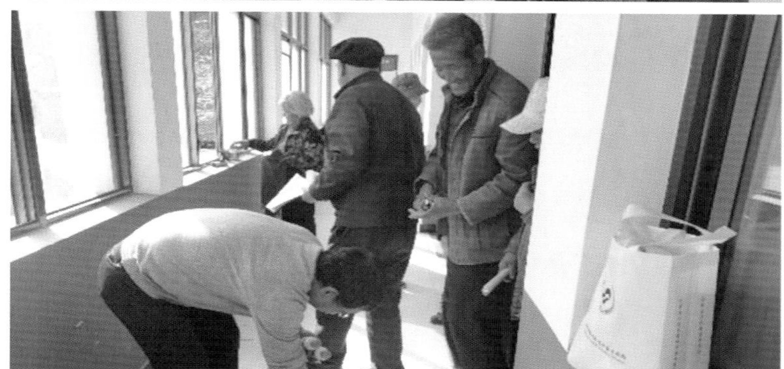

图6–27　示范区小麦条锈病综合防控技术培训

图6–28　示范基地现场观摩评价

图6–29　核心菌源区综合防控现场评价会议

4　示范成效

2022—2024年度，示范区集成应用抗锈品种、有性生殖阻滞、铲除自生麦苗、秋播药剂拌种、适期晚播、秋季应急挑治、盛发期统防统治等防控关键技术，建立综合防控技术体系。科研院所和地方技术推广部门紧密合作，各项防控措施落实到位，有效控制了小麦条锈病的发生危害。据系统监测调查，成熟期条锈病普遍率一般控制在5.00%以下，与对照区相比，平均防控效果达93.8%以上。依托核心示范区，通过集中培训、现场观摩、技术指导等方式，推广应用小麦条锈病菌源区综合防治技术，3年核心示范面积1.50万亩，辐射面积18.00万亩，绿色防控覆盖率从86.6%提高到100%。经专家现场实测表明，该项技术对小麦条锈病、白粉病和蚜虫等主要病虫害的综合防治效果达93.2%以上，平均单产较空白对照增加30.4%，较农户自防区增加6.8%，化学农药使用量平均减少28.6%，取得了显著的经济、生态和社会效益（表6–3）。

表6-3　2022—2024年度甘肃省小麦条锈病核心菌源区综合防控技术示范情况

年份	核心示范面积（万亩）	辐射面积（万亩）	绿色防控覆盖率（%）	化学农药减量（%）	病虫害综合防效（%）	较空白对照增产（%）	较农户自防增产（%）
2022	0.50	5.00	85.6	27.4	93.2	35.5	6.5
2023	0.50	5.00	100	29.0	93.5	28.6	6.5
2024	0.50	8.00	100	29.5	94.8	27.0	7.3
合计/平均	1.50	18.00	95.2	28.6	93.8	30.4	6.8

5　建设单位

甘肃省植物保护研究所、甘肃省植保植检站、天水市植保植检站、天水市农业科学研究所、平凉市植保植检站、平凉市农业科学院。

6　基地负责人

金社林、孙振宇、伏松平、陈杰新、苟宏伟、李建军、王万军。

第四节　湖北省襄阳市小麦条锈病冬繁区综合防控技术试验示范基地建设与示范推广报告

湖北省是我国小麦条锈病流行体系中重要的菌源冬繁区和春季流行区，也是小麦条锈菌由西北向黄淮麦区传播的重要“桥梁”区和“咽喉”地带。襄阳市是湖北省小麦主产区，其小麦播种面积占全省的1/3，但产量占全省的1/2，襄阳市小麦条锈病的有效防控对于保障湖北省夏粮生产安全、减轻黄淮和北方麦区春季条锈病防控压力均具有重要意义。根据“十四五”国家重点研发计划项目“小麦条锈病灾变机制与可持续防控技术研究（编号：2021YFD1401000）”课题任务，2021—2024年度，课题组在湖北省襄阳市建立永久示范区，系统开展小麦条锈病分区防控技术研究与示范。

1　基本情况

示范区设在湖北省襄阳市樊城区太平店镇龙巷村、沈河村和小樊村，核心示范面积1万亩，辐射带动周边15万亩，涉及太平店镇、牛首镇等的73个行政村。项目区实行统一技术方案、统一播种、统一病虫草害防治的管理模式（图6–30）。

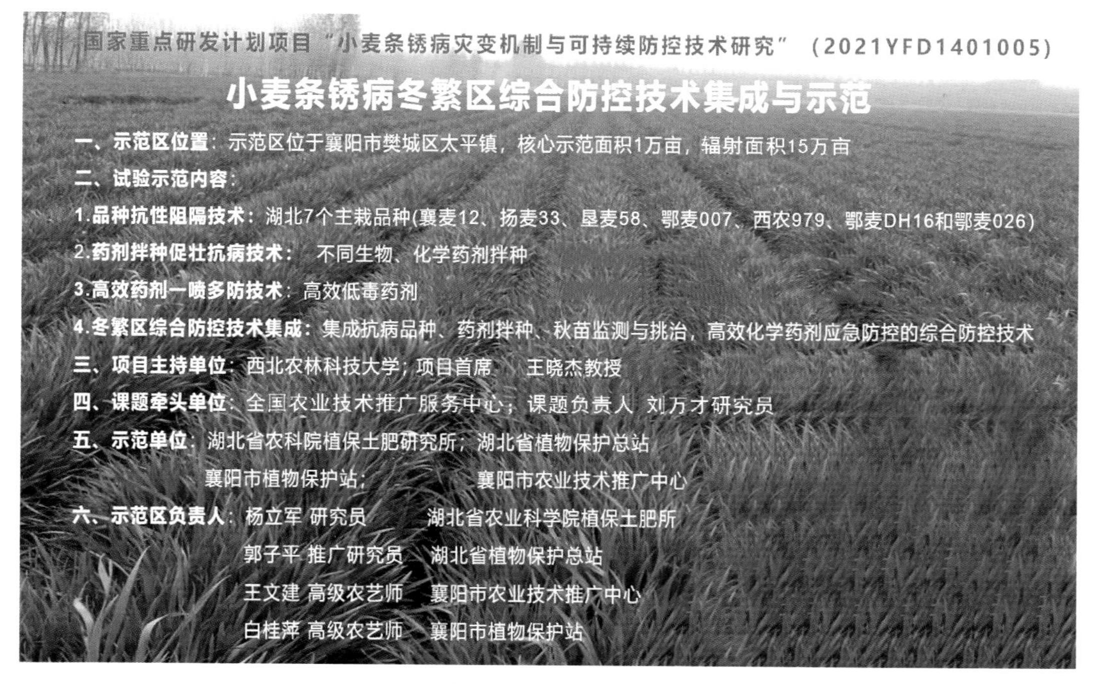

图6–30　示范概况

2　示范内容

依据课题研究进展，示范区重点集成应用了小麦条锈病冬繁区综合防控技术体系，其核心是压低冬繁区条锈病菌源基数，做到早发现、早防治，严防条锈病大面积流行，同时综合防治穗期小麦赤霉病。关键技术要点如下（图6–31至图6–34）。

图6-31　药剂拌种

图6-32　播后开沟

图6-33　苗情调查

图6-34　早春防治

2.1　选种抗耐锈品种

选种丰产、抗耐条锈病品种扶麦368。

2.2　种子包衣

示范区种子统一用60克/升戊唑醇悬浮种衣剂按每100公斤种子45毫升药液量，兑水后在拌种机内包衣，摊凉阴干后播种。

2.3　适期晚播

根据短期天气预报，抢墒进行机械条播，适期晚播，最佳播期为10月20日至10月31日。

2.4　早期监测

秋苗期和拔节期对条锈病常发区及周边田块，采用孢子捕捉器或者人工踏查方式进行重点监测，全面落实“带药侦察、打点保面、防早防小、关口前移”的防治策略，坚持“发现一点，防治一片”的防治措施，及时控制发病中心。

2.5　应急防治

在条锈病流行初期，当田间平均病叶率达到0.5%～1.0%时，每亩用12.5%氟环唑50毫升进行大面积应急防控，并且做到同类区域全覆盖。

2.6　一喷三防

小麦扬花初期，结合防治小麦赤霉病和防止早衰，每亩用40%丙硫菌唑·戊唑醇悬浮剂40毫升加磷酸二氢钾100克，采取植保无人机按每亩施药液量1.0～1.5升或新型宽臂自走式喷杆喷雾机按每亩施药液量为15～20升进行统防统治。

3　示范活动

每年通过开展田间防治技术和防效观摩，举办防控现场会和田间课堂等形式，推广课题集成的技术体系，扩大技术覆盖面和普及率（图6-35至图6-38）。

4　示范成效

据调查，示范区条锈病病叶率基本控制在0.5%以下，与对照区相比，平均防控效果达95.0%以上。依托核心示范区，通过集中培训、现场观摩、技术指导等方式，推广应用小麦条锈病综合防控技术。3年累计核心示范面积3.10万亩，累计辐射面积35.0万亩，绿色防控率覆盖率从65.0%提高到100%。经专家现场测产表明，该项技术对小麦赤霉病和条锈病等主要病虫害的综合防治效果达93.9%，平均单产较空白对照增加21.9%，较农户自防区增加8.5%，减少化学农药使用量25.0%～30.6%，平均减少28.0%，取得了显著的经济、生态和社会效益（表6-4）。

图6-35　技术培训

图6-36　举办全国现场会

图6-37　院士莅临指导

图6-38　效果对比
（左：农民防治；右：集成示范）

表6-4 2022—2024年度湖北省襄阳市小麦条锈病冬繁区综合防控技术示范情况

年份	核心示范面积（万亩）	辐射面积（万亩）	绿色防控覆盖率（%）	化学农药减量（%）	病虫害综合防效（%）	较空白对照增产（%）	较农户自防增产（%）
2022	0.60	10.0	65.0	25.0	98.5	25.6	9.6
2023	1.00	10.0	75.2	28.4	90.1	18.9	6.1
2024	1.50	15.0	100	30.6	93.2	21.2	9.7
合计/平均	3.10	35.0	80.1	28.0	93.9	21.9	8.5

5 建设单位

湖北省农业科学院植保土肥研究所、湖北省植物保护总站、襄阳市植物保护站、襄阳市农业科学院、襄阳市农业技术推广中心、太平镇农业技术推广中心、牛首镇农业技术推广中心。

6 基地负责人

杨立军、阙亚伟、龚双军、曾凡松、白桂萍、石磊、胡锐灵、王文建、许艳云、凌冬、陈富华、张随成。

第五节　湖北省荆州市小麦条锈病冬繁区综合防控技术试验示范基地建设与示范推广报告

近年来陆续发现，湖北南部江汉平原的荆州、荆门麦区秋苗条锈病始见病时间早于鄂西北的十堰、襄阳麦区的新现象。有研究显示湖北条锈病初始菌源除由我国西北陕西、甘肃传入外，还存在西南云南、贵州传入的新路径，这些由西南地区传入的菌源在荆州等江汉平原麦区繁殖后又为我国东部安徽、江苏地区以及鄂西北麦区提供菌源，因此有效控制湖北南部荆州等地条锈病菌源的繁殖和外溢，对于保障湖北本地夏粮安全和降低我国东部麦区春季条锈病的防控压力均具有重要意义。根据“十四五”国家重点研发计划项目“小麦条锈病灾变机制与可持续防控技术研究（编号：2021YFD1401000）”课题任务，2021—2024年度，课题组在湖北省荆州市建立永久示范区，系统开展小麦条锈病分区防控技术研究与示范，圆满完成了项目示范推广任务。

1　基本情况

示范区设在湖北省荆州市江陵县江北农场，核心示范区面积1万亩，辐射带动周边10万亩，涉及熊河镇的33个行政村。项目区实行统一技术方案、统一播种、统一病虫草害防治的管理模式（图6-39）。

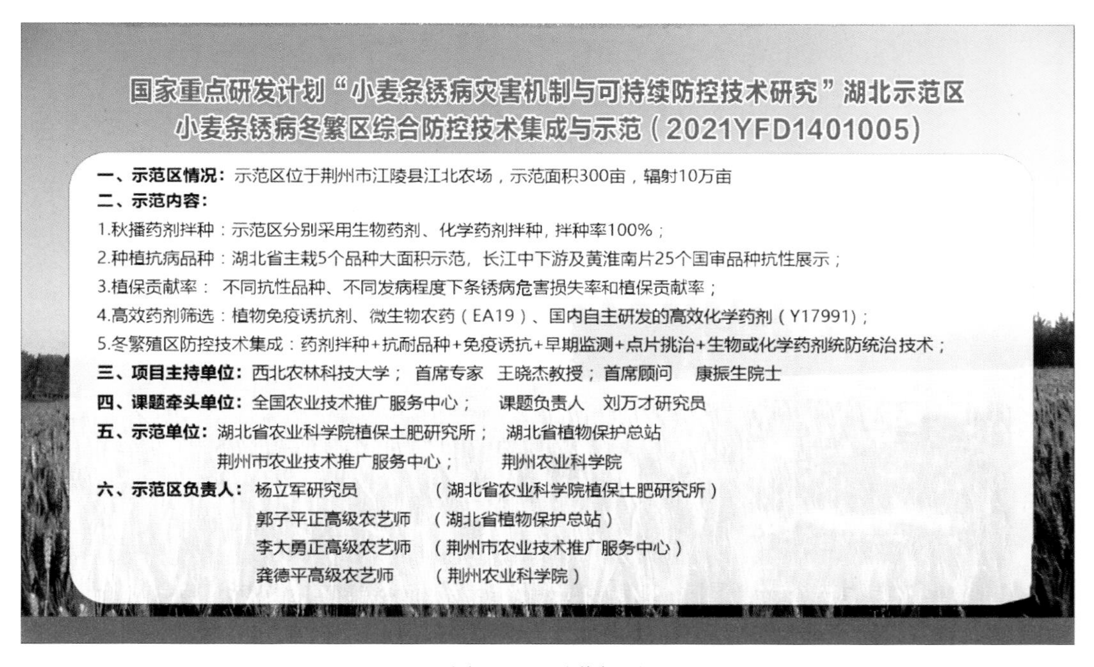

图6-39　示范概况

2　示范内容

依据课题研究进展，示范区重点集成应用了小麦条锈病冬繁区综合防治技术体系，其核心是压低该区域小麦条锈病菌源基数，增强小麦抗性，同时结合穗期小麦赤霉病综合防治。关键技术要点如下（图6-40至图6-43）。

2.1 选种抗耐锈品种

选种丰产、抗耐条锈病品种西农979。

2.2 种子包衣

示范区种子统一用60克/升戊唑醇悬浮种衣剂按每100公斤种子45毫升药液量，兑水后在拌种机内包衣，摊凉阴干后播种。

2.3 适期晚播

根据当地短期天气预报，抢墒机械条播，适期晚播，最佳播期为10月25日至11月5日。

2.4 早期监测

秋苗期和早春对常年条锈病发生的老病窝区及周边田块，采取人工踏查方式进行重点监测，全面落实“带药侦察、打点保面”防治策略，坚持“发现一点，防治一片”，及时控制发病中心。

2.5 应急防治

在条锈病流行初期，当田间平均病叶率达到0.5%时，亩用12.5%氟环唑50毫升进行大面积应急防控，并且做到同类区域全覆盖。

图6-40　药剂拌种

图6-41　机械播种

图6-42　病情调查

图6-43　应急防控

2.6 一喷三防

小麦扬花初期，结合防治小麦赤霉病，亩用40%丙硫菌唑·戊唑醇悬浮剂40毫升加磷酸二氢钾100克，采取植保无人机按亩施药液量1.0～1.5升或新型宽臂自走式喷杆喷雾机按亩施药液量15～20升进行统防统治。

3 示范活动

每年通过开展田间防治技术和防效观摩，举办防控现场会和田间课堂，推广课题集成的技术体系，扩大技术覆盖面和普及率（图6-44至图6-47）。

4 示范成效

2022—2024年度，示范区采取种植抗耐病品种，种子包衣，适期晚播，早期监测，带药侦察、点片挑治，一喷三防、统防统治等小麦条锈病综合防控技术，有效控制了小麦条锈病的发生流行。据调查，示范区条锈病病叶率一般控制在1%以下，与对照区相比，平均防控效果达97.4%以上。依托核心示范区，通过集中培训、现场观摩、技术指导等方式，推广应用小麦条锈病综合防治技术。3年累计核心示范面积3.0万亩，累计辐射面积30.0万亩，绿色防控率覆盖率从60.0%提高到100%。经专家现场测产表明，该项技术对小麦赤霉病、条锈病、纹枯病等主要病虫害的综合防治效果达95.3%，平均单产较空白对照增加19.1%，较农户自防区增加6.0%，减少化学农药使用量25.0%～28.6%，平均减少26.3%，取得了显著的经济、生态和社会效益（表6-5）。

图6-44 院士授课技术培训

图6-45 现场观摩会

图6-46 举办现场会

图6-47 现场观摩评价

表6-5　2022—2024年度湖北省荆州市小麦条锈病冬繁区综合防控技术示范情况

年份	核心示范面积（万亩）	辐射面积（万亩）	绿色防控覆盖率（%）	化学农药减量（%）	病虫害综合防效（%）	较空白对照增产（%）	较农户自防增产（%）
2022	1.00	10.0	60.0	25.0	97.8	21.5	7.7
2023	1.00	10.0	65.0	25.4	92.4	16.7	4.5
2024	1.00	10.0	100	28.6	95.6	19.2	5.9
合计/平均	3.00	30.0	75.0	26.3	95.3	19.1	6.0

5　建设单位

湖北省农业科学院植保土肥研究所、湖北省植物保护总站、荆州市农业科学院、荆州市农业技术推广服务中心。

6　基地负责人

杨立军、曾凡松、龚双军、阙亚伟、赵永坚、吴涛、李大勇、许艳云、邓春林。

第六节 四川省绵阳市小麦条锈病冬繁区综合防控技术示范基地建设与示范推广报告

四川盆地是我国小麦条锈菌从越夏菌源基地向东部麦区流行传播的关键冬繁地区，四川省绵阳市地处四川盆地西北部，冬季条锈菌在这里侵染和繁殖，积累大量菌源，是我国麦区重要的菌源基地。根据“十四五”国家重点研发计划项目“小麦条锈病灾变机制与可持续防控技术研究（编号：2021YFD1401000）”第五课题任务，2021—2024年度，课题组在四川省绵阳市建立示范区，开展小麦条锈病冬繁区综合防控技术研究与示范，顺利完成了子课题各项示范推广任务。

1 基本情况

示范区分为两个示范片，分别设在江油市武都镇和梓潼县潼江河谷优质粮油现代农业园区，江油示范片核心示范面积0.2万亩，集中在江油市武都镇阳亭坝村和团山村；梓潼示范片核心示范区面积2万亩，集中在梓潼县的文昌镇、长卿镇、许州镇等13个乡镇，空白对照1.2亩。辐射带动区25万亩，涉及绵阳市梓潼县、江油市、三台县、盐亭县。两个示范片分别实施统一培训、统一管理的模式，统一技术方案、统一播种时期、统一开展病虫害防治的管理模式（图6-48、图6-49）。

2 示范内容

依据课题研究进展，示范区集成应用了四川省绵阳市小麦条锈病冬繁区综合防控技术体系，关键技术要点如下（图6-50至图6-53）。

图6-48 江油市武都镇示范区标志牌

图6-49　梓潼县示范区标志牌

图6-50　开展拌种药剂筛选试验

图6-51　穗期植保无人机统防统治

图6-52　开展审定品种及后备品种展示和筛选试验

图6-53　开展植保贡献率试验

2.1　播种前

减少田间菌源。措施为在麦田周边田埂种植三叶草、紫花苜蓿等多年生豆科作物，减少自生麦苗产生。

2.2　播种期

主防条锈病，兼治其他病虫。①深翻埋茬、精细整地、平衡施肥。②选择抗病高产品种。川麦

104、绵麦902、川麦98、川农30、科成麦6号等。③药剂拌种。采用含有戊唑醇等三唑类药物和吡虫啉等长效内吸性杀虫剂的拌种剂，兼防条锈病、白粉病和小麦蚜虫。④适时晚播。根据田间墒情，最适播种期为10月25日至11月5日，最迟不超过11月15日。⑤提高播种质量。机械免耕播种，每亩播种量控制在12～15公斤。⑥播后推广封闭除草。

2.3 返青拔节期

主防条锈病，兼治土传病害、白粉病和小麦蚜虫。①加强监测预警。普查四川盆地北部历年早发地区发病点数，评估四川盆地冬繁区发病程度。②实施“带药侦察，打点保面”措施，可选用戊唑醇、丙环唑等药剂兼治条锈病和白粉病，蚜虫严重的田块可添加吡蚜酮、抗蚜威或高效氯氟氰菊酯等病虫兼治。

2.4 抽穗扬花期

主防赤霉病，兼治条锈病和白粉病。①在小麦抽穗扬花期抢晴及时用药，赤霉病重发地区应用药2次。②选择戊唑醇、丙硫唑，并加入氰烯菌酯或氟唑菌酰羟胺；注意轮换用药，穗期禁用吡唑醚菌酯。③植保无人机作业亩施药液量为1.5～2.0升；喷杆喷雾机作业亩施药液量为15～20升。

3 示范活动

通过开展座谈会、培训会、田间观摩会等方式，讲解、培训、交流冬繁区小麦条锈病防控技术和经验，推广技术体系，扩大技术覆盖面和普及率（图6-54、图6-55）。

4 示范成效

2022—2024年度，示范区采取种植抗病品种，药剂拌种，适期晚播，早期带药侦察，发现一点、防治一片，穗期一喷三防等小麦条锈菌冬繁区综合防控技术，有效控制了小麦条锈病的发生流行。示范区条锈病病叶率控制在0.1%以下，与对照区相比，平均防控效果达93.8%以上。依托核心示范区，通过集中培训、现场观摩、技术指导等方式，推广应用小麦条锈菌冬繁区综合防治技术。3年累计核心示范面积2.50万亩，累计辐射面积25万亩，绿色防控率覆盖率62.5%。经专家现场勘察和测产表明，对小麦赤霉病、纹枯病、白粉病和蚜虫等主要病虫害的综合防治效果达93.8%以上，平均单产较空白对照增加8.1%，较农户自防区增加1.5%，减少化学农药使用量16.7%～30.0%，平均减少23.1%，取得了显著的经济、生态和社会效益（表6-6，图6-56、图6-57）。

图6-54 召开小麦秋播病虫害防控现场会

图6-55 召开小麦后期管理培训会

表6-6　2022—2024年度四川省绵阳市小麦条锈病冬繁区综合防控技术示范情况

年份	示范点	核心示范面积（万亩）	辐射面积（万亩）	绿色防控覆盖率（%）	化学农药减量（%）	病虫害综合防效（%）	较空白对照增产（%）	较农户自防增产（%）
2023	江油示范区	0.20		60.0	30.0			
2024	江油示范区	0.20		65.0	22.6	94.1		
2024	梓潼示范区	2.10	25.00	62.5	16.7	93.5	8.1	1.5
合计/平均		2.50	25.00	62.5	23.1	93.8	8.1	1.5

图6-56　召开病虫害防控观摩交流会

图6-57　示范区测产验收

5　建设单位

四川省农业科学院植物保护研究所、梓潼县植保植检站。

6　基地负责人

姬红丽、杨芳、彭云良、龚雪芹、杨经玮。

第七节　青海省大通回族土族自治县小麦条锈病综合防控技术示范基地建设与示范推广报告

青海省是我国条锈病重要越夏菌源基地，区域内大量的越夏菌源可在晚熟春麦上持续侵染至10月上旬，同时还在不同收获期的冬、春麦收割后产生的大量的自生麦苗上从8月份持续发病至12月上旬，进而将菌源传播到冬小麦的秋苗，在局部冬小麦区越冬完成周年循环。青海东部农田周围广泛分布着10余种小檗，均可作为小麦条锈菌的转主寄主，并且在麦田周边感染锈病的小檗样品中可以分离出小麦条锈菌（分离比率2.72%）。小麦条锈病在青海麦区几乎隔年流行，影响当地小麦生产安全，导致当地条锈病流行并形成大量的菌源向东部麦区输出，成为我国东部麦区秋季初始菌源基地。因此，在小麦条锈菌菌源基地青海越夏区推广小麦条锈菌菌源基地绿色防控技术，可以降低初始菌源量和变异速率，遏制病菌传播，从源头遏制小麦条锈病发生、变异与危害，保障东部主产麦区的安全生产。根据“十四五”国家重点研发计划项目“小麦条锈病灾变机制与可持续防控技术研究（编号：2021YFD1401000）”课题任务，2022—2024年度，课题组在青海省西宁市大通回族土族自治县晚熟春麦区建立永久示范区，系统开展小麦条锈病分区防控技术研究与示范。

1　基本情况

示范区设在青海省西宁市大通回族土族自治县，集中在塔尔镇和东峡镇。核心示范区面积1.1万亩，空白对照5亩。辐射带动区12.1万亩，涉及塔尔镇、东峡镇、新庄镇、极乐乡和朔北藏族乡等5个乡（镇）40个行政村。项目区实施统一组织、统一管理的模式、统一技术方案，统一开展病虫害防治的管理模式（图6-58、图6-59）。

2　示范内容

依据课题研究进展，示范区重点集成应用了小麦条锈病菌源基地青海春麦区综合防治技术体系，关键技术要点如下（图6-60至图6-63）。

图6-58　青海省西宁市大通回族土族自治县塔尔镇示范区

图6-59　青海省西宁市大通回族土族自治县东峡镇示范区

图6-60　开展防治关键技术试验

图6-61　小檗种植区小麦油菜轮作

图6-62　生产品种抗性评价试验

图6-63　植保无人机开展统防统治

2.1　农业措施

条锈菌有性生殖区内小麦与马铃薯、油菜合理轮作；选用抗（耐）病的春小麦品种青麦11、青春38、青春39、青春343和互麦18等；播前深翻深耕，机械或除草剂杀灭田间杂草；春小麦播前可以减少药剂拌种环节；适时早播。

2.2　有性生殖阻滞

拔节期至孕穗期内对麦田周边小檗生长比较密集的区域，采取“遮、喷、除”防控技术，遮盖小麦秸秆堆垛或对染病小檗喷施农药（杀菌剂品种和用量：三唑酮有效成分8～10克/亩，烯唑醇有效成分3.5～5克/亩），及时除去小檗周围的禾本科杂草等措施阻断条锈菌的有性繁殖，降低条锈菌变异概率，减缓条锈菌新毒性小种的产生速度，延长抗病品种使用年限。

2.3　田间监测预警及统防统治

拔节至灌浆期对田间条锈菌菌源量和发病情况进行实时监测，应用早期诊断和预测技术，及时发布预报，指导防治工作开展。在病害发生系统监测的基础上，做好防治措施应用，未达到防治指标者不进行防治，当病情指数达到防治指标时，采用戊唑醇、氟环唑、丙硫唑等药剂进行喷雾防治。

扬花至灌浆初期主要控制条锈病流行，兼顾白粉病、麦茎蜂、穗蚜和麦穗夜蛾等，实施小麦“一喷三防”。①条锈病病叶率达0.5%时，选用戊唑醇、苯醚甲环唑等三唑类杀菌剂，如有蚜虫、麦穗夜蛾、麦茎蜂危害，与吡虫啉、啶虫脒、吡蚜酮或噻虫嗪+磷酸二氢钾、氨基寡糖素或芸苔素内酯，按各自推荐用量，兑水混配，全田喷雾，统防统治；②植保无人机作业亩施药液量为1.5升以上，并添加沉降剂，喷杆喷雾机作业亩施药液量为15～20升；③小麦生长中后期病情指数达防治指标时，及时开展应急防治，控制小麦条锈病大面积流行。

2.4 压低秋季自生麦苗数量

成熟至收获阶段主要控制田间自生麦苗的数量，压低自生麦苗上的越夏菌源基数。①小麦成熟后及时收割，避免过度成熟后收割造成大量落粒。②收获后及时深翻深耕，减少自生麦苗产生。③9月中下旬，在早熟的春麦区（种植海拔高度在2 500米以下，收获期在8月中旬以前）自生麦苗密度较大且条锈病发生的田块选用戊唑醇、苯醚甲环唑等三唑类杀菌剂任意一种喷雾防治，自生麦苗密度小且发生条锈病田块可以采用机械铲除的方法清除田间自生麦苗。

3 示范活动

每年通过开展田间防治技术和防效观摩，举办防控现场会和田间课堂等形式，推广课题集成的技术体系，扩大技术覆盖面和普及率（图6-64至图6-67）。

图6-64 青海春麦区小麦条锈病防控现场观摩会

图6-65 康振生院士到试验基地现场指导

图6-66 项目组专家到试验基地观摩指导

图6-67 组织专家开展药剂筛选试验防效验收

4 示范成效

2022—2024年度，示范区贯彻“预防为主、综合防治”的植保方针，采取“阻遏菌源、压减基数，防早防小、应急防控”的条锈病防控策略，采取种植抗病品种、合理轮作、适期播种、有性生殖阻滞、早期监测预警指导统防统治、压低秋季自生麦苗数量的防控技术体系，有效控制了小麦条锈病的发生流行。据系统监测调查，小麦条锈病危害损失率控制在5%以下，与对照区相比，平均防控效果达95%以上；示范区绿色防控覆盖率达100%，农药使用量减少50%以上。依托核心示范区，通过集中培训、现场观摩、技术指导等方式，推广应用小麦条锈病综合防治技术。3年核心示范面积累积

1.10万亩，辐射面积12.10万亩。经专家现场测产表明，对小麦条锈病、麦穗夜蛾等主要病虫害的综合防治效果达96.0%，平均单产较空白对照增加37.1%；较农户自防区增加5.24%，平均减少化学农药使用量45.0%，取得了显著的经济、生态和社会效益（表6–7）。

表6–7　2022—2024年度青海省大通回族土族自治县小麦条锈病综合防控技术示范情况

年份	核心示范面积（万亩）	辐射面积（万亩）	绿色防控覆盖率（%）	化学农药减量（%）	病虫害综合防效（%）	较空白对照增产（%）	较农户自防增产（%）
2022	0.10	2.10	100	50.0	98.0	42.1	5.26
2023	0.50	5.00	100	50.0	95.0	35.7	5.31
2024	0.50	5.00	100	35.0	95.0	33.4	5.15
合计/平均	1.10	12.10	100	45.0	96.0	37.1	5.24

5　建设单位

青海省农林科学院、青海省农业技术推广总站、西北农林科技大学、大通回族土族自治县农业技术推广中心。

6　基地负责人

姚强、郭青云、张剑、王剑锋、杨占彪、李生全。

第八节　宁夏回族自治区固原市小麦条锈病越夏区综合防控技术示范基地建设与示范推广报告

固原市位于中国黄土高原的西北边缘，境内以六盘山为南北脊柱，将固原分为东西两壁，呈南高北低之势。海拔大部分在1 400～2 500米之间。由于海拔较高、气候冷凉，冬春小麦混种，属小麦条锈病越夏易变区，春麦最晚收获期可延迟到7月底至8月初，适宜小麦条锈菌越夏，并向周边早播的秋苗上传播。根据“十四五”国家重点研发计划项目“小麦条锈病灾变机制与可持续防控技术研究（编号：2021YFD1401000）”课题任务，2022—2024年度，课题组在宁夏回族自治区固原市原州区建立示范区，系统开展了小麦条锈病防控技术研究与示范。

1　基本情况

示范区设在固原市原州区头营镇徐河村和张易镇陈沟村，核心示范区面积500亩，空白对照1亩。辐射带动区9万亩，涉及10个乡（镇）168个行政村。项目实施统一组织、统一管理的模式，统一技术方案、统一机耕、统一播种、统一开展病虫害防治的管理模式（图6–68、图6–69）。

图6–68　示范基地基本情况

图6–69　组织检查试验效果

2　示范内容

依据课题研究任务，示范区重点集成应用了宁夏固原小麦条锈病越夏区综合防控技术体系，关键技术要点如下（图6–70至图6–77）。

2.1　播种期

以预防苗期条锈病为主，兼防白粉病、散黑穗病等病害和地下害虫。在精细整地、合理施肥的基础上，选用抗（耐）病的宁春4号、宁春50等品种，采用吡虫啉＋戊唑醇＋芸苔素内酯进行拌种处理。

图6-70　示范基地土地整治

图6-71　试验示范基地出苗情况调查

图6-72　专家及领导调研指导

图6-73　实地调查病虫害发生情况

图6-74　病虫害发生情况调查

图6-75　试验小区病虫害防治施药

图6-76　小麦病虫害统防统治

图6-77　小麦“一喷三防”现场会

2.2　拔节期

以预防小麦条锈病、白粉病等病害为主，发现小麦条锈病零星病叶或发病中心的田块，按照“发现一点、控制一片，发现一片、防治全田”的原则，立即采用三唑酮、戊唑醇等杀菌剂喷雾进行封锁扑灭。

2.3　抽穗扬花期

以小麦条锈病为主，兼治小麦白粉病和蚜虫等病虫害。当条锈病病叶率达0.5%时或田间百株蚜量达到500头时，选用戊唑醇、氟环唑、三唑酮等杀菌剂和啶虫脒、吡虫啉等杀虫剂进行喷雾防治。当小麦生长中后期病叶率达到5%时，及时开展统防统治，控制小麦条锈病流行。

2.4　灌浆期

根据小麦条锈病等病虫害发生情况，选用烯唑醇＋啶虫脒＋磷酸二氢钾＋芸苔素内酯等药肥，开展小麦“一喷三防”，防治病虫害，抗逆防早衰，促进小麦丰产丰收。

3　示范活动

每年通过开展田间防治技术和防效观摩，举办防控现场会和田间课堂，推广课题集成的技术模式，扩大技术覆盖面和普及率（图6-78至图6-81）。

图6-78　防控技术培训与指导

图6-79　与种植大户探讨病虫害防治效果

图6-80　示范区发放小麦拌种剂

图6-81　集中开展药剂拌种

4 示范成效

2022—2024年度，示范区采取种植抗耐病品种，播期种子包衣，加强早期监测，发现一点、控制一片，发现一片、防治全田，科学用药、统防统治等小麦条锈病综合防控技术方案，有效控制了小麦条锈病的发生流行。据系统监测调查，条锈病病叶率一般控制在1%以下，与对照区相比，平均防控效果达88%以上。依托核心示范区，通过集中培训、现场观摩、技术指导等方式，推广应用小麦条锈病综合防治技术。3年累计核心示范面积0.20万亩，累计辐射面积27.5万亩，绿色防控覆盖率达到79%以上。经组织测产验收，对小麦条锈病、白粉病和蚜虫等主要病虫害的综合防治效果达88%以上，平均单产较空白对照增加26.63%，较农户自防区增加9.85%，减少化学农药使用量30.7%（表6-8）。

表6-8　2022—2024年度宁夏固原春麦区小麦条锈病综合防控技术示范情况

年份	核心示范面积（万亩）	辐射面积（万亩）	绿色防控覆盖率（%）	化学农药减量（%）	病虫害综合防效（%）	较空白对照增产（%）	较农户自防增产（%）
2022	0.05	9.5	78.69	30.7	88.7	28.65	9.49
2023	0.05	9.0	79.18	31.1	85.5	25.65	9.82
2024	0.10	9.0	79.24	30.3	90.6	26.11	10.04
合计/平均	0.20	27.5	79.03	30.7	88.9	26.63	9.85

5 建设单位

全国农业技术推广服务中心、宁夏回族自治区农业技术推广总站、固原市原州区农业技术推广服务中心。

6 基地负责人

刘媛、王玲、何建国、白永强、刘万才、李跃、李健荣、梁晓宇。

附 录

1 小麦条锈病分区防控技术研究与示范课题主要完成人

序号	姓名	人员分类	职务、职称	单位名称	承担的课题任务
1	刘万才	课题负责人	处长、首席专家、推广研究员	全国农业技术推广服务中心	春季流行区综防示范，有性时期防控技术、全盘方案制定及过程监管
2	赵中华	课题骨干	推广研究员	全国农业技术推广服务中心	菌源基地综防示范，有性时期防控技术、全国发病情况调查总结
3	王保通	课题骨干	教授	西北农林科技大学植物保护学院	关中桥梁地带综防示范，各区域防治示范协调
4	金社林	课题骨干	研究员	甘肃省农业科学院植物保护研究所	陇南陇东菌源基地综防技术示范
5	郭青云	课题骨干	所长、研究员	青海省农林科学院	海东条锈菌菌源基地防控
6	杨立军	课题骨干	副所长、研究员	湖北省农业科学院植保土肥研究所	湖北冬繁区示范、药剂筛选、主栽品种抗性评价、不同抗性品种对病菌群体影响评价
7	汤春蕾	课题骨干	研究员	西北农林科技大学植物保护学院	防治指标确定、免疫诱抗研究
8	王阳	课题骨干	研究员	西北农林科技大学植物保护学院	生防菌剂筛选、机理研究及应用
9	姬红丽	课题骨干	研究员	四川省农业科学院植物保护研究所	四川菌源基地及冬繁区示范，研究群体结构与品种抗性的关系

2 小麦条锈病分区防控技术研究与示范课题指导专家组

序号	职务	姓名	单位	职务职称
1	组长	康振生	中国工程院、西北农林科技大学	院士、教授
2	副组长	陈万权	中国农业科学院研究生院	副书记、研究员
3	副组长	马占鸿	中国农业大学植物保护学院	教授
4	副组长	吕国强	河南省植保植检站	书记、研究员
5	成员	冯小军	陕西省植物保护工作总站	站长、研究员
6	成员	刘卫红	甘肃省植保植检站	站长、研究员
7	成员	尹勇	四川省农业农村厅植物保护站	站长、研究员
8	成员	郭子平	湖北省植物保护总站	站长、研究员
9	成员	罗嵘	云南省植保植检站	科长、研究员
10	成员	谈孝凤	贵州省植保植检站	科长、研究员
11	成员	刘媛	宁夏回族自治区农业技术推广总站	科长、研究员
12	成员	张剑	青海省农业技术推广总站	科长、研究员

图书在版编目（CIP）数据

小麦条锈病跨区联防联控技术集成与示范 / 刘万才，王保通，王晓杰主编. -- 北京：中国农业出版社，2025. 1. -- ISBN 978-7-109-33095-5

Ⅰ. S435.121.4

中国国家版本馆CIP数据核字第2025H3C289号

中国农业出版社出版

地址：北京市朝阳区麦子店街18号楼

邮编：100125

责任编辑：杨彦君　阎莎莎

版式设计：杨　婧　　责任校对：吴丽婷

印刷：中农印务有限公司

版次：2025年1月第1版

印次：2025年1月北京第1次印刷

发行：新华书店北京发行所

开本：880mm × 1230mm　1/16

印张：15.75

字数：423千字

定价：165.00元
